国家林业和草原局普通高等教育"十三五"规划教材

高等院校环境科学与工程类专业系列教材

环境管理与规划

徐春霞　主编

U0215570

中国林业出版社

图书在版编目（CIP）数据

环境管理与规划／徐春霞主编. —北京：中国林业出版社，2020.8

国家林业和草原局普通高等教育"十三五"规划教材

高等院校环境科学与工程类专业系列教材

ISBN 978-7-5219-0567-0

Ⅰ.①环… Ⅱ.①徐… Ⅲ.①环境管理–高等学校–教材②环境规划–高等学校–教材 Ⅳ.①X32

中国版本图书馆 CIP 数据核字（2020）第 079304 号

中国林业出版社教育分社

策划编辑：肖基浒　　　　　　　　责任编辑：高兴荣

电　　话：(010)83143555　　　　传　　真：(010)83143561

出版发行：中国林业出版社（100009　北京市西城区刘海胡同 7 号）

　　　　　E-mail：jiaocaipublic@163.com　电话：(010)83143500

　　　　　http：// www. forestry. gov. cn/lycb. html

经　　销：新华书店

印　　刷：河北京平诚乾印刷有限公司

版　　次：2020 年 8 月第 1 版

印　　次：2020 年 8 月第 1 次印刷

开　　本：850mm×1168mm　1/16

印　　张：18.5

字　　数：530 千字

定　　价：48.00 元

《环境管理与规划》
编 写 人 员

主　　编

徐春霞　　（河北农业大学）

副 主 编

陈　芳　　（东北大学秦皇岛分校）

王　喆　　（南开大学滨海学院）

参　　编（按姓氏拼音排序）

安克亮　　（河北省渔政执法总队）

安鑫龙　　（河北农业大学）

段伟艳　　（河北农业大学）

段瑛博　　（河北农业大学）

郭晓宇　　（河北环境工程学院）

王海英　　（河北农业大学）

王瑞杰　　（东北大学秦皇岛分校）

杨柏林　　（东北大学秦皇岛分校）

伊丽丽　　（河北环境工程学院）

前　言

《环境管理与规划》撰写之际，正值我国绿色发展理念深入人心、生态文明之路行稳致远之时，绿色发展正成为新时期中国发展的鲜明标志。环境管理与环境规划的理论创新、制度创新、机构创新、手段创新以及各种实践成果纷至沓来，使我们在感受鼓舞的同时也着力把这些创新性内容体现在本教材之中。

近年来，在习近平总书记"生态兴则文明兴，生态衰则文明衰"的绿色发展观指导下，我国环境管理本着追求人与自然和谐、追求绿色发展繁荣、追求热爱自然情怀、追求科学治理精神、追求携手合作应对，这"五个追求"的主张，强调改善生态环境就是发展生产力，强调顺应自然、尊重规律、人与自然和谐发展，实行最严格的制度和法治的生态制度，推动形成绿色生活方式。从经济层面转变经济发展方式，党的十九大报告将降低资源消耗进一步细化为降低能耗和物耗，中国资源节约和循环利用工作更细致、更全面；从政治层面建立生态环境保护长效机制，设立生态环境部和自然资源部，科学划定"三区三线"，中国的环境保护工作更科学、更深入；从社会建设层面推动绿色生活方式和消费方式，将绿色生活方式体现在日常生活的每一件具体事务和具体工作中，全面实施"乡村振兴战略"，让生态文明的成果更公平地惠及全体人民，中国的环境管理更近民、更高效；从文化建设层面树立正确的生态价值观念，让中华文明五千多年积淀的丰富的生态智慧，成为破解生态难题、建设生态文明的精神动力和文化支持，中国的生态文化思想更文明、更灿烂；从国际层面站在人类命运共同体的高度，不断地实施着"共同建设美丽地球家园"的意愿与行动，通过建立"一带一路"绿色发展国际联盟、推动落实气候变化《巴黎协定》等，为共同建设美丽地球家园贡献力量，中国的绿色发展战略更高远、更宏伟。这些新时期环境管理的理论创新与实践成果，不仅为本教材的编写提供丰富而生动的素材，也为本教材的创作与创新奠定坚实的基础并提供难得的机遇。

环境管理与规划课程的典型特征之一是其复合性与综合性，复合性体现在既包含传统生态文明和现代生态文明的复合，也包含中华生态文明与世界生态文明的复合；其综合性一方面体现在内容涉及科学、人文、社会的各个层面，是环境学科、社会学科、经济学科、法律学科、管理学科和人文学科等的交叉与融合。另一方面体现在理论与实践的高度融合，理论在实践中不断完善，实践在理论指导下不断创新。因此，自然科学与人文情怀相融合，理论阐述与案例教学的融合是本教材的突出特点。

本教材由河北农业大学、东北大学秦皇岛分校、南开大学滨海学院和河北环境工程学院共同组织编写。河北环境工程学院的郭晓宇老师撰写第一章和第二章的第二节。南开大学滨海学院的王喆博士撰写第二章的第一节、第三节和第四节。河北农业大学徐春霞教授和王海英副教授共同撰写第三章第一节和第三节。徐春霞教授编写了第三章的第三节、第四节和第五节，第四章的第七节。东北大学秦皇岛分校陈芳博士撰写第四章的第一节、第二节。东北大学秦皇岛分校的王瑞杰博士和杨柏林撰写第四章的第三节和第四节，河北农业大学海洋学院安鑫龙博士、段伟艳博士和段瑛博博士撰写第四章的第五节和第六节。河北环境工程学院伊丽丽博士撰写第五章。全书由徐春霞教授统稿。

自确定编写大纲以来，各位参编人员认真总结自己的教学成果和实践经验，将其融入教材内容之中。同时也查阅了大量资料与文献，参考和引用了许多著作与观点，在此对所有相关人士深表谢意。教材编写过程中有关人员调研走访了河北省农业农村厅、天津市滨海新区人民政府、河北省渔政处、秦皇岛市海洋与渔业局等部门与机构，在此对这些单位给予的支持与帮助深表谢意。

五月的天空清新温润、辽阔无垠。五月的田野鲜花绽放、山河苍翠。五月的海洋沙鸥翔集、碧波荡漾。五月里，我们编写组成员在美丽的滨海小城完成了编写工作，凝结着我们对"环境管理与规划"课程教学的憧憬，也寄托着我们对"共同建设美丽地球家园"的美好祝愿。

徐春霞
2020 年 5 月于秦皇岛

目　录

第一章

绪 论

第一节 环境及环境问题

一、环境的概念及内涵

（一）环境的概念

"环"的字面含义是围绕，"境"字可以解释为疆界、境界，"环境"的直观意思是指围绕某一主体的外部空间及各种客观条件和因素的总和。环境科学中研究的环境，是指以人类社会为主体的所有外部世界，也就是人类已经认识到的，可以直接或者间接影响人类生存和社会发展的各种自然和社会因素。我国《环境保护法》对环境的定义："本法所称环境，是指影响人类生存和发展的各种天然的和经过人工改造的自然因素的总体，包括大气、水、海洋、土地、矿藏、森林、草原、湿地、野生生物、自然遗迹、人文遗迹、自然保护区、风景名胜区、城市和乡村等。"

按环境的属性，可将环境分为自然环境和社会环境。

（1）自然环境　自然环境是环绕人们周围的各种客观存在的自然因素的总和，如大气、水、植物、动物、土壤、岩石矿物、太阳辐射等，是人类赖以生存的物质基础。

按环境要素可将自然环境分为大气环境、水环境、土壤环境、地质环境和生物环境等，也就是地球的五大圈层——大气圈、水圈、土圈、岩石圈和生物圈。

按生态系统可将自然环境分为水生环境和陆生环境。水生环境包括海洋、湖泊、河流等水域。水体中的营养物质可以直接溶于水，便于生物吸收，且水温变化幅度小于气温变化，生物容易适应。水中氧和氮的比值高于大气，因此水生环境的变化比陆生环境简单缓和，水中生物进化也缓慢。水生环境按化学性质又分为淡水环境和咸水环境。淡水环境主要是陆地上的河流和湖泊，是受人类影响最大的区域，环境质量的改变非常复杂。咸水环境主要指海洋和咸水湖。海洋中又可分为浅海环境和深海环境，前者，水中营养较丰富，光线较充足，是海洋中生物最多的部分。深海环境范围广大，生物资源不如浅海丰富。陆生环境范围小于水生环境，但其内部的差异和变化却比水生环境大得多，这种多样性和多变性的条件，促进了陆生生物的发展，其生物种属远多于水生生物，并且空间差异很大。陆生环境是指人类居住地，生活资料和生产资料大多直接取自陆生环境，因此人类对陆生环境的依赖和影响亦大于对水生环境的依赖和影响，如农业的发展，大面积地改变了地球上绿色植物的组成。

1

按人类对其影响程度可将自然环境分为原生环境和次生环境。原生环境是指受人类影响较少，物质的交换、迁移和转化，能量、信息的传递和物种的演化等基本上仍按自然界的规律进行的环境，如某些原始森林地区、人迹罕至的荒漠、冻原地区、大洋中心区等都属于原生环境。随着人类活动范围的不断扩大，原生环境范围日趋缩小。次生环境是指在人类活动影响下，物质的交换、迁移和转化，能量、信息的传递等都发生了变化的环境，如耕地、种植园、城市、工业区等。次生环境虽然在结构和功能上发生了改变，但是其发展和演变的规律，仍然受自然规律制约，因之仍属自然循环的范畴。人类改造原生环境，使之适应于人类需要，促进人类经济文化的发展。

（2）社会环境　社会环境是指对我们所处的社会政治环境、经济环境、法制环境、科技环境、文化环境等宏观因素的综合。一方面社会环境是人类精神文明和物质文明发展的标志；另一方面社会环境又随着人类文明的演进而不断地丰富和发展，所以也有人把社会环境称为文化社会环境。

自然环境是人类存在的物质基础，俗话说"一方水土养一方人"，人类的生活方式和生产方式，都是一定自然环境条件下的产物。在自然环境中，人类通过长期有意识的社会劳动，加工和改造了自然物质，创造了物质生产体系，积累了物质文明，形成了社会环境体系，社会环境是人类精神文明的成果。自然环境与社会环境是支撑人类社会生存和发展的两个层面，两者相互依存、相互影响、相互作用，共同推动人类的文明与进步。

（二）环境的内涵

1. 环境是一个相对概念

环境因主体不同而不同，随主体的变化而变化。对于生态科学而言，环境概念是指以生物为主体的环境。对于环境科学而言，环境概念是指以人为主体的环境，即人类环境。人是这个环境的主体，而构成这个环境的外部条件和因素既包括自然因素，又包括社会因素。也就是说，离开人类这个主体来谈环境是毫无意义的。

人类环境与生物环境之间既存在着联系又存在着区别，其联系表现为两者之间存在着从属的关系，人类环境包含生物环境。其区别在于两者的主体不同，前者是以人类为主体的环境，后者是以生物为主体的环境。

环境不仅局限于一个组织的周边事物，因为环境问题不能被简单地认为是某一组织的问题，如大气污染、海洋污染、臭氧层破坏之类的问题，都是全球关注的问题。从这个意义上分析，"外部存在"可以从组织内部延伸到全球系统。所以，在考虑环境问题时，不仅应包括组织内部和组织外部的周边事物，还应把思路向更大范围扩展，这就是"地球村"的含义。

2. 环境是一个不断变化与发展的概念

首先，环境是一个不断变化的概念，环境随着主体的变化而变化，相对于不同的主体，环境的内容和形式是不一样的。其次，环境是一个不断发展的概念。人类环境不是从来就有的，它的形成经历了与人类社会同样漫长的发展过程。在时间上，环境随着人类社会的发展而发展；在空间上，环境随着人类活动领域的扩张而扩张。人类用自己的劳动利用和改造环境，把自然环境转变为新的生存环境，而新的生存环境又反作用于人类，在这一反复曲折的过程中，人类在改造宏观世界的同时，也改造了自己。人类在创造社会财富的同时，也创造了自身的生存环境。

人类的伟大劳动与创造，摆脱了生物规律的一般制约，进入到了社会发展阶段，从而给自然界打上了人类活动的烙印，并相应的在地表环境中形成了一个新的智能圈或技术圈。我们今天赖以生存的环境，就是这样由简单到复杂，由低级到高级发展演变而来的。它不是单纯地由自然因素和社会因素构成的，而是在自然因素的基础上，经过人类加工改造形成的。它凝聚着自然因素和社会因素的交互作用，体现着人类利用和改造自然的性质和水平，影响着人类的生产和生活方式，关系着人类的生存和发展。

3. 环境本身是一个系统

环境的概念是抽象的，但环境的形态和内涵又是具体的。任何一个具体的环境都是一个复杂的系统而不是简单要素的综合。因此，任何环境都具有一定的结构并表现出一定的功能，其演进和运动都遵循一定的规律并表现出系统的目的性、层次性、动态性和整体性等特征。

4. 环境与人类是对立统一的关系

环境造就了人类，人类改造了环境，人类与其生存环境构成了人类—环境系统。在这个系统内，人类与环境之间相互联系、相互影响、相互依赖、相互制约。其中，人类在这个系统中处于较高的层次和主动的地位，对环境所施加的影响是"主动""居高临下"的。而环境对人类的影响往往是"被动和滞后"的。但这种"被动和滞后"的影响又是持续、不可抗拒的，对人类—环境系统的再输入又产生"主动"和"居高临下"的影响。

环境是人类赖以生存的基础。然而，人类不是消极地依赖于环境，而是积极地利用并改造环境。随着人类社会的发展，其利用和改造的程度和范围在不断扩大。但由于缺乏对人类—环境系统发展规律的深刻认识，人类在利用和改造环境的同时也使环境遭到了破坏，甚至是毁灭性的破坏——结构性破坏。环境的破坏反过来又影响和制约着人类的生存和发展。

正如恩格斯在《自然辩证法》中指出："我们不要过分陶醉于我们对自然界的胜利。对于每一次这样的胜利，自然界都报复了我们。"所以，环境与人类的关系是一种既对立又统一的系统关系。环境与人类这种既对立又统一的关系表现在整个人类—环境系统的发展过程中。如何变对立关系为和谐关系，是环境科学所面对和解决的问题，也是人类与环境的一个永恒主题。

二、环境问题及其产生原因

（一）环境问题

严格来说，一切危害人类和其他生物生存和发展的环境结构或状态的变化，均可称为环境问题。环境问题涉及很多方面，由自然因素如地震、火山爆发等引起的环境变化，称为原生环境问题；由人类的生存和生活活动引起的生态系统破坏和环境污染，反过来又危及人类自然的生存和发展的现象，称为次生环境问题。次生环境问题与原生环境问题之间往往存在某种程度的因果关系和相互作用，次生环境问题经常引发原生环境问题，并使原生环境问题发生的频率和危害程度不断增加。

环境问题可以分为多种类型。从环境问题的性质上分为：环境污染问题，包括大气污染、实体污染、土壤污染和生物污染，以及由环境污染演化而来的全球变暖、臭氧层破坏、酸雨等二次污染问题；生态破坏问题，如水土流失、森林砍伐、土地荒漠化、生物多样性减少等生态破坏问题；资源衰竭问题，如煤炭、石油等矿藏资源的衰竭问题。从介质上分为大气环境问题、水环境问题、土壤环境问题等。从产生原因上分为农业环境问题、工业环境问题和生活环境问题等。从地理空间上分为局地环境问题、区域环境问题和全球环境问题等。

进入 21 世纪之后，资源过度开发、环境污染和生态破坏的形势愈演愈烈。区域环境质量的下降、温室效应引发的全球气候变暖、南极上空臭氧层的破坏、酸雨区的扩展、淡水和森林等资源的耗竭、全球生物多样性的减少、有害废弃物的大量产生和堆弃等一系列的环境问题，成为当今世界最严重的全球性问题，也已经成为人类社会持续发展的最重要障碍。

（二）环境问题的产生与发展

1. 原始文明阶段

人与自然的关系十分密切，此时人类完全依赖自然环境生存，采集和狩猎是人类的基本生存方式。相对于自然环境的运行来讲，人类的生存活动能力极低，不足以改变自然环境的运行，只能以被动适应自然环境的运行为主要生存方式。直至农业文明以前，地球上的人口很少，对环境的影响也很小，地球的生态系统有足够的能力自行恢复平衡，可以抵消人类的影响。

2. 农业文明阶段

人类学会驯化野生动物、培育农作物，以及耕种作业的发展为人类提供了稳定的食物来源，因此，人口出现了爆炸性增长。人口的大量增长，需砍伐更多的森林以种植农作物，导致部分地区水土流失，大片肥沃土地受损，生态环境开始恶化。据史料记载，公元前 4000 年苏美尔人在幼发拉底河和底格里斯河流域的美索不达米亚平原，创造了灿烂的古巴比伦文明，建造了世界七大奇迹之一的"空中花园"，但因为过度的垦荒、砍伐，使雨水减少，风沙增大，良田变成荒漠，灿烂的文明最终消失。

我国的农业文明时期由于兴修水利、频繁战争和建造皇宫等对生态环境影响较大，部分地区出现生态破坏。树木是古代制作兵器、战车等作战器械的常用物质，因此战争中双方或是为了补充装备，或是为了减少对手可资利用的资源，都会尽力夺取或者毁坏树木，使林木资源受到严重破坏。文献对此有大量记载，尤其以《左传》所记最多：晋楚城濮之战（僖公二十八年），"晋侯登有莘之虚以观师，曰'少长有礼，其可用也'。遂伐其木，以益其兵"。意思是晋侯命令士兵砍伐山上的树木，以充实军备；杜牧《阿房宫赋》中写到："蜀山兀，阿房出。"意思是蜀地山上的树木都砍完了，这座阿房宫便造成了。形象地反映出建造皇宫对林木资源造成的破坏，一座阿房宫便需如此多的树木，两千多年的封建社会，一代又一代王朝的更替、一座又一座皇宫的建造，均以破坏林木为代价。

纵观农业文明时期的环境问题，大都属于局部的生态破坏，这一方面与当时生产力水平有关，另一方面也与几千年我国传统文化中儒教、道教和佛教的宗教意识有关。"天人合一"是传统儒家思想中关于人与自然关系的核心理念，在我国传统文化史上具有极其重要的地位和价值。这一思想认为人是自然界的一部分，人与自然万物同类，因此人对自然应采取顺从、友善的态度，以促进人与自然万物的和谐共处。儒家经典《周易·系辞下》中说："天地氤氲，万物化醇。"即阐明世间万物皆是大自然长期演化的产物。《中庸》中记载："万物并育而不相害，道并行而不相悖。"认为自然万物可以做到和谐共生而互不伤害，天道、地道、人道能够同时运行而互不冲突，是传统儒家对"天人合一"思想的阐释。儒家思想在自然观上的另一个重要观点是"天行有常"，即认为自然界存在着不以人的意志为转移的客观规律。儒家先贤早在春秋战国时期就认识到春华秋实、夏雨冬雪、斗转星移、阴晴圆缺等各种自然现象，无不有其自身固有的运行规律。在《论语·阳货》篇中孔子曾说："四时行焉，百物生焉。"即是说四季分明交替运转，世间万物的生长都有其运行法则。既然自然界的规律无法改变，人类要在自然中生存和发展就必须认识自然规律、尊重自然规律，进而才能利用自然规律造福人类自身。在对自然资源的利用方面，儒家思想提倡"节用养物"，主张在节约资源的基础上给动植物足够的休养生息时间。《论语·学而》篇里孔子曾说："节用而爱人，使民以时。"从治国理政的角度建议统治者不仅要爱戴百姓，使老百姓不违农时，而且强调治理好国家很重要的一点是节约资源。在对各种需要繁衍生息的动植物资源利用方面，孔子要求人们开采林木、狩猎捕鱼要适时适度，切不可对其滥伐滥捕。《论语·述而》篇中曾说："钓而不纲，弋不射宿。"意思就是要求人们捕鱼时只用竹竿钓取大鱼，而不要用网把小鱼一起赶尽杀绝；捕鸟打猎时只射杀成年的大鸟，而不要把巢穴里的幼鸟一起猎杀。这样做不但可以给生物资源留下繁衍生息的机会，以供人们将来持续利用，而且在客观上也可以防止物种灭绝、维护生物的多样性。儒家思想作为我国传统文化的主流，在协调人与自然的关系上，主张天人和谐、尊重客观规律；在生活上提倡节俭财物，为保证人类社会的持续发展和自然生态系统的和谐稳定方面发挥了重要作用。

"道法自然"，我国传统道家思想更注重从整体宇宙观的视角看待人与自然的关系。《道德经》第二十五章中说："人法地，地法天，天法道，道法自然。"意思是说人类的繁衍生息遵循大地的法则，其行为活动取法于大地；大地的运行变化取法于上天，遵循其寒暑交替，化育万物的法则；上天的运行变化取法于道，遵循道的规律性；在人与自然关系方面，道家认为人类只是包含天地万物的整体宇宙之一，自然界有不以人的意志为转移的客观规律，整个宇宙整体按照自然界固有的规律自然而然地运行变化。道家这种对自然的整体认识论体现出我国古代朴素唯物主义的萌芽，客观上有利于引导人们在实践中关爱环境、保护自然。道家对宇宙运行"道法自然"的认识论，决定了其在实践观上主张"自然无为"。既然自然界存在人类无法改变的客观规律，那么，人在行为活动中只有顺应自然、尊重规律才能在天地间安身立命、繁衍生息。道家在个人生活方面主张朴实无华，反对奢华浪费，认为这是人类最本真的自然属性。在这方面老子有诸多经典的论断，如"见素抱朴，少私寡欲"。这种思想主张不仅可以使人们养成健康的生活习惯，培养高尚的生态道德，而且有利于节约资源，缓解人与自然之间的矛盾。

3. 工业文明阶段

18世纪兴起的工业革命，在带动物质文明高速发展的同时，也带来环境污染的加剧。这一时期可以说是地球上污染快速发展、逐渐积累时期，200多年的污染超过人类有史以来污染的总和。工业革命的兴起，是以机械化的工厂生产代替手工生产为标志，规模化的大机器运作需要消耗大量的能源，如煤、石油等，大量煤炭和石油的燃烧，产生严重的污染。这种污染是立体的，涵盖了空气、水和土壤等，同时也是全球性的，污染的扩散性随着生产力的提升不断增强。工业"三废"排放量大大增加，污染物积累速度大大增加，自然环境本身的净化能力被逐渐破坏以致丧失。科技的进步导致每年有成千上万种新型人工合成的物质，包括有毒、有害物质进入地球生态圈，引发多层次的环境问题。20世纪40年代以来，进入环境问题的爆发期，"公害事件"层出不穷，最严重的有"八大公害事件"：马斯河谷事件、多诺拉镇烟雾事件、伦敦烟雾事件、洛杉矶光化学烟雾事件、日本水俣病、骨痛症、四日事件、米糠油事件等。严重的环境事件不断发生，部分城市自发地掀起了反污染反公害的"环境运动"。迫使人们开始思考环境问题并寻求解决办法。

工业文明时期环境问题突出，与工业革命带来的工业化大生产有关，更重要的是取决于这一时期主导人类思想意识的机械自然观。17世纪，由于伽利略、牛顿等人的贡献，力学领域发生翻天覆地的变化，取得极其显著的进步。同时，由于钟表、机械技术的发展及其在社会上的流行，使得人们越来越倾向于用力学的或机械的观念看待一切，甚至把整个宇宙也看成一只硕大的机械钟。这种机械自然观把组成物体的物质微粒的空间结构和数量看作决定一切物体特征的内在根据，认为自然事物的一切特殊性都由物质微粒量的机械组合决定，机械运动是唯一的运动规律，宇宙是一架大机器。机械自然观的形成，在当时是有着历史进步意义的，使得科学从神学的阴影下解放出来真正进入了自然领域，人类从此可以用实证的方法把握和认识自然。从伽利略的望远镜到他的理想实验，再到牛顿经典力学的发展，人类第一次发现自己可以完美地认识自然规律。与此同时人们也认为整个自然仿佛都可以用牛顿力学加以描述，人类对自然界的敬畏心彻底消失了，人类跃升为大自然的主宰者，大自然成了人类的仆役。在这种思维方式下，人与自然之间和谐共存的关系被颠覆，人类开始肆无忌惮地向大自然索取资源，排放污染物，导致严重的区域环境污染和生态破坏。

4. 后工业文明阶段

近几十年来，现代科学技术的发展带动第三产业迅速发展，特别是交通、运输和通讯技术的迅速发展，导致整个产业结构发生很大变化，人类与环境的相互作用不仅越来越广泛和深刻，而且与过去任何时期相比，由于受现今社会经济发展的影响，环境问题呈现出新的特点，归纳起来有以下6个方面：

(1) 全球化　过去的环境问题无论是影响的范围、对象还是产生的后果，都具有局部性、区域性特点。而当代环境问题则表现出明显的全球性，部分环境污染具有跨国、跨地区的流动性。如河流上游的国家造成的污染，可能危及下游国家；大气污染造成的酸雨，会降到发源地以外的国家；如气候变暖、臭氧层空洞等，其影响的范围和产生的后果是全球性的。当代许多环境问题涉及高空、海洋甚至外层空间，其影响的空间尺度已远非农业社会和工业化初期出现的一般环境问题可比，具有大尺度、全球性的特点，这决定了环境问题的解决要靠全球的共同努力。

(2) 综合化　20世纪中期出现的"八大公害事件"曾引起世界的震惊，但它们实际上都是由污染引起的损害人们健康的问题。而当代环境问题已远远超出这一范畴，涉及人类生存环境的各个方面。例如，森林锐减、草场退化、沙漠化、土壤侵蚀、物种减少、水源危机、气候异常、城市化问题等，已涉及人类生产、生活的各个方面。环境问题的综合化，要求我们必须采取综合整治的措施，才能减轻或控制其影响，预防其发生。

（3）社会化　由于当代环境问题已影响到社会的各个方面，影响到每个人的生存与发展。因此，当代环境问题已绝不是限于少数人、少数部门关心的问题，而成为全社会共同关心的问题。虽然当代环境问题仍在向恶性方向发展，但保护环境已成为全人类的共识，解决环境问题已成为社会各部门、各学科关注的焦点。

（4）高科技化　随着当代科技的迅猛发展，由高新技术引发的环境问题日渐增多。如核事故引发的环境问题、电磁波引发的环境问题、超音速飞机引发的臭氧层破坏、航天飞行引发太空污染等。这些环境问题技术含量高，影响范围广、控制难、后果严重，已引起世界各国的普遍关注。

（5）累积化　虽然人类已进入现代文明时期，进入后工业化、信息化时代，但历史上不同阶段所产生的环境问题，在当今地球上依然存在。同时，现代社会又滋生了一系列新的环境问题。这样，形成了从人类社会出现以来各种环境问题在地球上的积累、组合、集中暴发的复杂局面。

（6）政治化　当代的环境问题已不再是单纯的技术问题，而成为国际政治、各国国内政治的重要问题。其表现在：环境问题已成为国际合作和交往的重要内容；环境问题已成为国际政治斗争的导火索之一，如各国在环境义务的承担、污染转嫁等问题上经常产生矛盾并引起激烈的政治斗争；世界上已出现了一些以环境保护为宗旨的组织，如绿色和平组织等，这些组织在国际政治舞台上已占有一席之地，成为一股新的政治势力。

（三）环境问题产生的原因

环境问题发展到危及人类生存和发展的程度，迫使人们必须寻找产生环境问题的根源，以便找到解决环境问题的途径。人们最初了解环境问题是从局地工业污染开始的，因此在相当长的一段时间里，人们将环境问题产生的原因仅仅看作生产技术方面的问题，于是组织对各种污染的治理成为这段时间环境保护的主要工作。在这段时间，环境治理的费用一般占发达国家 GNP 的 1%~2%，在发展中国家也占到 0.5%~1%，给国家财政带来很大的压力。但在耗费大量的人力、物力和财力之后，环境问题并没有从根本上得到解决。之后产生了"环境外部性"理论，该理论认为，由于将环境资源作为可以自由取用的公共物品，因此生产厂商无须对生产过程中消耗的环境资源支付费用，也就是说，产品成本中没有将环境成本包括在内，而是将其转嫁给社会，转嫁给政府，从而使这部分成本被外部化。基于这样一种认识，在这一时期，社会特别是政府对生产者采用了许多经济手段，以达到控制环境污染的目的。当然，这对环境问题的解决起到很大的作用，同时也使环境经济学这门学科迅速地成长发展起来。但是，环境问题仍在继续恶化。

1972 年，罗马俱乐部出版《增长的极限》一书，该书通过对全球经济增长模型的计算分析指出，如果按照目前的经济增长速率，地球系统的支撑能力将无法维持。该书第一次通过将环境问题与经济增长问题联系在一起来寻找环境问题产生的根源，而不是局限于仅从生产技术角度探寻根源。该书的出版引起人类对自身前途命运的关切。1987 年，联合国世界环境与发展委员会（WECD）发表了《我们共同的未来》，又进一步将环境问题与社会发展问题联系起来，并明确指出，环境问题的产生根本原因就在于人类的发展方向、发展道路和发展方式出现了问题。发展观体现人类对自身价值的认识及对价值的追求，它与科技观、伦理观、消费观等基本观念密切联系在一起的，相互影响，共同决定着人类的发展方向和发展道路。以往的发展观只注重经济发展，将经济发展作为衡量社会发展的唯一标准，必然导致忽视环境保护的后果。人类不正确的道德伦理观扭曲了人与自然的关系，将自然界视为可以随意践踏与索取的客观物质，忽视了人类与自然界的相互依存。不正确的科学观将科学技术当作向自然索取财富的工具，忽视了对资源与环境的保护。不正确的消费观滋生了人类贪婪地占有稀缺物品与资源的欲望，导致对珍稀资源的掠夺和对环境的破坏。

人类要想继续生存和发展，就必须改变目前的发展观，以及与之密切联系的价值观、伦理观、科技观和消费观。

第二节　可持续发展战略与实施

一、可持续观念的起源与发展

近代人类社会由于人口的迅速增加，生产的不断发展和工业的不断集中，使得自然界的资源消耗面临枯竭，环境污染愈加严重。尤其自 20 世纪 50 年代以来，人类所面临的人口猛增、粮食短缺、能源紧张、资源破坏和环境污染等问题日益恶化，导致"生态危机"逐步加剧，经济增长速度下降，局部地区社会动荡，这就迫使人类重新审视自己在自然界中的位置，并努力寻求长期生存和发展的道路。为了实现这一目标，人类进行了不懈的努力和探索，并提出了许多有意义的观点、思想和对策。可持续发展（sustainable development）是其中最有影响和最具代表性的概念。1987 年，世界环境与发展委员会（WECD）在研究报告——《我们共同的未来》中正式提出"可持续发展"的模式，在世界范围内得到普遍认可，并很快作为战略思想指导各国经济与社会的发展。三十多年的实践证明，可持续发展模式可以使自然资源永续利用，使生态环境不断优化，是保证人类生存和发展的正确模式。

（一）古代朴素的可持续发展思想

可持续（sustainability）的概念渊源已久。中国古代思想家对于可持续发展思想有着精辟和深刻的论述。早在 2000 年前的周代，这种思想就已萌芽。《易传》的作者综合庄子的"顺天"思想和荀子的"制天"思想，提出了"天人合一"的自然观，即"人与天地合其德，与日月合其明，与四时合其序，与鬼神合其凶，先天而天弗违，后天而奉天时"。用今天的语言来说，就是将天、地、人作为一个统一的整体，人类既要顺应自然，尊重客观自然规律，又要注意发挥主观能动作用，改造自然，建立起人与自然的和谐发展关系，以符合人类经济活动的目的。

著名思想家孔子主张"钓而不纲，戈不射宿"（只用一个钩而不用多个钩的鱼竿钓鱼，只射飞鸟而不射巢中的鸟，译自《论语·述而》）。春秋时期在齐国为相的政治家管仲，从发展经济和富国强兵的目标出发，十分注意保护山林泽川及生物资源，反对过度采伐狩猎。他说："人君而不能谨守其山林菹泽草菜，不可以立为天下王。"（《管子·地数》）

到了秦代，则有了形式更为完备、内容更为翔实具体的环境保护法令。1975年，在湖北云梦睡虎地11号秦墓中发掘出公元前221—前206年的1100多枚竹简中，其中《秦律·田律》清晰地体现了可持续发展的思想，也是我国古代第一次出现有关保护生态环境的条文，条文规定：每年春季2月至夏季7月的这段时间内，不准进山砍伐林木；不准堵塞林间水道；不准采樵、烧草木灰、不准捕捉幼兽幼鸟或鸟卵；不准用药物毒杀鱼鳖；不准设置诱鸟兽的网罟和陷阱等；并规定了对违犯禁令者的处罚措施。"与天地相参"可也说是中国古代生态意识的理想和目标，这也是可持续性的反映。

自秦以后，历代思想家进一步丰富和发展了先秦诸子关于天人关系的思想。例如，扬雄的《太玄经·玄莹》、王充的《论衡》、贾思勰的《齐民要术》等。这些著作都从不同方面把人与自然、经济与生态作为一个有机整体，形成了中国古代朴素的生态观和经济相统一的可持续发展观。与此同时在周代，我国开始重视保护自然资源和生态环境，并且有了这方面的法令。如周文王时期(约公元前1150年)颁布的《伐崇令》，规定"毋坏屋，毋填井，毋伐树木，毋动六畜，有不如令者，死无赦"。这很可能是世界上最早的环境保护法令。据《吕氏春秋》记载，周朝还制定了保护自然资源的《野禁》和《四时之禁》，如《四时之禁》规定："山不敢伐材下木，泽不敢灰，缳网罝罜不敢出乎门，罜罟不敢入乎渊，泽非舟虞不敢缘，为害其时也。"，意思是不在规定的时间，不准砍伐山林，不准割草烧灰，不准滥捕鸟兽；不准下河捕鱼，以利于动植物的生长繁殖。

中国古代不仅有丰富的可持续发展的思想，而且有宝贵的持续发展的实践。"网开三面""里革断罟"等典故形象地反映了中国夏商周时期自然活动保护的特点。到了春秋战国时期，人们不仅秉承了保护自然的传统，而且开始注重遵从生态学的季节节律，重视自然资源的持续存在，创立了保护正在孕育和产卵的鸟兽鱼鳖以利"永续利用"的思想和封山育林定期开禁的法令。

西方的一些经济学家如马尔萨斯、李嘉图和穆勒等的著作中也比较早地认识到人类消费的无知限制，即人类的经济活动范围存在生态边界。

（二）近代马克思辩证的可持续发展思想

在马克思主义创始人的著作中，虽然没有直接提到过"可持续发展"这个名词，但对这个问题，则进行了深入研究，提出了一些具体思想。

1. 人和自然密切相关的思想

马克思在《1844年经济学哲学手稿》中最早提出了这个思想观点。他说"在人类历史中即在人类社会的产生过程中形成的自然界是人的现实的自然界""历史本身是自然史，即自然界成为人这一过程的一个现实部分"。马克思还指出："自然界，就它本身不是人的自身而言，是人的无机的身体。人靠自然界生活。"人的肉体生活和精神生活同自然界相联系，也就等于说自然界同自身相联系，因为人是自然界的一部分。

2. 人和自然进行物质变换的思想

马克思和恩格斯认为，人与自然之间的关系，只能是物质变换的关系。人的劳动是社会发展的基础，而"劳动首先是人和自然之间的过程，是人以自身的活动来引起、调整和控制人和自然之间的物质变换的过程"。

马克思指出："耕作如果自发地进行，而不是有意识地加以控制……接踵而来的就是土地荒芜，如波斯、美索不达米亚等地以及希腊那样。"强调要"一天天地学会更加正确地理解自然规律，学会认识我们对自然界的惯常行程的干涉所引起的比较近或比较远的影响"。

马克思谈到资本主义工业发展对城市生态环境的破坏时指出："资本主义生产使它汇集在各大中心城市人口越来越占优势，这样一来，它一方面聚集着社会的历史动力；另一方面又破坏着人和土地之间的物质变换，也就是使人以衣食形式消费掉的土地的组成部分不能回到土地，从而破坏土地持久肥力的永恒的自然条件。"

恩格斯在《反杜林论》中描述了工业对水体的污染："蒸汽机的第一需要和大工业中差不多一切生产部门的主要需要，都是比较纯洁的水。但是工厂城市把一切水都变成臭气冲天的污水。"

（三）现代可持续发展战略的形成与发展

20 世纪是人类现代可持续发展思想觉醒和复苏的时期。现代可持续发展思想的产生源于人们对环境问题的逐步认识、深切反思和热切关注。18 世纪初工业革命以前，环境问题处于萌芽阶段，当时工业生产并不发达，由工业生产引起的环境污染问题还不突出。自工业革命后，尤其是半个多世纪以来，随着全球人口膨胀和生产力水平的极大提高，很多国家和地区普遍出现了前所未有的经济"增长热"。各地的发展主要是按经济增长来定义的，以工业化为主要内容，以国民生产总值或国民收入的增长为根本目标。一切目标围绕经济增长，认为只要经济增长了，就是社会发展了。人类在创造了空前巨大物质财富的同时，为此却付出了极其沉重的环境代价，环境问题随之恶化，并从局部地区向全世界蔓延。西方发达国家环境公害事件接连不断，对经济和社会发展带来严重冲击。全球性规模的大气、海洋、陆地污染以及生态破坏，已成为危及人类当时和未来的严重问题。全球日益突出的环境危机，把人类推向了历史抉择的关头，严重影响了人类社会的和谐、健康和持续发展。痛定思痛，人类开始反思和总结自己所创造的文明，努力寻求新的发展模式。

1.《寂静的春天》(*Silent Spring*)——对传统行为和观念的早期反思

20 世纪中叶，随着环境污染的日趋严重，特别是西方国家公害事件的不断发生，环境问题日益成为困扰人类生存和发展的一个突出问题。20 世纪 50 年代末，美国海洋生物学家蕾切尔·卡逊 (Rachel Carson) 在潜心研究美国使用杀虫剂所产生的种种危害之后，于 1962 年发表了环境保护科普著作《寂静的春天》。它标志着人类关心生态环境问题的开始。卡逊根据大量事实，科学论述了 DDT 等农药污染的迁移、转化与空气、土壤、河流、海洋、动植物与人的关系，从而警告人们要全面权衡和评价使用农药的利弊两门，要正视由于人类自身的生产活动而导致的严重后果。她向世人呼吁：我们长期以来一直行驶的这条发展道路容易使人错认为是一条舒适、平坦的超级公路，而实际上，在这条道路的终点却有灾难在等待着，这条路的另一个岔路，一条"很少有人走过的"岔路，为我们提供了最后唯一的机会以保住我们的地球。但这"另一个岔路"究竟是什么样的道路，卡逊没有确切地提出，但作为环境保护的先行者，卡逊的思想在世界范围内引发了人类对自身行为和观念的深入反思。

2.《增长的极限》(*Limits to Growth*)———引起世界的强烈反响

1968 年，来自世界各国的几十位科学家、教育家和经济学家等聚会罗马，成立了一个非正式的国际协会——罗马俱乐部(The Club of Rome)。通过研究和探讨人类面临的共同问题，使国际社会对人类面临的社会、经济、环境等诸多问题有更深入的理解。受俱乐部的委托，以麻省理工学院 D·梅多斯(Dennis. L. Meadows)为首的研究小组，针对长期流行于西方的高增长理论进行了深入的研究，并于 1972 年提交了俱乐部成立后的第一份研究报告《增长的极限》。报告深刻阐明了环境的重要性以及资源与人口之间的基本关系。报告认为：由于世界人口增长、粮食生产、工业发展、资源消耗和环境污染这五项基本因素的运行方式是指数增长而非线性增长，如果目前人口和资本的快速增长模式继续下去，世界将会面临一场"灾难性的崩溃"。也就是说，地球的支撑力将会达到极限，经济增长将发生不可控制的衰退。因此，要避免因超越地球资源极限而导致世界崩溃的最好方法是限制增长，即"零增长"。《增长的极限》在国际社会特别是在学术界引起了强烈的反响。该报告在促使人们密切关注人口、资源和环境问题的同时，因其反对增长的观点而遭受到尖锐的批评和责难。从而引发了一场激烈的、旷日持久的学术之争。一般认为，由于种种因素的局限，《增长的极限》的结论和观点，存在十分明显的缺陷。但是，报告指出的地球潜伏着危机、发展面临着困境的警告无疑给人类开出了一服清醒剂，其积极意义毋庸置疑。《增长的极限》曾一度成为当时环境运动的理论基础，有力地促进了全球的环境运动，其中所阐述的"合理的、持久的均衡发展"，为可持续发展思想的产生奠定了基础。

3. 联合国人类环境会议——人类对环境问题的正式挑战。

1972 年，联合国在斯德哥尔摩召开了联合国人类环境会议，共同讨论环境对人类的影响问题。这是人类第一次将环境问题纳入世界各国政府和国际政治的事务议程，也是人类有史以来第一次有组织的环境保护行动，为可持续发展奠定了初步的思想基础，标志着人类环境时代的到来。这次会议云集了全球的工业化和发展中国家的代表，共同界定了人类在缔造一个健康和富有生机的环境上所享有的权利。这次会议也是我国第一次派代表作为观察员参会。

大会通过的《人类环境宣言》宣布了 7 个共同观点和 26 项共同原则。作为探讨保护全球环境战略的第一次国际会议，联合国人类环境大会的意义在于唤起了各国政府对环境污染问题的觉醒和关注。它向全球呼吁，现在我们在决定世界各地的行动时，必须更加审慎地考虑它们对环境产生的后果，由于无知或不关心，我们可能会给地球环境造成巨大而无法换回的损失。因此，保护和改善人类环境是关系到全世界各国人民的幸福和经济发展的重要问题，是世界人民的迫切希望和各国政府的艰巨责任，也是人类的紧迫目标，各国政府和人民必须为着全体人民及其后代的利益而作出共同的努力。

会后，联合国人类环境会议秘书长 M·斯特朗(M. Strong)委托英国经济学家 B·沃德(B. Ward)和美国微生物学家 R·杜博斯(R. Dubos)，编写了《只有一个地球》(Only One Earth)一书。全书从整个地球的发展前景出发，从社会、经济和政治的不同角度，评述经济发展和环境污染对不同国家产生的影响，呼吁各国人民重视维护人类赖以生存的地球。

尽管大会对环境问题的认识还比较粗浅，也尚未确定解决环境问题的具体途径，尤其是没能找出问题的根源和责任，但它唤起了人类对环境问题的觉醒，正式吹响了人类共同向环境问题挑战的进军号，使各国政府和公众的环境意识，无论是在广度上还是在深度上都向前大大地迈进了一步。西方发达国家开始了对环境的治理工作，但尚未得到发展中国家的积极响应。

但是这次会议没有真正认识到环境问题的实质和找到解决环境问题的根本途径，只是就环境污染谈环境保护，强调的是单纯的环境问题，还没有将环境问题和社会的发展深刻地联系起来。所以，人类环境会议之后，人类所面临的环境、人口、资源和粮食等问题不但没有好转的迹象，反而日趋严峻。

4.《我们共同的未来》——环境与发展思想的重要飞跃

人类环境会议后，国际自然保护同盟（IUCN）从1975年开始，仔细分析了以往人类对环境问题采取的措施后强调指出：环境问题不是一个孤立的现象，是与人类社会发展密切相关的重大问题——发展问题。以往对自然的保护通常着眼于一个受害的物种和地区，是一种纯粹的保护主义行为。尽管这种方式在过去的几十年中也取得了某些成功，但这种方式却很难持久地应付整个人类所面临的环境问题的挑战，很难持久地从源头上解决整个人类所面临的环境问题。发展不是短期的成功，它还需要在经济上和生态上表现为动态的、持续的、和谐的过程。因此，发展不只是单一的经济活动，而是社会、经济、资源、环境等多方面的综合协调行动。因此，单靠科学技术手段利用工业文明的思维定式去修补环境是不可能从根本上解决环境问题的，忽视生态问题去寻求不断发展也是办不到的。人类必须在各个层面上调控自身的社会行为和改变支配人类社会行为的思想，也就是说，发展需要新的战略。1980年3月5日，IUCN发表了《世界自然资源保护大纲》提到："必须研究自然地、社会的、生态的、经济的以及利用自然资源过程中的基本关系，以确保全球的可持续发展。"

与此同时，20世纪80年代伊始，联合国成立了以挪威首相布伦特兰夫人（G. H. Brundland）为主席的世界环境与发展委员会（WECD），以制订长期的环境对策，帮助国际社会确立更加有效地解决环境问题的途径和方法。经过3年多的深入研究和充分论证，该委员会于1987年向联合国大会提交了经过充分论证的研究报告——《我们共同的未来》。报告将注意力集中于人口、粮食、物种和遗传资源、能源、工业和人类居住等方面，在系统探讨了人类面临的一系列重大经济、社会和环境问题之后，正式提出了"可持续发展"的模式。报告深刻地指出，在过去，我们关心的是经济发展对生态环境带来的影响，而现在，我们正迫切地感到生态压力对经济发展所带来的重大制约。因此，我们需要有一条崭新的发展道路，这条道路不是一条只能在若干年内、在若干地方支持人类进步的道路，而是一条直到遥远的未来都能支持全人类共同进步的道路——"可持续发展道路"，这实际上就是卡逊在《寂静的春天》里没能提供答案的"另一条岔路"。布伦特兰鲜明、创新的科学观点，把人们从单纯考虑环境保护的角度引导到环境保护与人类发展相结合，体现了人类在可持续发展思想认识上的重要飞跃。

也正是在《我们共同的未来》中，WECD对可持续发展提出了明确的定义。可持续发展的提出，是人类对于自身发展人事的一次重大飞跃。人类想要继续生存和发展，就必须改变目前的生存方式和发展方式，走可持续发展的道路。

5. 联合国环境与发展大会——环境与发展的里程碑

1992年6月，联合国环境与发展大会（UNCED）在巴西里约热内卢召开，共有183个国家的代表团和70个国际组织的代表出席了会议，102位国家元首或政府首脑到会讲话。

此次会议上，可持续发展得到了世界最广泛和最高级别的政治承诺。会议通过了《里约环境与发展宣言》和《21世纪议程》两个纲领性文件。正式确认了可持续发展战略，为全世界可持续发展指明了大方向。其核心内容是：要以公平的原则，通过全球伙伴合作关系促进全球可持续发展，以解决全球生态环境的危机。

可持续发展思想的正式确立，标志着人类对自身生存和发展方式的大转变，是人类第一次将可持续发展理论和概念变成行动，由单纯重视环保问题，转移到环境与发展的主题，开辟了人类历史的新纪元，形成了人类可持续发展进程中最重要的里程碑。可持续发展不仅是20世纪末，也是21世纪；不仅是发达国家，也是发展中国家的共同发展战略，是整个人类求得生存与发展的惟一可供选择的道路。

6. 可持续发展世界首脑会议——可持续发展战略的回顾

根据2000年12月第五十五届联大第55/199号决议，2002年8月26日至9月4日在南非约翰内斯堡召开的第一届可持续发展世界首脑会议（World Summit on Sustainable Development，WSSD），是继1992年在巴西里约热内卢举行的联合国环境与发展会议和1997年在纽约举行的第十九届特别联大之后，全面审查和评价《21世纪议程》执行情况，重振全球可持续发展伙伴关系的重要会议。

可持续发展世界首脑会议的召开对于人类进入21世纪所面临和解决的环境与发展问题有着重要的意义。在刚刚过去的20世纪，人类在经济、社会、教育、科技等众多领域取得了显著的成就，但在环境与发展的问题上始终面临着严峻的挑战。由于国际环境发展领域中的矛盾错综复杂，利益相互交错，以全球可持续发展为目标的《21世纪议程》等重要文件的执行情况并不良好，全球的环境危机没有得到扭转。一方面，发展中国家实现经济发展和环境保护的目标由于自身经济不发达而困难重重；另一方面，发达国家并没有履行公约中向发展中国家提供技术资金支持的义务。因而，全球贫困现象还普遍存在，南北差距不断增大，大多数国家认为召开新的国际会议，总结回顾里约会议的精神，讨论里约会议建立的全球伙伴关系所面临的新问题有着极大的必要性，2002年的首脑会议也是基于此目的筹备召开。

2002年首脑会议涉及政治、经济、环境与社会等广泛的问题，全面审议1992年来环境与发展大会所通过的《里约宣言》《21世纪议程》等重要文件和其他一些主要环境公约的执行情况，并在此基础上就今后的工作形成面向行动的战略与措施，积极推进全球的可持续发展。

7. 联合国可持续发展大会——可持续发展战略的深化

2012年，在具有里程碑意义联合国环境与发展大会20年后，世界各国领导人再次聚集在巴西里约热内卢，对以下内容进行讨论：①达成新的可持续发展政治承诺；②对现有的承诺评估进展情况和实施方面的差距；③应对新的挑战。联合国可持续发展会议（里约地球首脑会议+20），集中讨论了两个主题：①绿色经济在可持续发展和消除贫困方面作用；②可持续发展的体制框架。

"里约地球首脑会议+20"峰会成果文件《我们憧憬的未来》重申了"共同但有区别的责任"原则；决定启动可持续发展目标讨论进程；肯定绿色经济是实现可持续发展的重要手段之一；决定建立更加有效的可持续发展机制框架；敦促发达国家履行官方发展援助承

诺。这是"里约地球首脑会议+20"峰会取得的重要成果，这项成果开启了可持续发展的新里程，其理论探索和实践总结将是学术界不懈努力的方向。在《我们憧憬的未来》的框架下，整合现有可持续发展的相关政策，综合考虑各国独特的社会、经济发展和环境保护问题的特殊性，认为可持续发展研究需要在以下6个方面做出努力：

①绿色经济的概念、发展模式与政策创新研究，主要包含了绿色经济的内涵；绿色经济与可持续发展之间的关系；绿色经济与就业、脱贫等之间的关系；衡量绿色经济的具体指标体系；对不同区域和不同行业经济发展绿化程度的测度；绿色壁垒的形式以及对我国国际贸易的影响；发展绿色经济对国际政治经济格局的影响；绿色经济的发展模式与政策创新研究等。

②自然资本核算、生态补偿机制与政策研究，主要包含了自然资本的内涵；自然资本与可持续发展之间的关系；各种生态服务之间的耦合关系；如何建立基于自然资本核算方法体系的多层次多元化的生态补偿投融资及其运行机制和生态补偿方式；如何从法律、体制、机制、政策等多层面构建一套完整、具有可操作性的生态补偿政策和制度保障体系等。

③可持续发展的全球治理机制研究，主要包含了可持续发展领域的国际合作与冲突机制及有效的全球环境治理机制和可持续发展的国际管理体制的研究；中国、巴西、印度等新兴经济体应该如何应对在未来全球可持续发展中面临的压力和责任及经济全球化对于可持续发展的负面影响等。

④科技创新与可持续发展研究，主要包含了科技创新对可持续发展的贡献度；各类型产业可持续发展技术(或者是低碳技术、绿色技术等)的识别、评价和预测；可持续发展技术的创新机制研究；如何通过加强可持续技术的研发和应用，促进绿色产业发展和民生改善等。

⑤可持续发展的投融资机制研究，主要包含了提高可持续发展中转移支付、生态环境保护专项资金(基金)、生态税、税收差异化等财政手段效果的体制和机制创新问题；如何推进投融资渠道和方式多元化，实现资金供给与资本结构优化的协调互动和资金配置与运作效率的高效互动等。

⑥可持续发展利益相关方的有效参与机制研究，主要包含了系统研究可持续发展利益相关者参与机制创新的可行路径，建立中国可持续发展利益相关者参与的分析框架；研究与设计能够在宏观(或共性)层面和微观(或个性)层面有效运行的参与机制；研究可持续发展利益相关者参与机制创新的制度相容性和实践可行性。

8.《2030年可持续发展议程》——可持续发展战略的延伸

联合国193个会员国在2015年9月举行的历史性首脑会议上一致通过了可持续发展目标，这些目标述及发达国家和发展中国家人民的需求并强调不会落下任何一个人。新议程范围广泛且雄心勃勃，涉及可持续发展的3个层面：社会、经济和环境，以及与和平、正义和高效机构相关的重要方面。该议程还确认调动执行手段，包括财政资源、技术开发和转让以及能力建设，以及伙伴关系的作用至关重要。

193个成员国在峰会上正式通过了17个可持续发展目标。可持续发展目标旨在从2015年到2030年间以综合方式彻底解决社会、经济和环境三个维度的发展问题，转向可持续发展道路。这17个可持续发展目标如下：①在全世界消除一切形式的贫困；②消除饥饿，实现粮食安全，改善营养状况和促进可持续农业；③确保健康的生活方式，促进各年龄段人群的福祉；④确保包容和公平的优质教育，让全民终身享有学习机会；⑤实现性别平等，增强所有妇女和女童的权能；⑥为所有人提供水和环境卫生并对其进行可持续管理；⑦确保人人获得负担得起的、可靠和可持续的现代能源；⑧促进持久、包容和可持续的经济增长，促进充分的生产性就业和人人获得体面工作；⑨建造具备抵御灾害能力的基础设施，促进具有包容性的可持续工业化，推动创新；⑩减少国家内部和国家之间的不平等；⑪建设包容、安全、有抵御灾害能力和可持续的城市和人类住区；⑫采用可持续的消费和生产模式；⑬采取紧急行动应对气候变化及其影响；⑭保护和可持续利用海洋和海洋资源以促进可持续发展；⑮保护、恢复和促进可持续利用陆地生态系统，可持续管理森林，防治荒漠化，制止和扭转土地退化，遏制生物多样性的丧失；⑯创建和平、包容的社会以促进可持续发展，让所有人都能诉诸司法，在各级建立有效、负责和包容的机构；⑰加强执行手段，重振可持续发展全球伙伴关系。

《2030年可持续发展议程》于2016年1月1日正式启动。新议程呼吁各国现在就采取行动，为今后15年实现17项可持续发展目标而努力。

2030年可持续发展议程为当下和未来的人类和地球规划出一个实现和平与繁荣的全球蓝图。在议程实施的三年中，各国正在不断将这一共同愿景内化为国家发展计划和战略。《2018年可持续发展目标报告》突出展现了2030年议程涵盖的众多领域中正在取得的进展。进入21世纪以来，撒哈拉以南非洲地区孕产妇死亡率下降了35%，五岁以下儿童死亡率下降了50%；南亚地区女孩的童婚风险下降了40%以上；而在最不发达国家，电力覆盖的人口比例增加了一倍多。全球范围内，劳动生产率提高，失业率下降，100多个国家制定了可持续消费和生产的相关政策和举措。

二、可持续发展战略的内涵

（一）可持续发展的概念

可持续来自于拉丁语，意思是"可以维持下去"和"可以继续保持"。可持续发展包含发展与可持续两个层面，发展是其目标，可持续是发展应当遵循的原则。可持续发展的概念最初应用于林业和渔业，是指对资源的一种管理策略，即如何将全部资源中的合理部分加以收获，使得资源不受破坏，而新生成的资源数量足以弥补所收获的数量。例如，一个水域内渔业资源可持续生产就是指鱼类捕捞量等于该水域内鱼类年自然繁殖量。后来，这一概念应用于更加广泛的经济学和社会学领域，产生了各种各样的解释。不同机构和专家为可持续发展给出的定义略有不同。这些定义表述虽然有所不同，但大体方向、基本思想是一致的。

在这些表述中，比较有权威的、得到大多数人认可的定义来自于1987年世界环境与发展委员会（WECD）的《我们共同的未来》。该报告把可持续发展定义为："可持续发展是既满足当代人的需要，又不对后代人满足其需要的能力构成危害的发展。"1992年，联合国环境与发展大会（UNCED）在《里约宣言》中对可持续发展进一步阐述为"人类应享有与自然和谐的方式过健康而富有成果的生活的权利，并公平地满足今世后代在发展和环境方面的需要，求取发展的权利必须实现"。

这两个概念虽然在表述方式上有所差异，但都包含了可持续发展概念的两个基本要点：一是强调人类追求健康而富有生产成果的权利应当是坚持与自然相和谐的方式，而不应当是凭借着人们手中的技术和投资，采取耗竭资源，破坏生态和污染环境的方式来追求这种发展权利的实现；二是强调当代人在创造今世发展与消费的同时，应认可并努力做到使自己的机会与后代人的机会平等。

（二）可持续发展的主要原则

可持续发展的内涵十分丰富，其中秉承着一条基本原则，那就是发展性原则，也就是说，人均财富不因世代更迭而下降。一般来说包含以下 3 个方面：

1. 持续性原则

资源和环境是可持续发展的主要限制性因素，是人类社会生存和发展的基础。因此，资源的永续利用和环境的可持续性是人类实现可持续发展的基本保证。人类的发展活动必须以不损害地球生命支持系统的大气、水、土壤、生物等自然条件为前提，其强度和规模不能超过资源与环境的承担能力。

2. 公平性原则

包括代内公平和代际公平。代内公平是指世界各国按其本国的环境与发展政策开发利用自然资源的活动，不应损害其他国家和地区的环境；给世界各国以公平的发展权和资源使用权，在可持续发展的进程中消除贫困，消除人类社会存在的贫富悬殊、两极分化状况。这也意味着，不同发展程度的国家承担的环境责任有所不同。代际公平是指在人类赖以生存的自然资源存量有限的前提下，要给后代人以公平利用自然资源的权利，当代人不能因为自己的发展和需求而损害后代人发展所必需的资源和环境条件。

3. 共同性原则

可持续发展是全人类的发展，必须由全球共同联合行动，这是由于地球的整体性和人类社会的相互依存性所决定的。尽管不同国家和地区的历史、经济、政治、文化、社会和发展水平各不相同，其可持续发展的具体目标、政策和实施步骤也各有差异，但发展的持续性和公平性是一致的。实现可持续发展需要地球上全人类的共同努力，追求人与人之间、人与自然之间的和谐是人类共同的道义和责任。

（三）可持续发展的内涵

1. 增长不等于发展，持续增长不等于持续发展

增长是指社会财富的积累，是国内生产总值的增加。工业文明以来，把这种社会财富的积累和国内生产总值的增加等同于发展，这种传统意义上的发展观实际上就是增长观，而且仅仅是经济增长观。几十年来，国内生产总值（GDP）一直是衡量发展的标尺，这种传统的衡量标准歪曲了发展的真正内涵，而对 GDP 增长的片面追求又加剧了对环境的索取。因为很显然，对自然界索取得越多，GDP 的增长越大，甚至连环境污染所造成的损失也成为 GDP 增长的一部分。

GDP 的使用，使得发展（特别是经济发展）大多倾向于在数量上的增加和规模上的扩张，而不是人类生存质量的提高，这促使了环境问题的加剧。事实证明这种认识是错误的。人们考虑经济问题不能光看产值、产量和速度，还要看效益、看整个生活质量的改

善、看社会各阶层能否都得到利益。经济指标的增长和人均国民收入的增加并不是发展，还要考虑这种增长对生态环境造成的负面影响有多大，考虑资源与环境的承受能力。

在不可持续的生产模式下，国内生产总值（GDP）的增长时付出沉重代价的，表现为资源和能源的大量消耗，表现为严重的环境污染和生态破坏。如果把自然资本和环境资本纳入到国民经济核算体系中就不难看出，这种传统的增长包含很大水分，是一种无发展的增长。实际上，在很多情况下是一种虚增长，甚至是负增长。

而发展的内涵既包括了经济增长，也包含了自然资源的贮存，还要反映以环境质量为重要内容的生活质量的提高。衡量一个国家或地区的发展水平和富裕程度不能只看国内生产总值。对此，世界银行在1995年提出了一个国家和地区富裕程度的4项评价指标，它们是生产资本、自然资本、人力资本和社会资本。其中，生产资本是指物质财富的人均拥有量；自然资本是指自然资源的人均拥有量；人力资本是指人的受教育程度、人的健康水平、人才多少；社会资本是指社会的公共福利、社会文化、教育基础等。

很显然，按照这种评价标准，传统意义上的增长实质上就是生产资本这一部分。如果生产资本增加，而自然资本减少，经济虽然上升，但资源枯竭，人的生存环境质量下降，这绝不是发展。所以，增长不等于发展，持续增长不等于持续发展。

2. 发展是有条件的，即发展的可持续性

发展是人类永恒的主题，是由人类满足自身的生存需要所决定的，是可持续发展的第一含义。发展是硬道理，对于发展中国家而言，尤其是贫困的国家和地区，要把发展作为首要任务予以优先考虑。只有发展才能为解决生态危机提供必要的物质基础，也才能最终摆托贫困。

发展这种有目的改变环境的行为，使环境能够更有效地满足人类的需求，这是基本的内在需求。然而，为满足人类生存需求而引发的各种行为又必须立足于自然界的可再生资源能够满足我们当代人和后代人的需求以及对于不可再生资源的谨慎使用。也就是说，发展要在可持续的前提下发展，即发展要遵循持续性原则。这里的可持续性是指人类的经济建设和社会发展不能超越自然资源与生态环境的承载能力。人类发展对环境资源的耗竭速率应充分顾及资源的临界性，应以不损害支持地球生命的大气、水、土壤、生物等自然系统为前提，不得超过资源与环境的承载能力。可持续发展有许多制约因素，其主要制约因素是资源与环境，资源与环境是人类生存与发展的基础和条件，离开了它们，人类的生存与发展就无从谈起。

因此，发展是有条件的、有限度的。发展的限制分为两个方面：一是客观因素对发展的限制；二是主观因素对发展的限制。客观因素可以分为经济因素、社会因素和生态因素，其中，生态因素的限制是最基本的。经济因素是要求经济效益大于成本。传统意义上的成本概念包括生产成本和管理成本，而可持续发展概念中还包括环境成本和资源成本两部分。只有当经济效益大于所有这些成本之和时，增长才具有实际意义。社会因素是要求发展不能违反基于传统的伦理、宗教、习俗等所形成的一个民族和国家的社会准则。生态因素是要求发展必须保持各种生态系统的生态平衡，保护世界自然系统的结构、功能和多样性，鼓励在生态可能的范围内发展经济。主观因素又分为人类物质需求的限制，对人类生产行为的限制，对人类社会道德准则和价值取向的限制。人类的一切行为都来源于需求，而需求是可以改变的。通过调整和引导消费方式以限制人类的物质需求，通过转变经济增长方式以限制人类的生产行为，通过法律、经济和教育手段以限制人类的社会道德准则和价值取向。

发展是目的，限制是保障。发展不能以牺牲自然生态环境为代价，不能违反国家和民族的社会准则，要实现更大的正效益。或者说，发展是有条件的、有规律的，不是无序的、盲目的，无限制的发展不可能持续。

3. 发展要有公平性

发展的公平性即是可持续发展的公平性原则，即代内公平和代际公平。没有公平，就没有可持续发展。

代内公平，即同代人之间的横向公平性。各国拥有按其本国的环境与发展政策开发本国自然资源的主权，并确保在其管辖范围内或在其控制下的活动，不致损害其他国家或地区；给世界各国以公平的发展权、公平的资源使用权，在可持续发展的进程中消除贫困，消除发达国家与发展中国家以及不同地区之间的贫富悬殊、两极分化的状况。发展不应是少数国家的权利，所有的国家都应得到发展才行。

长期以来，西方发达国家经济的持续增长和资本的持续积累，除了依靠本国的科技快速发展和国家的高效管理之外，另一重要方面就是依靠科技优势，在本国产业结构调整的基础上，把科技含量低、资源消耗大、污染严重的企业转移到发展中国家。这样既解决了本国的资源消耗，实现了本国的自然资本积累，又减轻了国内的环境压力，把严重的环境问题留在了发展中国家，客观上无形中降低了发展中国家的环境支撑能力。

针对代内公平的探讨和争论，在 2012 年联合国可持续发展大会上也有所体现。大会各方大致可分为两大阵营：①美国、日本以及欧盟等发达国家或地区分别对绿色经济和可持续发展机制框架提供了各自的设计方案，积极为未来可持续发展谋划布局，力图在领导世界未来可持续发展和绿色技术发展方向上争取主动，抢占先机，总体处于主导地位；②发展中国家则更多地从维护自身发展权益的角度，继续强调"共同但有区别的责任"原则和多边主义精神，强调绿色发展的公平性，要求发达国家率先改变其不可持续的消费和生产方式，并在资金、技术等方面继续给予发展中国家帮助，反对贸易保护主义，支持联合国机构改革，总体处于应对地位。

代际公平，即时代之间的纵向性公平。人类赖以生存的自然资源是有限的，要给后代人以公平利用自然资源的权利，当代人不能因为自己的发展和需求而损害后代人发展所必需的自然资源和环境条件。可持续发展不仅要实现当代人之间的公平，也要实现当代人与未来隔代人之间的公平。这是可持续发展与传统发展模式的根本区别之一。公平性在传统发展模式中没有得到足够重视。从伦理上讲，后代应与当代人有同样的权利提出他们对资源与环境的需求。20 世纪 60 年代，美国作家托德·G·布赫霍尔茨所著的《繁重的代价》指出，千秋万代共享的资源被当代人消耗掉了，以此巨大的代价换来的繁荣是虚假的繁荣。我们今天的发展不是从祖先那里继承下来的，而是从子孙那里借来的。

发展是一个连续的过程，当代人与后代人应享有平等的发展机会和权利，满足当代人的需要不能牺牲后代人的利益和削弱后代人发展的潜力。具体地说，发展不能欠账，既不能借后代人赖以发展的资源以满足当代人发展的需要，又不能把当代人所造成的环境问题留给后代人去解决。

4. 发展要有和谐性

可持续发展不仅强调公平性，同时也要求具有和谐性，正如《我们共同的未来》中所指出的"从广义上说，可持续发展的战略就是要促进人类之间及人类与自然之间的和谐"。如果每个人在考虑和安排自己的行动时，都能考虑这一行动对其他人（包括后代人）及生态环境的影响，并能真诚地按"和谐性"原则行事，那么人类与自然之间就能保持一种互惠共生的关系，也只有这样，可持续发展才能实现。

环境保护是可持续发展进程中的一个有机组成部分，维持人类与自然和谐的关系是可持续发展的基本要求。遵循发展的和谐性原则，就是要正确认识人与自然的关系。可持续发展要求人们必须彻底改变对自然界的态度，重新认识人在生态—经济—社会大系统的地位和作用，建立起新的道德和价值标准，不再把自然界看作被人类随意盘剥和利用的对象，而看作人类生命的源泉。人类必须学会尊重自然、师法自然、保护自然，把自己当作自然界中的一员，从以人为中心、以征服自然为基本信条的工业文明的阴影中走出来，迎接以人为本、以和谐人与自然的关系为中心的环境时代。

5. 发展的模式和途径不是唯一

可持续发展关系到全人类的发展。正如同社会制度的选择一样，对具有不同的社会历史背影、文化背景、经济文化和发展水平不同、处于不同发展阶段的国家，可持续发展战略的选择可以不同，可持续发展的具体目标、政策和实施步骤也各有差异。但是，发展的持续性和公平性则是一致的。若要实现可持续发展的总目标，必须争取全球共同的联合行动，这是由地球的整体性和相互依存所决定的。正如《我们共同的未来》中所提出的"进一步发展共同的认识和共同的责任感，是这个分裂的世界十分需要的"。因此，致力于达成既尊重各方的利益，又保护全球环境与发展体系的国际协定至关重要。

可持续发展是人类关于发展的结构化描述。如何实施可持续发展，什么样的发展才是可持续的，人类可以有统一的思维准则，但没有统一的实时模式。对于发达国家而言，实施可持续发展首要的任务是抑制自然资源的消耗，同时要主动保障发展中国家和地区发展经济，逐渐消除发展的不平衡现象，保护"地球村"的整体利益。对于发展中国家，首要的任务是在转变传统的经济增长模式基础上加快经济发展。

总之，可持续发展包括"需求"和"限制"两个方面，两者缺一不可。没有需求就没有发展，需求不同决定了发展模式的不同。没有限制就没有持续，无限制的发展必然破坏人类生存的物质基础和生态环境，必然导致发展的不可持续，发展本身也就衰退了。

（四）可持续发展的基础理论

1. 经济学理论

（1）增长极限理论　增长极限理论是 D. H. Meadows 在《增长的极限》中提出的有关可持续发展的理论，该理论的基本要点是：运用系统动力学的方法，将支配世界系统的物质关系、经济关系和社会关系进行综合，提出了人口不断增长、消费日益提高，而资源则不断减少、污染日益严重，制约了生产的增长；虽然科技不断进步能起到促进生产的作用，但这种作用是有一定限度的，因此生产的增长是有限的。

（2）知识经济理论　该理论认为经济发展的主要驱动力是知识和信息技术，知识经济将是未来人类可持续发展的基础。

2. 可持续发展的生态学理论

可持续发展的生态学理论是指根据生态系统的可持续性要求，人类的经济社会发展要遵循生态学三个定律：一是高效原理，即能源的高效利用和废弃物的循环再生产；二是和谐原理，即系统中各个组成部分之间的和睦共生，协同进化；三是自我调节原理，即协同的演化着眼于其内部各组织的自我调节功能的完善和持续性，而非外部的控制或结构的单纯增长。

3. 人口承载力理论

人口承载力理论是指地球系统的资源与环境，由于自身自组织与自我恢复能力存在一个阈值，在特定技术水平和发展阶段下的对于人口的承载能力是有限的。人口数量以及特定数量人口的社会经济活动对于地球系统的影响必须控制在这个限度之内，否则，就会影响或危及人类的持续生存与发展。这一理论被喻为20世纪人类最重要的三大发现之一。

4. 人地系统理论

人地系统理论是指人类社会是地球系统的一个组成部分，是生物圈的重要组成，是地球系统的主要子系统。它是由地球系统所产生的，同时又与地球系统的各个子系统之间存在相互联系、相互制约、相互影响的密切关系。人类社会的一切活动，包括经济活动，都受到地球系统的气候（大气圈）、水文与海洋（水圈）、土地与矿产资源（岩石圈）及生物资源（生物圈）的影响，地球系统是人类赖以生存和社会经济可持续发展的物质基础和必要条件；而人类的社会活动和经济活动，又直接或间接地影响着大气圈（大气污染、温室效应、臭氧洞）、岩石圈（矿产资源枯竭、沙漠化、土壤退化）及生物圈（森林减少、物种灭绝）的状态。人地系统理论是地球系统科学理论的核心，是陆地系统科学理论的重要组成部分，是可持续发展的理论基础。

（五）可持续发展的核心理论

1. 资源永续利用理论

资源永续利用理论流派的认识论基础，认为人类社会能否可持续发展取决于人类社会赖以生存发展的自然资源是否可以被永远地使用下去。基于这一认识，该流派致力于探讨使自然资源得到永续利用的理论和方法。

2. 外部性理论

外部性理论流派的认识论基础，认为环境日益恶化和人类社会出现不可持续发展现象和趋势的根源，是人类迄今为止一直把自然（资源和环境）视为可以免费享用的"公共物品"，不承认自然资源具有经济学意义上的价值，并在经济生活中把自然的投入排除在经济核算体系之外。基于这一认识，该流派致力于从经济学的角度探讨把自然资源纳入经济核算体系的理论与方法。

3. 财富代际公平分配理论

财富代际公平分配理论流派的认识论基础，认为人类社会出现不可持续发展现象和趋势的根源是当代人过多地占有和使用本应属于后代人的财富，特别是自然财富。基于这一认识，该流派致力于探讨财富（包括自然财富）在代际之间能够得到公平分配的理论和方法。

4. 三种生产理论

三种生产理论认为，世界系统本质是一个由人类社会与自然环境组成的巨系统，可称之为"环境社会系统"。在这个系统中，人与环境之间有着密切的联系，这种联系具体表现在两者之间的物质、能量和信息的流动上。

在这三种流动中，物质的流动是基本的，它是另外两个流动的基础和载体。在物质运动这个基础层次上，又可以划分为三个子系统，即物资生产子系统、人口生产子系统和环境生产子系统。事实上，整个世界系统的运动与变化取决于这三个子系统自身内在的物质运动，以及各系统之间的联系状况，也就是这里所说的"生产"，即由输入、输出的物质转变活动的全过程。

三种生产理论是环境社会系统发展学的核心理论，其概念模型如图 1-1 所示。

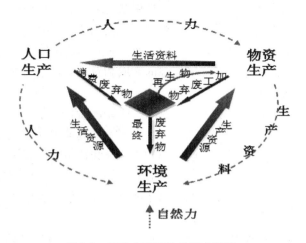

图 1-1　三种生产理论的概念模型

简单地说，物资生产是指人类从环境中索取生产资源并接受人口生产环境产生的消费再生物，并将它们转化为生活资料的总过程。该过程生产出生活资料去满足人类的物质需求，同时产生加工废弃物返回环境。

人口生产是指人类牲畜和繁衍的总过程。该过程消费物资生产提供的生活资料和环境生产提供的生活资源，产生人力资源以支持物资生产和环境生产，同时产生消费废弃物返回环境，产生消费再生物返回物资生产环节。

环境生产是指在自然力和人力共同作用下环境对其自然结构、功能和状态的维持与改善，包括消纳污染和产生资源。

可见，三种生产的关系呈环状结构。其中任何一种"生产"不畅都会危害整个世界系统的持续运行；也可以说，在人和环境这个大系统中物质流动的畅通程度取决于三种生产之间的协同程度。

（1）物资生产环节　其基本参量是社会生产力和资源利用率。社会生产力对应于生产生活资料的总能力，而资源利用率表示"物资生产"从环境中索取的资源和从"人口生产"环境取得的消费再生物被转化为生活资料的比例。资源利用率越高，则意味着在同等生活资料需求下，物资生产过程从环境中索取的资源越少，加载到环境中的废弃物越少。总的来说，社会生产力迅速增大，加工链节急剧增多，资源利用率急剧下降，是工业文明在物资生产方面的基本特征。

（2）人口生产环节　其基本参量是人口数量、人口素质和消费方式。人口数量和消费方式决定社会总消费，这是三个"生产"环状运行的基本动力，而社会总消费的无限增长，则是世界系统失控的根本原因。

人口素质涵盖人的科技知识水平和文化道德修养，它不但应决定人参加物资生产、环境生产的态度和能力，而且还应表现为调节自我生产和消费方式的能力。因此，人口素质的提高，不仅会体现在物资生产和环境生产的提高和人口生产的改善上，更重要的是还会体现在调节三种生产关系的能力提高上。

消费方式是反映人的物质生活水平和文化道德水准的一个重要标准。例如，穷奢极侈的唯享乐的生活方式为人类新文明所不齿。提倡绿色消费、清洁消费、重视文化生活，是建立符合可持续发展要求的消费模式的主要内容。在工业文明时代，刺激消费恶性膨胀的理论和做法成为决定消费方式和消费水准的主要因素；人类的需求异化为商品，人成为商品生产的奴隶，从而无限加大了对环境资源的索取和对环境污染的载荷，这是工业文明发展模式不可持续的一大根源。

（3）环境生产环节　其基本参量是污染消纳力和资源生产力。环境接受从生产环节返回的加工废弃物和从人的生产环节返回的消费废弃物，其消解这些废弃物的能力有一个极限，称为污染消纳力；当环境所接受的废弃物的种类和数量超过其污染消纳力后，就会使环境品质急剧降低。环境产生或再生生活资源和生产资源的速度也有极限，称为资源生产力。当物资生产过程从环境中索取资源的速率超过了环境的资源生产力时，就会导致作为资源的环境要素的存量降低。

因此，随着社会总消费的提高，仅仅保护环境是不够的，还必须主动地去建设环境，加强环境生产，提高环境的污染消纳力和资源生产力。认识到污染消纳力和资源生产力对世界系统运行的基本参数地位，将环境建设发展为一种新的基础产业，才能使环境生产担负起其在可持续发展中的应有使命。在人口基数消费水准一时难以降低，而社会总消费和社会生产力又不断提高的现实前提下，加强环境生产最具紧迫性和长远意义。

三种生产理论阐明了人与环境关系的本质。三种生产环节间的物质联系关系表明，环境生产环节是人口生产环境和物资生产环节存在的前提和基础，物资生产在本质上依靠环境生产所产出的自然资源作为加工的原材料，依靠环境的自净能力消纳排放出来的污染物，人口生产则是这个世界系统运行的原动力。

三种生产理论同时揭示了环境问题的实质及其产生根源。从三种生产理论中我们可以看到，环境生产环节在输入—输出上的不平衡是造成环境问题的根本原因。环境问题的实质就是导致三种生产环节运行不和谐的人类社会行为问题。

5. 低碳经济与循环经济

"低碳经济"最早见于英国政府于2003年发布的能源白皮书——《我们能源的未来：创建低碳经济》。其主张在21世纪要努力维持全球温度升高不超过2℃。为此，全球温室气体排放到2050年要削减一半。在世界范围内，碳减排行为的帷幕已经拉开。到2008年12月，《联合国气候变化框架公约》缔约方已召开了十四次会议，《京都议定书》缔约方也召开了四次会议。

循环经济也是起源于发达国家的经济发展新概念，但在时间和发展阶段上要早于低碳经济。要真正化解经济增长与环境和资源的矛盾，必须从以下3个关键环节解决问题：

首先从生产源头上通过提高资源能源的利用效率减少进入生产过程的无质量；其次是在生产过程中通过对副产品和废弃物的再利用减少废物的排放；第三是在产品经过消费完成它的使用价值变成废弃物后，不是简单抛弃，而是经过处理后变成再生资源回到生产的源头上。有人把这种方式方法总结为减量化（Reduce）、再利用（Reuse）、再循环（Recycle）3 项原则（简称"3R"原则），并把这种方式下的资源利用模式概括为"资源—产品—废弃物—再生资源"循环利用模式。通过这种模式改造和构建新型国民经济体系，不仅提高了资源利用效率，节约了资源，减少了生产成本，提高了经济综合效益，而且有效地改善了生态环境，大量废弃物被资源化地循环利用不仅解决了大量不可再生资源的再生利用问题，又产生了新的经济增长点，创造了新的就业岗位。1990 年英国经济学家珀斯和特纳（D. Pearce 和 R. K. Turner）把这种经济发展模式概括为"循环经济"。

三、中国可持续发展战略的实施

（一）《中国21 世纪议程——中国21 世纪人口、环境与发展白皮书》

《中国21 世纪议程》是中国实施可持续发展战略的行动纲领，是制定国民经济和社会发展中长期计划的指导性文件，同时也是中国政府认真履行1992 年联合国环境与发展大会的原则立场和实际行动，表明了中国在解决环境与发展问题上的决心和信心。《中国21 世纪议程》为中国21 世纪的发展描绘了一幅宏伟蓝图。

1.《中国21 世纪议程》基本思想

制定和实施《中国21 世纪议程》，走可持续发展之路，是我国在21 世纪发展的需要和必然选择。中国是发展中国家，要提高社会生产力，增强综合国力和不断提高人民生活水平，就必须毫不动摇地把发展国民经济放在第一位，各项工作都要紧紧围绕经济建设这个中心开展。中国是在人口基数大、人均资源少、经济和科技水平都比较落后的条件下实现经济快速发展的，这使本来就已经短缺的资源和脆弱的环境面临着更大的压力。在这种形势下，我国政府认识到，只有遵循可持续发展的战略思想，从国家整体的高度协调和组织各部门、各地方、各社会阶层和全体人民的行动，才能顺利完成预期的经济发展目标，才能保护好自然资源和改善生态环境，实现国家长期、稳定的发展。

2.《中国21 世纪议程》主要内容

《中国21 世纪议程》共20 章，78 个方案领域，主要内容分为4 大部分。

（1）可持续发展总体战略与政策 论述了实施中国可持续发展战略的背景和必要性，提出了中国可持续发展战略目标、战略重点和重大行动，建立中国可持续发展法律体系，制订促进可持续发展的经济技术政策，将资源和环境因素纳入经济核算体系，参与国际环境与发展合作的意义、原则立场和主要行动领域，其中特别强调可持续发展能力建设，包括建立健全可持续发展管理体系，费用与资金机制，加强教育、发展科学技术，建立可持续发展信息系统，促使妇女、青少年、少数民族、工人和科学界人士及团体参与可持续发展。

（2）社会可持续发展　包括人口、居民消费与社会服务，消除贫困，卫生与健康，人类住区可持续发展和防灾减灾等。其中最重要的是实行计划生育控制人口数量、提高人口素质，包括引导建立适度和健康消费的生活体系。强调尽快消除贫困，提高中国人民的卫生和健康水平。通过正确引导城市化，加强城镇用地规划和管理，合理使用土地，加快城镇基础设施建设，促进建筑业发展，向所有的人提供住房，改善住区环境，完善住区功能。建立与社会主义经济发展相适应的自然灾害防治体系。

（3）经济可持续发展　把促进经济快速增长作为消除贫困、提高人民生活水平、增强综合国力的必要条件，其中包括可持续发展的经济政策，农业与农村经济的可持续发展、工业与交通、通信业的可持续发展、可持续能源和生产消费等部分。着重强调利用市场机制和经济手段推动可持续发展，提供新的就业机会，在工业活动中积极推广清洁生产，尽快发展环保产业，提高能源效率与节能，开发利用新能源和可再生能源。

（4）资源的合理利用与环境保护　包括水、土等自然资源保护与可持续利用，还包括生物多样性保护、防治土地荒漠化、防灾减灾、保护大气层（如控制大气污染和防治酸雨）、固体废物无害化管理等。着重强调在自然资源管理决策中推行可持续发展影响评价制度，对重点区域和流域进行综合开发整治，完善生物多样性保护法规体系，建立和扩大国家自然保护区网络，建立全国土地荒漠化的监测和信息系统，开发消耗臭氧层物质的替代产品和替代技术，大面积造林，建立有害废物处置、利用的新法规和技术标准等。

3.《中国 21 世纪议程》特点

《中国 21 世纪议程》具有以下几方面的独特之处。

（1）突出体现新的发展观　《中国 21 世纪议程》体现新的发展观，力求结合中国国情，分类指导，有计划、有重点、分区域、分阶段摆脱传统的发展模式，逐步由粗放型经济发展过渡到集约型经济发展。

①我国东部和东南沿海地区经济相对比较发达，在经济继续保持稳定、快速增长的同时，重点提高增长的质量，提高效益，节约资源与能源，减少废物，改变传统的生产模式与消费模式，实施清洁生产和文明消费。

②我国西部、西北部和西南部经济相对不够发达地区，重点是消除贫困，加强能源、交通、通信等基础设施建设，提高经济对区域开发的支撑能力。

③对于农业，重点提出了一系列通过政策引导和市场调控等手段，逐步使农业向高产、优质、高效、低耗的方向发展，发展我国独具特色的乡镇企业，引导其提高效益、减少污染，为农村剩余劳动力提供更多的就业机会。

④能源是我国国民经济的支柱产业。根据我国能源结构中煤炭占 70% 以上的特点，在能源发展中重点发展清洁煤技术，计划通过一系列清洁煤技术项目和示范工程项目，大力提倡节能、提高能源效率以及加快可再生能源的开发速度。

（2）注重处理好人口与发展的关系　长期以来，庞大的人口基数给我国经济、社会、资源和环境带来巨大压力。尽管我国人口的自然增长率呈下降趋势，但人口增长的绝对数仍很大，社会保障、卫生保健、教育、就业等远跟不上人口增长的需求。《中国 21 世纪议程》根据这一严峻的现实，着重提出了要实施控制人口增长的同时，通过大力发展教育事业、健全城乡三级医疗卫生和妇幼保健体系、完善社会保障制度等措施，提高人口素质、改善人口结构；同时大力发展第三产业，扩大就业容量，充分发挥中国人力资源的优势。

(3)充分认识我国资源所面临的挑战　《中国21世纪议程》充分认识到中国资源短缺和人口激增对经济发展的制约。因此，它强调从现在起必须要有资源危机感。21世纪要建立资源节约型经济体系，将水、土地、矿产、森林、草原、生物、海洋等各种自然资源的管理，纳入国民经济和社会发展计划，建立自然资源核算体系，运用市场机制和政府宏观调控相结合的手段，促进资源合理配置，充分运用经济、法律、行政手段实行资源的保护、利用与增值。

(4)积极承担国际责任和义务　《中国21世纪议程》充分注意到中国的环境与发展战略与全球环境与发展战略的协调。对诸如全球气候变化问题、防止平流层臭氧耗损问题、生物多样性保护问题、防止有害废物越境转移问题，以及水土流失和荒漠化问题等，都提出了相应的战略对策和行动方案，以强烈的历史使命感和责任感去履行对国际社会应尽的责任和义务。

4.《中国21世纪议程》实施进程

《中国21世纪议程》的实施，将为逐步解决中国的环境与发展问题奠定基础，有力地推动中国走上可持续发展的道路。自《中国21世纪议程》颁布以来，中国各级政府分别从计划、法规、政策、宣传、公众参与等不同方面，加以推动实施。主要包括以下4个方面的内容。

(1)结合经济增长方式的转变推进《中国21世纪议程》的实施　一是在实施《中国21世纪议程》过程中，既充分发挥市场对资源配置的基础性作用，又注重加强宏观调控，克服市场机制在配置资源和保护环境领域的"失效"现象；二是促进形成有利于节约资源、降低消耗、增加效益、改善环境的企业经营机制，有利于自主创新的技术进步机制，有利于市场公平竞争和资源优化配置的经济运行机制；三是加速科技成果转化，大力发展清洁生产技术、清洁能源技术、资源和能源有效利用技术以及资源合理开发和环境保护技术等。加强重大工程和区域、待业的软科学研究，为国家、部门、地方的经济、社会管理决策提供科技支撑；四是坚持资源开发与节约并举，大力推广清洁生产和清洁能源。千方百计减少资源的占用与消耗，大幅度提高资源、能源和原材料的利用效率；五是结合农业、林业、水利基础设施建设、"高产、高效、低耗、优质"工程和生态农业的推广，调整农业结构，优化资源和生产要素组合，加大科技兴农的力度，保护农业生态环境；六是研究、制定和改进可持续发展的相关法规和政策，研究可持续发展的理论体系，建立与国际接轨的信息系统；七是研究、改进、完善和制定一系列的管理制度，包括使可持续发展的要求进入有关决策程序的制度、对经济和社会发展的政策和项目进行可持续发展评价的制度等，以保证《中国21世纪议程》有关内容的顺利实施。

(2)通过国民经济和社会发展计划实施《中国21世纪议程》　根据国务院决定，《中国21世纪议程》将作为各级政府制定国民经济和社会发展中长期计划的指导性文件，其基本思想和内容要在计划里得以体现。国务院要求各有关部门和地方政府要按照计划管理的层次，通过国民经济和社会发展计划分阶段地实施《中国21世纪议程》。主要是创造条件，优先安排对可持续发展有重大影响的项目，对建设项目进行是否符合可持续发展战略的评估，对不符合可持续发展要求的项目，坚决予以修改和完善。特别是按照可持续发展的思想，对经济和社会发展的政策和计划进行评估，以避免重大失误。

（3）大力提高全民可持续发展意识 一是要加强可持续发展教育。各级教育部门逐步将可持续发展思想贯穿于初等到高等教育全过程中；二是要加强可持续发展宣传和科学技术普及活动，充分利用电视、电影、广播、报刊、书籍等大众传媒，积极宣传可持续发展思想；三是要加强可持续发展培训。《中国21世纪议程》的实施需要群众的广泛参与，各级领导干部担负着组织实施的重任。因此，应把各级管理干部，特别是各级决策层干部的可持续发展培训，放在突出重要的位置。

（4）利用国际合作实施《中国21世纪议程》 为了加强中国可持续发展能力建设和实施示范工程。国家从各地方、各部门实施可持续发展战略的优先项目计划中，选择有代表性的适合于国际合作的项目，列入中国21世纪议程优先项目，以争取国际社会的支持与合作。1994年和1997年，中国政府和联合国开发计划署（UNDP），先后在北京联合召开了中国21世纪议程高级国际圆桌会议，推出了一批《中国21世纪议程》优先项目。许多国际组织、外国政府和企业，以及非政府组织对优先项目表示出不同程度的合作意向，有的正在进行实质性的使用。此外，中国本着"新的全球伙伴关系的精神"，充分利用可持续发展是当今国际合作热点的有利时机，通过广泛宣传，引进资金、技术和管理经验，拓宽国际合作渠道。

（二）中国可持续发展战略的实施

1992年巴西环境与发展会议之后，可持续发展已经成为世界各国指导经济、社会发展的总体战略。我国作为国际社会中的一员和世界上人口最多的国家，深知在全球可持续发展和环境保护中的重要责任。我国在发展进程中，对自身经济发展中产生的种种资源、环境问题的困扰和对因地球生态环境恶化而引起的各种环境问题的威胁，有了越来越深刻的认识。中国政府向联合国环境与发展大会提交的《中华人民共和国环境与发展报告》，系统地回顾了中国环境与发展的过程与状况，同时阐述了我国关于可持续发展的基本立场和观点。1992年8月，我国政府制定了"中国环境与发展十大对策"，提出走可持续发展道路是中国当代以及未来的选择。1994年我国政府制定并批准通过了《中国21世纪议程——中国21世纪人口、环境与发展白皮书》，确立了我国21世纪可持续发展的总体战略框架和各个领域的主要目标。在此之后，国家有关部门和很多地方政府也制定了部门和地方可持续发展实施行动计划。

1996年3月，第八届全国人民代表大会第四次会议批准《国民经济和社会发展"九五"计划和2010年远景目标纲要》，把可持续发展作为一条重要的指导方针和战略目标，并明确作出了中国今后在经济和社会发展中实施可持续发展战略的重大决策。"十五"计划还具体提出了可持续发展各领域的阶段目标，并专门编制和组织实施了生态建设和环境保护重点专项规划。"十三五"规划中强调，优化国家可持续发展实验区布局，针对不同类型地区经济、社会和资源环境协调发展的问题，开展创新驱动区域可持续发展的实验和示范。完善实验区指标与考核体系，加大科技成果转移转化力度，促进实验区创新创业，积极探索区域协调发展新模式。在国家可持续发展实验区基础上，围绕落实国家重大战略和联合国2030年可持续发展议程，以推动绿色发展为核心，创建国家可持续发展创新示范区，力争在区域层面形成一批现代绿色农业、资源节约循环利用、新能源开发利用、污染治理与生态修复、绿色城镇化、人口健康、公共安全、防灾减灾和社会治理的创新模式和典型。与此同时，中国加强了可持续发展有关法律法规体系的建设及管理体系的建设工作。国务院制定了人口、资源、环境、灾害方面的行政规章 100 余部，为法律的实施提供了一系列切实可行的制度。全国人大常委会专门成立了环境和资源保护委员会，在法律起草、监督实施等方面发挥了重要作用。

2002 年，中国政府向可持续发展世界首脑会议提交了《中华人民共和国可持续发展国家报告》，该报告全面总结了自 1992 年，特别是 1996 年以来，中国政府实施可持续发展战略的总体情况和取得的成就，阐述了履行联合国环境与发展大会有关文件的进展和中国今后实施可持续发展战略的构想，以及我国对可持续发展若干国际问题的基本原则立场与看法。

2012 年 6 月 1 日，中国国家发展和改革委员会牵头 40 个部门制定的《2012 中国可持续发展国家报告》对外发布。《报告》共八章，包括总论、经济结构调整和发展方式转变、人的发展与社会进步、资源可持续利用、生态环境保护与应对气候变化、可持续发展能力建设、国际合作、对联合国可持续发展大会的原则立场。

2013 年以来，习近平总书记多次提到"绿色发展观"理念。中国明确把生态环境保护摆在更加突出的位置。我们"既要绿水青山，也要金山银山""宁要绿水青山，不要金山银山"，而且"绿水青山就是金山银山"。我们绝不能以牺牲生态环境为代价换取经济的一时发展。坚持绿色发展是发展观的一场深刻革命。要从转变经济发展方式、环境污染综合治理、自然生态保护修复、资源节约集约利用、完善生态文明制度体系等方面采取超常举措，全方位、全地域、全过程开展生态环境保护。推动形成绿色发展方式和生活方式，是发展观的一场深刻革命。这就要坚持和贯彻新发展理念，正确处理经济发展和生态环境保护的关系，像保护眼睛一样保护生态环境，像对待生命一样对待生态环境，坚决摒弃损害甚至破坏生态环境的发展模式，坚决摒弃以牺牲生态环境换取一时一地经济增长的做法，让良好生态环境成为人民生活的增长点、成为经济社会持续健康发展的支撑点、成为展现我国良好形象的发力点，让中华大地天更蓝、山更绿、水更清、环境更优美。

2017 年 10 月，中国共产党十九大报告中提出乡村振兴战略，并将其与科教兴国战略、人才强国战略、创新驱动发展战略、区域协调发展战略、可持续发展战略、军民融合发展战略并列。2018 年 9 月，中共中央、国务院印发了《乡村振兴战略规划（2018—2022年）》，并发出通知，要求各地区各部门结合实际认真贯彻落实。实施乡村振兴战略的总要求是"产业兴旺、生态宜居、乡风文明、治理有效、生活富裕"，涉及农村经济、政治、文化、社会、生态文明和党的建设等多个方面，彼此之间相互联系、相互协调、相互促进、相辅相成。生态宜居是乡村振兴的关键，绿色是乡村产业发展、基础设施建设的底色。中国要美，农村必须美。农村美，美在"看得见山、望得见水"的自然生态，美在尊重自然、顺应自然、保护自然的绿色生产生活方式。乡村产业兴旺，不能以牺牲环境、透支资源为代价；乡村振兴战略不仅是我国实施可持续发展战略的深化，更是对世界可持续发展理论和实践的创新。秉承"绿水青山就是金山银山"的绿色发展理念，坚持走中国特色的可持续发展道路，我国的生态文明建设进入新的历史阶段。

思 考 题

(1)试述环境的含义，如何理解人与环境之间的相互关系？

(2)什么是环境问题？现阶段全球性环境问题有哪些？呈现出哪些主要特征？

(3)试述可持续发展的涵义。可持续发展遵循的主要原则有哪些？

(4)现代可持续发展战略思想的形成经历了哪几个主要阶段？

(5)试述习近平生态文明建设思想的主要内容和基本观点。

(6)查阅资料并结合自身的感受，了解2013年以来中国生态文明建设的主要举措。

第二章

环境管理学基础

第一节 环境管理概述

一、环境管理的含义

（一）环境管理的概念

伴随着人们对环境问题的认识不断深入，环境管理的概念有一个不断发展的过程。

早在 20 世纪 70 ~ 80 年代，人们把环境管理狭义地理解为环境保护部门为了实现预期的环境目标，对社会、经济发展过程中可能产生的环境污染和破坏性影响活动，采取各种有效措施和手段，进行调节和控制。例如，通过制定国家环境法律，法规和标准，运用经济、技术、行政等手段控制各种污染物的排放。这种狭义的理解没有从人的管理入手，没有从国家经济、社会发展战略的高度进行思考，因此，狭义的环境管理并不能从根本上解决环境问题。

进入 20 世纪 90 年代，随着环境问题的发展以及人们对环境问题认识的不断提高，基于对环境管理的传统理解已越来越限制环境管理理论与实践的发展。要从根本上解决环境问题，必须站在经济、社会发展的战略高度采取对策和控制措施，从区域发展的综合决策入手解决环境问题。因此，有必要扩展环境管理的范围，并且通过确立科学的概念刻画环境管理的本质。

环境管理的核心问题是遵循生态规律和经济规律，正确处理发展与环境的关系。生态环境既是发展的物质基础，又是发展的制约条件；发展可以为环境带来污染与破坏，但只有在经济技术发展的基础上才能不断改善环境质量。关键在于通过全面规划和合理开发利用自然资源，使发展与环境相结合。在"人类—环境"系统中，人是主导的一方，在发展与环境的关系中，人类的发展活动是主要方面，所以环境管理的实质是影响人的行为，以求维护环境质量。

环境管理是指依据国家的环境政策、环境法律、法规和标准，坚持宏观综合决策与微观执法监督相结合，从环境与发展综合决策入手，运用各种有效管理手段（法律、行政、经济、技术、教育等），调控人类的各种行为，协调经济、社会发展同环境保护之间的关系，限制人类损害环境质量的活动以维护区域正常的环境秩序和环境安全，实现区域社会可持续发展的行为总体。

环境管理的概念将环境管理的理论与实践很好地衔接为一个整体，既反映出环境管理思想的转变过程，又概括出环境管理的实践内容。同时，透过概念的变化反映出人类对环境保护规律认识的深化程度。从环境管理的概念出发，可以得出如下结论：环境管理是针对次生环境问题而言的一种管理活动，主要解决由于人类活动所造成的各类环境问题。环境管理的核心是对人的管理。人是各种行为的实施主体，是产生各种环境问题的根源。只有解决人的问题，从人的三种基本行为(自然、经济和社会)入手开展环境管理，环境问题才能得到有效解决。环境管理涉及包括社会领域、经济领域和资源领域在内的所有领域，是国家管理的重要组成部分。

(二)环境管理的内涵

环境管理的字面意思是"对环境的管理"，"管理"是其要义，一般管理的基本原理也适用于环境管理。实质上，环境管理不是对环境本身的管理，而是管理人类的相互作用及对环境的影响，管理的主体是人类，管理的客体是各种人类活动。环境管理涉及管理所有生物—物理环境的组成部分，包括生命(生物)和非生命(非生物)体，还涉及人类与环境的关系，如社会、文化和经济环境与生物—物理环境的关系。影响管理者的3个主要问题涉及政治、规划(项目)和资源(金钱、设施等)。

要理解环境管理的内涵，必须把握两个方面：①环境管理是一个不同管理者参与的多层次过程。这些管理者包括政府、企业、环境非政府组织、跨国公司、国际经济组织、研究机构、市民、农民、渔民、牧民和土著居民等。他们通过积极、自觉地管理环境或影响环境管理决策实现地方、国家和全球水平不同层次的有效环境管理。②环境管理是一系列不同特征的概念和方法相互联系、相互作用的多学科交叉研究领域。自然科学和社会科学的多种学科对环境管理施加不同的影响，特别是环境经济学、环境政治学、管理学、文化生态学、政策和规划学、环境科学、自然地理学、人文地理学等不同学科的理论和方法，集合构成了环境管理的多学科基础和框架。

(三)环境管理的特点

1. 战略性

环境管理以实施一个国家或地区的可持续发展战略为自己的根本目标。当今世界各国经济发展的实践表明，一个国家可持续发展能力的表征是多方面的，如经济能力、资源环境支撑能力、环境宏观管理能力等。

2. 综合性

环境管理的综合性表现在组成要素多样、管理手段多样、学科组成多样等。环境管理的内容涉及土壤、水、大气、生物等各种环境因素，环境管理的领域涉及经济、社会、政治、自然、科学技术等方面，环境管理的范围涉及国家和地区的各个部门，所以环境管理具有高度的综合性。

3. 系统性

环境管理系统是一个复杂的系统，环境管理以人类与环境系统作为自己的管理对象，涉及的是人类社会、经济系统和自然生态系统在一定时间和空间形成的系统整体，需要考虑这个大系统与其组成要素、要素与要素间的相互作用，研究其制约和影响的大小。因此，需要运用系统整体的观点和动态发展的观点去看待环境管理问题，不能用片面的、孤立的、静止的观点去看待社会经济发展与环境的关系。

4. 区域性

由于环境状况受到地理位置、气候条件、人口密度、资源蕴藏、经济发展、生产布局以及环境容量等多方面的制约，所以环境管理具有明显的区域性特征。开展环境管理工作，既不能盲目照搬国外先进的管理经验，也不能盲目推广国内个别地区的管理做法，而是要从实际情况出发，制定有针对性的环境保护目标和环境管理的对策与措施。

5. 广泛性

由于每个人都在一定的环境中生活，人们的活动又作用于环境，环境质量的好坏涉及每个社会成员的切身利益，所以环境管理具有广泛性特征。环境保护是全社会的责任和义务，开展环境管理除了专业力量和专门机构外，还需要社会公众的广泛参与。一方面提高公众的环境意识和参与能力；另一方面要建立健全环境保护的社会公众参与和监督机制。

6. 决策的非程序化

决策可分为程序化和非程序化两种。程序化决策针对诸如财务管理、交通管理等一类例行活动，从而制订出一套处理这些决策的固定程序。非程序化决策是指那种从未出现过的，或者其确切的性质和结构还不很清楚或者相当复杂的决策，诸如新产品的研究和开发、环境执法监督等一类非例行状态的决策。环境管理中的决策大多具有明显的非程序化特点，每一环境问题的产生具有非例行、非寻常状态，每一环境问题的处理和解决的程序与方案无法预先设定。

（四）环境管理的目的和任务

环境问题的产生并且日益严重的根源在于人们自然观和发展观的错误，以及在此基础上形成的基本观念的扭曲，进而导致人类社会行为的失当。也就是说，环境问题的产生有3个层次上的原因：一是在思想观念层次；二是在社会行为层次；三是在人类社会自然与环境系统的物质流动层次。

基于这种思考，人们终于意识到必须改变自身一系列的基本思想观念，从宏观到微观对人类自身的行为进行管理，控制人与环境系统之间的物质流，以尽可能快的速度逐步恢复被损害的自然环境，并减少甚至消除新的发展活动对环境的结构、状态和功能造成新的损害，保证人类与环境能够持久地、和谐地协同发展下去。这就是环境管理的根本目的。

依据这样的目的，环境管理的基本任务是转变人类社会的一系列关于自然环境的基本观念，调整人类社会直接和间接作用于自然环境的社会行为，控制人类社会与环境系统构成的"环境—社会系统"中的物质流动，进而形成和创建一种新的、人与自然相和谐的生存方式，更好地满足人类生存与发展的环境需求。

1. 转变环境观念

观念的转变是根本。观念的转变包括消费观、伦理道德观、价值观、科技观和发展观直到整个世界观的转变(表2-1)。这种观念的转变将是根本的、深刻的，将带动整个人类文明的转变。

要从根本上扭转人类既成的基本思想观念，不是单纯通过环境管理及其教育就能达到的，但是环境管理却可以通过建设一种环境文化来为整个人类文明的转变服务。环境文化是以人与自然和谐为核心信念的文化，环境管理的任务之一就是要指导和培育这样一种文化，以取代工业文明时代形成的，以人类为中心，以人的需求为中心，以自然环境为征服

表 2-1　环境观念的转变

观念	传统观念	理想观念
消费观	过量消费、奢侈消费	节约型、环保型绿色消费
伦理观	局限于人与人之间的伦理	扩展到人与自然之间的伦理
价值观	环境无价	环境有价、生态有价
科学观	对外部世界的割裂的认知	扩展到对包括人在内的、综合的整体的认知
发展观	单纯追究经济增长，追求 GDP	认同自然环境是人类社会存在的基础，追求人的全面发展和社会的健康发展

对象的文化，并将这种环境文化渗透到人们的思想意识中，使人们在日常的生活和工作中能够自觉地调整自身的行为，以达到与自然环境和谐的境界。

文化在人类的发展进程中一直在起着巨大的作用。考察世界历史，纵然战争和灾荒固然会给人类带来深重的灾难，但能够覆灭一个民族或文明的威力来自于大自然。1500 多年前的玛雅文明也曾经发展到相当高的程度，但由于对生态环境的忽视，导致生态平衡的失调而灭亡。文化决定着人类的行为，只有摒弃那种视环境为征服对象的文化，塑造新的环境文化，才能从根本上解决环境问题。所以，从这个意义上来讲，环境文化的建设是环境管理的一项长期且根本的任务。

2. 调整环境行为

相对于对思想观念的调整而言，环境行为的调整是较低层次上的调整，然而却是更具体，更直接的调整。

人类的社会行为可以分为政府行为、企业行为和公众行为 3 种。政府行为是指国家总体的管理行为，诸如制定政策、法律、法令、发展规划并组织实施等；企业行为是指各种市场主体包括企业和生产者个人在市场规律的支配下，进行商品生产和交换的行为；公众行为是指公众在日常生活中诸如消费、居家休闲、旅游等方面的行为。这三种行为都会对环境产生不同程度的影响，并且相辅相成，分别具有不同的特点，其中政府行为起着主导作用，因为政府可以通过法令、规章等在一定程度上约束市场行为和公众行为。

政府的决策和规划行为，特别是涉及资源开发利用或经济发展规划，往往会对环境产生深刻而长远的影响，其负面影响一般很难或无法纠正。市场的主体一般是企业，而企业的生产经营行为一直是环境污染和生态破坏的直接制造者。不仅在过去，而且在将来很长一段时期内，它们都将是环境管理中的重点内容。公众行为对环境的影响在过去并不显著，但随着人口的增长尤其是消费水平的增长，公众行为对环境的影响在环境问题中所占的比重将会越来越大。从全球来看，生活垃圾的数量占总的固体废物数量的 70%，大大超过了工业废物的数量。由于消费方式的原因，大量的产品在未得到充分利用或仍可以作为资源回收利用的情况下，就被当成废物而丢弃，不仅加剧了固体废物对环境的污染，而且对资源的持续利用也是一个损害。可以通过行政、法律、经济、科技和教育等手段对上述 3 种行为进行调整，这些手段构成一个整体或系统。

3. 控制"环境—社会系统"中的物质流

人的行为可以分为两大类。一类是人与人之间的行为；一类是人类与自然环境之间的行为，确切地说，是人类社会作用于自然环境的行为。人与人之间的行为不一定辅以相应的物质流动，如人与人之间的关心，友爱行为，人们所进行的诗歌、音乐等精神文化的创造与交流等。人与自然环境之间的相互作用只能是物质的，人不可能只通过情感去与自然环境相互作用，人类社会作用于自然环境的行为一定会有对应的物质流，以及基于物质流的能量流、信息流等。

管理的对象无非是人和物，对于环境管理而言，管理对象是人类作用于环境的行为，而这种行为则必须要以一定的物质、能量、信息流动作为其物质基础，不存在不发生物质流动的人类社会作用于环境的行为。因此，环境管理在管理人的行为的同时，一定要着眼于这些行为对人类社会和自然环境构成的"环境—社会系统"中物质流动的影响。

作为环境管理的对象，人类作用于环境的行为和环境物质流是一一对应的，行为是物质流产生的原因，而物质流是这些行为的具体表现形式。在理论上，物质流是一个比较抽象的概念，不容易把握。而在实际工作中，物质流则是一个再明显不过的事物。如对一次性餐盒的管控，环境管理的对象是涉及餐盒的丢弃行为、分拣行为、收集行为、运输行为、处理处置行为。但所有行为都是以实物的废餐盒的流动作为物质基础的，实际上，对这些行为的管理，就是对废餐盒物质流的管理。对行为的管理与对作为行为载体和实质内容的物质流的管理是一体的，密不可分。

4. 创建人与自然和谐的生存方式，建设人类环境文明

环境管理上述 3 项任务是相互补充、构成一体的。其中环境观的转变是根本性的，环境文化的建设是一项长期的任务，它在短期内对环境问题的解决不会有明显的效果。行为的调整是具体、直接的调整，可以比较快地见效。"环境—社会系统"中的物质流是人类作用于环境的行为的物质基础和表现形式，对这种物质流的控制是观念转变和行为调整的具体方法和实践。因此，对于环境管理来讲，上述 3 项任务不可偏废。

环境管理在对人类社会环境观念进行转变，对人类社会行为进行调整，对"环境—社会系统"中的物质流动进行控制的过程中，其整体结果就是通过对可持续发展思想的传播，使人类社会的组织形式、运行机制以至管理部门和生产部门的决策、规划和个人的日常生活等各种活动，符合人与自然和谐发展的要求，并以法律法规、规章制度、社会体制和思想观念的形式体现和固化出来，从而创建一种新的生产方式、新的消费方式、新的社会行为规则和新的发展方式，最终形成一种新的、人与自然和谐的人类社会生存方式。

人类社会的这种新的生存方式是转变环境观念、调整人类行为、控制环境物质流的结果，更是时代要求所创造出来的人类新文明。人类将充分发挥自己的才能和智慧，在对环境问题的反思中创造这种新的生存方式(也可称为环境文明和绿色文明)，这是环境管理的最终目标。

(五)环境管理的过程

环境管理本质是一种管理，遵循管理的一般过程原则，包括制定环境目标、制定规划、制订行动方案、选择行动方案、实施行动方案，从而实现环境目标。

1. 制定环境目标

环境管理关乎特定环境目标的实现，环境目标可根据环境质量的保护和改善加以确定。环境目标的表达形式多样，可制定精确的量化目标，如确定 SO_2 排放总量、水体中生

化需氧量浓度等具体环境指标，或者是一种期望，如保护某景观的美学价值，还包括道德和伦理问题。环境目标可以有不同的来源，多个国家之间相互合作的目标可能是某个国际公约，或者是联合国环境规划署(UNEP)的某个计划，或者是区域国家集团如欧盟的协议主题；单纯的国家目标大多来自中央政府部门，特别是环境、规划、交通、能源等机构，而地方政府参与这个过程；除政府外，其他非政府组织也可通过大众媒体影响环境议程。除此之外，各种利益团体，如工商业界，也在环境目标制定中起到重要作用。

2. 制定规划

规划是环境管理功能的基础，涉及目标的辨识和目标实现手段的选择，实际上可被看作探索未来的合理方法。规划过程包括几个步骤：定义问题，制定规划目标，判定构成规划基础的假设，探索和评价可选择的行动路线和方案，以及选择特定的行动方案。与其他管理阶段相似，规划也意味着协调，环境管理者的主要任务不是其本身承担基本的环境工作，而是充当监督和协调者的角色。

3. 制订行动方案

行动方案的制订首先应界定问题，找出问题的症结。其次，详细分析环境影响，包括受影响的地区、人群、时间，以及影响的程度、范围和性质等。最后，针对所受到的影响，提出可供采取的应对方案和路线。

4. 选择行动方案

在多种方案确定后，管理者就面临着方案的选择问题，即哪一个或哪一组方案最适合目标的实现，这本质上是一个决策过程，需要用系统方法解决。实际工作中，环境管理者可运用一系列有效的工具和方法处理这一问题，包括成本—效益分析、环境影响评价、风险分析等，这类方法使用简单，仅需利用基本的信息和简单的技术。也可以使用复杂的数学模型模拟特定的环境事件。对于同一个问题，尽管有很多评价应对方案的复杂方法可以利用，但各个部门提供的处理方案不尽相同，对于热衷于保护的部门可能支持保护行动优先的方案；对于经济部门可能根据成本—效益分析，倾向于支持经济成本低的方案。由于价值判断进入了方案，所以环境管理是一门艺术，而不是一门精确的科学。

5. 实施行动方案

环境管理的最后阶段就是实施优选行动方案。实施的技巧主要依靠技术专家，环境管理者则行使监督、指导和控制的功能。当条件发生变化时，就必须对采取措施的有效性进行评估，甚至根据情况进行调整，实现适应性管理。

二、环境管理的对象和主体

环境管理的主体和对象，是指"谁来管理？"和"管理谁"的问题，这是环境管理的基本问题。环境管理主体的广义理解是指环境管理活动的参与者或相关方，包括政府主体、企业主体和公众主体，而不仅局限于狭义的有行政权力的"管理者"。

（一）环境管理的对象

环境管理的对象是复杂的人类与环境系统，涉及系统组织的建立，系统的经营运行和管理。但在人类与环境系统的关系中，人是主导的一方；在社会经济发展与环境系统的关系中，人类的持续发展则是主要方面。环境管理的对象可以从"现代系统管理"的"五要素"论进行归纳,具体包括人、物、资金、信息和时空 5 个方面;还可以从人类作用于环境的行为角度进行分析。

1. 人的管理

人是管理的主要对象。以限制人类损害环境质量的行为作为主要任务的环境管理来说尤其重要。管理过程是一种社会行为,是人们之间发生复杂作用的过程。管理过程中各个环节的主体是人,人及其行为是管理过程的核心。

2. 物的管理

物是管理的重要对象。环境管理可认为是为实现预定环境目标而组织和使用各种物质资源的过程。环境管理的根本目标是协调发展与环境的关系,宏观上要通过改变传统的发展模式和消费模式实现;微观上要管理好资源的合理开发利用,要管理好物质生产、能量交换、消费方式和废物处理等领域。

3. 资金的管理

资金是管理系统赖以实现其目标的重要物质基础,也是管理的对象。从社会经济角度出发,经济发展消耗环境资源,降低环境质量,但又为社会创造新增资本。资金管理则应研究如何运用新增资本和拿出多少新增资本补偿环境资源的损失。因此,资源、环境与经济政策必须相辅相成。

4. 信息的管理

信息系统是管理过程的"神经系统",信息也是管理的重要对象。信息是指能够反映管理内容的、可以传递和加工处理的文字、数据或符号,常见形式有资料、报表、指令、报告和数据等。管理中的物质流、能量流,都要通过信息反映和控制。采用现代化的信息采集、传输、管理、分析和处理手段,将地理信息系统、遥感、卫星通信和计算机网络等高新技术应用于环境质量的监测,调查及评价中,建立环境管理信息系统和统计监测系统将成为环境管理现代化的重要内容。

5. 环境时空条件

环境时空条件也应成为管理的对象。管理活动处在不同的时空区域,就会产生不同的管理效果。管理的效果在很多情况下也表现为时间的节约。各种管理要素的组合和安排,也存在一个时序性问题。按照一定的时序管理和分配各种管理要素,则是现代管理的一个重要问题。因此,时间是管理的坐标。同时,空间区域的差别往往是环境容量和功能区划的基础,这些时空条件构成成功管理的要旨。

另外,环境管理的对象是人类作用于环境的行为,具体可分为政府行为、企业行为和公众行为。

(1)政府行为　是人类社会最重要的行为之一,政府行为的内容和方式包容极广。无论是提供公共事业和服务,在重要行业实行国家垄断,还是对市场进行调控,政府行为对环境所产生的影响具有极大的特殊性,它涉及面广、影响深远又不易察觉,既有直接的一面,也有间接的一面,既可以有重大的正面影响,又可能有巨大的难以估计的负面影响。要防止和减轻政府行为造成和引发环境问题,主要应考虑以下 3 个方面:

①政府决策的科学化　要建立科学的决策方法和决策程序,中国提出的科学发展观是一个很好的开端。

②政府决策的民主化　公众(包括各种非政府组织或社会团体)能否通过各种途径对政府的决策和操作进行有效的监督，是最根本和最具有决定性意义的方法。

③政府施政的法制化　特别是要遵守有关环境保护法规的要求，如按照《中华人民共和国环境影响评价法》的要求，有关政府部门在编制工业、农业、畜牧业、林业、能源、水利、交通、城市建设、旅游和自然资源开发的有关专项规划时，应当进行环境影响评价。

(2)企业行为　企业是人类社会经济活动的主体，是创造物质财富的基本单位，因此，企业行为是环境管理重点关注的对象。要防止或减轻企业行为造成和引发环境问题，主要应考虑以下3个方面：

①企业调控自身行为的角度　应当通过各种途径加强环境保护工作，推行清洁生产，使用清洁的原材料和能源，尽可能地使用再生资源，提供绿色产品和服务等。

②政府对企业行为调控的角度　一是要形成有利于企业加强环境保护的市场竞争环境，在宏观上加强对企业环境保护工作的引导和监督；二是严格执行环境法律法规，制定恰当的环境标准，实行各种有利于提高企业环境保护积极性的政策，创造有利于企业环境保护的法治环境；三是加强对有优异环境表现的企业的嘉奖，与企业携手共创环境友好型的社会。

③公众对企业行为调控的角度　一是站在消费者的角度积极购买和消费绿色产品和服务；二是公众作为个体或通过社会团体对企业破坏环境的行为进行监督；三是公众个体作为政府的公务员或企业的员工，通过自身的工作促进企业环境保护。

(3)公众行为　公众，按最普遍的理解，是大量离散的个人。公众虽是社会的原子，但公众行为是和政府行为、企业行为相并列的重要行为。要解决公众行为可能造成和引发的环境问题，主要应考虑以下3个方面：

①公众调控自身行为的角度　公众应提高环境意识，购买和消费绿色环境产品和服务，养成保护环境的习惯，如垃圾分类、废物利用等，积极参与有利于环境保护的活动，如成为环保志愿者，参加环保社团等。

②政府对公众行为调控的角度　应当加强对公众环境意识的教育和培养；通过制定法律法规规范公众的生活和消费行为，以利于环境保护；规范和引导非政府公众组织的环境保护工作。

③企业对公众行为调控的角度　应当提供绿色的时尚环保产品引导公众的消费潮流，尽可能地满足公众对绿色消费的需求；对企业员工不利于环境的行为进行约束和控制；通过支持公众环保组织影响和引导公众行为。

(二) 环境管理的主体

1. 政府

政府是环境管理的主体，在环境管理中起主导作用。作为社会公共事务的管理主体，政府包括中央和地方各级的行政机关，在广义上它还应包括立法、司法等机关。在政府、企业和公众三大社会行为主体中，政府是整个社会行为的领导者和组织者，同时还是各国利益冲突的协调者和发言人。政府能否妥善处理政府、企业和公众的利益关系，促进保护环境的行动实施，对环境管理起着决定性的作用。

政府作为环境管理主体的具体工作主要包括制定恰当的环境发展战略，设置必要的专门环境保护机构，制定环境管理的法律法规和标准，制定具体的环境目标、环境规划、环境政策制度，提供公共环境信息和服务，开展环境教育，以及在以国家为基本单位的国际社会中，参与解决全球性环境问题的管理等。

2. 企业

企业是人类在与自然环境作用过程中的一个产物，它在社会经济活动中虽然是以追求利润为中心的独立的经济单位，但它以自己独特的生产方式和经营方式，通过向社会提供的产品、制造的物质财富和货币财富，影响着社会的组织方式、消费方式，及至价值观念和文化，进而通过激化很多深层次的矛盾，推动着社会的进步与文明的演进。企业是各种产品的主要生产者和供应者，是各种自然资源的主要消耗者，同时也是社会物质财富积累的主要贡献者。与政府管理相区别，对于企业而言，环境管理一词在本质上是一种"环境经营"的含义。从环境经营的角度看，企业环境管理的第一层次的要求，在生产经营活动中主动遵守政府的环境法律法规标准和公众的环境要求，这也是最基本的要求。第二层次的要求，是要承担包括环境在内的企业社会责任。而第三层次的要求，是企业还可以进一步通过"环境经营"，将"环境"纳入经营活动本身，做到既能创造经济效益，又能保护环境，甚至通过保护环境而创造更多经济效益。

迄今为止的企业活动，多是以"破坏自然环境而赚钱"为特征的传统产业活动，这是造成当前环境问题的主要原因。而通过企业社会责任和环境经营，如果能够将"破坏自然环境而赚钱"的产业活动，改变为"保护自然环境而赢利"为特征的绿色产业活动，就可以真正使保护自然环境与增加经济效益和社会福利和谐统一。从社会发展的角度看，这样的企业环境经营，无疑将成为推动绿色文明发展的重要力量。因此，企业作为环境管理的主体，其行为对一个区域、一个国家乃至全人类的环境保护和管理有着重大的影响。

企业行为对资源环境问题有非常重要的影响，主要表现在：①企业是资源、能源的主要消耗者；②企业特别是工业企业是污染物的主要产生者、排放者，也是主要的治理者；③企业是经济活动的主体，因此也是保护环境工作的具体承担者，绝大多数的环境保护行动都需要企业的参与才能落实。

企业的环境管理和环境经营，一般应包括制定环境目标、规划，绿色设计，绿色营销，开展清洁生产和循环经济，通过和执行 ISO 14000 环境管理体系标准，以及发布企业环境报告书多个方面。以上这些行为对政府和公众有很大影响。只有企业能够设计和生产出绿色产品，公众才能使用；只有大量的企业不断开发绿色环保的先进技术和经营方式，才能推动政府在完善法律、严格标准等方面加强环境管理。从这个意义上讲，企业环境管理既是与政府、公众的环境管理行为互动，又发挥着实质性的推动作用。

3. 公众

公众包括个人与各种社会群体，他们是环境问题的最终承受者，也是环境管理的最终推动者和直接受益者。公众能否有效地约束自己的行为，推动和监督政府和企业的行为，是公众主体作用体现与否的关键。

公众作为环境管理的主体作用主要是以散布在社会各行各业、各种岗位上的公众个体，以及某个具体目标组织起来的社会群体的行为综合表达。在某些情况下，公众个体通过自己的行为可以起到监督政府和企业行为的作用。但在更多的情况下，公众通过自愿组建的各种社会团体或社会组织参与环境管理工作。参与，是公众作为环境管理主体的主要"组织"形式。公众环境管理的社会组织可以是非政府组织(如各种民间环保组织)、非营利性机构(如环境教育、科研部门)，其具体内容很多，根据这些组织和机构的性质和功能而定。

公众重要性可以和政府、企业相提并论，主要原因：①公众和公众行为是社会的基石，是政府行为和企业行为的对象；②公众和公众行为涵盖和渗透到了社会生活各个方面，不能简单地被政府行为和企业行为所替代或包含。

公众行为对环境问题有非常重要的影响，公众每个个体为了满足自身生存发展，需要消费物品和服务，这是造成资源消耗和废物产生的根源；公众的生活方式对环境问题的影响重大，如农民和城市居民的生活和消费方式所产生的废弃物就有很大区别，造成的环境问题也大不相同；公众通过各种途径影响政府和企业行为，对环境保护产生间接影响，由于认识的差异和看法的离散，使间接影响非常难以把握，但往往会具有决定性作用。

三、环境管理的内容

环境管理的内容比较宽广，按照不同的分类方法，有不同分类结果。可以按管理领域、环境物质流划分，还可按环境管理的性质、过程和范围等进行划分。在实际工作中，环境管理所划分的类型常相互交叉、结合在一起，并不一定需要从理论分析的角度进行分门别类的管理。

(一)按管理领域划分

所谓管理领域，是指环境管理行动要落实到的地方。环境管理行动落实到水、气、土、声、辐射等自然环境要素，即为要素环境管理。其管理内容为环境要素的环境质量，以及水体、土壤、大气、噪声、辐射等污染物排放的管理。

环境管理行动落实在人类社会的产业活动中，如工业、农业、服务业等，即为产业环境管理。其管理内容是指产业活动中向环境排放污染物的行为，如管理农田化肥农药污染，工厂企业排放废水、废气、废渣，歌厅噪声污染，餐厅油烟气污染，以及开展清洁生产、ISO 14000 标准认证等。

环境管理行动落实在一定的区域范围内，如城市、农村、流域、开发区等，即为区域环境管理。其管理内容为该区域范围内人类作用于环境的行为，如城市建设、农田污染、流域水污染控制和开发区环境规划等。

环境管理行动落实在环境管理的主体上，可以分为政府环境管理、企业环境管理和公众环境管理。

(二)按环境物质流划分

环境管理也可以根据"环境社会系统"中的物质流划分，分为区域环境管理、废弃物环境管理、产业环境管理、自然资源环境管理四大领域，如图2-1所示。其中，区域环境是各种环境物质流的交流、汇通、融合和转换的场所，因此，区域环境管理可以看作其他三类环境管理在某一特定区域，如城市、农村、流域上的综合或集成，从而构成环境管理的核心。

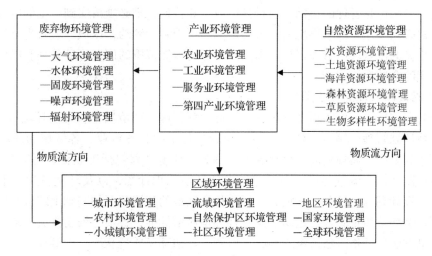

图 2-1 按环境物质流过程划分的四个环境管理领域

1. 自然资源环境管理

自然资源的开发利用是人类社会生存发展的物质基础，也是人类社会与自然环境之间物质流动的起点，所有废弃物最终的来源都是自然资源，废弃物一方面浪费自然资源；另一方面又污染更多的自然资源。因此，自然资源的保护与管理，或称为自然资源开发利用过程中的环境管理，就成为环境管理清本溯源的必然要求，以及环境管理的起点和首要环节，其实质是管理自然资源开发和利用过程中的各种社会行为，具体包括水资源、土地资源、森林资源、草地资源、海洋资源和生物多样性资源的管理等。

2. 产业环境管理

产业活动是人类社会通过社会组织和劳动将开采出来的自然资源进行提炼、加工、转化，生产人类所需要的生活和生产资源，创造物质财富的过程，是人类经济社会发展的重要方面。同时，不恰当的产业活动也是破坏生态、污染环境的主要原因。因此，产业环境管理的目的是创建一个资源节约和环境友好的生产过程，其内容包括政府部门通过法律、行政等手段从国家层面上控制整个社会经济活动对生态和环境的破坏，企业作为环境管理的主体搞好企业自身的环境管理(环境经营)活动，以及公众和 NGO 对企业环境经营管理活动的监督等。

3. 废弃物环境管理

废弃物通常是指人类从自然环境中开采自然资源，并对其进行加工、转化、流通、消费，产生并排放到自然环境中的有害物质或因子。废弃物环境管理的目的和任务就是运用各种环境管理的政策和技术方法，尽可能地减少废弃物向自然环境中的排放，或者使排放的废弃物能与自然环境的环境容量相协调，以不损害环境质量。废弃物环境管理不仅注重废弃物本身的管理，还要从区域的角度，关注废弃物排放到环境之后产生的环境影响，并根据环境质量情况对废弃物排放提出要求。

4. 区域环境管理

区域是地球表层相对独立的面积单元，是个相对的地域概念。不同区域上的人类社会和自然环境，都具有非常明显的区域特征。对于自然资源环境管理、产业环境管理和废弃物环境管理，无论是管理的目标，还是具体政策和行动，都必须落实到一定的区域才能发挥作用，都必须关注对区域环境所造成的影响和所受到的制约，区域环境管理是环境管理的核心。广义的区域环境管理还包括以国家边界为地域范围的国家环境管理和以地球表层为空间范围的全球环境管理。

（三）按环境管理的性质划分

依据管理的性质，可将环境管理分为环境计划管理、环境质量管理和环境技术管理3类：①环境计划管理。制定、执行、检查与调整各部门、各行业、各区域的环境保护规划，使之成为整个发展规划的一个重要组成部分。环境计划包括工业交通污染防治计划、城市污染控制计划、流域污染控制计划、自然环境保护计划，以及环境科学技术发展计划、宣传教育计划等，还包括在调查、评价特定区域的环境状况的基础上综合制定的区域环境规划。②环境质量管理。组织制定各种环境质量标准，各类污染物排放标准、评估标准及其监测方法、评估方法，组织检查、监测、评估环境质量状况，预测环境质量变化的趋势，以及制定防治环境质量恶化的对策措施。③环境技术管理。制定防治环境污染的技术方针与政策，制定与环境保护相关的技术标准及规范，确定环境科学技术发展方向，并组织环境科学技术合作与交流等。

（四）按环境管理的过程划分

按环境管理的过程归纳环境管理内容如下：①环境问题及质量改善指标界定。②环境信息与资料采集、互换及加工处置。③环境政策法规研究、制定与执行。④环境质量标准制定与执行。⑤环境质量调控手段的设计与应用。⑥环境基础勘察及影响研究。⑦环境科普与教育。

（五）按环境管理的范围划分

按管理的范围，可将环境管理分为3类：①国家环境管理。主要是对整个国土的各种资源的合理利用、环境污染的防治以及人类各种影响环境行为的约束。②区域（或流域）环境管理。主要是对经济区、省（自治区、直辖市），乃至某一居民区等大小区域、流域、森林、山区及自然保护区等进行环境管理，实现区域社会经济发展与环境保护的目标统一。③专业环境管理。主要包括工业、农业、交通运输业、商业、建筑业等国民经济各部门的环境管理，以及各行业、企业的环境管理。

四、环境管理的手段

环境管理手段主要包括法律手段、行政手段、经济手段、技术手段、宣传教育手段和基于自愿协商的非管制手段等。对环境管理实施手段的类型划分并非绝对，在实际运用中，往往没有清晰的界限，而是交叉和综合使用，以达到更好的效果。

（一）法律手段

法律手段是环境管理的一种强制性手段。各级环境管理部门按照环境法规来处理环境污染问题，对违反环境法规的机关与个人给予批评、警告、罚款或责令赔偿损失，协助并配合司法机关，对违法者进行仲裁、追究法律责任等。依法管理环境是控制并消除污染，保障自然资源合理利用，维护生态平衡的重要措施。法律手段具有强制性、权威性、规范性、共同性和持续性的特征。

环境管理一方面要靠立法，另一方面要靠执法。目前我国已经形成了由国家宪法、环境保护法、环境保护单行法、环境保护相关法律和环境保护法规和部门规章、环境标准等组成的环境保护法律体系，在环境管理中发挥着越来越重要的作用。无论是政府、企业还是公众，都必须在法律的框架下安排和规范自己作用于环境的行为，这同时为政府、企业和公众之间的相互监督提供了法律保障。政府在环境保护方面依法行政、加强环境法律的执行力度，企业自觉遵守环保法律并利用法律武器维护企业合法权益，公众和非政府组织根据法律捍卫自身的环境权益，是法律手段在环境管理中的主要应用。

（二）行政手段

行政手段主要指国家和地方各级行政管理机关，根据国家行政法规所赋予的组织和指挥权力，制定方针、政策，建立法规，颁布标准，进行监督协调和必要的行政干预，对各项管理事项进行决策，以及发放与环境保护有关的各种许可证。

环境管理的主要行政手段包括环境管理部门组织制定国家和地方的环境保护政策、工作计划和环境规划，并把这些计划和规划报请政府审批，使之具有行政法规效力；制定和实施环境标准，如环境质量标准、污染物排放标准等；运用行政权力对某些区域采取特定措施，如划分自然保护区、重点污染防治区、环境保护特区等；对一些污染严重的工业、交通、企业要求限期治理，甚至勒令其关、停、并、转、迁；对易产生污染的工程设施和项目，采取行政制约的方法，如审批建设项目的环境影响评价书（表），发放与环境保护有关的各种许可证，审批有毒有害化学品的生产、进口和使用；管理珍稀动植物物种及其产品的出口、贸易事宜。

行政手段又被称为指令性控制手段，具有权威性、强制性、具体性、无偿性和服务性等特征。

（三）经济手段

经济手段是依据价值规律，运用价格、税收、信贷等经济杠杆，引导和激励社会活动经济主体采取有利于保护环境的措施。针对命令控制手段可能带来的高成本与低效率，20世纪80年代后期，各国开始注意设计并实施各种经济手段以实现环境与发展的协调，主要包括环境保护补助资金、征收排污费、违规排污罚款、许可证交易、信用保险、押金制度、优惠贷款、减免税和自然资源税制度等（表2-2）。经济手段具有利益性、间接性和有偿性等特征。

表2-2　环境管理经济手段的基本类型

经济手段	内容
明确产权	明确所有权（如土地所有权、水权、矿权等）； 明确使用权（如许可证、特许权、开发权等）
建立市场	可交易的排污许可证； 可交易的资源配额（如可交易转让的用水配额、狩猎配额、开发配额、土地许可证、环境股票等）
税收手段	污染税（依据排污的数量和污染程度收税）； 原料税和产品税（对生产、消费和处理中有环境危害的原料和产品收税，如一次性餐盒、电子产品、电池、包装等）； 租金和资源税（获得或使用公共资源缴纳的租金或税收）

(续)

经济手段	内　容
收费手段	排污费；使用者收费；管理费；资源、生态、环境补偿费
财政手段	财政补贴；优惠贷款；环境基金
责任制度	环境、资源损害赔偿责任； 保障赔偿（对特定的有环境风险的活动进行强制保险）； 执行保证金（预缴的执行法律的保证金）
押金制度	押金退款制度（对需要回收的产品或包装实行抵押金制度）
发行债券	发行政府和企业债券

经济手段在环境管理中主要有以下 4 方面的优越性：

(1)便捷性　污染者选择最佳的方法达到规定的环境标准，或者使环境治理的边际成本等于排污收费(税)水平，从而达到成本最低的目的。

(2)促进性　为当事人提供持续的刺激作用，使污染水平控制在规定的环境标准以内。同时，通过资助研究和开发活动，促进经济的污染控制技术、低污染的新生产工艺以及低污染或无污染的新产品研发。

(3)灵活性　为政府及污染者提供技术和管理上的灵活性。对政府来说，调整一种收费(税)标准要比修改法律容易；对污染者而言，可以根据收费(税)情况做出预算，选择适宜的污染治理水平。

(4)经济性　为政府增加一定的财政收入，这些财源既可以直接用于环境与资源保护，也可以纳入财政预算。

(四) 技术手段

技术手段是指借助那些既能提高生产效率，又能把对环境污染和生态破坏控制到最小限度的技术以及先进的污染治理技术等达到保护环境目的的手段。例如，组织开展环境影响评价工作，推广无污染、少污染技术及先进治理技术；因地制宜地采取综合治理和区域治理技术；组织环境研究成果与环境科技情报的交流等。许多环境政策、法律、法规的制定和实施都涉及许多科学技术问题，没有先进的科学技术，就不能及时发现环境问题，而且即使发现也难以控制。环境问题解决得好坏，在很大程度上取决于科学技术的发展状况。科学技术是环境管理不可缺少和行之有效的手段之一。

(1)政府方面　应建立合理的制度，制定有关的政策和法律，鼓励科研人员积极从事环境保护的科学技术工作，鼓励有利于环境保护的科技成果应用于环境保护的实际工作之中。具体是指提高促进人与自然和谐，环境与经济协调的决策科学水平；提高保障代内和代际的人与人之间公平的管理科学水平；提高发展既能高度满足人类消费需要又与环境友好的新材料、新工艺的科学技术水平；提高治理环境污染、提高环境承载力的科学技术水平等。

(2)企业方面　企业应积极采用先进的清洁生产工艺和技术，减少或消除废弃物的排放；应用产业生态学和循环经济的理念和方法在企业内部、企业之间和产业园区的层次上构建循环经济体系；尝试和创造适用于工业、农业和服务业的先进企业环境管理科学和管理技术等。

（3）公众方面　应该用"用脚投票"的方式，支持绿色科学技术及产品的推广，如有意识地购买和消费绿色产品；及时有效地表达自身生活对绿色科技的需要，如节水、节电、节能、消除室内污染、防止噪声、治理交通尾气等技术。这种公众最基本的环境需要是促进绿色科学技术发展的最根本动力。

（五）宣传教育手段

环境保护的宣传教育可以提高人们的环境保护意识。环境教育是一种学习过程，经由报纸、杂志、电影、广播、网络、报告会、专题讲座展览、文艺演出等多种形式，宣传环境保护知识，提高全民的环境保护意识。可以通过专业的环境教育培养各种环境保护的专门人才，提高环境保护人员的业务水平；还可以通过基础的和社会的环境教育提高社会公民的环境意识，实现科学管理环境以及提倡社会监督的环境管理措施。例如，把环境教育纳入国家教育体系，从幼儿园、中小学抓起加强基础教育，做好成人教育以及对各高校非环境专业学生普及环境保护基本知识等。环境问题的解决终究要靠人的意识与行动方面的实际努力。

环境保护宣传教育既要采用行之有效的教育学、传播学方面的方法，也要体现环境科学的基本知识和规律，还要兼顾广大公众关心和熟悉的环境问题及相关的生活消费习惯、地方风俗等特点，从而提高环境保护宣传教育手段的有效性。目前我国在加强环境保护宣传教育方面的内容主要有发挥政府在环境保护宣传教育中的主导地位；特别注重对重点区域和重点人群的宣传和教育；注重环保 NGO 的参与；加大新闻媒体的宣传报道等。

（六）基于自愿协商的非管制手段

基于自愿协商的非管制手段主要指利用社会劝说、信息披露和市场信号等办法，引导污染者自觉削减污染排放的一种措施。该手段强调削减污染的自觉自愿性，常用于污染的预防。

自愿协议（voluntary agreement，VA）是国际上应用最多的一种非强制性政策手段，环境自愿协议在国际上得到了广泛采用。环境自愿协议的实质是政府、企业和 NGO 以自愿为基础的、一种新型的管理方式，可以是正式的和具有法律约束力的，也可以是非正式的和无法律约束力的。根据其内容可以分为以下 3 种：

（1）自愿参与型协议　协议中，政府针对各行业规定了一系列需要企业满足的条件，企业自愿选择参与或不参与。参与协议的企业将尽力达到协议中制定的目标，反过来，他们可以从政府得到一定的技术支持和免税支持。

（2）协商型协议　政府与企业就特定的环境目标进行协商，并达成协议。协议中规定了要达到的环境目标以及实现目标所要采取的措施。在谈判过程中，双方就企业要达到的环境目标、政府需提供的技术和资金支持，以及企业达不到预定的环境目标将要接受的惩罚措施进行协商，达成一致意见。

（3）单边协议　是指企业单方面承诺的协议，没有任何公共机构参加，这是企业的一种自我管理行为。

环境自愿协议的灵活性好、适用性强、成本低，容易实现政府与企业、NGO 与企业的共赢，还可以增加彼此之间的信任和合作，在公众和市场中树立良好的信誉和形象，从而为更大的目标奠定基础。

（七）环境管理手段的选取

在环境管理中选择和设计环境管理手段需要理论与实际紧密结合，依据一定的标准确定。

环境管理手段选取的一个重要原则是社会福利最大化，与之相关的标准包括成本—效果、效率、可持续性、激励兼容性、分配和公平以及行政可行性等。①成本—效果指如果该环境管理手段按计划实施，它会以最低的成本实现环境目标。②效率包括污染削减水平和资源存量最优目标。③可持续性指长期可行性和公平性。④激励兼容性指所有的利益相关方，特别是污染者、监管者、受害者和其他人都会由于提供信息或进行适当的污染削减受到同样激励。⑤分配和公平指成本分配应公平。⑥行政可行性指应避免环境管理手段实施过程中的过度财政或信息成本问题。在各种利益的权衡过程中，不同群体的侧重点不同，对标准的解释也不同，不同标准会相互影响，采用何种标准取决于每一个具体问题的特点。例如，在经济收入均匀分布，并以适度的减排成本处理环境问题时，公平问题不是那么重要；但在处理影响健康和最终生活的重大问题且在收入差距大的国家时，分配与成本—效果同等重要，甚至超过后者。

第二节　我国环境管理政策与法律

一、环境管理政策概述

（一）环境管理政策及体现形式

中国的环境政策是党和政府为有效地保护和改善环境而制定和实施的环保工作方针、路线、原则、制度的总称，是中国环境保护和管理的实际行为准则。

环境政策的表现形式包括党的政策文件、党的领导机关和国家机关联合发布的政策文件和国家机关颁布的政策文件。

从制定政策的主体看，我国环境政策包括党的环境政策和国家的环境政策；从政策的性质和作用看，我国环境政策包括基本环境政策和一般环境政策；从政策的内容范围看，我国环境政策包括综合环境政策和具体环境政策；从政策的具体内容看，我国环境政策包括污染防治政策和生态保护政策。各项政策相互联系、相互制约、相互补充构成有机的整体。

1. 环境保护的"三十二字"方针

中国的环境保护起步于20世纪70年代，在此之前虽然已经出现了环境问题，但并没有引起警觉，也没有开始真正的环境保护行动。1972年斯德哥尔摩人类环境会议促进了中国环境保护事业的发展。这次会议使中国认识到了环境问题的严重性，开始着手制定国家的环境保护方针政策。

在这次会议上，中国提出了"全面规划、合理布局、综合利用、化害为利、依靠群众、大家动手、保护环境、造福人民"的方针，简称"三十二字"方针。在1973年的第一次全国环境保护会议上被确定为环境保护的指导方针，并写进了《关于保护和改善环境的若干规定》试行草案，后来又写进了实行的《中华人民共和国环境保护法》。

"三十二字"方针明确提出了保护环境的目的和基本措施，是我国当时历史条件下环境保护工作的指导方针，20世纪80年代所制定的环境管理制度都是在这一方针指导下进行，其他一些环境保护的规定和管理办法也是这一方针的具体化和延伸。中国的环境保护实践证明，这一方针虽然存在着不足和局限性，但基本基调是正确的，符合当时的中国国情。当然，这一方针也有很强的时代特性，在我国环境管理工作的初始阶段（1973年至1983年），对我国的环保工作起到了一定的积极指导作用。

2."三同步、三统一"方针

进入20世纪80年代之后，国家政治、经济形势发生了重大变化。随着经济体制改革的深入、环境问题的发展以及人类对环境问题的认识不断深化，我国环境保护形势也发生了变化。

在新的历史条件下，"三十二字"方针已经无法明确环境保护与经济建设的关系，没有揭示环境保护的内在规律，在方针的指导下无法正确处理环境与发展的关系。继续运用"三十二字"方针制定我国环境保护工作显然是不行的。因此，在认真总结过去10年环境保护经验的基础上，于1983年第二次环境保护会议上，提出了"三同步、三统一"的环境战略方针。

所谓"三同步、三统一"方针是指经济建设、城乡建设、环境建设同步规划、同步实施、同步发展，实现经济效益、社会效益和环境效益的统一。

这一指导方针是对"三十二字"方针的重大发挥，是环境管理思想与理论的重大进步，体现了可持续发展的概念，指明了解决我国环境问题的正确途径，同时也为制定我国的环境政策奠定了基础。

"三同步"的前提是同步规划，这实际上就是预防为主思想的具体体现。它要求把环境保护作为国家发展规划的一个组成部分，在计划阶段将环境保护与经济建设和社会发展作为一个整体同时考虑，通过规划实现各功能区的合理布局。

"三同步"的关键是同步实施，其实质就是将经济建设、城乡建设和环境建设作为一个系统整体纳入实施过程，以可持续发展思想为指导，采取各种有效措施，运用各种管理手段落实规划目标。只有在同步规划的基础上，做到同步实施，才能是环境保护与经济建设、社会发展相互协调统一。

"三同步"的目的是同步发展。它是制定环境保护规划的出发点和落脚点，它既要求把环境问题解决在经济建设和社会发展过程中，又要求经济增长不能以牺牲环境为代价，要实现持续、高质量的发展。

"三统一"实际上是贯穿于"三同步"全过程的一条基本原则，充分体现了当今的可持续发展思想，要求克服传统的经济增长模式，强调发展的整体和综合效益，使发展既能满足人们对物质利益的整体需求，又能满足人们对生存环境质量的整体需求。

1983年召开的第二次全国环境保护会议，不仅进一步制定出我国环境管理的大政方针，更明确提出了环境保护是现代化建设中的一项战略任务，是一项基本国策，确立了环境保护在经济和社会发展中的重要地位。联合国环境与发展会议结束后，1992年7月，党中央、国务院批准了《中国环境与发展十大对策》。内容包括：实行持续发展战略；采取有效措施，防治工业污染；深入开展城市环境综合治理，认真治理城市"四害"；提高能源利用效率，改善能源利用效率，改善能源结构；推广生态农业，植树造林，加强生物保护；大力推进科学进步，加强环境科学研究，积极发展环保产业；运用经济手段保护环境；加强环境教育，不断提高全民族的环境意识；健全环境法制，强化环境管理；按照环境与发展大会精神，制订我国行动计划。

在以后的几次全国环境保护工作会议上，国家又重申了这一基本方针，并加以逐步完善。特别是在1996年第四次全国环境保护会议上，国家把这一方针与国家发展战略紧密联系起来，阐述为：推行可持续发展战略，贯彻"三同步"方针，推进两个根本性转变，实现"三效益"统一。这是长期指导中国今后环境保护工作的根本性方针。

（二）环境管理政策体系

1. 环境保护是基本国策

1983年召开的第二次全国环境保护会议明确提出了环境保护是现代化建设者的一项战略任务，是一项基本国策，这是我国第一次从国家层面提出环境保护是一项基本国策，确立了环境保护在经济和社会发展中的重要地位。

2014年修订的《中华人民共和国环境保护法》进一步强化了环境保护的战略地位。新环保法增加规定"保护环境是国家的基本国策"，并明确"环境保护坚持保护优先、预防为主、综合治理、公众参与、污染者担责"的原则。另外，新环保法在第一条立法目的中增加"推进生态文明建设，促进经济社会可持续发展"的规定，并进一步明确"国家支持环境保护科学技术的研究、开发和应用，鼓励环境保护产业发展，促进环境保护信息化建设，提高环境保护科学技术水平。"这些规定进一步了强化环境保护的战略地位。

基本国策属于政策的范畴，但它超出了一般意义和层次，是国家发展政策的组成部分，是立国之策、治国之策、兴国之策，是关系全局、涉及国家可持续发展的重大政策。在所有的环境政策中，基本国策居于最高的地位，是制定其他各种环境政策的依据和指导。而我国将保护环境写入基本国策，明确了环境保护在经济和社会发展中的优先地位，而这一政策，正是由我国的基本国情和环境状况决定的。同时，这一基本国策，也体现了我国在国际履约中所承担的环境责任。

2. 环境保护的三项基本政策

在我国的环境保护政策体系中，基本政策包括"预防为主、防治结合、综合治理""谁污染、谁治理""强化环境管理"，简称为环境保护的"三大政策"。这三大政策是以中国的基本国情为出发点，以解决环境问题为基本前提，在总结多年来中国环境保护实践经验和教训的基础上而制定的具有中国特色的环境保护政策。

（1）"预防为主、防治结合、综合治理"政策　这一政策的基本思想是把消除环境污染和生态破坏的行为实现在经济开发和建设过程之中，实施全过程控制，从源头解决环境问题，减少污染治理和生态保护所付出的沉痛代价。实施这一环境政策，就要转变发达国家走过的"先污染、后治理"的环境保护道路。

世界上几乎所有发达国家都走了一条"先污染、后治理"的环境保护道路，在他们大力发展经济时，都曾因忽视了环境保护，而导致了严重的环境问题，最后又不得不回过头集中力量解决这些问题。到目前为止，虽然这些国家当年出现的严重环境问题已得到解决和有效控制，环境质量有了明显的改善，但这些国家却为此付出了巨大的努力和代价。

总结全球环境保护的经验和教训，不难发现，在人类社会的发展过程中，环境问题的产生是必然的，是不以人的意志为转移的客观事实。但由于采取的对策不同，所产生的环境问题的多少、范围大不一样，人类所付出的治理代价也不相同。事实证明，若能及时采取预防对策，所产生环境问题就少，所付出的污染治理成本就低。若事先不采取预防对策，所产生的环境问题就多，等问题积累了再去解决，所付出的代价就高。

由此可见，环境保护与经济发展是一个对立统一的整体，环境问题的产生贯穿于经济建设的全过程。因此，环境问题的解决也必须包含生产与经济建设的全过程，这就决定了环境保护与经济建设必须同步进行。任何一种把环境保护与经济建设分离和对立的认识都是错误的，人们最终要为此付出巨大的代价，这就是环境保护的客观规律。只有在发展中实行统筹兼顾的预防为主政策，把眼前利益与长远利益、局部利益与整体利益结合起来，做到既发展经济，又保护环境，许多环境问题是可以避免的，即使出现了一些环境问题，也会控制在一定限度之内。从20世纪70年代后期的许多实践来看，都证明了这一判断是正确的。正是基于这种认识，1983年年末召开的第二次全国环境保护会议确立了"三同步、三统一"的环境保护指导方针。

（2）"谁污染、谁治理"政策　自20世纪70年代初，世界经济合作与发展组织把日本环境政策中的"污染者负担"作为一项经济原则提出来以后，被世界上许多国家所采用，我国的"谁污染、谁治理"环境政策也是从这一原则引申出来的。实行这一政策，主要解决两个问题：一是要明确经济行为主体的环境责任问题；二是要解决环境保护的资金问题。

十九大提出"建设生态文明是中华民族永续发展的千年大计"，把"坚持人与自然和谐共生"作为新时代坚持和发展中国特色社会主义基本方略的重要内容，把"建设美丽中国"作为全面建设社会主义现代化强国的重大目标，把生态文明建设和生态环境保护提升到了前所未有的战略高度。而"谁污染、谁治理"政策的内涵，已由过去单一的"污染者付费"扩展到"谁开发谁保护，谁污染谁治理，谁破坏谁恢复"。这也是新时代生态补偿机制的基础。

（3）"强化环境管理"政策　强化环境管理是1983年第二次全国环境保护会议上提出的，是最符合中国国情、最具中国特色的一项环境政策。中国是发展中国家，经济相对落后，在今后一个相当长的时间内不可能拿出更多的钱来搞污染治理，走发达国家先污染后治理的老路。中国现有的许多环境问题是由于管理不善造成的。这意味着，只要加强管理，就可以利用有限的环保资金，解决环境污染问题。基于以上两点认识，中国在提出了强化管理的环境政策，通过强化环境管理纠正"有钱铺摊子、没钱治污染"的行为。

实现强化环境管理，要把法律手段、经济手段和行政手段有机地结合起来，提高管理水平和效能。主要措施包括：建立健全环境保护法规体系，加强执法力度；制定有利于环境保护的金融、财税政策和产业政策，增加对环境保护的宏观调控力度；从中央到省、市、县、镇（乡）五级政府建立环境管理机构，加强监管；建立健全环境管理制度；广泛开展环境保护宣传教育，不断提高全民族的环境意识。

强化环境管理是具有中国特色的环境保护政策，它在特定的历史时期发挥特定的作用，从现阶段工作实践来看，管理仍需加强。需要指出的是，加强管理固然重要，但是不能从根本上解决全部的环境问题。通过管理，可以获得一般性的改进，若想得到根本的改善，则需将三大政策结合起来，从立法执法、环保投入、环境科技发展等方面共同入手。

总之，环境保护的"预防为主""谁污染、谁治理"和"强化环境管理"的三项基本政策互为支撑，缺一不可，相互补充，不可代替。其中，预防为主的环境政策是从增长方式、规划布局、产业结构和技术政策角度考虑，"谁污染、谁治理"的环境政策是从责任认定、经济和技术的角度考虑，强化管理是从环境立法执法、行政管理和宣传教育角度考虑。这三项环境政策是一个有机整体，是环境保护工作的原则性规定，涵盖了环境管理的各个方面。作为环境管理应遵循的原则，这三项环境政策将长期指导我国的环境管理实践。

3. 环境管理具体政策

我国环境保护具体政策包括环境产业政策、环境技术政策和环境经济政策等。

（1）环境产业政策　国家颁布的有利于产业结构调整和行业发展的专项环境政策。包括产业结构调整政策、行业环境管理政策、限制发展的行业政策以及禁止发展的行业政策等。产业机构调整政策如《汽车工业产业政策》《关于全国第三产业发展规划的通知》《外商投资产业指导目录》《水利产业政策》《当前国家重点鼓励发展的产业、产品和技术目录》以及《当前部分行业制止低水平重复建设目录》等；行业环境管理政策如《冶金工业环境管理若干规定》《建材工业环境保护工作条例》《化学工业环境保护管理规定》《电力工业环境保护管理办法》《关于加强乡镇企业环境保护工作的规定》《关于发展热电联产的规定》《关于加强水电建设环境保护工作的通知》以及《关于加强饮食娱乐服务企业环境管理的通知》等；《关于公布第一批严重污染环境（大气）的淘汰工艺与设备的通知》规定了 15 种污染工艺和设备的淘汰期限和可替代工艺及设备。《淘汰落后生产能力、工艺和产品目录（第二批）》涉及 8 个行业 119 项等，属于限制发展或禁止发展的行业政策。

（2）环境技术政策　以特定的行业和污染因子为对象，在产业政策允许范围内引导企业采取有利于环境保护环境的生产工艺和污染防治技术。这些政策包括区域开发建设中的环境技术政策、工业与交通企业环境技术政策、城市建设中的环境技术政策、保护乡镇农业环境与自然环境的技术政策、环境装备的技术政策等。环境技术政策注重发展高质量、低消耗和高效率的适用生产技术，重点发展技术含量高、附加值高、满足环境保护要求的产品，重点发展投入成本低、去处效率高的污染控制适用制度。例如，《燃煤二氧化硫排放污染防治技术政策》《机动车污染防治技术政策》等。

（3）环境经济政策　运用税收、信贷、补贴、收费等各种经济手段引导和促进环境保护的政策。环境经济政策可分为经济优惠政策、生态补偿政策和排污收费政策三大类。环境经济政策的原理主要是环境价值和市场刺激理论，借助环境成本内部化和市场交易等经济杠杆调整和影响社会经济活动当事人。与传统的行政手段相比，环境经济手段具有节省费用、促进新的污染控制技术、清洁技术和产品开发、行为调节和资金配置功能、加大企业灵活性、可以直接和间接增加财政投入等优点。从我国的污染减排的形势要求和国际环境管理手段发展的趋势来看，环境经济政策对实现环境保护的历史性转变以及实现污染减排目标都将起着重要的支撑作用。环境经济政策是建设环境友好型社会、实施可持续发展战略的必然要求。

二、我国环境保护法律体系

环境法是调整环境管理中各种社会关系的法律规范的总称，是指国家、政府部门根据发展经济、保护人民身体健康和财产安全、保护和改善环境需要制定的一系列法律、法规、规章等。法律手段同时也是环境管理的重要手段之一。

20世纪五六十年代，随着战后现代工农业生产的突飞猛进，人口剧增，城市膨胀，环境状况迅速恶化。面对空前严重的环境污染，世界各国普遍地开始重视和关心环境问题。我国政府把保护环境作为本国的一项基本国策。近四十年在政府的努力和人民的参与下，我国制定了大量的环境法律法规，颁布了大量有关环境保护的行政规章和环境标准，使我国环境监管和环境保护工作逐步纳入了规范化、法律化的轨道，环境法律体系初步形成。

（一）环境保护法律框架体系

我国环境保护的法律不是采用统一立法的形式，而是各项专门的法律和相关法规、规章相互补充组成的一个法律体系。

1. 纵向框架体系

我国目前建立了宪法、环境保护基本法、环境保护单行法律法规、环境保护行政法规、环境保护地方法律法规、环境保护标准、国际环境公约等层次的结构体系。

（1）宪法　《中华人民共和国宪法》是中国的根本大法，也是整个环境法体系的基础和核心。我国1982年《宪法》第26条规定："国家保护和改善生活环境和生活环境，防治污染和其他公害。"这一规定是国家对环境保护的总政策，说明了环境保护是国家的一项基本职能。此外，我国《宪法》第9、10、22、26条中对自然资源和一些重要的环境要素的所有权及其保护也做出多项规定。

在环境与资源保护方面，我国宪法主要规定了国家在合理开发、利用、保护与改善环境和自然资源方面的基本权利、基本义务、基本方针和基本政策等，为中国的环境保护活动和环境理发提供了指导原则和立法依据。

（2）环境保护基本法　《中华人民共和国环境保护法》是为保护和改善环境，防治污染和其他公害，保障公众健康，推进生态文明建设，促进经济社会可持续发展制定的国家法律。我国在1979年9月制定了第一部综合性环境基本法《中华人民共和国环境保护法（试行）》，这是中国第一部环境保护的法律，对中国的环境保护工作做了全面、系统的规定，标志着中国的环境保护事业开始走上了法制的轨道。1989年12月，全国人大常委会对《中华人民共和国环境保护法（试行）》进行了修改，颁布了新的《中华人民共和国环境保护法》。2014年4月24日，中华人民共和国第十二届全国人民代表大会常务委员会第八次会议修订通过新《中华人民共和国环境保护法》，自2015年1月1日起施行。环境保护法不仅明确了环境保护的任务和对象，而且对环境保护的基本原则和制度、环境监督管理体制、保护自然环境和防治污染的基本要求以及法律责任做了相应规定，是环境保护工作和制定其他单行环境法律法规的基本依据。

规定环境法的任务是为保护和改善环境，防治污染和其他公害，保障公众健康，推进生态文明建设，促进经济社会可持续发展。

环境保护的对象是影响人类生存和发展的各种天然的和经过人工改造的自然因素的总体，包括大气、水、海洋、土地、矿藏、森林、草原、湿地、野生动物、自然遗迹、人文遗迹、自然保护区、风景名胜区、城市和乡村等。

规定中国的环境保护应采用的基本原则为保护优先、预防为主、综合治理、公众参与、损害担责。

此外，环境保护法还规定保护和改善环境的基本要求和法律义务；规定防治污染和其他公害的基本要求和相应义务；规定环境管理机构的监督管理权力、责任；规定了环境信息公开和公众参与，加强公众对政府和排污单位的监督；规定违反环境保护法的法律责任即行政责任、民事责任和刑事责任。

中国环境保护基本法的规定和颁布，促进了中国环境法体系的完备化，加强了中国环境管理，在中国的环境保护中起到重要作用。

（3）环境保护单行法律法规　环境保护单行法规是针对特定的环境要素、污染防治对象或环境管理的具体事项制定的单项法律法规。环境单行法以《宪法》和环境保护基本法为立法依据，是它们的具体化。由于环境保护单行法规可操作性强、有针对性、数量众多，所以它往往是环境行政管理、环境纠纷解决最直接的依据，是有关主体主张环境权利、承担环境义务、处理其他环境事务的具体行为准则（表2-3）。

表 2-3　我国部分环境保护单行法规

序号	法规名称	发布/修订日期
1	中华人民共和国水污染防治法	2017年6月27日，第十二届全国人民代表大会常务委员会第二十八次会议修正，自2018年1月1日起施行
2	中华人民共和国大气污染防治法	1988年6月1日实施。2018年10月26日，第十三届全国人民代表大会常务委员会第六次会议第二次修正
3	中华人民共和国土壤污染防治法	2018年8月31日，十三届全国人大常委会第五次会议全票通过，自2019年1月1日起施行
4	中华人民共和国环境影响评价法	2003年9月1日实施。2018年12月29日，第十三届全国人民代表大会常务委员会第七次会议第二次修正
5	中华人民共和国固体废物污染环境防治法	1995年10月30日实施。2016年11月7日，第十二届全国人大代表常务委员会第二十四次会议的修订，2020年4月29日修订发布
6	中华人民共和国环境噪声污染防治法	1996年10月29日发布。2018年12月29日，第十三届全国人民代表大会常务委员会第七次会议通过对修订
7	建设项目环境保护管理条例	2017年7月16日，修订
8	中华人民共和国环境保护税法	2016年12月25日，中华人民共和国第十二届全国人民代表大会常务委员会第二十五次会议通过，自2018年1月1日起施行

除了针对污染防治的环境法律外，环境保护单行法还包括自然资源保护单行法和其他部门中的环境保护规定。例如，《中华人民共和国民法通则》第81条第1款规定："国家所有的森林、山岭、草原、荒地、滩涂水面等自然资源，可以依法由全面所有制单位使用，也可以依法确定由集体所有制单位使用，国家保护它的使用、收益的权利；使用单位有管理、保护、合理利用的义务。"第124条规定："违反国家保护环境防治污染的规定，

污染环境造成他人损害的，应当依法承担民事责任。"

（4）环境保护行政法规和政府部门规章　国家的环境的管理通常表现为行政管理活动，并且通过制定法规的形式对环境管理机构的设置、职权、行政管理程序、行政管理制度以及行政处罚程序等做出规定。这些法规都属于环境管理行政法规，它们多数具有行政法规的性质。环境保护行政法规是由国务院制订并公布或经国务院批准有关主管部门公布的环境保护规范性文件。一是根据法律授权制定的环境保护法的实施细则或条例；二是针对环境保护的某个领域而制定的条例、规定和办法。

政府部门规章是指国务院环境保护行政主管部门单独发布或与国务院有关部门联合发布的环境保护规范性文件，以及政府其他有关行政主管部门依法制订的环境保护规范性文件。政府部门规章是以环境保护法律和行政法规为依据而制订的，或者是针对某些尚未有相应法律和行政法规调整的领域做出相应规定。

（5）环境保护地方性法规和地方性规章　地方法规是各省、自治区、直辖市根据我国法律或法规，结合本地区实际情况而制定并经地方人大审议通过的法规。国家已制定的法律法规，各地可以因地制宜地加以具体化；国家尚未制定的法律法规，各地可根据环境管理的实际需要，先制定地方法规予以调整。地方人大和政府结合本地区实际制订地方性环境法规和规章，既可弥补国家立法之不足，又可以通过局部的突破、实践、示范，推动环境法制度的整体创新。

地方环境法规和规章中既有综合性的立法，也有针对特定环境要素、污染物或环境管理事项的专门立法，还有各种地方性的环境质量补充标准和污染物排放标准等。例如，《北京市大气污染防治条例》《河北省固体废物污染环境防治条例》《河北省环境保护公众参与条例》等。此外，还有跨越数省的区域环境保护条例。

地方法规突出了环境管理的区域性特征，有利于因地制宜地加强环境管理，是中国环境保护法规体系的重要组成部分。实践证明，这些地方性环境保护法规的颁布实施，对保护和改善环境，起了很好的作用。

（6）环境标准　分为国家环境标准、地方环境标准和环境保护行业标准。环境标准中的环境质量标准和污染物排放标准属于强制性标准，具有法律规范的性质和特点，因此是环境保护法体系的重要组成部分。除了国家级环境标准之外，一些省级人民政府也制定了大批地方性环境保护标准。

（7）国际公约　根据我国《宪法》有关规定，经全国人大常委会或国务院批准缔结参加的国际条约、公约和议定书与国内法具有同等法律效力。

我国积极参加国际环境保护公约及立法活动，已加入了50余个有关国际环境保护条约。作为一个负责任的环境大国和发展中大国，我国积极参与全球环境领域国际合作，并取得长足进展。在多边环境合作过程中，我国坚持公平、公正、合理的原则，积极参与，加强对话，共谋发展。

2. 横向框架体系

目前我国环境保护法律体系由防治环境污染的法律、保护自然资源的法律、生态保护法、循环利用资源的法律等部分组成

（1）环境污染防治法　关于此方面的法律，在现行的《环境保护法》中的第四章，对环

境污染的概念具有列举性的规定。其规定环境污染的内容为：在生产建设等活动中产生的废水、废气、粉尘、噪声、废渣、放射性物质、振动以及会对环境产生污染的气体等都属于环境污染物。目前我国的环境污染防治法主要在水、大气、噪声、固体废弃物、放射性污染防治等环境要素方面制定环境污染防治法律。

《中华人民共和国水污染防治法》。1984 年 5 月 11 日通过，1996 年 5 月进行了第一次修正，2008 年 2 月进行了全面修订，2017 年 6 月 27 日进行了第二次修正。该法规定保障国家水资源，保障饮用水安全，预防与控制工业废水、城镇生活用水、农业污染水资源，保护水资源避免生态破坏；省、市、县、乡建立河长制；分别对工业水污染防治、城镇水污染防治、农业和农村水污染防治、船舶水污染防治提出了具体的防治措施。

《中华人民共和国大气污染防治法》。1987 年 9 月 5 日通过，1995 年 8 月进行了修正，2000 年 4 月第一次修订，2015 年 8 月第二次修订。该法规定，防治大气污染应当以改善大气环境质量为目标，坚持源头治理，规划先行，转变经济发展方式，优化产业结构和布局，调整能源结构，加强综合防治、联合防治、协同控制。分别对燃煤和其他能源污染防治、工业污染防治、机动车船等污染防治、扬尘污染防治、农业和其他污染防治提出了具体防治措施。

《中华人民共和国环境噪声污染防治法》。1996 年 10 月 29 日通过，1997 年 3 月 1 日执行。该法规定环境噪声污染防治的监督管理方式；并对工业噪声污染防治、工业噪声污染防治、建筑施工噪声污染防治、交通运输噪声污染防治、社会生活噪声污染防治提出具体防治措施。

《中华人民共和国固体废物污染环境防治法》。1995 年 10 月 30 日通过，2004 年 12 月修订，2013 年 6 月、2015 年 4 月、2016 年 11 月进行过三次个别条款的修正。该法对固体废物污染损害赔偿实行举证责任倒置制；确立了生产者延伸责任制，对部分产品、包装物实行强制回收制度；国家严禁随意倾倒、堆放、处置固体废弃物，鼓励废弃物资源回收再利用，禁止境外固体废弃物进境倾倒、堆放、处置。

《中华人民共和国放射性污染防治法》。2003 年 6 月 28 日第十届全国人大常委会第三次会议通过。该法规定对放射性污染防治的监督管理；同时对核设施的放射性污染防治、核技术利用的放射性污染防治、铀（钍）矿和伴生放射性矿开发利用的放射性污染防治、放射性废物管理提出具体的防治措施。

（2）自然资源保护法　自然资源是指由自然界自己孕育的、能够满足人们生产生活需要的、为人们的生产生活带去便利的物质与能量。例如，水、大气、森林、生物、矿产等都属于自然资源保护法的保护范围之内。我国采取的往往通过综合勘探、开发、利用、循环使用、开发新能源的形式对自然资源进行保护，从而达到适度开发的目的。

《中华人民共和国土地管理法》。1986 年 6 月 25 日通过，1988 年 12 月第一次修正，1998 年 8 月重新修订，2004 年 8 月第二次修正。该法规定珍惜、合理利用土地和切实保护耕地是我国的基本国策。国家实行土地用途管制制度。国家控制土地中建设用地总量，保护耕地，严格限制农用地转为建设用地。

《中华人民共和国水法》。1988 年 1 月 21 日通过，2002 年 8 月修订，2009 年 8 月、2016 年 7 月两次修正。国家制定全国水资源战略规划，保护全国水资源，综合开发利用水资源，坚持兴利与除害相结合，兼顾利益，并服从防洪的总体安排；加强对水资源、水域和水工程的保护；国务院发展计划主管部门和国务院水行政主管部门调整水资源配置，鼓励节约用水。

《中华人民共和国森林法》。1979 年 2 月通过，1998 年 4 月、2009 年 8 月进行了两次修正，2019 年 12 月修订。该法用于管理在中华人民共和国领域内从事森林、林木的培育种植、采伐利用和森林、林木、林地的经营管理活动。各级林业主管部门负责国家森林经营与管理，地方各级人民政府应当组织有关部门负责森林保护，并制定植树造林规划。国家制定严格的森林采伐政策。

《中华人民共和国矿产资源法》。1986 年 3 月 19 日通过，1996 年 8 月、2009 年 8 月两次修正。该法旨在保护我国境内及管辖海域内的矿产资源。该法规定矿产资源的所有权归属问题；国家实行探矿权、采矿权有偿取得制度，并制定探矿权、采矿权转让条件；国家鼓励矿产资源的合理开发、综合利用，鼓励矿产资源勘查、开发的科学技术研究。

《中华人民共和国草原法》。1985 年 6 月 18 日通过，2002 年 12 月修订，2009 年 8 月、2013 年 6 月两次修正。该法规定合理建设、利用草原资源；规定草原的所有权、使用权等问题；国家鼓励单位及个人投资草原建设，保护投资者的合法权益；国家对草原实行基本保护制度，并组织相关职能部门对草原的建设及开发利用情况进行监督检查；同时规定破坏草原等行为的法律责任。

《中华人民共和国渔业法》。1986 年 1 月 20 日通过，2000 年 10 月、2004 年 8 月、2009 年 8 月、2013 年 12 月四次修正。该法规定国家对渔业生产实行以养殖为主，养殖、捕捞、加工并举，因地制宜，各有侧重的方针。国家保护、增殖、开发和合理利用渔业资源；对渔业资源的发展实施监督管理，统一领导。国家鼓励单位和个人发展养殖业，合理投饵、增殖、捕捞，保护水域生态环境。

（3）生态环境保护法　生态的学术界定义是指，一切生物有关的、带有各种相互关系的总称，而生态保护就是要对这些事物施行有效的保护方案，从而提高对生态系统的服务质量，为公众的生态利益提供保障。自 20 世纪 90 年代以来，随着我国社会经济发展对生态的破坏以及受到的生态环境的报复，使我国充分认识到保护生态环境的重要性，由此，便开始加大对此方面进行立法管理。

《中华人民共和国野生动物保护法》。1988 年 11 月 8 日通过，2004 年 8 月、2009 年 8 月两次修正，2016 年 7 月修订，2018 年修正。该法规定国家保护野生动物及其栖息地，制定相关保护区管理规定，加强对野生动物的保护。制定积极驯养繁殖、合理开发利用的方针，鼓励开展野生动物科学研究。国家对珍贵、濒危的野生动物实行重点保护，国家重点保护的野生动物分为一级保护野生动物和二级保护野生动物，省、自治区、直辖市重点保护的野生动物由省、自治区、直辖市政府公布名录。

《中华人民共和国防沙治沙法》。2001 年 8 月 31 日通过，2018 年 10 月修正。该法旨在预防土地沙化，治理沙化土地，维护生态安全，促进经济和社会的可持续发展。制定防沙治沙的工作遵循原则，规定相关的负责管理部门，明确治理措施及法律责任。

《中华人民共和国水土保持法》。1991 年 6 月 29 日通过，2010 年 12 月 25 日重新修订。该法规定水土保持工作实行预防为主、保护优先、全面规划、综合治理、因地制宜、突出重点、科学管理、注重效益的方针。县级以上人民政府应当依据水土流失调查结果划定水土流失重点预防区、重点治理区。

《中华人民共和国自然保护区条例》。1994年10月9日国务院发布,2011年1月修订,2017年10月修正。该法规定自然保护建设的条件与流程,规定自然保护的管理要求及主管机构职责;针对自然保护的破坏行为制定相应的法律责任。鼓励对自然保护区的科学研究,体现自然保护区的生态价值,保护生态环境的和谐统一。

(4)资源循环利用法 国家为推行清洁生产、节约自然资源所颁布的法律法规。主要包括:

《中华人民共和国清洁生产促进法》。2002年6月29日通过,2012年2月修正。国家推行和鼓励清洁生产,该法规定相关各级人民政府职责,制定鼓励措施和法律责任。鼓励新工艺、新技术的开发利用,淘汰落后产能、技术、工艺,优先选用节能、节水、废物再生利用等有利于环境与资源保护的产品。

《中华人民共和国循环经济促进法》。2008年8月29日通过,2018年10月修正。该法规定发展循环经济的原则,制定相应的管理制度与措施,鼓励再利用资源化,制定激励措施,并规定相应管理部门的法律责任。国家对钢铁、有色金属等行业的重点企业,实行能耗、水耗的重点监督管理制度。国家努力促进循环经济发展,提高资源利用效率,保护和改善环境,实现可持续发展。

《中华人民共和国节约能源法》。1997年11月1日通过,2007年10月修订,2016年7月、2018年10月两次修正。该法规定节能是国家发展经济的一项长远战略方针。国家加强用能管理,实施开发与节约并举,节约能源的发展战略。鼓励发展节约环保性产业,支持推广节能技术的发展与研究,高效合理地利用能源。分别对工业节能、建筑节能、交通运输节能、公共机构节能、重点用能单位节能作出明确规定。

《中华人民共和国可再生能源法》。2005年2月28日通过,2009年12月26日修正。该法规定国家鼓励和支持可再生能源并网发电。国家扶持电网全覆盖,鼓励可再生能源发电。国家鼓励清洁、高效地开发利用生物质燃料,鼓励发展能源作物。

(二)环境保护法律特色与创新

1. 中国特色环境保护法律体系基本形成

经过四十年发展,以《环境保护法》为基本法,涵盖自然资源保护法和污染防治法两大领域的中国特色社会主义环境法律体系基本形成。环境保护基本法从1979年的《环境保护法(试行)》到1989年的《环境保护法》再到2014年修订的《环境保护法》,在立法理念、法律体系结构、法律原则制度等各方面都渐趋完善;自然资源保护单行法已经覆盖土地、水、矿产资源、森林、草原、野生动植物、渔业、水土保持、防沙治沙等主要领域;污染防治单行法也已经在大气、水、土壤污染、噪声污染、固体废物污染、放射性污染等污染防治领域构建成型。这些立法成为推动我国生态文明建设,实现经济社会可持续发展的制度基础。

2. 环境保护理念不断更新

可持续发展成为环境保护和环境法制建设的指导思想。"促进经济社会可持续发展"已经写入环境保护基本法和单行法,成为环境法律调控的重要目标。在环境保护与经济发展的具体协调上，实现由"使环境保护工作同经济建设和社会发展相协调"到"使经济社会发展与环境保护相协调"的转变，清晰体现出生态优先原则，表明将从环境保护视角审视和保障经济社会发展质量。绿色发展、生态文明建设、生命共同体等理念成为新时期环境法制建设的指导思想。另一方面，风险防控理念和注重对生态环境本身的保护逐渐成为环境法制的重要理念。2014年《环境保护法》修订后，从内容上看，设置环境规划、生态红线、监测预警等制度，逐步完善了环境影响评价制度，将环境保护的重心从结果治理、质量管控，提升到风险防控上，更注重事前预防和环境风险防范；立法目的从"保护人体健康"转换为"保护公众健康"、刑事领域从"重大环境污染事故罪"到"污染环境罪"转变等，体现了环境保护从过去注重对人身、财产的保障理念转为对环境本身的保护。

3. 环境标准体系已经初步形成

环境标准也是我国环境法律体系中的重要组成部分。经过四十年发展，我国"二级五类"环境标准体系已经形成。从层级上看，分为国家级和地方级标准，从类别看分为环境质量标准、污染物排放（控制）标准、环境监测类标准、环境管理规范类标准和环境基础类标准。从1979年《工业企业设计卫生标准》《生活饮用水卫生标准》颁布，到1983年《环境保护标准管理办法》制定实施，再到2018年《建设用地土壤污染风险管控标准（试行）》出台，我国环境标准体系逐步完善。根据2017年5月原环境保护部数据，截至2017年，我国累计发布国家环保标准2038项，其中现行标准1753项，依法备案的现行强制性地方环保标准达到167项。

4. 积极开展国际环境交流与合作

我国参加并对我国生效的一般国际条约中的环境保护规范和专门性国际环境保护条约也是我国环境保护法律体系中的重要组成部分。一方面，我国秉持尊重国家主权原则、公平承担责任原则、合理承担污染损害责任原则、和平解决环境争端原则等，积极主动参与国际环境问题的解决，以负责任的大国担当精神推动《京都议定书》《巴黎协定》温室气体控制目标的实现；另一方面，我国已经陆续签署《联合国气候变化框架公约》《生物多样性公约》《关于持久性有机污染物的斯德哥尔摩公约》等五十余个国际环境公约，并将相关规定转化为国内法律制度，使环境法治国际与国内接轨，推动了我国经济社会可持续发展。中国始终是全球环境治理的重要参与者、贡献者、引领者，是国际环境保护秩序的建立者、贡献者和维护者。我国已向联合国气候变化框架公约秘书处提交《强化应对气候变化行动——中国国家自主贡献》文件，并明确提出2030年的国家自主贡献目标，这是中国采取应对气候变化行动的坚强决心。近年来中国主动调整经济结构，转变发展方式，大力发展绿色、低碳经济以及新能源产业，已经为应对全球气候变化贡献了中国智慧，提供了中国方案。

第三节 我国环境管理制度

一、环境管理制度概述

环境管理制度是环境保护发展的产物。中国环境管理制度的产生与环境保护具有相同的历史，始于 20 世纪 70 年代。在以观察员身份出席了 1972 年联合国在斯德哥尔摩召开的联合国人类环境会议之后，中国便开始了任务艰巨，但又卓有成效的环境保护和管理工作。在早期，中国制定了《环境保护法》，建立了专门的环境保护机构，开始实行预防为主、谁污染谁治理、强化环境管理的三大环境政策。

20 世纪 80 年代初，环境保护被确定为中国的基本国策之一。国家制定并修改了《大气污染防治法》《水污染防治法》等一系列关于污染防治和生态环境保护的法律，不断加强国家和地方政府环境保护部门的地位和职能，提出环境与经济协调发展等新的环境管理理念。随着我国环境保护工作的深化逐步形成一套既符合我国基本国情，又能为强化环境管理提高保障的环境管理制度，在控制环境污染和保护自然生态方面发挥了重要的积极作用。根据国情先后总结出被称为八项环境管理制度的具体环境政策手段，分别是环境影响评价制度、"三同时"制度、排污收费制度、限期治理制度、环境保护目标责任制、污染集中控制制度、城市环境综合整治定量考核制度和排污许可证制度。其中的环境影响评价制度、"三同时"制度和排污收费制度，常称为"老三项"制度，其他五项常称为"新五项"制度。在环境管理工作中推行这些制度起到了有效控制环境污染、阻止破坏生态环境的作用。同时这八项制度也成为环境保护部门依法行使管理职能的主要方法和手段。

从图 2-2 可以看出上述八项制度之间存在着十分重要的关系。

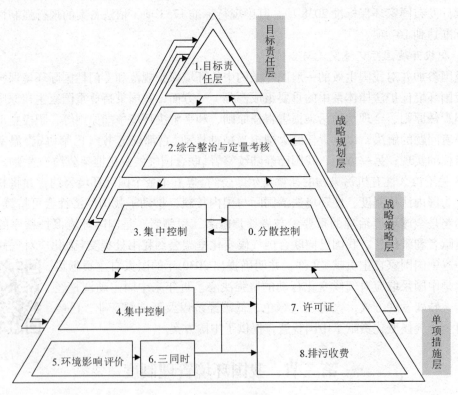

图 2-2　环境管理制度体系

（引自王健民，1991）

1. 层次关系

从总体上看，现阶段中国环境管理制度体系构成了 4 个层次的金字塔形。

(1)塔顶层　由目标责任制构成。这是制度体系的最高层，是各项管理制度的"龙头"。一方面，它是实施其他各项制度的保证；另一方面，其他制度的实施又为目标责任制创造了条件。

(2)塔身层　又可分为上、下两层，分别有综合整治定量考核、集中控制制度与分散治理措施(未确立为制度)组成。因为上述制度和措施体现了环境质量保护与改善的客观规律，必须从综合战略、集中战略与策略(该分散的要分散，以有效地利用环境容量)角度采取强有力的制度措施才能解决。

(3)塔底层　分别由环境影响评价、"三同时"制度、限期治理制度、排污许可证制度及排污收费制度五项环境管理制度组成，体现了污染源的系统控制关系，控制新、老污染源两条技术路线，并作为综合、集中、分散控制的管理手段。基础不配套、不完善，也不可能建起塔身和塔顶，也组织不起来中国环境管理制度体系，所以必须切实打好基础。

2. 包含关系

从上述层次关系，可看出包含关系，如集中控制制度与分散控制措施中就包含环境影响评价制度、"三同时"制度、限期治理制度、排污许可证制度及排污收费制度；而综合整治制度中包含集中控制制度及分散控制措施。反过来说，下面层次的制度和措施，是上面层次的配套制度措施。

3. 系统关系

从基础层中的五项制度来看，分别对应新、老污染源的系统控制技术路线，体现了系统控制的思想。环境影响评价是超前控制；"三同时"是生产前控制；限期治理则是对老污染源的控制；排污许可证、排污收费是生产后控制，并与总量控制和浓度标准相结合。

4. 网络关系

八项制度和一项措施组成的 4 个层次之间还存在正向联系与反馈联系的网络关系，这种网络关系显示出中国环境管理制度体系的运行机制，是各级政府、各级环保部门的负责人应该十分清楚地理解与统筹规划、巧妙运用的规律。

20 世纪 90 年代之后，环境保护的重要性被全社会所认识，中国政府把可持续发展作为国家的基本发展战略。进入 21 世纪以后，在科学发展观、和谐社会的战略发展目标下，环境立法不断完善，执法力度不断加大，环境保护机构的地位日益提升，新的环境管理政策不断出现。随着环境保护形式的变化和实践的推进，国家又先后制定和推行了一些新的环境管理制度，如现场检查制度、按日计罚制度、河长制、生态补偿制度等，使我国环境管理制度得到进一步完善和发展。

二、"老三项"制度

(一) 环境影响评价制度

1. 概述

环境影响评价(environmental impact assessment)是指对拟议中的建设项目、区域开发计划和国家政策实施后可能对环境产生的影响(或后果)进行的系统性识别、预测和评估。

其根本目的是鼓励在规划和决策中考虑环境因素，使人类活动更具环境相容性。《中华人民共和国环境影响评价法》第二条规定，"本法所称环境影响评价，是指对规划和建设项目实施后可能造成的环境影响进行分析、预测和评估，提出预防或者减轻不良环境影响的对策和措施，进行跟踪监测的方法与制度。"环境影响评价是建立在环境监测技术、污染物扩散规律、环境质量对人体健康影响、自然界自净能力等研究分析基础上发展起来的一门分析预测人为活动造成环境质量变化的科学方法和技术手段，随着理论研究和实践经验的发展，随着科学技术的进步，而不断地改进、发展和完善。

按照评价对象，环境影响评价一般分为规划环境影响评价和建设项目环境影响评价。按照环境要素，环境影响评价一般分为大气环境影响评价、地表水环境影响评价、地下水环境影响评价、土壤环境影响评价、声环境影响评价、生态影响评价和固体废物环境影响评价等。按照时间顺序，环境影响评价一般分为环境质量现状评价、环境影响预测评价以及环境影响后评价（跟踪评价）。按照评价专题，环境影响评价一般分为人体健康评价、清洁生产与循环经济分析、污染物排放总量控制和环境风险评价等。

环境影响评价制度（environmental impact assessment system）是把环境影响评价工作以法律、法规或行政规章的形式确定下来从而必须遵守的制度。这一制度对环境影响评价的主体、对象、内容、程序等予以确定，具有强制执行力。环境影响评价制度是进行环境影响评价的法律依据，是环境影响评价工作的法定化、制度化和程序化。环境影响评价制度是我国环境保护的主要制度之一，对于贯彻预防为主的基本原则，从源头预防环境污染和和生态破坏发挥着重要作用。

2. 环境影响评价制度体系

环境影响评价是一种科学的方法和严格的管理制度，作为一个完整体系，应包括健全的环境影响评价管理制度，实用完善的环境影响评价技术导则、评价标准和评价方法研究成果，高素质的为环境影响评价提供技术服务的机构和人员队伍。我国的环境影响评价经过近40年的发展，目前已基本具备上述条件，有多部法律规范环境影响评价，并制定专门的环境影响评价法；有配套的规范环境影响评价的国务院行政法规；有涉及有关区域、行业环境影响评价的部门规章和地方发布的法规规章，初步形成了我国环境影响评价制度体系（图2-3）。

3. 特点

（1）具有法律强制性 我国的环境影响评价制度是国家环境保护法律法规——《环境保护法》《环境影响评价法》《建设项目环境保护管理条例》和相关法律法规规定的一项法律制度，以法律形式约束人们必须遵照执行，具有不可违背的强制性。从我国的实际来看，在人们的环境保护意识普遍不强的情况下，正是由于环境影响评价制度具有法律强制性，才能得以迅速普遍推行，得到越来越多民众的支持。

（2）评价对象和范围拓宽 我国环境影响评价制度确立之初，其适用范围是对环境有影响的建设项目，一系列的法律法规、相关规定都是针对建设项目的环境影响评价。在2002年《环境影响评价法》出台之后，环境影响评价的范围扩展到了对环境有影响的规划，我国的环境影响评价制度从建设项目拓宽到规划，是我国环保事业的历史性突破，不仅丰富了我国环境影响评价的层次，使我国在落实环境影响评价制度上处于国际前列，而且对

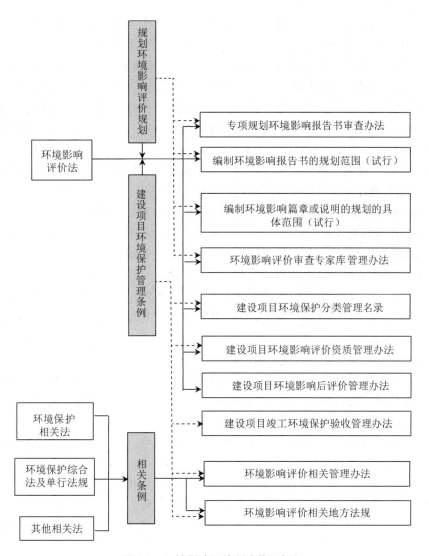

图 2-3　环境影响评价制度体系框架

于落实科学发展观、实施可持续发展战略至关重要。

（3）建设项目环境影响评价纳入基本建设程序　我国建设项目环境影响评价开展时间较长，建设项目环境管理纳入项目的基本建设管理体系。《环境影响评价法》第三条规定，凡是在中华人民共和国领域和中华人民共和国管辖的其他海域内建设对环境有影响的项目，均应当依照该法进行环境影响评价。《环境保护法》第十九条规定，建设对环境有影响的项目，应当依法进行环境影响评价，未依法进行环境影响评价的项目，不得开工建设。

（4）分类管理、分级审批

①分类管理　我国从1998年开始对建设项目的环境保护实行分类管理。建设项目可能造成重大环境影响的，应当编制环境影响报告书，对产生的环境影响进行全面评价；可能造成轻度环境影响的，应当编制环境影响报告表，对产生的环境影响进行分析或者专项

评价；对环境影响很小、不需要进行环境影响评价的，应当填报环境影响登记表。建设项目的环境影响评价分类管理名录，由国务院环境保护行政主管部门制定并公布。

我国从 2003 年开始对需要进行环境影响评价的规划实行分类管理。对土地利用的有关规划，区域、流域、海域的建设、开发利用规划(简称"一地三域"规划)及工业、农业、畜牧业、林业、能源、水利、交通、城市建设、旅游、自然资源开发的有关专项规划(简称"十种专项"规划)中的指导性规划应当编制该规划有关环境影响的篇章或说明；对"十种专项"规划中的非指导性规划应当编制环境影响报告书。

②分级审批 建设对环境有影响的项目，不论投资主体、资金来源、项目性质和投资规模，其环境影响评价文件均应按照规定的分级审批权限，由国家环境保护部、省(自治区、直辖市)和市、县等不同级别环境保护行政主管部门负责审批。

(5)实行环境影响评价资格证书制度 我国对从事环境影响评价工作的专业技术人员实行职业资格制度，以确保环评的主体拥有充分的专业知识，保证我国环境影响评价的质量。环境影响评价工程师职业资格纳入全国专业技术人员职业资格证书统一管理，实行全国统一大纲、统一命题、统一组织的考试制度，自 2005 年起每年举行一次。环境影响评价工程师职业资格实行定期登记制度，环境影响评价工程师应当在取得职业资格证书后 3 年内向登记管理办公室申请登记。符合登记条件并获准登记者，将发放《环境影响评价工程师登记证》，有效期 3 年。

(6)明确规定鼓励公众参与 我国的环境影响评价制度非常强调公众参与的重要性，《环境影响评价法》第五条明确规定国家鼓励有关单位、专家和公众以适当方式参与环境影响评价。生态环境部颁布的《环境影响评价公众参与办法》推进和规范环境影响评价活动中的公众参与，对环评公参对象范围、形式、公开内容、监管等提出明确的要求。

(7)环境影响评价文件实行技术审查制度 由于环境影响评价的政策性和技术性较强，我国对环境影响评价文件实行技术审查制度，从专业技术角度对环境影响评价文件提出审查意见，为实现政府决策科学化提供重要的制度保障。我国目前由环境保护部环境工程评估中心和地方环境工程咨询或评估机构组织有关环境影响评价文件的技术审查。

4. 作用

(1)环境影响评价制度协调经济建设与环境保护 传统建设项目的决策，考虑的主要因素是经济效益和经济增长速度，着眼于分析影响上述因素的外部条件，很少考虑对周围环境的影响，结果导致经济发展和环境保护的尖锐对立。

(2)环境影响评价制度是贯彻"预防为主"原则和合理布局的重要法律制度 可以真正把各种建设开发活动的经济效益和环境效益统一起来，把经济发展和环境保护协调起来。从实质上来说，环境影响评价过程也是认识生态环境和人类经济活动相互制约、相互影响的过程，从而在符合生态规律的基础上，合理布局工农业生产城市和人口结构。这样可以把人类经济活动对环境的影响降到最低限度，通过评价还可以预先知道项目的选址是否合适、对环境有无重大不利影响，以避免造成危害事实后而无法补救。

(3)环境影响评价制度体现公众参与原则 通过环境影响评价报告书、环境影响报告表、环境影响篇章和说明，可以真正确保公众的环境知情权，杜绝那些具有潜在性和积累性的环境污染和破坏项目对公民造成的侵害。

环境影响评价制度为开展区域政策环境影响评价和实施环境与经济、生态发展的综合决策创造条件，同时促进国家科学技术、监测技术和预测技术的发展。

(二)"三同时"制度

1. 概述

"三同时"制度(three simultaneous system)指建设项目中的环境保护设施必须与主体工程同时设计、同时施工、同时投产使用的制度。它是我国环境管理的基本制度之一，也是我国所独创的一项环境法律制度，是控制新污染源的产生、实施预防为主原则的一条重要途径。它与环境影响评价制度相辅相成，是我国预防为主方针的具体化、制度化。

2. 内容

建设项目需要配套建设的环境保护设施，必须与主体工程同时设计、同时施工、同时投产使用。

(1)"同时设计" 是指建设项目的初步设计应当按照环境保护设计规范的要求，编制环境保护篇章，并依据经批准的建设项目环境影响报告书或者环境影响报告表，在环境保护篇章中落实防治环境污染和生态破坏的措施以及环境保护设施投资概算。

(2)"同时施工" 是指在建设项目施工阶段，建设单位应当将环境保护设施建设纳入项目的施工合同，保证其建设进度和资金落实，并在项目建设过程中同时组织实施环境影响报告书、环境影响报告表及其审批部门审批决定中提出的环境保护对策措施。

(3)"同时投产使用" 是指建设单位必须把环境保护设施与主体工程同时投入运转，不仅指正式投产使用，还包括建设项目试生产和试运行过程中的同时投产使用。编制环境影响报告书、环境影响报告表的建设项目竣工后，建设单位应当按照国务院环境保护行政主管部门规定的标准和程序，对配套建设的环境保护设施进行验收，编制验收报告。建设单位在环境保护设施验收过程中，应当如实查验、监测、记载建设项目环境保护设施的建设和调试情况，不得弄虚作假。其配套建设的环境保护设施经验收合格，方可投入生产或者使用；未经验收或者验收不合格者，不得投入生产或者使用。

建设单位违反相关规定，编制建设项目初步设计未落实防治环境污染和生态破坏的措施以及环境保护设施投资概算，未将环境保护设施建设纳入施工合同；需要配套建设的环境保护设施未建成、未经验收或者验收不合格，建设项目即投入生产或者使用，或者在环境保护设施验收中弄虚作假的，由县级以上环境保护行政主管部门责令限期改正，并处以罚款。造成重大环境污染或者生态破坏的，责令停止生产或者使用，或者报经有批准权的人民政府批准，责令关闭。

3. 作用

建设项目环境保护管理是贯彻保护环境"预防为主"方针的关键性工作，对我国实施可持续发展战略发挥着重要作用。"三同时"制度是我国早期环境管理制度的第一项举措，是我国建设项目环境保护管理工作的一项创举，它从程序上保证将污染破坏防治纳入开发建设活动的计划之内，是一项符合我国国情、具有中国特色的、卓有成效的环境保护法律制度，是落实环境保护防治措施、控制新污染产生和生态破坏、防止项目建成后给环境带来新的污染和破坏等的关键，是加强环境保护管理的核心。

"三同时"制度的实行和环境影响评价制度结合起来，成为贯彻"预防为主"方针的完整的环境管理制度。因为只有"三同时"制度而没有环境影响评价，会造成选址不当，只能减轻污染危害，而不能防止环境隐患，而且投资巨大。把"三同时"制度和环境影响评价结合起来，才能做到合理布局，最大限度地消除和减轻污染，真正做到防患于未然。

（三）排污收费制度

1. 概述

排污收费制度（system of pollution discharge fee）又称征收排污费制度，是对排放废水、废气、固体废物、噪声等各类污染物和污染因子的污染者收取一定费用的制度。排污费可以计入生产成本，排污费专款专用，主要用于补助重点污染源防治、区域性污染防治。排污收费制度是依据"污染者负担原则"的要求，即污染者要承担对社会污染损害的责任，运用经济手段控制污染的一项重要环境政策，也是环境经济学中"外部性成本内在化"的具体应用。排污收费制度是我国环保法律规定的一项重要制度，也是世界各国的通行做法。

实行排污收费制度的根本目的不是为了收费，而是利用价值规律，通过征收排污费，给排污者施以外在的经济压力，促进其加强环境管理，节约和综合利用资源，治理污染，减少或消除污染物的排放，实现保护和改善环境的目的。排污者缴纳排污费并不意味着购买了排污权，也不免除其防治污染、赔偿污染损害的责任和法律、行政法规规定的其他责任。通过征收排污费，可以实现利用经济杠杆调节经济发展与环境保护的关系，提高污染者防治污染的自觉性，促使排污者加强经营管理，进行技术改造，增强治理污染的能力，开展综合利用，减少污染物的产生和排放，有利于保护和改善环境。同时，排污收费制度还为防治污染提供了大量专项资金，加强了环境保护部门自身建设。

2. 环境保护税

（1）征收对象和条件　环境保护税是对直接向环境排放应税污染物征收的一种税。按照《中华人民共和国环境保护税法》第二条的规定，在中华人民共和国领域和中华人民共和国管辖的其他海域，直接向环境排放应税污染物的企业事业单位和其他生产经营者为环境保护税的纳税人，应当依照规定缴纳环境保护税。

应税污染物是指环境保护税法所附《环境保护税税目税额表》《应税污染物和当量值表》规定的大气污染物、水污染物、固体废物和噪声。

征收环境保护税的条件是排污者直接向环境排放应税污染物。企业事业单位和其他生产经营者向依法设立的污水集中处理、生活垃圾集中处理场所排放应税污染物的，在符合国家和地方环境保护标准的设施、场所贮存或者处置固体废物的，不属于直接向环境排放污染物，不缴纳相应污染物的环境保护税。但是，依法设立的城乡污水集中处理、生活垃圾集中处理场所超过国家和地方规定的排放标准向环境排放应税污染物的，应当缴纳环境保护税。企业事业单位和其他生产经营者贮存或者处置固体废物不符合国家和地方环境保护标准的，应当缴纳环境保护税。

（2）计税依据和应纳税额

①应税污染物的计税依据　应税大气污染物和水污染物按照污染物排放量折合的污染当量数确定；应税固体废物按照固体废物的排放量确定；应税噪声按照超过国家规定标准的分贝数确定。

应税大气污染物、水污染物、固体废物的排放量和噪声的分贝数，按照下列方法和顺序计算：一是纳税人安装使用符合国家规定和监测规范的污染物自动监测设备的，按照污染物自动监测数据计算；二是纳税人未安装使用污染物自动监测设备的，按照监测机构出具的符合国家有关规定和监测规范的监测数据计算；三是因排放污染物种类多等原因不具备监测条件的，按照国务院生态环境主管部门规定的排污系数、物料衡算方法计算；四是不能按照上述方法计算的，按照省、自治区、直辖市人民政府生态环境主管部门规定的抽样测算的方法核定计算。

污染当量是指根据污染物或者污染排放活动对环境的有害程度以及处理的技术经济性，衡量不同污染物对环境污染的综合性指标或者计量单位。同一介质相同污染当量的不同污染物，其污染程度基本相当。应税大气污染物、水污染物的污染当量数，以该污染物的排放量除以该污染物的污染当量值计算。具体污染当量值，依照环境保护税法所附《应税污染物和当量值表》，第一类水污染物的污染当量值见表2-4，部分第二类水污染物的污染当量值见表2-5，部分大气污染物的污染当量值见表2-6。

表2-4　第一类水污染物污染当量值

序号	污染物	污染当量值（kg）
1	总汞	0.0005
2	总镉	0.005
3	总铬	0.04
4	六价铬	0.02
5	总砷	0.02
6	总铅	0.025
7	总镍	0.025
8	苯并（a）芘	0.000 000 3
9	总铍	0.01
10	总银	0.02

表2-5　部分第二类水污染物污染当量值

序号	污染物	污染当量值（kg）
1	悬浮物（SS）	4
2	生化需氧量（BOD_5）	0.5
3	化学需氧量（CODcr）	1
4	总有机碳（TOC）	0.49
5	石油类	0.1
6	动植物油	0.16
7	挥发酚	0.08
8	总氰化物	0.05
9	硫化物	0.125
10	氨氮	0.8

注：同一排放口中的化学需氧量、生化需氧量和总有机碳只征收一项。

表2-6 部分大气污染物污染当量值

序号	污染物	污染当量值（kg）
1	二氧化硫	0.95
2	氮氧化物	0.95
3	一氧化碳	16.7
4	氯气	0.34
5	氯化氢	10.75
6	氟化物	0.87
7	氰化氢	0.005
8	硫酸雾	0.6
9	铬酸雾	0.0007
10	汞及其化合物	0.0001

②应纳税额 应税固体废物的应纳税额为固体废物排放量乘以具体适用税额；应税噪声的应纳税额为超过国家规定标准的分贝数对应的具体适用税额。

每一排放口或者没有排放口的应税大气污染物，按照污染当量数从大到小排序，对前3项污染物征收环境保护税，应纳税额为污染当量数乘以具体适用税额。

每一排放口的应税水污染物，区分第一类水污染物和其他类水污染物，按照污染当量数从大到小排序，对第一类水污染物按照前5项征收环境保护税，对其他类水污染物按照前3项征收环境保护税，应纳税额为污染当量数乘以具体适用税额。

由省、自治区、直辖市人民政府根据本地区污染物减排的特殊需要，可以增加同一排放口征收环境保护税的应税污染物项目数，报同级人民代表大会常务委员会决定，并报全国人民代表大会常务委员会和国务院备案。

环境保护税税目税额见表2-7。

表2-7 环境保护税税目税额表

税目		计税单位	税额（元）
大气污染物		每污染当量	1.2 ~ 12
水污染物		每污染当量	1.4 ~ 14
固体废物	煤矸石	每吨	5
	尾矿	每吨	15
	危险废物	每吨	1000
	冶炼渣、粉煤灰、炉渣、其他固体废物（含半固态、液态废物）	每吨	25
噪声	工业噪声	超标1~3dB	每月350
		超标4~6dB	每月700
		超标7~9dB	每月1400
		超标10~12dB	每月2800
		超标13~15dB	每月5600
		超标16dB以上	每月11 200

应税大气污染物和水污染物的具体适用税额，由省、自治区、直辖市人民政府统筹考虑本地区环境承载能力、污染物排放现状和经济社会生态发展目标要求，在《环境保护税税目税额表》规定的税额幅度内提出。目前，我国各地区环境保护税税额标准存在着较大的差异。2018 年我国京津冀环境保护税税额标准见表 2-8。

表 2-8　2018 年我国京津冀环境保护税税额标准

地区	大气污染物税额 （元/污染当量）	水污染物税额 （元/污染当量）	与排污费相比
北京	12	14	提高标准
天津	10	12	提高标准
河北	按区域分档。一档：主要污染物9.6，其他污染物4.8；二档：主要污染物6，次要污染物4.8；三档：4.8	按区域分档。一档：主要污染物11.2，其他污染物5.6；二档：主要污染物7，其他污染物5.6；三档：5.6	提高标准

对我国 31 个省（自治区、直辖市）进行分析，北京等 14 个地区的环境保护税较排污费提高了征收标准，上海等 17 个地区的环境保护税平移了排污费的征收标准。河北、江苏税额标准实行区域差别化，上海、山东、湖北、浙江、福建税额标准实行污染物差别化，例如，上海大气污染物税额，SO_2、NO_x 和其他污染物分别是 6.65 元/污染当量、7.6元/污染当量和 1.2 元/污染当量；而水污染物税额，COD、氨氮和其他污染物分别是 5元/污染当量、4.8 元/污染当量和 1.4 元/污染当量。

（3）税收减免　符合以下条件，暂予免征环境保护税：①农业生产（不包括规模化养殖）排放应税污染物的；②机动车、铁路机车、非道路移动机械、船舶和航空器等流动污染源排放应税污染物的；③依法设立的城乡污水集中处理、生活垃圾集中处理场所排放相应应税污染物，不超过国家和地方规定的排放标准的；④纳税人综合利用的固体废物，符合国家和地方环境保护标准；⑤国务院批准免税的其他情形。

纳税人排放应税大气污染物或者水污染物的浓度值低于国家和地方规定的污染物排放标准百分之三十的，减按百分之七十五征收环境保护税。纳税人排放应税大气污染物或者水污染物的浓度值低于国家和地方规定的污染物排放标准百分之五十的，减按百分之五十征收环境保护税。

（4）环境保护税征收管理　环境保护税的征收部门是税务机关，环保部门配合执行。税收征管采用"企业申报—税务征收—环保监测—信息共享"的模式，地方征税权的权利增加，环境保护税收收入作为地方税收入全部纳入一般公共预算，中央不再参与分成。

税务机关依法履行环境保护税纳税申报受理、涉税信息比对、组织税款入库等职责。环境保护主管部门依法负责应税污染物监测管理，制定和完善污染物监测规范。县级以上地方人民政府加强对环境保护税征收管理工作的领导，及时协调、解决环境保护税征收管理工作中的重大问题。

环境保护税的征税部门与稽核部门分开，信息共享要求高。国务院税务、环境保护主管部门制定涉税信息共享平台技术标准以及数据采集、存储、传输、查询和使用规范。环境保护主管部门通过涉税信息共享平台向税务机关交送在环境保护监督管理中获取的下列信息：①排污单位的名称、统一社会信用代码以及污染物排放口、排放污染物种类等基本信息；②排污单位的污染物排放数据（包括污染物排放量以及大气污染物、水污染物的浓度值等数据）；③排污单位环境违法和受行政处罚情况；④对税务机关提请复核的纳税人的纳税申报数据资料异常或者纳税人未按照规定期限办理纳税申报的复核意见；⑤其他商定交送的信息。

税务机关通过涉税信息共享平台向环境保护主管部门交送下列环境保护税涉税信息：①纳税人基本信息；②纳税申报信息；③税款入库、减免税额、欠缴税款以及风险疑点等信息；④纳税人涉税违法和受行政处罚情况；⑤纳税人的纳税申报数据资料异常或者纳税人未按照规定期限办理纳税申报的信息；⑥其他商定交送的信息。

三、"新五项"制度

（一）限期治理制度

1. 概述

限期治理制度（system of pollution control within time limit）是指排放污染物超过国家或者地方规定的排放标准（简称"超标"），或者排放国务院或省（自治区，直辖市）人民政府确定实施总量削减和控制的重点污染物超过总量控制指标（简称"超总量"）的企事业单位，被责令限期治理的制度。限期治理制度是对现已存在危害环境的污染源，由法定机关做出决定，强令其在规定的期限内完成治理任务并达到规定要求的制度。限期治理以污染源调查、评价为基础，以环境保护规划为依据，突出重点，分期分批地对污染危害严重、群众反映强烈的污染物、污染源、污染区域采取限定治理时间、治理内容及治理效果的强制性措施，是政府为保护人民的利益对排污单位采取的法律手段。

限期治理的决定权由县级以上人民政府做出，其中，国家重点监控企业的限期治理，由省（自治区，直辖市）环境保护行政主管部门决定，报环境保护部备案；省级重点监控企业的限期治理，由所在地设区的市级环境保护行政主管部门决定，报省（自治区，直辖市）环境保护行政主管部门备案；其他排污单位的限期治理，由污染源所在地设区的市级或者县级环境保护行政主管部门决定。

限期治理的范围可分为：①区域性限期治理。针对污染严重的某一区域，某个水域的限期治理；②行业性限期治理。针对某个行业某项污染物的限期治理；③企业限期治理。针对某个企业的排污超标情况进行限期治理。相关法律中没有对限期治理的期限做出明确规定，一般由决定限期治理的机构根据污染源的具体情况，治理的难度等因素确定，其最长期限不得超过 1 年，但完全由于不可抗力的原因，导致被限期治理的排污单位不能按期完成治理任务的除外。

2. 内容

《中华人民共和国环境保护法》（自 2015 年 1 月 1 日起施行）第六十条对企业事业单位和其他生产经营者超标超总量的法律责任进行规定："企业事业单位和其他生产经营者超过污染物排放标准或者超过重点污染物排放总量控制指标排放污染物的，县级以上人民政府环境保护主管部门可以责令其采取限制生产、停产整治等措施；情节严重的，报经有批准权的人民政府批准，责令停业、关闭。"

责令限制生产、停产整治，是指通过责令违法生产经营者限制生产、停止生产进行整治等方式，使其排放行为符合法律规定。有权决定责令限制生产、停产整治的执法主体是县级以上环保部门。在责令限制生产、停产整治期间，也不能违法排污，如果符合违法排污的情形，一样要处以罚款、按日计罚。这样才能彻底解决实践中限期治理制度变相为违法排污行为打"保护伞"。

责令停业，是指行政机关对违反行政管理秩序的企业事业组织，责令其停止相关生产经营活动的一种行政处罚，属于行为罚的一种。关闭，是指行政机关对违反行政管理秩序的企业事业单位或者其他组织，通过吊销营业执照或者相关许可证、停止供水供电、封闭生产经营场所等方式禁止其继续从事相关生产经营活动的行政处罚。由于责令停业、关闭对于企业来说是非常严厉的行政处罚，决定着企业的生杀大权，所以责令停业、关闭限于情节严重的违法行为，并且应当报经有批准权的人民政府批准。

（二）污染集中控制制度

1. 概念

污染集中控制制度（centralized pollution control system）是指在特定区域或范围内，建立集中污染处理设施和采用统一的管理措施，对多个项目的污染源进行集中控制和处理以保护环境和治理污染的一项制度，是强化环境管理的一个重要手段。

污染集中控制制度是从我国的环境管理实践中总结出来的。以往的污染治理常常过分强调单个污染源的治理，追求其处理率和达标率，可是区域总的环境质量并没有大的改善，环境污染并没有得到有效控制。针对污染分散控制的问题，多年的实践证明，污染集中控制应以改善流域、区域等控制单元的环境质量为目的，依据污染防治规划，按照废水、废气、固体废物等的性质、种类和所处的地理位置，以集中治理为主，用尽可能小的投入获取较大的环境、经济和社会效益。

2. 实施措施

为有效推行污染集中控制，必须有一系列有效措施加以保证。

（1）以规划为先导　污染集中控制与城市建设密切相关，如完善城市排水管网，建立污水处理厂，发展城市集中供热，建立城市垃圾处理厂，发展城市绿化等，城市污染集中控制是一项复杂的系统工程，必须与城市建设同步规划、同步实施。

（2）划分不同功能区域，突出重点，分别整治　由于各区域内的污染物性质、种类和环境功能不同，其主要的环境问题也就不一样，需要进行功能区划分，以便对不同的环境问题采取不同的处理方法，突出重点，分别整治。

（3）与分散治理相结合　实行集中控制并不意味着企业防治污染的责任减轻，各企业分散防治如果达不到要求，完不成分担的任务，集中治理便难以正常运行。同时，对于一些危害严重、排放重金属和难以生物降解的有害物质的污染源，以及少数大型企业或远离城镇的个别污染源，必须进行单独、分散治理。

（4）地方政府协调是关键　污染集中控制不仅涉及企业，还涉及政府各部门和社会各方面，单靠政府的某一部门难以完成，充分依靠地方政府组织协调各方面的关系，分头负责实施，是集中控制方案得以落实的基础。

（5）疏通多种资金渠道　污染集中治理相比分散治理在总体上可以节省资金，但一次性投资大，要实现集中控制必须落实资金。应充分利用银行贷款、地方财政补助，依靠国家能源政策、城市改造政策、企业改造政策等多种渠道筹集资金。

3. 实施模式

近年来，各地结合本地实际情况创造了不同形式的污染集中控制模式。

(1)废水污染的集中控制　包括以大型企业为骨干的控制模式、同等类型企业联合控制模式、对特殊污染物集中控制模式和工厂对废水进行预处理后输送到污水处理厂集中控制模式。

(2)废气污染的集中控制　包括城市民用能源结构调整模式、工业可燃性气体回收利用模式，集中供暖取代分散供热模式，建立烟尘总量控制区模式和提高绿化覆盖模式。

(3)固体废物污染的集中控制　包括有用固体废物回收利用模式、固体废物能源利用模式和固体废物集中填埋场处理模式。

总之，实行污染集中控制措施必须在经济合理的范围内，对同类污染采取有针对性的、行之有效的集中控制手段和措施；集中控制手段是多元的，既有管理手段，又有工程技术手段，污染集中控制的目的在于改善环境质量的前提下，实现规模效益。

4. 作用

污染集中控制制度是我国在总结国内外环境管理经验和污染防治实践的基础上提出来的，在环境管理方面具有方向性的战略意义，特别是为污染防治战略和投资战略带来重大转变，也是"老三项"与"新五项"制度相互衔接配套不可缺少的一项重要制度。该项制度的主要作用包括：

(1)有利于改善和提高环境质量　集中控制污染是以流域、区域环境质量的改善为直接目的的，其实行结果必然有助于环境质量状况在相对短的时间内得到较大的改善。

(2)有利于集中人力、物力、财力解决重点污染问题　实行污染集中控制，使我国由单一分散控制环境污染为主，发展到集中与分散控制相结合，有利于调动各方面的积极性，把分散的人力、物力、财力集中起来，解决敏感或疑难的污染问题。

(3)有利于采用新技术，提高污染治理效果　实行污染集中控制，使污染治理由分散的点源治理转向社会化综合治理，有利于采用新技术，新工艺，新设备，推动科技进步，提高污染控制水平。

(4)有利于提高资源利用率，加速有害废物资源化　实行污染集中控制，可以从重点领域抓起，实现节约资源、能源，提高废物综合利用率。

(5)有利于节省防治污染的总投入　集中控制污染比分散治理污染节省投资、设施运行费用和占地面积，也大大减少管理机构、人员，解决企业缺少资金或技术、难以承担污染治理责任、虽有资金但缺乏建立设施的场地或虽有设施却因管理不善达不到预期效果等问题。

(三) 环境保护目标责任制

1. 概念

环境保护目标责任制度（environmental protection target responsibility system）又称环境保护责任制度，是一种具体落实地方各级人民政府和产生污染的单位对环境质量负责的行政管理制度。概括地说就是确定环境保护的一个目标以及实现这一目标的措施，签订协议，做好考核，明确责任，保障措施得以落实、目标得以实现。该制度确定了一片区域、一个部门乃至一个单位环境保护的主要责任和责任范围，运用目标化、定量化、制度化的管理方法，贯彻执行环境保护这一基本国策，使改善环境质量的任务能够层层分解落实，达到既定的环保目标，推动环境保护工作的全面、深入发展。该制度以我国基本国情为基础，以现行法律为依据，以责任制为核心，以行政制约为机制，是集责任、权利、利益和义务为一体的新型管理制度。

2. 内容和程序

环境保护目标责任制度规定各级政府行政首长应对当地的环境质量负责，企业领导人应对本单位污染防治负责，并将他们在任期内环境保护的任务目标列为政绩进行考核。

《中华人民共和国环境保护法》（自 2015 年 1 月 1 日起施行）第二十六条规定："国家实行环境保护目标责任制和考核评价制度。县级以上人民政府应当将环境保护目标完成情况纳入对本级人民政府负有环境保护监督管理职责的部门及其负责人和下级人民政府及其负责人的考核内容，作为对其考核评价的重要依据。考核结果应当向社会公开。"第四十二条第二款规定："排放污染物的企业事业单位，应当建立环境保护责任制度，明确单位负责人和相关人员的责任。"

在具体操作上，主要是上级政府或其委托的部门，根据本地区环境总体目标，结合实际情况制定若干具体目标和配套措施，分解到所辖地方政府、部门或者单位，并签订责任书。同时，将责任书公开，接受社会监督。备受社会关注的"大气十条"落实方案就有环境保护目标责任制，国务院授权环保部与各省（自治区、直辖市）人民政府签订了大气污染防治目标责任书。以河北省为例，环境保护目标是，到 2017 年空气质量明显好转，全省重污染天气大幅度减少，优良天数逐年提高，细颗粒物浓度比 2012 年下降 25% 左右。主要任务包括全面淘汰燃煤小锅炉、加快重点行业污染治理等 12 个方面，有的任务非常具体，例如，至 2013 年年底，完成"高污染燃料禁燃区"划定工作，城市禁燃区面积不低于建成区面积的 80%；至 2015 年年底，中国石化石家庄炼化分公司、中国石化沧州分公司推行"泄漏检测与修复"技术，完成有机废气综合治理；至 2014 年年底前，全面供应国四车用柴油；至 2015 年年底前，全面供应国五车用汽、柴油等。

实施环境保护目标责任制是一项复杂的系统工程，涉及面广，政策性和技术性强，其工作程序主要包括 4 个阶段：①制定阶段。各级人民政府组织有关部门，根据环境保护目标的要求，通过广泛的调查研究和充分协商，确定实施责任制的基本原则，建立指标体系，确定责任书的具体内容；②下达阶段。以签订责任书的形式，下达责任目标，将各项指标逐级分解，层层建立责任制，使任务落实、责任落实；③实施阶段。在各级政府的统一领导下，各责任单位依据各自承担的任务，分别组织实施，政府和有关部门定期对责任书的执行情况进行检查，以保证责任书任务的完成；④考核阶段。责任书期满后，由政府对任务完成情况进行考核，根据考核结果，给予奖励或处罚。

3. 特点

①有明确的时间和空间界限。一般以一届政府的任期为时间界限，以行政单位所辖地域为空间界限。

②有明确的环境质量目标、定量要求和可分解的质量指标，说明在责任期内各环境要

素应当达到的保护程度，定量化的质量指标有利于考核评价。

③有明确的年度工作指标，将责任期环保责任分解到各年度，便于监督责任履行进度。

④以责任制等形式层层落实，明确各层次所承担的环境保护责任，共同完成本区域、部门或单位在责任期内的环境保护目标。

⑤有配套的措施、支持保证系统和考核奖惩办法，保障环境保护责任的具体落实。

⑥有定量化的监测和控制手段，及时发现问题，提出改进方案。

4. 作用

实施环境保护目标责任制明确保护环境的主要责任者、责任目标和责任范围，解决"谁对环境质量负责"这一首要问题；加强各级政府对环境保护的重视和领导，使环境保护纳入各级政府的议事日程，环保工作得以真正落实；有利于调动政府各部门的积极性，协调环保部门和有关部门共同抓好环保工作，使环境保护这一国策得以具体贯彻；有利于把环保工作从软任务变成硬指标，由单项治理、分散治理转向区域综合防治，实现由一般化管理向科学化、定量化、指标化管理的转变，实现整体环境的改善；另外，增加环保工作的透明度，有利于动员全社会对环境保护的参与和监督。

环境保护目标责任制是环境管理制度的核心，具有全局性，既可以将"老三项"制度纳入责任制，也可以将其他四项新制度的实施纳入进来；各地区确定责任制的指标体系和考核办法，既可以有质量指标，也可以有为达到质量所要完成的工作指标。环境保护目标责任制已成为我国各级环境保护部门全方位推进环保管理工作的载体，是协调环境与发展的有效有段。

（四）城市环境综合整治定量考核制度

1. 概念

城市环境综合整治是把城市环境作为一个整体，运用系统工程和城市生态学的理论和方法，采取多功能、多目标、多层次的措施，对城市环境进行规划、管理和控制，以保护和改善城市环境。城市环境综合整治定量考核制度（system for quantitative examination on integrated urban environmental improvement）简称"城考"，是中国对城市环境综合整治状况进行考核所制定的环境管理制度，是城市环境保护目标管理的重要手段，也是推动城市环境综合整治的有效措施。该制度以城市生态理论为指导，以发挥城市综合功能和整体最佳效益为前提，以城市环境综合整治规划为依据，在城市政府的统一领导下，通过科学的、定量化的城市环境综合整治指标体系，把城市各行业，各部门组织起来，开展以环境、社会、经济效益统一为目标的环境建设、城市建设、经济建设，使城市环境综合整治定量化。城市环境综合整治的目的在于解决城市环境污染和提高城市环境质量。为此，综合整治规划的制定，对策的选择，任务的落实乃至综合整治效果的评价，都必须以改善和提高环境质量为依据。

2. 内容

城市环境综合整治定量考核的主要对象是城市政府。从实施考核的主体看，可分为两级：①国家考核。由国家直接对部分重点城市环境综合整治工作进行考核，包括直辖市、省会和自治区首府城市，部分风景旅游城市和计划单列市；②省（自治区、直辖市）考核。

省(自治区、直辖市)考核本辖区内县级以上城市,具体名单由各省(自治区、直辖市)人民政府自行确定。

根据《"十一五"城市环境综合整治定量考核指标实施细则》的有关规定,考核指标由环境质量(44 分)、污染控制(30 分)、环境建设(20 分)、环境管理(6 分)4 大类构成,共计 16 项。其中,考核城市环境质量的 5 项指标分别是 API 指数 < 100 的天数占全年天数的比例,集中式饮用水水源地水质达标率,城市水环境功能区水质达标率,区域环境噪声平均值,交通干线噪声平均值;考核城市污染控制能力的 6 项指标分别是清洁能源使用率,机动车环保定期检测率,工业固体废物处置利用率,危险废物处置率,工业企业排放稳定达标率,万元工业增加值主要工业污染物排放强度;考核城市环境建设的 3 项指标分别是城市生活污水集中处理率,生活垃圾无害化处理率,城市绿化覆盖率;考核城市环境管理的 2 项指标分别是环境保护机构和能力建设,公众对城市环境保护的满意率。

各项指标的权重分配主要遵循两条原则:①从指标内容对城市环境质量影响的大小考虑;②从指标内容在综合整治中的难易程度和对改善环境的作用考虑。同时参考远期和近期环境规划目标的不同要求。对城市环境进行综合考核的分值多少,标志着城市环境保护的综合实力。

城市环境综合整治定量考核每年进行一次。考核的具体程序是,每年年终由城市政府组织有关部门对各项指标完成情况进行汇总,填写《城市环境综合整治定量考核结果报表》,经省(自治区)环境保护厅审查后报环境保护部复查。结果核实后,按得分排出全国名次并公布结果。各省(自治区)政府组织对所辖城市进行考核,并在当地公布结果。考核结果名次排列方法包括:①按综合指标得分情况排列;②按环境质量指标得分情况排列;③按污染控制指标得分情况排列;④按环境建设指标得分情况排列。

3. 作用

城市环境综合整治从城市整体功能最大化出发,协调经济建设、城乡建设和环境建设之间的关系,运用综合性的对策、措施整治与保护城市环境,促进城市环境的良性循环。城市环境综合整治定量考核使城市环境保护工作逐步由定性管理转向定量管理,有利于污染物排放总量控制制度和排污许可证制度的实施。该制度明确城市政府在城市环境综合整治中的职责,使城市环境保护工作目标明晰化,对各级领导既是动力也是压力。通过考核评比,能大致衡量城市环境综合整治的状况和水平,找出差距和问题,加强城市政府对环境综合整治的领导,推动城市环境综合整治深入开展。该制度还有利于增加透明度,接受社会和群众的监督,发动广大群众共同关心和参与环境保护工作。城市环境综合整治定量考核的结果作为各城市政府进行城市发展决策、制定环境保护规划的重要依据,对不断改善城市的投资环境,促进城市可持续发展具有重要意义。

(五) 排污许可证制度

1. 概念

排污许可证制度 (discharge pollutants permit system) 是指主管机关根据企事业单位和其他生产经营者的申请,经依法审查,允许其按照许可证载明的种类、浓度、数量等要求排放污染物的管理制度。排污许可证制度以改善环境质量为目标,以污染物总量控制为基础,规定排污单位许可排放污染物的种类、数量、排放去向等,是对排污者排污实施许可的一种环境管理手段。凡是需要向环境排放各种污染物的单位或个人，都必须事先向环境保护部门办理申领排污许可证手续，经环境保护部门批准获得排污许可证后方能向环境排放污染物。

我国的排污许可证制度是一项法定的行政管理制度。排污许可证制度的管理核心就是要求排污单位只有持有排污许可证方有权排污，同时又要求其必须按照许可证规定的范围和要求排污。实施排污许可证制度是将排污者应执行的有关国家环境保护的法律、法规、政策、标准、总量控制目标和环境保护技术规范等方面的要求具体化，有针对性地、具体地、集中地规定在每个排污者的排污许可证上。通过实施排污许可制，环境部门实现对固定污染源环境管理制度的整合。

2. 排污许可证内容

排污许可证由正本和副本构成，正本载明基本信息，副本包括基本信息、登记事项、许可事项、承诺书等内容。

排污许可证正本和副本中同时载明基本信息，包括排污单位名称、注册地址、法定代表人或者主要负责人、技术负责人、生产经营场所地址、行业类别、统一社会信用代码等排污单位相关信息，以及排污许可证有效期限、发证机关、发证日期、证书编号和二维码等基本信息。

排污许可证副本中还记录登记事项，包括主要生产设施、主要产品及产能、主要原辅材料；产排污环节、污染防治设施；环境影响评价审批意见、依法分解落实到本单位的重点污染物排放总量控制指标、排污权有偿使用和交易记录等。

排污许可证副本中规定的许可事项涉及排放口位置和数量、污染物排放方式和排放去向；排放污染物的种类、许可排放浓度、许可排放量；取得排污许可证后应当遵守的环境管理要求以及其他法定许可事项。

核发排污许可证的环保部门根据排污单位的申请材料、相关技术规范和监管需要，在排污许可证副本中对排污单位的环境管理要求进行规定，明确污染防治设施运行和维护、无组织排放控制，排污单位开展自行监测、台账记录、执行报告内容和频次，排污单位信息公开等要求以及其他法定事项。

3. 申请、受理与核发

排污许可证申请与核发的一般程序包括申请阶段、受理阶段和核发阶段，流程如图2-4所示。

（1）申请 排污单位应在规定的申请时限，登录全国排污许可证管理信息平台（http：//permit. mep. gov. cn）进行网上注册，并填写排污许可申请材料。申请前信息公开结束后，排污单位在全国排污许可证管理信息平台上填写《排污许可证申领信息公开情况说明表》，并将相关申请材料一并提交。同时向核发环保部门提交通过全国排污许可证管理信息平台印制的书面申请材料。

申请材料包括：①排污许可证申请表，包含排污单位基本信息，主要生产设施、产品及产能、原辅材料，废气、废水等产排污环节和污染防治设施，申请的排放口位置和数量、排放方式、排放去向，按照排放口和生产设施或者车间申请的排放污染物种类、排放浓度和排放量，执行的排放标准等内容；②自行监测方案；③承诺书；④排污单位有关排

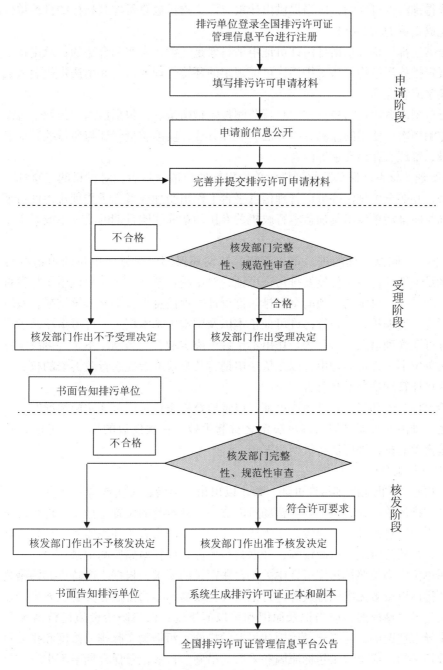

图2-4 排污许可证申请与核发程序流程图

污口规范化的情况说明；⑤建设项目环境影响评价文件审批文号，或者按照有关国家规定经地方人民政府依法处理、整顿规范并符合要求的相关证明材料；⑥排污许可证申请前信息公开情况说明表。此外，污水集中处理设施的经营管理单位还应当提供纳污范围、纳污排污单位名单、管网布置、最终排放去向等材料；新、改、扩建项目排污单位存在通过污染物排放等量或者减量替代削减获得重点污染物排放总量控制指标情况的，且出让排污单位已经取得排污许可证的，应当提供出让重点污染物排放总量控制指标的排污单位的排污许可证完成变更的相关材料。

承诺书是排污单位承诺排污许可证申请材料是完整、真实和合法的；承诺按照排污许可证的规定排放污染物，落实排污许可证规定的环境管理要求，并由法定代表人或者主要负责人签字或者盖章。

自行监测方案由排污单位按照自行监测技术指南编制，包括监测点位及示意图、监测指标、监测频次；使用的监测分析方法、采样方法；监测质量保证与质量控制要求和监测数据记录、整理、存档要求等内容。

（2）受理　核发环保部门收到排污单位提交的申请材料后，对材料的完整性、规范性进行审查，并在全国排污许可证管理信息平台上作出受理或者不予受理排污许可证申请的决定。同时向排污单位出具加盖本行政机关专用印章和注明日期的受理单或者不予受理告知单。

（3）核发　同意受理的进入审核流程，核发环保部门对排污单位的申请材料进行审核，对满足条件的排污单位核发排污许可证，对不满足条件的排污单位不予核发排污许可证。作出准予许可决定的，须向全国排污许可证管理信息平台提交审核结果，获取全国统一的排污许可证编码，并将排污许可证正本以及副本中基本信息、许可事项及承诺书在全国排污许可证管理信息平台公告。作出不予许可决定的，应当制作不予许可决定书，书面告知排污单位不予许可的理由，以及依法申请行政复议或者提起行政诉讼的权利，并在全国排污许可证管理信息平台公告。

环境保护主管部门核发排污许可证，以及监督检查排污许可证实施情况时，不得收取任何费用。排污许可证自作出许可决定之日起生效。首次发放的排污许可证有效期为三年，延续换发的排污许可证有效期为五年。

4. 实施与监督

（1）实施　禁止涂改排污许可证。禁止以出租、出借、买卖或者其他方式非法转让排污许可证。排污单位应当在生产经营场所内方便公众监督的位置悬挂排污许可证正本。排污单位应当按照排污许可证规定，安装或者使用符合国家有关环境监测、计量认证规定的监测设备，按照规定维护监测设施，开展自行监测，保存原始监测记录。

排污单位应当按照排污许可证中关于台账记录的要求，根据生产特点和污染物排放特点，按照排污口或者无组织排放源进行记录。记录与污染物排放相关的主要生产设施运行情况，发生异常情况的，应当记录原因和采取的措施；污染防治设施运行情况及管理信息，发生异常情况的，应当记录原因和采取的措施；污染物实际排放浓度和排放量，发生超标排放情况的，应当记录超标原因和采取的措施。台账记录保存期限不少于3年。排污单位对提交的台账记录、监测数据和执行报告的真实性、完整性负责，依法接受环境保护主管部门的监督检查。

排污单位应当按照排污许可证规定的关于执行报告内容和频次的要求，编制排污许可证执行报告。排污许可证执行报告包括年度执行报告、季度执行报告和月执行报告。排污单位应当每年在全国排污许可证管理信息平台上填报、提交排污许可证年度执行报告并公开，同时向核发环保部门提交通过全国排污许可证管理信息平台印制的书面执行报告。书面执行报告应当由法定代表人或者主要负责人签字或者盖章。

（2）监督　环境保护主管部门制订执法计划，结合排污单位环境信用记录，确定执法监管重点和检查频次。环境保护主管部门对排污单位进行监督检查时，重点检查排污许可证规定的许可事项的实施情况。通过执法监测、核查台账记录和自动监测数据以及其他监控手段，核实排污数据和执行报告的真实性，判定是否符合许可排放浓度和许可排放量，检查环境管理要求落实情况。

环境保护主管部门将现场检查的时间、内容、结果以及处罚决定记入全国排污许可证管理信息平台，依法在全国排污许可证管理信息平台上公布监管执法信息、无排污许可证和违反排污许可证规定排污的排污单位名单。

鼓励社会公众、新闻媒体等对排污单位的排污行为进行监督。公民、法人和其他组织发现排污单位有违反本办法行为的，有权向环境保护主管部门举报。

5. 作用

排污许可证制度是发达国家普遍实行并证明行之有效的点源管理制度。排污许可证制度以排污许可证为主线，与环境影响评价、"三同时"、排污总量控制、达标排放监督、信息公开等制度相融合，将现行各项环境管理制度对企业的环境管理具体要求，集中通过排污许可证实行"一证管理"，目的是实施对排污单位的固定污染源实施全过程管理和多污染物协同控制，实现综合、系统、全面、长效的统一管理。排污许可证成为企业环境守法、政府环境执法、社会监督护法的根本依据。

排污许可证抓住固定污染源实质就是抓住了工业污染防治的重点和关键。对于现有企业，减排的方式主要是生产工艺革新、技术改造或增加污染治理设施、强化环境管理。排污许可证重点对污染治理设施、污染物排放浓度、排放量以及管理要求等进行许可，通过排污许可证强化环境保护精细化管理，促进企业达标排放，并有效控制区域流域污染物排放量。实施排污总量控制，执行排污许可证制度，综合考虑环保目标的要求与排污单位的位置、排污方式、排污量、技术与经济条件，对污染源从整体上有计划、有目的地削减污染物排放量，使环境质量逐步得到改善，环境管理由定性管理向定量管理转变，是控制污染的有效途径。

四、新兴环境管理制度

中国传统的"老三项"和"新五项"环境管理制度都是 20 世纪 80 年代左右出台的，带有比较强的计划经济体制的色彩，随着社会主义市场经济的确立，这些以强制性、命令性为特色的制度也将改进和调整。总的趋势是强制、命令型的环境政策逐渐减少，但执行力度和成效加大；经济激励型的环境政策会大量增加，鼓励和自愿型的环境政策会逐渐增多。这三类环境政策之间会出现协同融合。如环境影响评价制度作为一项强制、命令型环境政策得到进一步加强，除了项目层次、规划层次的评价外，还将会对政策进行评价。随着《环境影响评价法》的实行，环境影响评价制度将越来越显现出其巨大的作用。而另外一些环境政策，如污染物集中处理制度，在目前市场经济的体制下，就不一定是经济最优的选择，随着污染治理技术的发展和完善，可能会进行修改和调整。

另外，随着环境保护形式的变化和实践的推进，国家又先后制定和推行了一些新的环境管理制度，如已经实行的国家环境友好企业制度、企业环境报告书制度、环境信息公开制度、严重污染企业的关停制度、公众参与制度、现场检查制度、按日计罚制度、河长制、生态补偿制度等。这些新的环境政策将大大增加环境管理的有效性和效率，为政府、企业和公众构建起一个共同约束自身活动、保护环境的行为规则，使我国环境管理制度得到进一步完善和发展。

（一）现场检查制度

现场检查制度（on-site inspection system）是指环境保护部门或者其他依法行使环境监督管理权的部门，对管辖范围内排污单位的污染物排放和治理情况，主要是执行国家环境政策，法规、标准等情况进行现场检查的制度。

现场检查具体内容包括："三同时"（建设项目中防治污染的设施，应当与主体工程同时设计、同时施工、同时投产使用的规定）执行情况，结合技术改造，开展综合利用、防治污染的情况；污染物排放情况；净化处理和其他环境保护设施运行情况；监测设备情况及监测记录；污染事故情况及有关记载，限期治理情况以及环保部门认为必须提供的其他情况和资料。

现场检查制度的执行主体是环境保护行政主管部门和其他监督管理部门。现场检查是单方面的行政行为，是一种职务行为，会对管理相对人产生临时性的限制，必须依法进行现场检查。现场检查是行政处理的前提，是做出具体行政决定前不可缺少的环节。

被检查单位应如实反映情况，提供必要的资料。检查机关应当为被检查单位保守技术秘密和业务秘密。被检查的排污单位提供的必要资料包括：污染物排放情况；污染物处理设施的操作、运行和管理情况，监测仪器，设备的型号和规格以及校验情况，采用的监测分析方法和监测记录；限期治理执行情况；事故情况及有关记录；与污染有关的生产工艺、原材料使用方面的资料；其他与环境污染防治有关的情况和资料等。

（二）河长制

河长制（river chief system）是指河长由各级党政领导担任，组织领导本行政区域内江河、湖泊的水资源保护、水域岸线管理、水污染防治、水环境治理等工作，落实属地责任，牵头组织对侵占河道、围垦湖泊、超标排污、非法采砂等突出问题进行清理整治，协调解决重大问题，对相关部门和下一级河长履职情况进行督导，对目标任务完成情况进行考核。

河长制最早是由江苏无锡提出的，北京、天津等地相继出台了具体的工作方案和实施意见。河长制是一种新的机制，是从河流水质改善领导督办制、环保问责制所衍生出来的水污染治理制度。原来法律中将环境治理的责任明确为地方政府的相关部门，即环保、农业，水利、住建等部门。由于涉及的领域、部门较多，如何形成合力，一直是水污染治理的一个难题。所以，一些地方根据实践推动河长制，要求党政领导负责组织协调各方力量对水环境治理，水生态保护、水生态修复等工作亲自抓，从实践看效果较好。中国河湖治理制度转变的过程符合制度变迁的进程，河长制的实施是历史的必然选择。2016 年 12月，中共中央办公厅、国务院办公厅印发了《关于全面推行河长制的意见》（以下简称《意见》），明确了"河长制"的组织形式和河长体系，对推进河长制的指导思想、基本原则、工作职责、组织保障等都作出规定，要求全面建立省、市、县、乡四级河长体系。2017

年各省(自治区、直辖市)委办公厅、政府办公厅相继印发全面推行河长制的实施方案,参照中央发文并结合本省情况,明确主要任务和保障措施,进一步强化了河长职能。

最新修订的《中华人民共和国水污染防治法》(2018年1月1日起实施)第五条规定"省、市、县、乡建立河长制,分级分段组织领导本行政区域内江河、湖泊的水资源保护、水域岸线管理、水污染防治、水环境治理等工作。"要求各省(自治区、直辖市)设立总河长,由党委或政府主要负责同志担任;各省(自治区、直辖市)行政区域内主要河湖设立河长,由省级负责同志担任;各河湖所在市、县、乡均分级分段设立河长,由同级负责同志担任。县级及以上河长设置相应的"河长制"办公室。

"河长制"工作的主要任务包括六个方面:①加强水资源保护,全面落实最严格水资源管理制度,严守"三条红线";②加强河湖水域岸线管理保护,严格水域、岸线等水生态空间管控,严禁侵占河道、围垦湖泊;③加强水污染防治,统筹水上、岸上污染治理,排查入河湖污染源,优化入河排污口布局;④加强水环境治理,保障饮用水水源安全,加大黑臭水体治理力度,实现河湖环境整洁优美、水清岸绿;⑤加强水生态修复,依法划定河湖管理范围,强化山水林田湖系统治理;⑥加强执法监管,严厉打击涉河湖违法行为。

此外,按照《意见》还要建立"河长制"的监督考核机制。县级及以上河长负责组织对相应河湖下一级河长工作的考核,考核结果作为地方党政领导干部综合考核评价的重要依据。考核机制还包括实行生态环境损害责任终身追究制,对造成生态环境损害的,严格按照有关规定追究责任。

河长制作为一种综合管理制度,明确河湖污染治理的责任、权利和利益,实现减少外部性与交易费用的目的,从河湖水质的结果表明河长制是制度创新的成功实践。

(三)按日计罚制度

按日计罚制度(daily penalty system),也称按日连续处罚制度,我国有些地方性法规称之为"按日累加处罚",2015年新修订的《环境保护法》第五十九条规定,企业事业单位和其他生产经营者违法排放污染物,受到罚款处罚,被责令改正,拒不改正的,依法作出处罚决定的行政机关可以自责令改正之日的次日起,按照原处罚数额按日连续处罚。同时,该条法律授权地方性法规可以根据环境保护的实际需要,增加按日连续处罚的违法行为种类。

按日计罚的适用情形。首先,企业事业单位和其他生产经营者应当存在违法排放污染物的行为,包括超标超总量排放污染物;通过暗管、渗井、渗坑、灌注或者篡改、伪造监测数据,或者不正常运行防治污染设施等逃避监管的方式排放污染物;排放法律、法规规定禁止排放的污染物;违法倾倒危险废物以及其他违法排放污染物行为。其次,执法部门应当先依照有关法律法规的规定责令企业改正。按日计罚是为弥补一般性处罚威慑力不足的缺陷,因此在发现企业违法排污行为后,行政机关应当先责令其改正,而不是直接进行按日计罚,可以规定责令改正期限,但不宜过长。最后,企业需有拒不改正的情形。按日计罚针对的是企业拒不执行行政处罚决定的主观恶性较大的行为,如果企业在责令改正期限内改正违法排污行为的,不适用按日计罚的规定。

按日连续处罚的计罚日数为责令改正违法行为决定书送达排污者之日的次日起,至环境保护主管部门复查发现违法排放污染物行为之日止。再次复查仍拒不改正的,计罚日数累计执行。

按日计罚制度在国外环境立法中也被广泛采用，美国、英国、加拿大、印度、新加坡、菲律宾等国的环境立法中都规定了按日计罚。按日计罚的制度功能是通过不断累积的高额罚款形成一种威慑，促使违法者自行停止持续中的违法排污行为。按日计罚不涉及对违法者的排污行为或产生污染的设施设备的直接强制，因此按日计罚是停止违法排污行的一种间接手段，其实施效果取决于违法者对罚款和收益的权衡。也正因为此，基于及时制止违法排污行为、避免造成严重污染的实际结果的需要，按日计罚需要根据实施效果及时转换为其他行政措施。

（四）生态补偿制度

所谓生态补偿，是指在综合考虑生态保护成本、发展机会成本和生态服务价值的基础上，采取财政转移支付或横向协商、通过市场规则等方式，由生态保护受益者或生态损害加害者通过向生态保护者或因生态损害而受损者以支付金钱、物质或提供其他非物质利益等方式，弥补其成本支出以及其他相关损失的行为。其中，"生态保护受益者或生态损害加害者"，是指从维护和创造生态系统服务价值等生态保护活动中受益，或者开发利用环境和自然资源损害生态环境的个人、单位和地方人民政府；"生态保护者或因生态损害而受损者"，则是指为维护和创造生态系统服务价值投入人力、物力、财力或者发展机会受到限制，或者因生态损害遭受损失的个人、单位和地方人民政府。

生态补偿制度（ecological compensation system）是指对生态补偿的补偿客体对象及数量、补偿主体对象及数量、补偿方式等方面做出科学判断以及针对性的制度安排和政策设计。建立、健全生态补偿制度，是落实我国生态文明体制改革的重要政策工具，作为解决生态成本外部性问题和协调各方利益平衡的制度，在区域环境治理中作用突出。经历了十几年的发展，我国生态补偿取得巨大的成就，补偿项目的规模和范围不断扩大，实施领域基本实现全覆盖，政府财政资金投入力度不断增加，与生态补偿相关的政策法规进展迅速，并取得了良好的生态效果。

（五）生态保护红线制度

生态保护红线是指在生态空间范围内具有特殊重要生态功能、必须强制性严格保护的区域，是保障和维护国家生态安全的底线和生命线，通常包括具有重要水源涵养、生物多样性维护、水土保持、防风固沙、海岸生态稳定等功能的生态功能重要区域，以及水土流失、土地沙化、石漠化、盐渍化等生态环境敏感脆弱区域。生态保护红线制度（system of ecological protection red line）是指在重点生态功能区、生态环境敏感区和脆弱区等区域划定生态保护红线，实行严格保护的制度。生态保护红线是国家生态保护发展的高层战略和生态文明体制改革的顶层设计，是继"18亿亩耕地红线"后的另一条"生命线"，意义重大，影响深远。

划定并严守生态保护红线，建立有利于生态保护红线管控的各项机制，是强化区域生态环境监管的有效手段，是保障国家和区域生态安全、遏制生态系统恶化、改善环境质量、防范环境风险、降低资源消耗的重要抓手。划定生态保护红线并实行永久保护，是党中央、国务院站在对历史和人民负责的高度，对生态环境保护工作提出的新的更高要求，是强化生态保护、落实"在发展中保护、在保护中发展"战略方针的重要举措，是我国全面深化改革、推进生态文明制度建设的重点任务，对维护国家和地区国土生态安全，促进经济社会可持续发展，推进生态文明建设具有十分重要的现实意义。

五、我国环境管理制度发展趋势

进入21世纪以后，在科学发展观、和谐社会的战略发展目标下，我国环境立法不断完善，执法力度不断加大，环境保护机构的地位日益提升，环境管理经历了由末端治理向全过程控制转变，从浓度控制向总量控制转变，以行政管理为主，向法制化、制度化、程序化管理的转变。党的十八大以后，关于环境保护的新的理念、观点、方法、手段等名词术语大量出现，极大地丰富了环境管理思想体系，环境法律制度越来越严格、环境执法的手段越来越多样化、环境监管的体制机制更加完善，新的环境管理政策不断出现（表2-9）。

表 2-9　党的十八大后形成的中国环境管理思想体系框架

构成	内　　容
目标	生态文明（两型社会、美丽中国、全球生态安全）
国策	节约资源和保护环境的基本国策
战略	可持续发展战略
观念	节约集约循环利用资源的观念
理念	创新发展、协同发展、绿色发展、开放发展、共享发展
格局	城市化格局；农业发展格局；生态安全格局；自然岸线格局
红线	农业空间保护红线；生态空间保护红线
体系	绿色低碳循环发展产业体系；清洁低碳安全高效现代能源体系
政策	预防为主，防治结合；强化环境管理；谁污染，谁治理
法律	最严环保法；《大气十条》《水十条》《土壤十条》等
制度	最严格环境保护制度；最严格水资源保护制度；最严格节约用地制度
手段	行政、法律、经济等手段；环境督查、环境违法入刑、环境税收等 示范引领：绿色城市、森林城市、生态文明试验区等

资料来源：根据《中共中央关于制定国民经济和社会发展第十三个五年规划的建议》整理。

1. 国家环境基本方针和基本政策的发展趋势

21世纪，随着工业化和城市化的快速发展，中国迅速成为"世界制造工厂"和世界第二大经济体。同时，中国在2002年开始出现资源、能源、环境的紧张状态。为了解决面临的环境与发展问题，中国政府提出了一系列与环境保护和可持续发展相关的新理念，并通过具体行动加以落实。这些理念、方针和政策，包括新型工业化道路（2002）、科学发展观（2003）、循环经济（2004）、资源节约型、环境友好型社会（2004）、和谐社会（2005）、节能减排（2006）、创新型国家（2006）、生态文明（2007）、绿色经济和低碳经济（2009）、转变经济发展方式（2010）、绿色低碳发展（2011）和美丽中国（2012）等。其中不少理念是在中国自己实践和认识基础上提出和发展的，还有一些是基于国际上的经验，体现中国环境与发展的特色。

2. 国家环境立法和环境政策的发展趋势

中国近年来在环境立法和环境政策方面取得了长足的进步，包括制定清洁生产促进法

（2002）、环境影响评价法（2002）、水法（2002）、可再生能源法（2005）循环经济促进法（2008）、环境保护税法（2017）等；修订环境保护法（2014）、大气污染防治法（2015）、环境影响评价法（2016）、节约能源法（2016）、水污染防治法（2017）等；发布大气污染防治行动计划（2013）、水污染防治行动计划（2015）和土壤污染防治行动计划（2016）；出台应对气候变化国家方案（2007）；成立国家应对气候变化和节能减排工作领导小组及应对气候变化专门管理机构（2008）；全国人大还通过了"关于积极应对气候变化的决定"。这些法律法规和政策为环境管理提供法律保障，更好地引导和配合环境管理工作。

3. 政府加强环境管理的发展趋势

近年来，中国政府制定了以"节能减排"约束性指标为核心的环境与发展策略。从2006年开始，中国制定了降低能耗强度20%和减少主要污染物排放10%的约束性指标，并相应制定综合性工作方案及其重点工作，通过采取法律、行政、经济、技术等一揽子综合措施予以落实。2009年，进一步将应对气候变化的内容充实到节能减排战略中，首次对国际社会承诺自愿降低碳强度和增加森林碳汇等量化指标。在2011—2015年间，中国政府继续过去5年的政策取向，以转变经济发展方式为主线，增加非化石能源比重等约束性指标，提出合理控制能源消费总量、逐步建立碳排放交易市场等新政策，促进中国的绿色低碳发展和转型，逐步从理念到实践，走出了一条中国特色的可持续发展道路。

第四节　环境管理的技术支撑

一、环境监测

（一）环境监测概述

环境监测（environmental monitoring）是环境科学的一个重要分支学科，也是环境管理工作的一个重要组成部分，它通过技术手段测定环境要素的代表值以把握环境质量的状况，是获取环境管理基础数据的基础性工作。

环境监测的对象包括反映环境质量变化的各种自然因素、对人类活动与环境有影响的各种人为因素、对环境造成污染危害的各种成分。环境监测的过程一般为现场调查、监测方案制订、优化布点、样品采集、运送保存、分析测试、数据处理和综合评价等。

环境监测的数据及分析结果可以为加强环境管理、开展环境科学研究、搞好环境保护提供科学依据。环境监测通过适时监测、连续监测、在线监测等，准确、及时、客观地反映环境质量；积累长期的环境数据与资料，可为掌握环境容量，预测、预报环境发展趋势提供依据；进行污染源监测，能够揭示污染危害，探明污染程度及趋势；及时分析监测数据及资料，建立监测数据及污染源分类技术档案，可为制定环保法规、环境标准、环境污染防治对策提供依据。

（二）环境监测特点

（1）环境监测的生产性　环境监测的监测程序和质量保证类似企业产品的生产工艺过程和管理模式，数据就是环境监测的产品。

（2）环境监测的综合性　环境监测的内容广泛、污染物种类繁多、监测的方法手段各异、监测的数据处理和评价涉及自然和社会的诸多领域，因此只有综合分析各种因素、综合运用各种技术手段、综合评价各种信息等，才能对环境质量做出准确的评价。

（3）环境监测的追踪性　针对环境污染具有的特点，环境监测采样必须多点位、高频数，监测手段必须多样化，测定方法必须具有较高灵敏度、选择性好，监测程序的每一环节必须有完整的质量保证体系等才能保证监测出的数据具有准确性、可比性和完整性，才能准确查找出污染源、污染物及对污染物的影响进行追踪。

（4）环境监测的持续性　环境污染的特点决定了环境监测工作只有连续而长期的进行，才能客观、准确地对环境质量及其变化趋势做出正确的评价和判断。

（5）环境监测的执法性　具有相应资质的环境监测部门所监测的数据是执法部门对企业的排污情况、污染纠纷仲裁等执法性监督管理的依据。

（三）环境监测分类

环境监测可以依照环境监测目的、监测对象和监测手段进行分类。

1. 按监测目的分类

环境监测按监测目的可分为常规监测、特例监测和研究监测3大类。

（1）常规监测　又称例行监测或监视性监测，是对指定的有关项目进行定期的、连续的监测，以确定环境质量及污染源状况、评价控制措施的效果，衡量环境标准实施情况和环境保护工作的进展。这是监测工作中最基本的、最经常性的工作。

常规监测既包括对环境质量（包括生态环境状况）的监测，又包括对污染源的监督、监测。通过对环境质量的监测，可以掌握环境污染和生态破坏的变化情况，为选择防治措施，实施目标管理提供可靠的环境数据；为制定环保法规、标准及防治整治对策提供科学依据。通过对污染源的监测，可以检查、督促各企事业单位遵守国家规定的污染物排放标准。

（2）特例监测　又称特定目的监测，根据特定目的可分为污染事故监测、仲裁监测、考核验证监测和仲裁监测四种。

污染事故监测指在发生污染事故时进行应急监测，以确定污染物扩散方向、速度和危及范围，为控制污染提供依据。这类监测常采用流动监测（车、船等）、简易监测、低空航测、遥感等手段。

仲裁监测主要针对污染事故纠纷、环境法执行过程中所产生的矛盾进行监测。仲裁监测应由国家指定的权威部门进行，以提供具有法律责任的数据（公正数据），供执行部门、司法部门仲裁。

考核验证监测包括人员考核、方法验证和污染治理项目竣工时的验收监测。

咨询服务监测是指为政府部门、科研机构、生产单位所提供的服务性监测。例如，建设新企业应进行环境影响评价，需要按评价要求进行监测。

（3）研究性监测　又称科研监测，是以某种科学研究为目的而进行的监测。例如，环境本底的监测及研究；有毒有害物质对从业人员的影响研究；为监测工作本身服务的科研工作的监测，如统一方法、标准分析方法的研究、标准物质研制等。这类研究往往要求多学科合作进行。

2. 按监测介质和对象分类

环境监测可分为水质监测、空气监测、噪声监测、土壤监测、固体废物监测、生物污染监测、噪声和振动监测、电磁辐射监测、放射性监测等。

3. 按环境监测的方法和手段分类

环境监测可分为物理监测、化学监测和生物监测等。

4. 按环境污染来源和受体分类

分为污染源监测、环境质量监测和环境影响监测。

（1）污染源监测　是指对自然和人为污染源进行的监测。如对生活污水、工业污水、医院污水和城市污水中的污染物进行监测。

（2）环境质量监测　如大气环境质量监测、水（海洋、河流、湖泊、水库等地表水和地下水）环境质量监测等。

（3）环境影响监测　是指环境受体如人、动物、植物等受到大气污染物、水体污染物等的危害，为此而进行的监测。

（四）环境监测技术

环境监测技术是随着环境监测的发展而不断发展和完善的。按环境监测的一般程序划分，环境监测技术包括采样技术、分析测试技术和数据处理技术。分析测试技术分为化学分析法、仪器分析法、生物监测法和连续自动监测系统、遥感、遥测技术几大类，如图2-5所示。

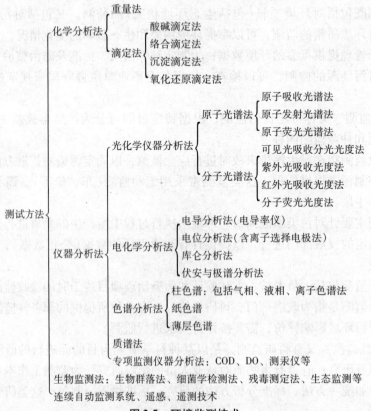

图 2-5　环境监测技术

环境监测技术发展的主要特点是："三高"，即高灵敏度、高准确度、高分辨率；"四化"，即自动化、标准化、计算机化、系统化；快速、简便，尤其在野外现场测定要求快速、简便；分析仪器联用，如光谱质谱仪、色谱质谱仪。随着科技进步和环境监测的需要，环境监测在发展传统的化学分析的基础上，发展高精密度、高灵敏度、适用于痕量、超痕量分析的新仪器、新设备，同时研制发展了适合于特定任务的专属分析仪器。计算机在监测系统中的普遍使用，使检测结果快速处理和传递，使多机联用技术广泛采用，扩大仪器的使用效率和价值。发展大型、连续自动监测系统的同时，发展小型便携式仪器和现场快速监测技术。广泛采用遥测遥控技术，逐步实现监测技术的智能化、自动化及连续化。

（五）环境监测的质量保证

为了提供准确可靠的环境数据，满足环境管理的需要，环境监测的结果必须有可靠的质量保证。环境监测质量保证的目的是使监测数据达到以下 5 个方面的要求：①准确性，测量数据的平均值与真实值的接近程度；②精确性，测量数据的离散程度；③完整性，取得有效监测数据总数与预期的或计划要求的符合程度；④代表性，要求监测结果能表示所测要素在一定时间和空间范围内的情况；⑤可比性，在监测方法、环境条件、数据表达方式等可比条件下所得数据的一致程度。

监测数据的上述要求应当由环境监测的各个工作环节加以保证才可以实现。它贯穿于采样过程（采样点布设、采样时间和频率、采样方法）、样品的储存和运输（包装情况、运输条件、运输时间）、测定过程（分析方法、使用仪器、选用试剂、分析人员操作水平）、数据处理过程（数据记录、数据运算）、总结评价过程的各个环节。环境监测质量保证的全过程，又称为全过程质量控制。

二、环境标准

（一）环境标准概述

环境标准是有关保护环境、控制环境污染与破坏的各种具有法律效力的标准的总称。它是为了保护人群健康、社会物质财富和促进生态良性循环，在综合考虑自然环境特征、科学技术水平和经济条件的基础上，由国家按照法定程序批准的技术规范，是执行各项环境法规的基本依据。

环境标准具有公益性、强制性、技术性和科学性 4 个方面的特点。环境标准的保护对象涉及所有社会公众，本质上属于公益性标准；环境标准中的环境质量标准和污染物排放标准依法制定，具有强制力，其强制力来源于国家环境保护法律中对于达到标准义务和违反标准责任的规定；环境标准属于技术性文件，其制定主体、体系结构、基本原理、制定依据、实施体系等都不同于环境保护法律法规，具有其自身的特点和规律；另外，环境保护标准与科学研究活动密切相关，标准制定工作以科学研究成果和技术发展水平为基础和依据，环境保护科研工作围绕标准工作的需求展开。

环境标准是环境保护法律、法规体系中一个独立的、特殊的、重要的组成部分，是环境保护目标的定量化体现，是开展环境管理工作最基本、最直接、最具体的法律依据，也是衡量环境管理工作效果最简单明了、最准确的量化标准，在环境管理中有众多应用。例如，在进行环境现状评价和环境影响评价时，环境标准就是判断其是否满足要求的基础；又如在制定环境规划时，环境标准被用来明确各功能区的环境目标；在制定排污量或排放浓度的分配方案时，必须在明确环境目标的前提下才能进行；在制定各种环境保护的法规和管理办法时，也必须以环境标准为准则，才能分清环境事故的责任人与责任大小，做出正确的裁判或评判。总之，环境标准是环境管理工作的一个重要工具，是环境管理的基础。

（二）我国环境标准体系

根据环境监督管理的需要，将各种不同的环境标准，依其性质、功能及相互间的内在联系，有机组织、合理构成的系统整体。环境标准体系是一个相互衔接、密切配合、协调运转、不可分割的有机整体，作为环境监督统一管理的依据和有效手段，为控制污染、改善环境质量服务。

经过四十余年的发展，我国目前已形成两级五类的环境标准体系，分别为国家级和地方级标准，类别包括环境质量标准、污染物排放（控制）标准、环境监测类标准（包括环境监测技术规范、环境监测分析方法标准、环境监测仪器技术要求及环境标准样品）、环境管理规范类标准和环境基础类标准。至"十二五"末期，实行环境标准1697项，其中，环境质量标准16项，污染物排放（控制）标准161项，环境监测类标准1001项，管理规范类标准481项，环境基础类标准38项。地方环保标准也得到快速发展，通过备案的地方环保标准达到148项。"十三五"期间，全力推动约900项环保标准制度修订工作。同时，新发布约800项环保标准。

1. 国家环境标准

国家环境标准是国家环境保护行政主管部门依法制定和颁布的在全国范围内或在特定区域、特定行业内适用的环境标准。国家环境保护行政主管部门负责全国环境标准管理工作，制定国家环境标准。环境标准分为强制性环境标准和推荐性环境标准。国家环境标准的代号由大写汉语拼音字母构成。强制性国家标准的代号为"GB"，推荐性国家标准的代号为"GB/T"。国家环境标准的编号由国家环境标准的代号、国家环境标准发布的顺序号和国家环境标准发布的年号构成。

国家级标准包括国家级公共标准和国家级行业标准。国家级公共标准由国务院环境保护行政主管部门单独制定或与质量技术监督部门联合组织制定。针对全国范围内的一般环境问题，按全国的平均水平和要求确定的控制指标。

国家级行业标准，又称环境保护部标准，或环境保护行业标准。根据有关法律的规定，需要在全国环境保护工作范围内统一技术要求而又没有国家环境标准时，应制定行业环境标准。它是对环境保护工作范围内所涉及的内容及设备、仪器等所做的统一技术规定。行业环境标准由国务院环境保护行政主管部门制定，并报国务院标准化行政主管部门备案。当同一内容的国家标准公布后，该内容的行业标准即行废止。国家生态环境部行业标准用 HJ（环境二字的拼音首字母）表示。强制性国家标准的代号为"HJ"，国家生态环境部推荐标准的代号为"HJ/T"。

2. 地方环境标准

地方环境标准是省、自治区、直辖市人民政府依法制定的适用于本辖区全部范围或者辖区内特定流域、区域的环境质量标准和污染物排放标准。省、自治区、直辖市人民政府之外的任何机构不得批准地方环境质量标准和污染物排放标准。地方环境标准是我国环境标准体系中的重要组成部分。省、自治区、直辖市人民政府对国家环境质量标准中未作规定的项目，可以制定地方环境质量标准；对国家环境质量标准中已作规定的项目，可以制定严于国家环境质量标准的地方环境质量标准。地方环境质量标准应当报国务院环境保护主管部门备案。对国家污染物排放标准中未规定的污染物项目，补充制定地方污染物排放标准；对国家污染物排放标准中已规定的污染物项目，制定严于国家污染物排放标准的地方污染物排放标准。

地方标准的制定、修订和实施工作与地方环境质量改善及环境管理的需求是密切相关的，是更具有针对性和可操作性的环境管理准则和依据，是对国家标准的有效补充和提升。例如，北京市为实现 2008 年北京奥运会空气质量改善的刚性要求，先后颁布实施了十余项机动车大气污染物排放标准，并通过与标准相配套的监管措施，有效改善了首都环境空气质量，并在此基础上，于 2010 年进一步颁布了 5 项机动车及油气排放标准，有力地推动了北京市的机动车污染控制。天津市陆续颁布实施地方环境标准《天津市工业企业挥发性有机物排放控制标准》（DB 12/524—2014）、《城镇污水处理厂水污染物排放标准》（DB 12/599—2015）、《污水综合排放标准》（DB 12/356—2018）等，促进天津市环境质量改善。

3. 环境质量标准

环境质量标准是为保障人群健康、维护生态环境和保障社会物质财富，并考虑技术、经济条件，对环境中有害物质和因素所作的限制性规定。按环境要素可分为水环境质量标准、环境空气质量标准、土壤环境质量标准、声环境质量标准、生态环境质量标准等，例如，《地表水环境质量标准》（GB 3838—2002）、《环境空气质量标准》（GB 3095—2012）、《声环境质量标准》（GB 3096—2008）。按级别可分为国家环境质量标准和地方环境质量标准。环境质量标准是一定时期内衡量环境优劣程度的标准，从某种意义上讲是环境质量的目标标准。环境质量标准是环境标准体系的重要组成部分，体现了国家的环境保护政策和要求，是环境规划、环境管理和制定污染物排放标准的依据。

4. 污染物排放（控制）标准

污染物排放（控制）标准是在一定的技术经济条件下，为实现环境质量标准或环境目标，对排入环境的有害物质和产生污染的各种因素所做的限制性规定，是对污染源控制的标准。国家污染物排放标准按适用范围又可以分为跨行业综合性排放标准和行业性排放标准。例如，《污水综合排放标准》（GB 8978—1996）、《大气污染物综合排放标准》（GB 16297—1996）等属于跨行业综合性排放标准；《炼钢工业大气污染物排放标准》（GB 28664—2012）、《制浆造纸工业水污染物排放标准》（GB 3544—2008）等属于行业性排放标准。综合性排放标准与行业性排放标准不交叉执行。有行业性排放标准的优先执行行业排放标准，没有行业性排放标准的执行综合性排放标准。

污染物排放标准是各种环境污染物排放活动应遵循的行为规范，是国家环境保护技术法规和标准体系的核心内容之一，体现了国家环境保护的方针和政策，是以环境保护优化经济增长和控制环境污染源排污行为、实施环境准入和退出的重要手段。污染物排放标准的实施对推动产业结构调整、促进生产技术进步具有重要作用。

5. 环境监测类标准

环境监测类标准包括环境监测技术规范、环境监测分析方法标准、环境监测仪器技术要求及环境标准样品。

环境监测技术规范、环境监测分析方法标准是为监测环境质量和污染物排放,规范采样、分析测试、数据处理等技术所做出的统一规定,与环境质量标准、污染物排放标准相配套,包括分析方法、测定方法、采样方法等,如《水质 采样方案设计技术规定》(HJ 495—2009)。

环境监测仪器要求主要是关于监测仪器技术要求的有关标准,如《化学需氧量(COD$_{Cr}$)水质在线自动监测仪技术要求及检测方法》(HJ 377—2019)。

环境标准样品标准是为保证环境监测数据的准确、可靠,对用于量值传递或质量控制的材料、实物样品必须达到的要求所做规定。主要涉及环境水质、环境空气、土壤、生物和固体废物等环境标准样品,环境基体标准样品,有机物标准样品,温室效应气体等标准样品,如《大气试验粉尘标准样品 黄土尘》(GB/T 13268—1991)、《大气试验粉尘标准样品 模拟大气尘》(GB/T 13270—1991)等。标准样品在环境管理中起着特别的作用:可用来评价分析仪器、鉴别其灵敏度;评价分析者的技术,使操作技术规范化。环境标准样品标准是对环境标准样品的技术规定,为环境质量、监督、方法标准在环境管理、监督、执法等活动中提供了相应的实物标准。国家环境标准样品作为量值传递的载体,起着保证环境监督、分析和科研数据准确、可靠、一致性的重要作用。

6. 环境基础类标准

环境基础标准是对环境保护工作中需要统一的技术术语、符号、代号(代码)图形、指南、导则、量纲单位及信息编码等所作的技术规定,是制定其他环境标准的基础。我国的环境基础标准主要包括环境保护名词术语、环境保护图形符号与环境信息分类和编码标准等。如《土壤质量 词汇》(GB/T 18834—2002)、《环境污染源类别代码》(GB/T 16706—1996)、《环境保护图形标志 排放口(源)》(GB 15562.1—1995)等。

7. 环境管理规范类标准

规范就是明文规定或约定俗成的标准,适于环保事业发展、利于行业环保建设的技术规范、管理规范、行业规范、导则等均属于此范畴。它具有规范性、强制性、科学性和相对稳定的特点。例如,《生态环境状况评价技术规范》(HJ 192—2015)、《建设项目竣工环境保护验收技术规范 制药》(HJ 792—2016)、《排污许可证申请与核发技术规范 总则》(HJ 942—2018)等。

(三)环境标准的制定

1. 制定原则

保证人民健康是制定环境标准的首要原则;要综合考虑社会、经济、环境3方面的统一;要使污染控制的投入与经济承载力匹配,也要使环境承载力和社会承载力统一;要综合考虑各种类型的资源管理,各地的区域经济发展规划和环境规划的目标,高功能区采用高标准,低功能区采用低标准;要和国内其他标准和规定相协调,还要和国际上的有关规定相协调。

2. 制定主要依据

与生态环境和人类健康有关的各种学科基准值；环境质量的目前状况、污染物的背景值和长期的环境规划目标；当前国内外各种污染物处理水平；国家的财力水平和社会承受能力，污染物处理成本和污染造成经济损失；国际上有关环境的协定和规定，国内其他部门的环境标准。

3. 制定的一般程序

根据《国家环境保护标准制修订工作管理办法》（国环规科技 2017〔1〕号），国家环境保护标准制修订工作分为立项阶段、开题阶段、征求意见稿阶段、送审稿阶段以及报批行政审查阶段，按下列程序进行：

①编制项目计划的初步方案。

②确定项目承担单位和项目经费，形成项目计划。

③下达项目计划任务。

④项目承担单位成立编制组，编制开题论证报告。

⑤项目开题论证，确定技术路线和工作方案。

⑥编制标准征求意见稿及编制说明。

⑦对标准征求意见稿及编制说明进行技术审查。

⑧公布标准征求意见稿，有关单位及社会公众征求意见。

⑨汇总处理意见，编制标准送审稿及编制说明。

⑩对标准送审稿及编制说明进行技术审查。

⑪编制标准报批稿及编制说明。

⑫对标准进行行政审查。

⑬标准批准（编号）、发布。

⑭标准正式文本出版。

⑮项目文件材料归档。

⑯标准编制人员工作证书发放。

⑰标准的宣传、培训。

以环境质量标准、污染物排放（控制）标准为例，制修订工作流程如图 2-6 所示。

4. 环境标准的作用

（1）环境标准具有法规约束力　国家环境标准具有法规约束力，绝大多数是法律规定必须严格贯彻执行的强制性标准，具有行政法规的效力。国家环境标准明确规定适用范围，及企事业单位在排放污染物时必须达到、可以达到的各项技术指标要求，规定监测分析的方法以及违反要求所应承担的经济后果等，同时我国环境标准从制修订到发布实施有严格的工作程序，使环境标准具有规范性特征。国家环境标准又是国家有关环境政策在技术方面的具体体现，努力促使经济建设和环境建设协调发展。

（2）环境标准是环境管理的依据　环境管理制度和措施的一个基本特征是定量管理，要求在污染源控制与环境目标管理之间建立定量评价关系，并进行综合分析，需要通过环境保护标准统一技术方法，作为环境管理制度实施的技术依据。环境标准是强化环境管理的核心，环境质量标准提供了衡量环境质量状况的尺度，污染物排放标准为判别污染源是

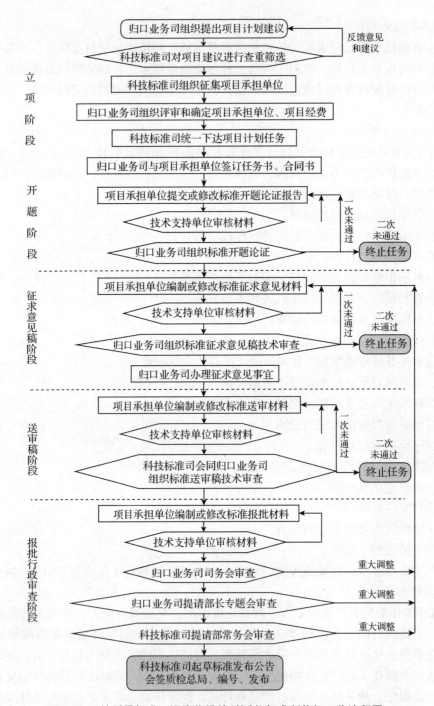

图2-6 环境质量标准、污染物排放(控制)标准制修订工作流程图

否违法提供依据。同时,环境基础标准统一环境质量标准和污染物排放标准实施的技术要求,为环境质量标准和污染物排放标准正确实施提供技术保障,并相应提高环境监督管理的科学水平和可比程度。

(3)环境标准是环境规划的体现 通过环境规划来实施环境标准,环境标准提供可列入国民经济和社会发展规划中的具体环境保护指标，为环境保护计划切实纳入各级国民经济和社会发展规划创造条件。环境规划的目标主要是以标准衡量的。环境质量标准是具有鲜明的阶段性和区域性特征的规划指标，具备可定量化、可操作性强的特点。污染物排放标准是根据环境质量目标要求，将规划措施付诸实施，按污染控制项目进行分解和定量化，具有可阶段性实施的特点。

（4）环境标准是环境评价的准绳　在环境评价工作中，只有依靠环境标准，才能做出定量化的比较和评价，正确判断环境质量的好坏，从而为控制环境质量，进行环境污染综合整治，以及设计切实可行的治理方案提供科学依据。

（5）环境标准是推动科技进步的动力　环境标准是依据科学技术与实践的综合成果制定的，具有科学性和先进性，代表了今后一段时期内科学技术的发展方向。环境标准在某种程度上成为判断污染防治技术、生产工艺与设备是否先进可行的依据，成为筛选、评价环保科技成果的一个重要尺度，对技术进步起到导向作用。同时，环境标准规范环保有关技术名词、术语等，保证环境信息的可比性，使环境科学各学科之间，环境监督管理各部门之间以及环境科研和环境管理部门之间有效的信息交往和相互促进成为可能，加速科技成果转化。

（6）环境标准具有投资导向作用　环境标准中指标值的高低是确定污染源治理污染资金投入的技术依据，在基本建设和技术改造项目中也是目标标准值，可量化污染治理程度，为提前安排污染防治资金提供导向作用。

三、环境评价

（一）概述

环境评价是按照一定标准和方法评价环境质量，预测环境的发展趋势，评估人类对环境的影响，为环境管理决策提供科学依据。

环境质量是指特定范围内环境对人类社会生存和发展的适宜性。环境质量的优劣程度可以通过定性或定量描述环境各组成要素多个环境质量参数判断。环境质量参数通常以环境介质中特定物质的浓度加以表征；环境影响是指人类活动的影响所造成的环境后果，即环境质量的变化或生态系统的变化。环境影响评价是认识、预测、评价、揭示人类活动对环境的影响。

环境评价可以按其不同的属性进行分类。

（1）根据环境质量时间属性　划分为环境回顾评价、环境现状评价、环境影响评价。

环境回顾评价是针对环境质量过去的历史变化进行评价，为合理分析环境质量现状成因和预测环境质量未来发展趋势提供科学依据。

环境现状评价是针对环境质量当前的优劣程度进行评价，为区域环境的综合整治和规划提供科学依据。

环境影响评价是针对由于人类活动可能造成的环境后果，即通过环境质量优劣程度的任何变化的判断来为管理决策提供依据。

（2）根据评价的环境要素不同　划分为大气环境评价、水环境评价、土壤环境评价、生态环境评价、声环境评价。

（3）根据人类活动行为性质　划分为建设项目环境评价、区域开发环境评价、公共政策环境评价。

（4）根据目标特殊性质　划分为战略环境评价、风险环境评价、社会经济环境评价和累积环境评价。

战略环境评价是环境影响评价在战略层次上的评价，包括法律、政策、计划、规划上的应用，是对一项具体战略及其替代方案的环境影响进行的正式的、系统的、综合的评价过程，并将评价结论应用于决策中。战略环境评价目标是消除或降低战略失误造成的环境负效应，从源头预防环境问题产生。

风险环境评价在狭义上是对有毒化学物质危害人体健康的可能程度进行概率估计，提出减少环境风险的对策；在广义上是对任何人类活动引发的各种环境风险进行评估、提出对策。

社会经济环境评价是对社会经济效益显著、环境损害严重的大型项目，通过环境经济分析评估项目社会经济效益是否能够补偿或在多大程度上补偿项目环境损失，即对项目整体效益进行综合评价，为项目决策提供更充分依据。

累积环境评价是对一种人类活动的影响与过去、现在、将来可预见的人类活动影响叠加，因累积效应对环境所造成的综合影响进行评估。累积环境评价通常用来解决复杂而困难的累积性生态效应问题，如累积性生态灾难效应、累积性生物种群效应，累积性气候变化效应等。

（二）评价对象与指标

环境评价中的评价对象主要包括污染源与环境质量两大基本方面。

对预定对象进行评价，大多是以建立评价指标（体系）的方式进行。评价指标（体系）是指根据评价目的而对评价对象的整体状态与属性特征进行刻画的一组概括性表征。评价指标的选择设计应注意以下 4 个方面：①科学性和简便性原则。准确、全面、客观地反映系统对象，并要求简明、直观。②重要性原则。集中体现评价对象重要的本质特征，具有典型性与可比性。③层次性原则。系统表达评价目的需要，并清晰地反映指标间的隶属层次关系，体现评价对象的内涵。④可行性原则。易于数据获取，便于计算和应用，支持指标的量化，使其具有可操作性。

（三）评价准则

环境评价过程中，经对各指标赋值计算后，需要与预定的要求比对评判，这类用于对照比较的要求，通常称为评价准则（或评价标准）。评价准则直接决定着评价的结果，评价准则不同，评价的结果往往差异极大。因此，评价准则的确定是环境评价中重要的技术环节。环境标准是体现环境保护要求、实施环境管理的重要技术规范。利用污染物排放标准和环境质量标准，是环境评价中确定评价准则的基础。

（四）环境评价技术方法

1. 环境质量评价

（1）单因子指数评价模型　用于对单个指标描述的对象进行评价，该类评价方法意义明确直观、方法简便易行。对单一环境要素的单因子进行评价的指数方法如下：

$$I_i = \rho_i / S_i$$

式中 I_i——污染物 i 评价指数；

ρ_i——污染物 i 在环境介质中的浓度；

S_i——污染物 i 的评价标准。

（2）多因子指数评价模型 在单因子指数评价的基础上，可设计不同的多因子指数评价模型。常用的多因子环境指数评价模型见表2-10。

表 2-10 常用的多因子环境指数评价模型

类型	数学表达式	符号注释
代数叠加型	$I = \sum_{i=1}^{n} \frac{P_i}{S_i} = \sum_{i=1}^{n} I_i$	ρ_i 为第 i 种污染物在环境中的浓度；S_i 为第 i 种污染物对人类影响程度的标准；I_i 为第 i 种污染物环境质量指数
均值型	$I = \frac{1}{n} \sum_{i=1}^{n} \frac{P_i}{S_i} = \frac{1}{n} \sum_{i=1}^{n} I_i$	同上
加权型	$I = \sum_{i=1}^{n} W_i I_i$	W_i 为第 i 种污染物的权重
加权平均型	$I = \frac{1}{n} \sum_{i=1}^{n} W_i I_i$	同上
突出极值型1	$I = \sqrt{\max(I_i) \times \frac{1}{n} \sum_{i=1}^{n} W_i I_i}$	取分指数中极大值与平均值的几何平均值
突出极值型2	$I = \sqrt{\dfrac{[\max(I_i)]^2 + \left[\frac{1}{n}\sum_{i=1}^{n} W_i I_i\right]^2}{2}}$	取分指数中极大值平方与平均值平方的平均值的平方根
幂指数型	$I = \prod_{i=1}^{m} I_i^{W_i}$	同上
向量模型	$I = \left(\sum_{i=1}^{n} I_i^2\right)^{\frac{1}{2}}$	同上
均方根型	$I = \sqrt{\frac{1}{n} \sum_{i=1}^{n} I_i^2}$	同上
极值型	$I = \max(I_i)$	在所有分指数中取极大值

2. 污染源评价

污染源评价是在污染源调查的基础上进行的，污染源评价方法包括单项评价和综合评价两种类型。单项评价是针对污染源中某一污染物的排放浓度或负荷量等，进行的有关超标率、排放量等的评价，可以反映污染源中某一污染物的贡献作用或控制效果。不同的污染物和污染源具有不同的特征，不同的环境效应对公众产生不同的健康危害。为使它们能在同一尺度上加以比较，常采用污染源的综合评价方法，主要是等标污染负荷和等标污染负荷比方法，确定主要污染源和主要污染物。

（1）等标污染负荷

①污染物的等标污染负荷，如下：

$$P_{ij} = \frac{C_{ij}}{C_{0i}} \times Q_{ij}$$

式中 P_{ij}——等标污染负荷，m^3/s；

      C_{ij}——第 j 个污染源第 i 种污染物的排放浓度，mg/m^3；

      C_{0i}——第 i 种污染物的环境质量标准值，mg/m^3；

      Q_{ij}——第 j 个污染源含第 i 种污染物的介质流量，m^3/s。

②若第 j 个污染源共有 n 种污染物参与评价，则该污染源总的等标污染负荷为：

$$P_j = \sum_{i=1}^{n} P_{ij} = \sum_{i=1}^{n} \frac{C_{ij}}{C_{0i}} \times Q_{ij}$$

③若评价范围内共有 m 个污染源含有第 i 种污染物，则该污染物在评价范围内的总等标污染负荷为：

$$P_i = \sum_{j=1}^{m} P_{ij} = \sum_{j=1}^{m} \frac{C_{ij}}{C_{0i}} \times Q_{ij}$$

④评价范围内所有污染源的总等标污染负荷为：

$$P = \sum_{j=1}^{m} \sum_{i=1}^{n} P_{ij} = \sum_{j=1}^{m} \sum_{i=1}^{n} \frac{C_{ij}}{C_{0i}} \times Q_{ij}$$

（2）等标污染负荷比

①为了确定污染物和污染源对环境的贡献，引入污染负荷比。

在第 j 个污染源中，第 i 种污染物的污染负荷比为：

$$K_{ij} = \frac{P_{ij}}{P_j} = \frac{P_{ij}}{\sum_{i=1}^{n} P_{ij}}$$

式中 K_{ij}——无量纲，它是一个确定污染源内各种污染物排序的参数，K_{ij} 最大者就是该污染源的最主要的污染物。

②在评价范围内，第 j 个污染源的污染负荷比可表示为：

$$K_j = \frac{P_j}{P} = \frac{\sum_{i=1}^{n} P_{ij}}{P}$$

式中 K_j——无量纲，它可以确定评价范围内的主要污染源及污染源的排序，K_j 值最大者为评价范围内最主要的污染源。

根据各污染源等标污染负荷比 K_j 的排序计算累计百分比，将累计百分比大于 80% 的污染源列为该区域的主要污染源。

③在评价范围内，第 i 种污染物的污染负荷比可表示为：

$$K_i = \frac{P_i}{P} = \frac{\sum_{j=1}^{m} P_{ij}}{P}$$

式中 K_i——无量纲，它可以确定评价范围内的主要污染物及污染物的排序，K_i 值最大者为评价范围内最主要的污染物。

根据各污染物等标污染负荷比 K_i 的排序计算累计百分比，将累计百分比大于 80% 的污染物列为该区域的主要污染物。

四、环境规划

(一) 环境规划概述

环境规划是人类为使环境与社会经济协调发展而预先对自身活动和环境所做的时间和空间的合理安排，是政府履行环境职责的综合决策过程之一，是约束和指导政府行为的纲领性文件。环境规划是为克服人类社会经济活动和环境保护活动出现的盲目性和主观随意性而实施的科学决策活动。

环境规划的研究对象是复合生态系统，可指整个国家或一个区域(城市、省区、流域)。环境规划的主要内容是合理安排人类自身活动和环境。环境规划依据有限的环境资源及其承载能力，对人们的经济和社会活动进行约束，以便调控人类自身的活动、协调人与自然的关系。根据经济和社会发展以及人民生活水平提高对环境越来越高的要求，对环境的保护与建设活动做出时间和空间的安排与部署。环境规划以环境承载力理论、可持续发展理论、人地系统协调共生理论、复合生态系统理论、城市空间结构理论、循环经济和产业生态学作为其理论基础，依据社会经济原理、生态原理、地学原理、系统理论，学科具有交叉性、边缘性。环境规划的主要任务是使复合生态系统协调发展，维护系统良性循环，谋求系统最佳发展。环境规划是在一定条件下的优化，是一种合理安排，必须符合一定历史时期的技术、经济发展水平和能力。

环境规划在我国社会及经济发展中起着以下主要作用：①促进经济、社会与环境可持续发展；②落实环保战略，保障环境保护活动纳入国民经济和社会发展规划；③合理配置资源、分配排污削减量、约束排污者的行为、设计生态保护与建设；④以最小的投资获取最佳的环境效益；⑤实行环境管理目标的基本依据。

(二) 环境规划类型和特点

1. 环境规划类型

环境规划可以按照规划期分为远期环境规划、中期环境规划和年度环境保护计划。远期环境规划一般跨越时间为 10 年以上，中期环境规划为 5~10 年，年度环境保护计划实际是 5 年规划的年度安排。远期环境规划跨越时空较长，比较宏观，侧重于长远环境目标和战略措施的制定。年度环境保护计划由于时间较短，往往形不成一套完整的规划，仅作为中期规划中某些环保工作的具体安排。我国国民经济和社会发展规划体系是以 5 年规划为核心的体系，所以 5 年环境规划也是各种环境规划的核心。

环境规划可以按照环境与经济的关系分为经济制约型、协调型和环境制约。经济制约型环境规划是为了满足经济发展的需要，一般是为了解决经济发展中已经出现的环境污染和生态破坏而制定的相应的环境保护规划。协调型环境规划反映了环境与经济的协调发展，以提出经济目标和环境目标为出发点，以实现经济目标和环境目标为重点。环境制约型环境规划从充分、有效利用资源环境出发，防止经济发展中产生对环境的负面影响，这种规划体现了经济发展服从环境保护的需要。

环境规划按照行政区划和管理层次分为国家环境规划，省(自治区、直辖市)环境规划，部门环境规划、县(区)环境规划，农村环境规划，自然保护区环境规划，城市综合整治环境规划，企业污染防治规划。国家环境规划范围很大，是国家发展规划的重要组成部分，起到协调经济发展与环境保护的关系，对全国的环境保护工作起指导性作用。各级政府的环境主管部门要根据国家规划，结合本地区的实际情况，制定本区域的环境规划，并加以贯彻和落实。我国各类环境规划形成一个多层次的结构体系，层次之间既有区别，又有联系。上一层次的规划是下一层次规划的依据，下一层次的规划是上一层次规划的条件与分解，也是上一层次规划完成的基础。各层次之间上下联系，综合平衡，以实现整体上的一致和协调。

环境规划可以按照性质可分为生态保护规划、污染防治规划，自然保护规划和环境科学技术与产业发展规划等。生态保护规划是在考虑"生态适宜度"的基础上制定出的土地利用规划。在制定国家区域发展规划时，将社会经济系统、生态系统和地球物理系统结合在一起考虑，使国家和地区的发展能够符合生态规律，既可以促进和保证经济发展，又不使当地的生态系统遭到破坏。污染防治规划又称为污染控制规划，按内容可分为工业污染控制规划、农业污染控制规划及城市污染控制规划。根据范围和性质不同又可以分为区域污染综合防治规划和部门污染综合防治规划。自然保护规划主要是保护生物资源和其他可更新资源。此外，还有文化资源、有特殊价值的水资源、地貌景观等。我国幅员辽阔，不但野生动植物资源丰富，而且具有特殊价值的保护对象也比较多，必须加以科学分类、统筹规划。环境科学技术与产业发展规划的主要内容是为实现上述规划类型所需要的科学技术研究、发展环境科学体系所需要的基础理论研究、环境管理现代化的研究和环境保护产业发展研究。

环境规划按环境要素可以划分为大气污染控制规划、水污染控制规划、固体废物处理与处置规划、噪声污染控制规划、资源利用与保护规划等。

目前中国的环境规划体系呈现出"纵向 + 横向"的二维结构，不同行政级别的规划形成纵向规划层次，而不同环境要素的规划形成横向规划层次，其中，国家环境保护规划是整个环境规划体系的核心部分。

2. 环境规划特点

环境规划具有以下主要特点：

（1）综合性　环境规划将人类社会系统、经济系统和自然环境系统结合起来统筹考虑，是一项复杂的工程。环境规划学涉及人类生态学、环境物理学、环境化学、环境地学等自然科学，涉及生态经济学、环境经济学等经济科学，也涉及环境法学、环境伦理学等社会科学及环境工程学、系统工程等，是自然、工程、技术、经济和社会相结合的综合体系。

（2）整体性　环境规划涉及的各环境要素虽然有其自身的结构特征及分布规律，各自形成独立的体系，但各环境要素及规划过程各技术环节关系密切、关联度高，各环节相互影响和相互制约，各组成部分之间构成一个有机的整体。因此，环境规划应从整体的视角出发才能获得有价值的系统结果。

（3）区域性　我国不同地区自然环境的地域性特征十分明显，因此环境规划必须体现地域特色，因地制宜。不同地区资源和环境特征不同、主要污染物的特征、污染控制系统的结构不同、社会经济发展方式和发展速度不同、基础数据及技术条件不同，要求环境规划的基本原则、规律、程序和方法等，必须融入地方特征才是有效的、可行的。

（4）动态性　环境规划具有较强的时效性。它的影响因素在不断变化，无论是环境问题还是社会经济状况都在随时间发生着难以预料的变化。基于一定条件下制定环境规划，随着社会经济发展方向、发展政策、发展速度以及实际环境状况的变化，必须及时做出响应和更新。因此，环境规划应该建立从理论研究到方法系统、实施手段的更新升级机制，以适应客观条件。

（5）政策性　环境规划涉及人口控制、能源结构、产业布局、发展战略，重大工程、投资方向等，这些方面都体现国家和地方的政策精神。因此，制定规划的过程就是一个重大决策的过程。以生态规律为基础，以经济规律为指导，让环境规划集中体现可持续发展的战略思想。

（6）可操作性　环境规划的可操作性体现在如下4个方面。①目标正确，符合现实的经济和技术支撑能力，经过努力可以实现；②方案具体而有弹性，可以按照方案的安排一步步进行；③保障措施完善，资金和工程配套措施的落实。与现行管理制度和管理方法的结合可以保证运用法律的、经济的和行政的手段促进规划目标的实现；④与经济社会发展规划紧密结合，便于纳入国民经济计划。

（三）环境规划程序

1. 工作程序

环境规划的工作程序包括从任务下达到上报审批、直至纳入国民经济和社会发展规划的全过程，工作程序如图2-7所示。在我国，国务院环境保护主管部门会同有关部门，根

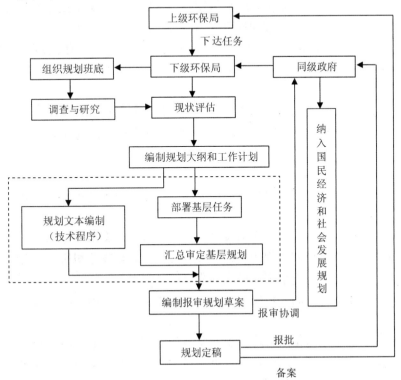

图2-7　环境规划的工作程序

据国民经济和社会发展规划编制国家环境保护规划，报国务院批准并公布实施。县级以上地方人民政府环境保护主管部门会同有关部门，根据国家环境保护规划的要求，编制本行政区域的环境保护规划，报同级人民政府批准并公布实施。环境规划的内容应当包括生态保护和污染防治的目标、任务、保障措施等，并与主体功能区规划、土地利用总体规划和城乡规划等相衔接。

（1）规划编制　环境规划的编制是一个动态的、不断反馈和协调过程，由管理部门组织规划编制工作，由专业技术组完成规划文本的编制。

①接受任务与组织规划编制　上一级环境保护部门下达编制规划任务，并提出主要要求、时间进度，下一级环境保护部门组织规划编制组，编制工作计划和规划大纲。编制规划任务也可以由政府直接下达给同级环境保护部门。规划编制组一般分为领导组、协调组和技术组，由通晓规划对象的专家以及有关规划、计划管理部门的人员组成，由对规划地域或领域具有决策权和协调能力的部门领导人担任指导。

②完成规划文本的编制　环境规划的编制由专门组织的技术队伍（规划编制组）承担，负责规划文本的编制完成。

（2）规划的申报与审批　环境规划申报和审批是整个规划工作的有机组成部分。规划的申报和审批过程是沟通上下级认识、协调环境保护部门与其他部门之间关系的过程，是将规划方案变为实施方案并纳入国民经济和社会发展规划的过程，同时也是环境规划管理工作的一项重要制度。

①初级申报和审核　编制单位在规划编制基本完成后，将文本报送同级政府和上一级环境保护部门初审，同级政府在其职权范围内，可对方案进行决策、批准、驳回或提出修改意见；上级环境保护部门在收到申报文本后，进行初审，在与有关部门取得协商意见后，对申报文本予以批准或提出修改意见。规划的审批应在组织各行业专家进行评审和论证的基础上进行。

②终极申报与审批　下级环境保护部门在得到初审意见后，对规划进行修改、完善或重新编制。若认为初审意见不合理，可提出申辩，对规划进行修改或重新编制后，再次申报给同级政府审批和上一级环保部门备案。

同级政府收到申报文本并确认符合要求后，应予迅速批准，并将批准后的环境规划付诸实施。在规划实施过程中，若出现新的重大问题，确需对环境规划的指标或内容进行补充修改时，必须报请原审批机关同意。

③环境规划文本　环境规划工作结束时，一般应有三类文本。

技术档案文本是指将规划过程所收集的背景材料、调查或监测所采集的信息、规划编制过程的技术档案或记录进行整理而形成的背景材料文本。

环境规划文本是指正式的环境规划文本。它由环境规划管理部门管理，作为进行规划实施与管理的蓝本。

环境规划报审文本是指正式的环境规划文本的缩编文本或简编文本，主要用于申报、审批。简编文本内容应包括：自然环境特点，经济和社会简况，前期环境规划（或计划）执行简况，规划要解决的主要环境问题，规划目标(时空限定)，主要措施，主要工程项目及说明，投资预算及来源，主要困难及要求提供的条件等(图2-8)。

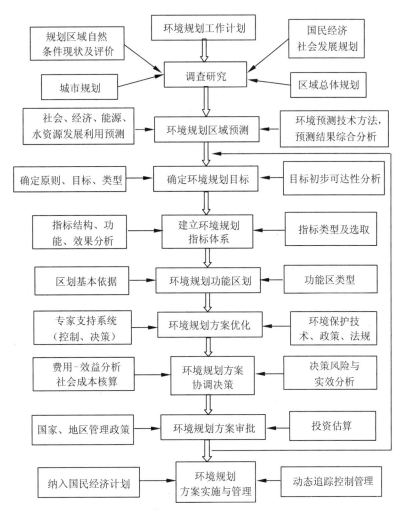

图 2-8　环境规划编制程序图

(四)环境规划内容

环境规划的内容包括设置恰当的环境目标及指标体系，实施合理的环境评价与预测，制定环境功能区划、环境规划方案。环境规划目标是通过环境指标体系表征的；环境规划指标体系是一定时空范围内所有环境因素构成的环境系统的整体反映；环境评价是在环境调查分析的基础上，运用数学方法，对环境质量、环境影响进行定性和定量的评述。环境规划方案的设计是整个规划工作的中心，它将提出具体的污染防治和环境保护的措施和对策。环境规划方案的决策是在特定的历史阶段，从各种可供选择的实施方案中，通过分析、评价、比较，选定一个切实可行的环境规划方案的过程。环境规划的编制、实施与管理是一个动态追踪的发展过程。

(五)环境规划技术方法

环境规划技术方法主要指环境规划过程中所涉及的评价、预测与决策等技术方法。在环境规划的"编制—实施—评估—反馈"体系中，环境规划的各类技术方法贯穿渗透在环境规划过程的许多活动环节，如规划目标与指标体系的建立、环境趋势预测、方案优选、环境与经济协调分析等，层次分析法、灰色系统预测、环境扩散与容量总量模型（水、大气）、线性规划、动态规划等是进行环境评价、环境预测，以及环境规划决策等的重要技术支持。我国环境规划技术与方法体系如图 2-9 所示。

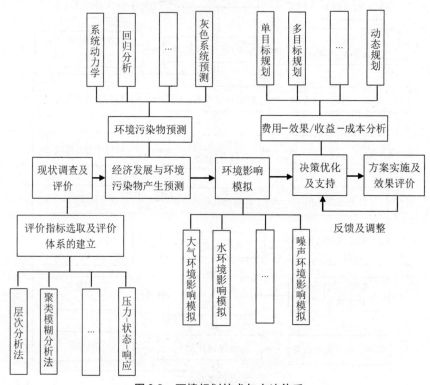

图 2-9　环境规划技术与方法体系
〔引自《中国环境规划与政策》（第十一卷）〕

五、环境管理信息系统

（一）环境信息及其特点

环境信息是在环境管理的研究和工作中应用的经收集、处理而以特定形式存在的环境知识，可以是数字、图像、声音，也可以是文字、影像以及其他表达形式。环境信息是环境系统受人类活动作用后的信息反馈，是人类认知环境状况的来源，也是环境管理工作的主要依据之一。

环境信息除了具备一般信息的基本属性，如事实性、等级性、传输性、扩散性和共享性，还具有时空性、综合性、连续性和随机性的特征。

1. 时空性

环境信息是对一定时期环境状况和环境管理的反映。针对某一国家或地区而言，其环境状况是不断变化的，因而环境信息具有鲜明的时间特征。不同地区由于自然条件和社会经济发展水平各异，也使环境信息具有明显的空间特征。

2. 综合性

环境信息是对整体环境状况和环境管理的反映。环境状况是通过多种环境要素反映的，而环境管理包括政府、企业和公众多个主体的多种活动及相互作用，这就要求环境信息必须具有综合性。

3. 连续性

一般而言，环境状况的改变是一个由量变到质变的过程，环境管理也与社会经济整体发展的步调相一致，因此环境信息也就会体现出一定的连续性。

4. 随机性

环境信息的产生与生成都受到自然因素、社会因素、经济因素及特定的环境条件和人类行为的影响 因而具有明显的随机性。

（二）环境管理信息系统

信息从产生到应用构成一个系统，这个系统称为信息系统。环境管理信息系统（environmental management information systems，EMIS）由从事环境信息处理工作人员、设备（计算机、网络技术、GIS 技术、模型库等软硬件）和环境原始信息等组成，是一个以系统论为指导思想，通过人机（计算机等）结合收集环境信息，利用模型对环境信息进行转换和加工，并根据系统的输出进行环境评价、预测和控制，最后再通过计算机等先进技术实现环境管理的计算机模拟系统。

环境管理信息系统的基本功能包括：环境信息的收集和录用，环境信息的存储和加工处理，以报表，图形等形式输出信息，为政府决策者，企事业单位和公众提供数据参考。

（三）环境决策支持系统

1. 概念

环境决策支持系统（environmental decision support systems，EDSS）从系统观点出发，利用现代计算机和网络技术及决策理论和方法，对定结构化、未定结构化或不定结构化的环境管理问题进行描述，组织进而协助人们完成管理决策。一种人—机交互的信息系统，是将决策支持系统引入环境规划和决策的产物。

环境决策支持系统是环境信息系统的高级形式，是在环境管理信息系统的基础上，使决策者通过人—机对话，直接应用计算机处理环境管理工作中的决策问题。它为环境决策者和参与者提供了一个现代化的决策辅助工具，提高了环境决策的效率和科学性。

2. 结构

环境决策支持系统主要包括数据库及其管理系统、模型库及其管理系统、知识库及其管理系统、问题处理系统、交互式计算机硬件及软件、图形及其他高级显示装置、对用户友好的建模语言。数据库由空间数据、属性数据、模型数据等构成；模型库由环境预测和评价模型、系统仿真模型、规划管理模型、决策控制模型等构成；知识库包括各种自然环境知识、决策人员的知识经验，以及进行推理和问题求解的推理机；问题处理系统包括算法源程序和目标程序、问题对策规则、决策描述规则和数据转换规则等。

3. 功能

环境决策支持系统的功能包括：收集、整理、储存并及时提供本系统与决策有关的各种数据；灵活运用模型与方法对环境信息进行加工、处理、分析、综合、预测、评价，以便提供各种所需的环境信息；友好的人—机界面和图形输出功能，不仅能满足随机的环境信息查询要求，而且具有一定的推理判断能力；良好的环境信息传输功能，能满足环境决策支持信息的准确及时发布；较快的信息加工速度及较短的响应时间；具有定性分析和定量研究相结合的特定处理问题的方式。

4. 设计步骤

环境决策支持系统的设计步骤大体可分为以下 4 步：

（1）制订运行计划　从理论上讲，制订运行计划有 3 种基本方案，分别是快速实现方案，分阶段实现方案和完整的环境决策支持系统方案。3 种方案各有所长，分别适用于不同区域的环境决策支持系统。

（2）系统分析　是环境决策支持系统设计的重要步骤。建立环境决策支持系统的关键在于确定系统的组成要素，划分内生变量，分析各要素间的相互关系，从而确定环境决策支持系统的基本结构和特征。

（3）总体结构设计　由 4 个部分集成：①用户接口。用户通过其进行系统运行，它以人们习惯、方便的方式提供人—机信息交换，菜单、图形、数据库、表格是其主要形式；②信息子系统。包括基础数据文件与文件管理系统。可以用简便的方式提供环境信息及其他与环境决策相关的各种信息；③模型子系统。包括经济、能源、人口、评价与预测模型等；④决策支持子系统。提供支持决策分析与评价的相互关联的功能子模型，包括历年统计和监测资料分析、环境现状及影响评价、污染物削减分配决策支持、环境与经济持续发展决策支持。

（4）系统的应用与评价　环境决策支持系统设计完成后，可应用于环境保护政策、项目和基础设施工程等重要决策过程。该系统为决策者提供所需的数据、信息和背景资料，帮助明确决策目标和进行问题的识别，建立或修改决策模型，提供各种备选方案，并对各种方案进行评价和优选，通过人—机交互功能进行分析、比较和判断，为正确的决策提供必要的支持。

六、ISO 14000

（一）ISO 14000 概述

ISO 14000 是国际标准化组织（International Organization for Standardization，ISO）下设的环境管理技术委员会（TC207）组织编制的一系列环境管理标准的总称，从 ISO 14001 到 ISO 14100 共 100 个标准号，统称为 ISO 14000 系列标准。ISO 14000 系列标准是 ISO 制定的第一套组织内部环境管理体系（Environmental Management System，EMS）的建立，实施与审核的通用标准，旨在引导组织建立自我约束机制和进行科学管理。对现代企业而言，ISO14000 系列环境管理体系的建立和运行，是企业环境管理和环境经营最重要，也是最基本的内容。

1. 分类及组成

ISO 14000 系列标准是一个庞大的标准体系，从 ISO 14001 至 ISO 14100，内容覆盖环境管理体系、环境审核、环境标志、环境行为评价、产品标准中的环境指标等方面。按标准性质可分为 3 类，第一类基础标准为术语标准；第二类基础标准包括环境管理体系、规范、原则、应用指南；第三类为支持技术类标准（工具），包括环境审核、环境标志、环境行为评价、生命周期评估。按标准的功能可分为两类：评价组织，包括环境管理体系、环境行为评价、环境审核；评价产品，包括生命周期评估、环境标志、产品标准中的环境指标。

国际标准化组织环境管理技术委员会(ISO/TC 207)下设 6 个分委员会 SC1～SC6，负责起草某一方面的标准。下表中给出了标准体系的组成，其中 ISO 14001 是环境管理体系标准的核心标准(表 2-11)。

表 2-11　ISO 14000 系列标准的基本构成

分委员会	主题	标准号
SC1	环境管理体系，EMS	14001～14009
SC2	环境审核，EA	14010～14019
SC3	环境标志，EL	14020～14029
SC4	环境行为评价，EPE	14030～14039
SC5	生命周期评估，LCA	14040～14049
SC6	术语和定义，T&D	14050～14059
WG1	产品标准中的环境指标	14060
	备用	14061～14100

2. 特点

ISO 14000 系列标准具有如下特点：

(1)以消费者行为为根本动力　ISO 14000 标准强调的是非行政手段，用市场、用人们对环境问题的共同认识来达到促进生产者改进环境行为的目的。环境意识的普遍提高，使消费者已超过法律成为环境保护的第一动因。

(2)强调法律法规的符合性　整个标准虽然没有对环境因素提出任何数据化要求，但是 ISO 14000 标准要求实施这一标准的组织最高管理者必须承诺符合有关环境法律法规和其他要求。

(3)强调污染预防和持续改进　污染预防是 ISO 14000 标准的基本指导思想，要求企业实施全面管理，尽可能把污染消除在产品设计、生产过程之中。ISO 14000 没有规定绝对的行为标准，在符合法律法规的基础上，企业要进行持续改进，即今天做的要比昨天好，明天做得比今天好。

(4)自愿性原则　ISO 14000 标准不是强制性标准，企业及其他组织可根据自身需要自主选择是否实施。

(5)广泛适用性　ISO 14000 标准不仅适用于企业，同时也可用于事业单位、政府机构、民间机构等任何类型的组织。

(6)强调管理体系的完整性　要求采用结构化、程序化、文件化的管理手段，强调管理和环境问题的可追溯性体现出的整体特色。

(7)强调生命周期思想的应用　对产品进行从摇篮到坟墓的分析，较全面地覆盖了当代的环境问题，从产品设计入手，以从根本上解决由于人类不当的生产方式和消费方式所引起的环境问题。

3. 指导思想和原则

ISO 14000 系列标准应不增加并消除贸易壁垒；ISO 14000 系列标准可用于各国对内对外认证、注册等；ISO 14000 系列标准必须摈弃对改善环境无帮助的任何行政干预。

ISO 14000 系列标准制定首先要遵循弹性原则，即允许发展中国家有一段规定的时间使其产品和管理制度逐步达到 ISO 14000 系列标准的要求，以示在环境问题上与对发达国家的要求有所区别。其次，ISO 14000 系列标准应用对象主要定位在中、小型组织，特别是企业。第三，ISO 14000 系列标准认证过程中要确保认证审核员保持客观性和独立性。

4. 意义

企业建立环境管理体系，可以减少各项活动所造成的环境污染，节约资源，改善环境质量，促进企业和社会的可持续发展。

（1）实施 ISO 14000 标准是贸易的"绿色通行证"　ISO 14000 在国际法和国际贸易方面具有潜在影响。ISO 14000 旨在促进实施环境管理制度，使贸易伙伴之间有一致的环境标准。目前国际贸易中对 ISO 14000 标准的要求越来越多。但一些发展中国家认为 ISO 14000 的环境标准可能建立贸易非关税壁垒，且 ISO 14000 标准注册成本对中小企业来说过分昂贵。

（2）提升企业形象，降低环境风险　遵从环境管理标准可以建立良好的公众关系，引导消费者对公司产品的认可，从而在市场竞争中取得优势，创造商机。

（3）提高管理能力，形成系统的管理机制，完善企业的整体管理水平。

（4）节能降耗，降低成本　从公司内部来说，通过减少废物、使用毒性较低的化学品和较少的能源以及再循环利用，可以减少各项环境费用。从外部讲，保险公司可能对该公司环境污染事故的保险实施较低的收费率，节省成本。

（5）ISO 14000 的推广和普及在宏观上可以起到协调经济发展与环境保护的关系、提高全民环保意识、促进节约和推动技术进步等作用。对于实施 ISO 14000 的企业，政府管理部门会给他们更多的优惠政策和待遇。

（二）ISO 14000 环境管理体系主要内容

ISO 14000 系列标准融合了世界上许多发达国家在环境管理方面的经验，是一种完整的、操作性很强的体系标准，ISO 14000 系列可以分成两组：指导文件和说明文件，提出了一系列公司环境管理制度评价所依据的标准。其中，ISO 14001 是环境管理体系标准的主干标准，它是企业建立和实施环境管理体系并通过认证的依据，包括公司必须遵守的具有法律效力的标准，如规定的允许值、相关法规和制度条款，甚至行政和司法机构的要求，现已帮助全球超过 30 万家组织提升其环境绩效。

1. 适用范围

根据 ISO 14001 中的条文，ISO 14000 环境管理体系的广泛适用性具体表现在：

（1）它规定了 EMS 的要求，而该 EMS 拟适用于任何类型与规模的组织，并适用于各种地理、文化和社会条件。

（2）在管理对象上，它适用于那些可为组织所控制，以及希望组织对其施加影响的因素。

（3）适用于任何具有下列愿望的组织：实施、保持并改进环境管理体系；使自己确信能符合所声明的环境方针；向外界展示这种符合性；寻求外部组织对其环境管理体系的认证/注册；对符合本标准的情况进行自我鉴定和自我声明。

（4）ISO 14001 标准没有要求组织一定要在整个公司或集团的层次上实施环境管理体系，相反，可以选择特定的设施，一个部门或某些选定的运作单元实施 ISO 14001 标准，前提是这些选定的组织单位应该具有自己的职能和行政管理。

（5）在 ISO 14000 系列标准中，ISO 14001 是唯一能用于第三方认证的标准，其附录 A 为其使用提供了提示性指南。

ISO 14000 标准具有极其广泛的适用性。在 ISO 14001 中，规定了各国通用的有关环境管理体系的各项要求，适用于各种性质、类型和规模的组织，也适用于不同的地理、文化和社会条件，还适用于组织的各种活动，包括产品的生产和提供的服务。

2. 要求

（1）ISO 14000 环境管理体系的总要求　应建立并保持环境管理体系。"建立"是指组织决定按 ISO 14001 标准要求从环境管理体系开始，到形成这一体系的全过程，包括体系的策划、设计和体系文件的编写，组织机构的配置和人员、资源的安排等。"保持"是指体系运转过程中实施监督和纠正措施，并通过审核和评审促进环境管理体系的持续改进。

（2）ISO 14000 环境管理体系的环境方针　ISO 14000 环境方针的制定与实施是最高管理者的职责，是组织在环境保护方面的宗旨和方向，是组织总体方针中的组成部分。环境方针的内容必须包括"两个承诺和一个框架"。两个承诺是承诺遵守法律及其他要求，承诺持续改进和污染预防；一个框架是要为环境目标和指标的制定和评审提供指导。

（3）ISO 14000 环境管理体系的规划　ISO 14000 的规划包括 4 个方面的内容，即环境因素、法律与其他要求、目标和指标与环境管理方案，是建立环境管理体系的启动阶段。

（4）ISO 14000 环境管理体系的实施与运行　组织机构和职责包括：培训、意识与能力、信息交流、环境管理体系文件、文件控制、运行控制与应急准备和响应。

（5）管理评审　组织的最高管理者应定期对环境管理体系进行评审，以确保体系的持续适用性、充分性和有效性。管理评审过程应确保收集必要的信息，供管理者进行评价工作。评审工作应形成文件。

管理评审应根据环境管理体系审核的结果，不断变化的客观环境和持续改进的承诺，指出可能需要修改的方针、目标以及其他要素。

3. 内容

环境管理体系包含规范化的运作程序和文件化的控制机制。主要有 5 个部分和 17 个要素（表2-12）。

2015 年 9 月 15 日，ISO 14001：2015《环境管理体系——规范及使用指南》正式发布，我国将其转化为相应的国家标准《环境管理体系 要求及使用指南》（GB/T 24001—2016），2017 年 5 月 1 日起实施。旨在为各组织提供框架，以保护环境，响应变化的环境状况，同时与社会经济需求保持平衡。规定环境管理体系的要求，使组织能够实现其设定的环境管理体系的预期结果。

表 2-12　ISO14001 环境管理体系的具体内容

主要方面	具体要素
承诺和方针	环境方针
规划	环境因素； 法律与其他要求； 目标和指标； 环境管理方案
实施与运行	组织机构和职责； 培训、意识与能力； 信息交流； 环境管理体系文件； 文件管理； 运行控制； 应急准备和响应
监测和评价	监测和测量； 不符合、纠正与预防措施； 记录； EMS 审核
评审和改进	管理评审

环境管理的系统方法可向最高管理者提供信息，通过下列途径以获得长期成功，并为促进可持续发展创建可选方案：①预防或减轻不利环境影响以保护环境；②减轻环境状况对组织的潜在不利影响；③帮助组织履行合规义务；④提升环境绩效；⑤运用生命周期观点，控制或影响组织的产品和服务的设计、制造、交付、消费和处置的方式，能够防止环境影响被无意地转移到生命周期的其他阶段；⑥实施环境友好的、且可巩固组织市场地位的可选方案，以获得财务和运营收益；⑦与有关的相关方沟通环境信息。

4. 策划—实施—检查—改进模式

构成环境管理体系的方法是基于策划、实施、检查与改进(PDCA)的概念。PDCA 模式为组织提供了一个循环渐进的过程，用以实现持续改进。该模式可应用于环境管理体系及其每个单独的要素。该模式可简述如下：

(1)策划(Plan)　建立所需的环境目标和过程，以实现与组织的环境方针相一致的结果。

(2)实施(Do)　实施所策划的过程。

(3)检查(Check)　依据环境方针(包括其承诺)、环境目标和运行准则，对过程进行监视和测量，并报告结果。

(4)改进(Action)　采取措施以持续改进。

(三)ISO 14000 环境管理体系的建立和认证

1. 环境管理体系的建立

建立环境管理体系(environmental management system，EMS)分为以下 6 个阶段；

（1）领导决策与准备　一个组织要建立 EMS，必须首先得到最高管理者的明确承诺和支持。

（2）初始环境评审　组织明确环境管理现状的手段，其结论是建立 EMS 的技术基础和前提条件。内容主要包括：①明确组织应遵守的与环境相关的法律法规标准及要求，对组织的环境进行评价，确定改进的需求和可能性；②利用产品生命周期分析的思想明确组织产品、活动和服务中可控制和可能施加影响的环境因素，评价出重要环境因素，以作为改进和控制的对象；③收集、分析和评审组织现有与环境相关的管理制度、职责、程序、惯例等信息和文件，与 ISO 14001 标准要求对照，确认有益合理成分，以作为 EMS 的基础；④对以前的环境条件和市场信息进行分析评审，以避免环境风险。

（3）体系策划与设计　依据评审人，结合组织战略和实力，组织应进行如下的策划活动：由最高管理者制定和签署环境方针，环境方针应明确承诺遵守法律法规，承诺持续改进和污染预防，应指明总体环境目标指标的架构。

制定尽可能量化和分层次的环境目标指标，应符合环境方针的承诺，考虑重要环境因素、法律法规要求、技术和财务自行性及相关方的要求。

制订确保目标指标实现的环境管理方案，明确职责、时限和方法措施。建立和明确环境管理组织机构和职责权限。

（4）EMS 文件编制　管理者代表领导并策划 EMS 文件的编写过程。EMS 文件可分为手册、程序文件、作业文件、报告记录 4 个层次。通常手册和程序文件由 EMS 工作组草拟，第 3 层次的作业文件由相关部门的专业人员编制。各类文件有必要经过文件使用者的充分评审，甚至让使用者代表参与编写过程。

（5）EMS 试运行　与正常运行一样，应按 EMS 文件去实施，并记录运行结果，不同的是 EMS 可通过体系自身运行完善。EMS 试运行工作包括：对各层次的 EMS 文件使用者实施分层次的 EMS 文件培训；EMS 实施全面运作；对于急于实施第三方认证的组织，应加强动作力度，以便有充分证据证实实施 EMS 的成效。

（6）EMS 内部审核和管理评审　EMS 经一段时期试运行，管理者代表应组织培训合格的内审员实施内部审核。内审应按标准要求有计划、程序化、文件化进行。

应审核 EMS 文件的完整性、一致性、与 ISO 14001 标准的符合性；审核环境管理活动是否满足 EMS 文件有关计划安排和标准要求；EMS 是否得到正确实施和保护。审核结果应形成文件并报送最高管理者。

最后，最高管理者应组织中层管理者对内审结果、目标指标完成情况、EMS 改进的可能性和需要等进行评审，以确保 EMS 适用有效。

2. 环境管理体系审核认证程序

环境管理体系审核与认证的一般程序大致上分为 4 个阶段：

（1）受理申请方的申请　申请认证的组织首先根据各认证机构的权威性、信誉和费用等方面的因素，选择合适的认证机构，提出环境管理体系认证申请。认证机构将对申请方的申请文件进行初步审查，如果符合申请要求，与其签订管理体系审核/注册合同，确定受理其申请。

（2）环境管理体系审核　认证机构组成审核小组，任命一个审核组长，审核组中至少有一名具有该审核范围专业审核人员或技术专家，协助审核组进行审核工作。审核工作大致分为3步：①文件审核。申请方编写EMS是否符合ISO 14001标准；②现场审核。审核组长制订一个审核计划，实施现场审定，目的是验证EMS手册、程序文件和作业指导书等一系列文件的实际执行情况，评价EMS运行的有效性，判别申请方建立的EMS是否符合ISO 14001标准。在该过程中，审核小组每天都要进行内部讨论，对审核的结果全面评定；③跟踪审核。申请方按照审核计划与认证机构商定时间纠正发现的不符合项，纠正措施完成后递交认证机构。认证机构收到材料后，组织原来的审核小组的成员对纠正措施的效果进行跟踪审核。

（3）报批并颁发证书　根据注册材料上报清单的要求，审核组长对上报材料进行整理填写注册推荐表，最后上交认证机构复审，合格后，认证机构将编制并发放证书，将该申请方列入获证目录。

（4）监督检查及复审、换证　在证书有效期限内认证机构对获证企业进行监督检查，以保证该环境管理体系符合ISO 14001标准要求，并能切实、有效地运行。证书有效期满后，或者企业的认证范围、模式、机构名称等发生重大变化，该认证机构受理企业的换证申请，以保证企业不断改进和完善其环境管理体系。

3. 国家认可制度

认证与认可是合格评定的两种主要类别。合格评定是直接或间接确定相关要求被满足的任何有关活动。

认证是指由认证机构依据特定的审核准则，按规定的程序和方法对受审核方实施审核，并就特定事项（如产品、质量体系、环境管理体系等）符合性进行确认的活动。

认可是指由权威机构依据规定的准则和程序，对某一团体或个人具有从事特定任务的能力给予的正式承认。包括校准/检验机构认可、认证机构认可、审核员/评审员资格认可、培训机构认可等。

国家认可制度是国家为保证认证的客观性和公正性而建立的一套科学化、规范化的程序和管理制度，其中包括对审核认证人员、认证机构及对认证活动的具体要求。

1997年5月，国务院批准成立中国环境管理体系认证指导委员会，负责指导并统一管理ISO 14000环境管理系列标准在我国的实施工作，指导委员会下设中国环境管理体系认证机构认可委员会（以下简称环认委）和中国认证人员国家注册委员会环境管理专业委员会（以下简称环注委），分别负责实施对环境管理体系认证机构的认可和对环境管理体系认证人员及培训机构的注册工作。

我国的环境管理体系认证国家认可制度的基本内容包括以下4点：①ISO 14000认证机构必须经国家认可；②环境管理体系审核员必须具有国家注册资格；③环境管理体系审核员培训机构、教材必须经环注委认可批准；④环境管理体系认证咨询机构必须经生态环境部评审备案。

（四）ISO 14000 环境管理体系的前景

目前，在国际经济贸易迅速发展的情况下，ISO 14000系列标准在世界各国迅速推广，ISO 14000环境管理认证被称为国际市场认可的"国际通行证"，成为扫清国际市场上绿色贸易壁垒，解决经济发展中产生的环境问题最有效的手段。目前，全球已经有数以万计的公司企业通过了 ISO 14000 认证，建立了符合国际化标准的企业环境管理体系，这已经逐渐成为现代企业发展的基本条件之一。

ISO 14000 标准的一个重要发展趋势，是与 ISO 9001 质量管理体系、OHSAS 18001 环境职业健康安全管理体系呈现出一体化的倾向。这三大系列的国际标准管理体系都是国际性标准、都遵循自愿原则、都执行 PDCA 管理模式，都具有相似的核心精神，在标准应用的相关方等也大致相同(图 2-10)。

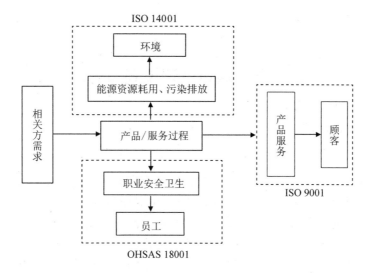

图 2-10 ISO 14000、ISO 9001、OHSAS 18001 系列标准的一体化趋势

思 考 题

(1)环境管理的目的和基本任务是什么？

(2)环境管理的对象和主体是什么？

(3)环境管理包括哪些主要内容？

(4)环境管理有哪些主要手段？

(5)了解中国环境保护法律体系的基本框架。

(6)中国现行的环境管理制度有哪些？简述现行环境管理制度的内容及执行程序。

(7)举例说明中国新兴环境管理制度对生态文明建设的促进作用。

(8)什么是环境标准？我国的环境标准体系由哪几部分组成？

(9)试述环境规划的主要类型和主要程序。

(10)了解 ISO 14000 系列标准的主要内容。

第三章

区域环境规划与管理

第一节　城市环境规划与管理

一、城市及其发展

1. 城市

也称城市聚落。是人类利用和改造环境而创造出来的一种高度人工化的地域。不同的学科从各层面对城市进行了定义，《城市规划学》中对城市的定义为：城市是非农业产业和非农业人口集聚的较大居民点。城市一般包括住宅区、工业区和商业区并且具备行政管辖功能。城市的行政管辖功能可能涉及较其本身更广泛的区域，其中有居民区、街道、医院、学校、公共绿地、写字楼、商业卖场、广场、公园等公共设施。城市是一定区域范围内政治、经济、文化、宗教、人口等因素的中心，是一种复杂的自然、经济与社会相互作用的综合体。

2. 城市的形成

城市文明最早出现在公元前3500年—前3000年的青铜时代，在人类文明的四大摇篮，即尼罗河流域、两河流域、印度河恒河流域和黄河长江流域，都发现曾经有古代城市遗址。有人认为，公元前2750年在巴比伦的阿卡德城，以及美索不达米亚地区苏美尔文明时的乌尔城是世界上最早的城市。

我国古代的"城"与"市"是两个不同的概念。城，多是指四面围以城墙、扼守交通要冲、具有防卫意义的军事据点。"城，郭也，都邑之地，筑此以资保障者也"市，指的交易市场。"市，买卖所之也""贸、贾，市也"，凡进行买卖的交易场所即为市。从古文献记载的两者的基本特征来看，"城"与"市"没有必然的内在联系，有城不一定就有市，相反，市场也不一定围筑墙垣。可见，我国最初的城或市，均不具有"城市"的含义。随着城或市的发展与变化，到了周代，两者才逐渐结合在一起。尽管最初只是城与市的简单结合，但愈到后来，其职能、成分和基本特征等都已经发生了复杂的变化，"城"的王权象征越来越明显，政治地位逐渐成为城市根本命脉。"市"的经济特征越来越突出，经济地位逐渐成为维持城市生命力的源泉。这种融复杂性、复合性、多功能性为一体城市的产生，不仅事实上已成为国家或地区的政治、经济和文化的相对中心，而且还是行政、生产、文化、居住和交通等系统在空间的统一体，同时也成为了人们利用和改造自然的目标和载体，城市成了完全不同于乡村的聚落。城市人口集中，政治氛围浓郁，宗教场所聚集，文化活动繁荣，经济活动活跃，已成为周围地区的政治、经济、交通与文化的中心。

城市从其起源时代开始便逐渐形成了一种特殊的构造，专门用来贮存并流传人类文明的成果。这种构造致密而紧凑，足以用最小的空间容纳最多的设施，同时又能扩大自身的结构，以适应不断变化的需求和社会发展更加繁复的形式，从而保存逐渐积累起来的社会遗产。美国社会哲学家刘易斯·芒福德曾说："人类进步阶梯上的两大创造和工具，一是文字，另一个就是城市。"马克思主义的经典著作也曾经对城市问题也作过精辟的论述："城市本身表明了人口、生产、工具、资本、享乐和需求的集中。"列宁指出："城市是经济、政治和人民精神生活的中心，是前进的主要动力。"

3. 城市的发展过程

随着华夏文明进步的历史进程，城市的发展大致经历了 4 个主要阶段，即古代城市阶段、封建城市阶段、近代城市阶段和现代城市阶段。

(1) 古代城市阶段 奴隶社会时期城市规模较小且数量很少。我国古代城市是王权的堡垒，在一定程度上象征着王权的威严，城市的规模，式样也就体现了其地位的等级，不可僭越，即所谓的王制。"小不得僭大，贱不得逾贵"，城市的修建体现着极为严格的等级制度，包括所有建筑物的地点、面积、城墙高度、城门数量、建筑物种类、市场的位置、道路宽狭等。奴隶社会后期，战争连绵，出于进攻或防守目的修建新城或是改造旧城，也促进了城市的兴盛和发展。

(2) 封建社会城市阶段 封建社会时期的城市有 3 种类型，封建统治的都城、地区封建统治的中心、一些府或县的小手工业城市。在城市布局上集中体现以下 3 个方面的特征：一是中央集权下的"整齐划一"。城市格局中心明显，主次分明，有明显的对称轴，左右呼应，街道的脉络清晰。所有城池的规模和形制，都有一定的层次标准。都城都是最高大坚固的，其下的诸侯、郡县城市则以行政等级的高低确定规模；二是儒家礼制下的"等级森严"。封建社会后期，儒家思想和道德规范在成为社会的主宰力量，不可逾越，城市建设受到等级制度的严格约束，甚至对不同等级的城市、不同的官衔在房屋建造的规模、用材和颜色上都有具体的规定，城市的级别和城市居民的地位等级均可一目了然；三是自然人文下的"天人合一"。儒家强调天人合一，"仁者乐山，智者乐水"，主张人与自然有机结合，体现在建造城市以及城市建筑的过程中，注意建筑物与环境之间的协调，密切结合自然，努力创造适宜的城市环境。

(3) 近代城市阶段 17 世纪以后，资本主义社会快速发展，城市的规模迅速扩张、数量急剧增加，世界城市发展进入近代城市阶段。这一时期机械化大工业生产成为社会生产力的主体，城市不仅成为了社会生产力的中心、世界贸易和科学技术中心，同时也成为了社会意识形态剧烈冲突与各文化汇集的区域。20 世纪中期以后，发达资本主义国家环境污染事件频繁发生，触目惊心英国伦敦烟雾事件、美国洛杉矶烟雾事件、比利时马斯河谷事件、日本的水俣病事件、日本九州市的米糠油事件等，城市已成为了各类环境问题和社会问题最为集中的区域。

(4) 现代城市阶段 20 世纪 90 年代，尤其是进入 21 世纪以后，人类城市化的进程进一步加快，城市规模和数量大幅度增加。随着人类的文明与进步，可持续发展的理念逐渐得到国际社会认可，粗放型的工业化大生产逐渐向高科技支撑下的新兴产业转化，世界逐渐进入现代化时代，城市不仅成为人类的主要聚居区，同时也成为第三产业和高新技术的中心，并且是世界经济联系网的基本节点，建设绿色城市、生态城市、乃至智能城市已成为城市发展的目标。

自1949年中华人民共和国成立至今，我国城市的发展历史大体上也可以划分为4个阶段：第一阶段是1949年至1961年的持续发展阶段。新中国成立初期，为了尽快恢复和发展国民经济，我国对原有的城市进行了彻底的改造，在华北、华东、东北等地设置了一批新的城市，1949年年底城市数目增至132个，1951年年底增至155个。1953年我国开始了第一个五年计划，在许多新兴工矿基地设置了工矿城市，至1957年年底，城市数目增加到176个，1961年年底达到了208个；第二阶段是1962年至1965年的调整压缩阶段。1963年中共中央、国务院颁布《关于调整市镇建制，缩小城市郊区的指示》，同时为贯彻国民经济"调整、巩固、充实、提高"的方针，国务院对城市逐个进行了审查，撤销了不符合条件的市，至1965年年底，城市的数目下降为168个；第三阶段是1966年至1978年的徘徊不前阶段。"文化大革命"期间，我国城市的发展处于停滞不前的状态，1976年年底全国城市总数只有188个，"文化大革命"结束后的两三年中，城市的发展仍然没有得到足够的重视，至1978年年底，全国共有城市193个；第四阶段是1980年以后的快速发展阶段。党的十一届三中全会以来，随着党的工作中心逐步转移到经济建设方面，农村剩余劳动力大量转入非农业生产领域，1982年中共中央、国务院明确提出了"允许农民进城"，户籍管理制度的社会屏蔽功能大大削弱了。1984年中国共产党第十二届中央委员会第三次全体会议通过的《中共中央关于经济体制改革的决定》中指出："城市是我国经济、政治、科学技术、文化教育的中心，是现代工业和工人阶级集中的地方，在社会主义现代化建设中起主导作用。"再加上我国开始逐步地实行市场经济体制，推进中国的城市化发展不仅在理论上，而且在实践上被当作国家未来发展的战略方针得以全面的重视和实施，至1999年年底，全国城市数量达到667个，其中直辖市4个，地级城市236个，县级城市427个。进入21世纪，许多省、市宣布取消城市户口与农村户口之间的差别，这意味着长期以来反城市化政策的终结，中国开始了从人口的城乡逆向流动转变为城市化的正向流动，至此，我国城市化进程进一步加快。近年来，我国城市发展秉承"创新、协调、绿色、开放、共享"的发展理念，城市治理理念与手段的数据化、信息化水平提升，城市经济与基础设施的智能化、绿色化程度增强，城市发展与公共服务的人本化、个性化特色彰显。城市作为经济、政治、文化、社会诸多要素的复合体，在我国社会发展中发挥着十分重要的作用。

二、城市环境及其主要特征

（一）城市环境

城市环境既包括客观存在的空间形式，又包括人类主观创造的景观与设施，是指影响城市人类活动的各种自然的或人工的外部条件的总和。城市环境有广义和狭义两种定义。广义是指自然环境、社会环境、经济环境和生态环境的统一体。狭义则指自然环境和社会环境综合作用下的人工环境。这里的城市环境主要是指城市的物理环境，其组成可分为自然环境和人工环境两部分。

（二）主要特征

城市环境是自然环境与人工环境的综合体，受人类社会制度、经济活动、文化活动等多种影响，因此城市环境表现出明显的复合性、人为性、开放性、脆弱性、不完整性等特征

1. 复合性特征

城市环境的复合性既取决于城市的发展和演化过程的复杂性也取决于城市人类活动的多样性。城市环境的发展和演化，既遵循自然规律，也遵循人类社会发展的规律，是多年形成的一种高度人工化的自然—人工复合环境。人类高度聚集的城市政治、经济、文化、生产、生活等复杂多样的各种活动作用，也决定了城市环境的复杂性，城市环境污染也必然是属于复合型多源污染。

2. 人为性特征

城市环境是以人为中心的环境。人是城市环境的主体，人工环境是城市环境的主体。人不但创造了城市的人工环境，而且剧烈地改变了城市的自然环境，因此人是城市环境的创造者，在城市运行中，社会经济系统起着决定性的作用，城市的环境质量与城市经济与社会的发展紧密相关。

3. 开放性特征

城市环境是一个高度开放性的环境系统。每一个城市都在不断地与周边地区和其他城市进行着大量的物质、能量和信息交换，输入原材料、能源，输出产品和废弃物。因此，城市环境的状况，不仅仅是自身原有基础的演化，而且深受周边地区和其他城市的影响，城市的自然环境与周边地区的自然环境本来就是一个无法分割的统一的自然生态系统。城市环境的这种开放性，既是其显著的特征之一，也是保证城市的社会经济活动持续进行的必不可少的条件。

4. 脆弱性特征

由于城市环境是高度人工化的环境，受到人类活动的强烈影响，自然调节能力弱，主要靠人工活动进行调节，而人类活动具有太多的不确定因素；而且影响城市环境的因素众多，各因素间具有很强的联动性，一个因素的变动会引起其他因素的连锁反应，因此城市环境的结构和功能表现出相当的脆弱性。

5. 不完整性特征

城市环境中的自然生态系统是不独立和不完全的生态系统，城市中人口密集，城市居民所需要的绝大部分食物要从其他生态系统人为地输入；城市中的工业、建筑业、交通等都需要大量的物质和能量，这些也必须从外界输入，并且迅速地转化成各种产品。城市居民的生产和生活产生大量的废弃物，其中有害气体必然会飘散到城市以外的空间，污水和固体废弃物绝大部分不能靠城市中自然系统的净化能力自然净化和分解，如果不及时进行人工处理，就会造成环境污染。城市生态系统的营养结构简单，对环境污染的自动净化能力远远不如自然生态系统。

三、城市环境问题

随着城市化进程的加快和城市人口的膨胀，各种城市环境问题也日益突显，尤其是空

气污染、水资源短缺与水环境污染、绿地覆盖率减少、噪音污染、固体废弃物污染等问题。

(一)城市空气污染

城市空气污染是指在城市的生产和生活中，向自然界排放过量的污染性物质超过了自然环境的自净能力，使大气中有害物质含量升高，空气质量下降，给城市生态系统带来危害的一种环境污染现象。

1. 主要污染源

（1）工业污染　工业污染是我国大气污染的最主要因素。很多工业企业如煤炭、化工、冶炼、水泥等企业，在生产过程中会产生大量有毒有害气体，这些气体或直接外排，或收集处理不彻底，都会对大气环境造成严重危害。

（2）交通运输污染　汽车、火车、飞机是当代的主要运输工具，其燃料产生的废气也是重要的污染物。而一些大型柴油货车排放的尾气中还含有有毒的颗粒物质，会导致人体出现各种疾病。随着人民日益增长的物质文化需的提升，私家车数量逐渐增多，2017 年，我国汽车保有量已经超过 2 亿辆，汽车尾气已成为城市大气污染的主要原因之一。

（3）生活污染　煤炭燃料在城市生活中的应用也还是大气环境污染源的主要原因之一。虽然许多新的能源被运用于人类生活，但迄今为止燃煤仍是大部分城市能量来源的首选，其污染还很严重。

（4）市政建设污染　随着经济建设和城市化进程的加快，市政建设项目大量增加，由此带来的运输扬尘、施工扬尘、道路扬尘等均对空气中颗粒物浓度有较大影响。不合理的市政规划设计，如绿化导致的杨柳絮对城市大气环境的污染、道路两侧的人行道路高于路面，甚至与路面垂直，呈现出凹陷的状态，使得道路中间的灰尘难以被自然风吹走，长期堆积导致扬尘现象，危害城市大气质量。

2. 主要污染物

大气污染物的种类很多，目前引起人们注意的有 100 多种，可分为颗粒状污染物和气态污染物两大类。

（1）颗粒污染物　主要的颗粒态污染物：

①粉尘（dust）　指悬浮于气体介质中的细小固体粒子。通常是由于固体物质的破碎、分级、研磨等机械过程或土壤、岩石风化等自然过程形成的。粉尘粒径一般在 $1\sim200\mu m$。大于 $10\mu m$ 的粒子靠重力作用能在较短时间内沉降到地面，称为降尘；小于 $10\mu m$ 的粒子能长期在大气中漂浮，称为飘尘。

②烟（fume）　熔融物质挥发后生成的气态物质冷凝时便生成各种烟尘。烟的粒子是很细微的，一种固体粒子的气溶胶，粒子直径很小，一般在 $0.01\sim1\mu m$。

③雾（fog）　雾的粒子直径一般在 $200\mu m$ 以下，由液体蒸汽的凝结、液化或化学反应而形成，呈液体状态悬浮于空气中。雾不只是水雾，还包括油雾、碱雾、酸雾等。

（2）气态污染物　主要的气态污染物：

①含硫化合物　主要包括二氧化硫和小部分三氧化硫，二氧化硫不稳定，易发生反应产生三氧化硫。而三氧化硫可与空气中的水分子形成硫酸雾或硫酸雨，对建筑或农作物具有腐蚀性。此外，二氧化硫本身具有极强的氧化性，会对植物产生漂白、抑制生长、降低

产量等影响。

②碳氧化物   主要有一氧化碳和二氧化碳。一氧化碳易与血红蛋白结合，形成碳氧血红蛋白，使血红蛋白丧失携氧的能力和作用，造成组织窒息，严重时死亡。二氧化碳作为温室气体，对城市热岛效应产生重要影响。

③氮氧化合物   常见的有一氧化氮（NO，无色）、二氧化氮（NO_2，红棕色）、一氧化二氮（N_2O）、五氧化二氮（N_2O_5）等，是形成光化学烟雾的主要成分。

④碳氢化合物   大气中的碳氢化合物主要为烃。多环芳烃具有致癌作用，其中主要代表是苯并芘。这种致癌碳氢化合物主要来源于工业企业和交通运输的污染气体排放。

（二）城市水资源短缺和水环境污染

城市人口密集，又是文化、商业和经济发展的中心，其对水资源的需求以及开发力度都是非常强烈的。在我国，城市水资源的需求几乎涉及工业、农业、建筑业、居民生活等各方面，我国城市水资源利用情况如图 3-1 所示。

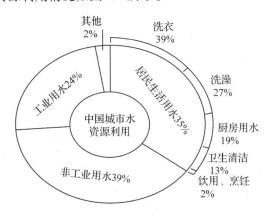

图 3-1   我国城市用水比例

我国许多城市水资源匮乏，城市每年缺水 $60 \times 10^8 \, m^3$，全国 600 多座城市中，有 400 多个水资源不足，100 多个城市严重缺水。城市水资源短缺的主要类型：

①资源型缺水   由于水资源短缺，城市生活、工业和生态环境需水量等超过当地水资源承受能力所造成的缺水。资源型缺水是我国城市缺水最主要的因素。发生资源型短缺的城市主要集中在海河流域平原地区、黄河中游、山东半岛和辽河中下游、西北地区以及沿海地区部分城市，如天津、石家庄、太原、烟台、鞍山、大连等，其中以华北地区城市缺水最为严重。

②水质型缺水   由于水源受到污染，使得水质低于工业生活等用水标准而导致的缺水为水质型缺水。因水污染而缺水的城市主要是工业和经济发达、人口集中的大中城市，主要分布在长江流域、淮河流域和珠江流域。如蚌埠、苏州、无锡、昆明、佛山等。

③工程型缺水   当地有一定的水资源条件，由于缺少水源工程和供水工程，使得供水不能满足需水要求而造成的缺水为工程型缺水。工程型缺水的城市比较分散，主要是中小城市、山区城市和沿海部分城市，如连云港、十堰、三明等。

④混合型缺水   由于多种因素综合作用而造成的城市缺水为混合型缺水。出现混合型

缺水的城市一般都是大中城市，包括沈阳、哈尔滨、呼和浩特、长春、郑州、重庆、成都、贵阳、兰州、西宁等省会城市和直辖市。

随着城市人口总量和密度的增加以及经济的发展，城市生活与生产的污水排放呈现几何倍数的增长，向水中排放的污物远远超过城市水体的自净能力，城市水环境质量明显下降。城市水环境污染主要原因有以下 5 个方面：

①城市内源性污染性物过量排放　城市内源污水排放涉及城市生活污水、工业废水、医疗行业废水、餐饮业废水、洗浴行业废水、洗车业废水、水产品交易市场等。城市废水排放持续性强、涉及行业广泛、污染物质组成较为复杂。

②城市外源性污染　城市外源性水环境污染主要是来自于上游地区农业区域的水土流失，化肥和农药污染及乡镇企业污染物的过量排放。城市水环境外源性污染呈现明显的区域性特征和季节性特征。

③城市建设因素　城市建筑和交通的发展，使城市不透水面积比越来越大，绿地面积及自然地面积迅速减少，削弱城市绿地对污染物的净化作用，减少地下水的补给和土壤对降水的净化作用，使城市水环境容量减小，纳污能力减弱。城市化建设过程中直接侵占大量的水面，许多天然水体被填平，这不仅丧失调蓄功能，同时还丧失自然水体对污染物的净化功能。

④城市水生态系统人工化　城市河流人工化，使河流中缺少以高等植物为主的生物群落，减少微生物的附着物，降低了甚至丧失河流生态系统对水体营养盐、有机物、重金属等污染物的净化功能，城市河流；城市湖泊湿地的缩减与丧失，导致水生态系统对污染物质的调蓄功能降低，也是造成城市水环境质量恶化的又一重要原因。

⑤地下水超采　为解决城市缺水问题，地下水的开采呈逐年递增的趋势，由于地下水的严重超采，引发了地下水位下降、地面沉降、城市水源井报废、海水入侵等众多严重的地质和环境灾害直接影响城市发展。

（三）城市绿地覆盖率不足

城市绿地是以自然植被和人工植被为主要存在形态的城市用地。城市绿地系统由包括公共绿地、居住区绿地、生产绿地、防护绿地、附属绿地、其他绿地 6 大类绿地组成。

①公共绿地　是指对公众开放，以游憩为主要功能的各种公园和游憩林荫带。包括城市公园、风景名胜区公园、主题公园、社区公园、广场绿地、动植物园林、森林公园、带状公园和街旁游园等。公共绿地兼具生态、美化等作用，是可以开展各类户外活动的、规模较大的城市绿地。

②居住区绿地　是对居住区范围内可以绿化的空间实施绿色植物规划配置、栽培、养护和管理的系统工程模式建立起来的绿地，包括居住区公共绿地、居住区道路绿地和宅旁绿地等。

③生产绿地　主要指为城市绿化提供苗木、花草、种子的苗圃、花圃、草圃等圃地。生产绿地是城市绿化材料的重要来源。

④防护绿地　指城市中具有卫生、隔离和安全防护功能的绿地。包括卫生隔离带、道路防护绿地、城市高压走廊绿带、防风带、城市组团隔离带等。

⑤附属绿地　指城市建设用地中绿地之外各类用地中的附属绿化用地。包括居住用

地、公共设施用地、工业用地、仓储用地、对外交通用地、道路广场用地、市政设施用地和特殊用地中的绿地。

⑥其他绿地　指对城市生态环境质量、居民休闲生活、城市景观和生物多样性保护有直接影响的绿地。包括风景名胜区、水源保护区、郊野公园、森林公园、自然保护区、风景林地、城市绿化隔离带、野生动植物园、湿地、垃圾填埋场恢复绿地。

城市绿地具有重要的生态功能、防护功能、经济功能、文化作用和景观功能等，在满足人们的物质和文化需求方面发挥着重要作用。尤其是在生态环境方面发挥着如下作用，城市绿地在维持碳氧平衡、杀菌抑菌、合成有机物、保持生物多样性、涵养水源、调节气候、防止水土流失、保护土壤与维持土壤肥力、净化环境、贮存必要的营养元素、促进元素循环、维持大气化学的平衡与稳定等方面发挥着"城市之肺"的作用。

随着城市化进程的加快，城市成为寸土寸金之地，城市居民居住用地大幅度增加，高楼大厦鳞次栉比，各种经济开发区如同雨后春笋般地兴起，城市道路一再拓宽，而绿地面积则在日益减小。越来越多的绿地被开发利用变成建筑用地、交通用地、工业用地等，城市绿地的多种环境功能正在逐步丧失，已经成为突出的城市环境问题。

（四）城市噪声污染

我国城市环境噪声按噪声源划分，可分为工业生产噪声、建筑施工噪声、交通运输噪声和社会生活噪声四大类。较强的噪声对人的生理与心理会产生不良影响。按照我国城市区域环境噪声标准规定，以居住为主的区域，户外允许噪声级昼间为55dB，夜间为45dB。在不少大城市，噪声超标情况十分严重。

①工业生产噪声　工业生产噪声是指工业企业在生产活动中使用固定的生产设备或辅助设备所辐射的声能量。生产设备的噪声大小与设备种类、功率、型号、安装状况、运输状态以及周围环境条件有关。工业噪声污染不仅给直接从事工业生产的工人带来危害，而且干扰周围居民的生活环境。

②建筑施工噪声　主要来源于各种建筑机械噪声。打桩机、混凝土搅拌机、推土机、运料机等的噪声都在90dB以上，对周围环境造成严重的污染。

③交通运输噪声　交通运输噪声是指来源于地面、水上和空中噪声。随着社会经济的发展，公路、铁路、航运、高速公路、地铁、高架道路、高架轻轨的建设迅速发展，交通运输工具成倍增长，交通运输噪声污染也随之增加。这些声源流动性大，影响面广。

④社会生活噪声　是指除工业生产噪声、交通运输噪声和建筑施工噪声之外由人为活动所产生的干扰周围生活环境的噪声。商业活动、文化活动、娱乐活动、体育活动场所等，都容易产生噪声。在我国许多城市中，营业舞厅、商业宣传的喇叭、广场舞等，不仅严重影响娱乐者，而且严重干扰附近居民的休息和睡眠。居民家用电器、音响设备发出的噪声，虽然声级不高，但由于和人们的日常生活联系密切，也是不容忽视的。

（五）城市热岛效应

城市因大量的人工热源、建筑物和道路等高蓄热体及绿地减少等因素，导致城市中的气温高于外围郊区。在气象学近地面大气等温线图上，郊外的广阔地区气温变化很小，如同一个平静的海面，而城区则是一个明显的高温区，如同突出海面的岛屿，这种现象被形象地称为"城市热岛"效应。城市热岛效应的形成受以下因素影响：

①城市下垫面 城市下垫面是指大气底部与地表的接触面。城市热岛效应受城下垫面特性的影响。城市内有大量的人工构筑物，如大面积人工硬化的路面，各种建筑墙面等，改变了下垫面的热力属性，这些人工构筑物吸热快而热容量小，在相同的太阳辐射条件下，它们比自然下垫面如绿地、水面等升温快，因而其表面温度明显高于自然下垫面，同时城市地表对太阳光的吸收率较自然地表高，能吸收更多的太阳辐射，进而使空气得到的热量也更多，温度升高。如夏天里，草坪温度32℃、树冠温度30℃的时候，水泥地面的温度可以达到57℃，柏油马路的温度更高达63℃，这些高温物体形成巨大的热源，烘烤着周围的大气。城区大量的建筑物和道路构成以砖石、水泥和沥青等材料为主的下垫层，这些材料热容量、导热率比郊区自然界的下垫层要大得多，而对太阳光的反射率低、吸收率大；因此在白天，城市下垫层表面温度远远高于气温，其中沥青路面和屋顶温度可高出气温 8～17℃。此时下垫层的热量主要以湍流形式传导，推动周围大气上升流动，形成"涌泉风"，并使城区气温升高；在夜间城市下垫面层主要通过长波辐射，使近地面大气层温度上升。由于城区下垫层保水性差，水分蒸发散耗的热量少，所以城区潜热大，温度也高。

②人工热源 城市人口集中、建筑物密集、工业生产企业多样、交通运输繁忙。居民取暖、生活等设施，工业生产设备、餐饮娱乐设施、交通运输车辆等每天都在向外排放大量的热量。

③水气影响 水面、风等也是造成城市热岛的因素。城区密集的建筑群、纵横的道路桥梁，构成较为粗糙的城市下垫层、因而对风的阻力增大，风速减低，热量不易散失。在风速小于 6 m/s 时，可能产生明显的热岛效应。水的热容量大，在吸收相同热量的情况下，升温值小，城市地表含水量少，热量更多地以显热形式进入空气中，导致空气升温。

④空气污染 城市中的机动车辆、工业生产以及大量的人群活动，产生了大量的氮氧化物、二氧化碳、粉尘等，这些物质可以大量地吸收环境中热辐射的能量，是主要的温室气体，城市大气污染使得城区空气质量下降，烟尘、SO_2、NO_2，CO 含量增加，温室效应增强，使城市气温上升。

长期生活在热岛中心区的人们会表现为情绪烦躁不安、精神萎靡、忧郁压抑、记忆力下降、失眠、食欲减退、消化不良、溃疡增多、胃肠疾病复发等，给城市人们的工作和生活带来说不尽的烦恼。在我国素有"火炉城市"之称的南京、武汉、重庆等许多大城市在发展中都不同程度地出现了以上这些现象，所以，城市热岛效应已成为城市发展中应正确面对、亟待解决的问题。

城市作为社会政治、地区经济、文化发展、科技创新的中心，建设良好的生态环境是城市顺利运行与健康发展的基础，科学合理的城市环境规划和环境管理是解决城市环境问题，建设良好城市生态环境的两个重要层面。

四、城市环境规划

(一)城市环境规划概述

城市环境规划是指为保护和改善城市的环境质量，协调生态环境与城市发展的关系，根据一定的环境目标所拟定的规划。城市环境规划的目的是调控城市人工生态系统的动态平衡。城市环境规划的内容主要包括：预测城市经济和社会发展给环境带来的影响、确定功能分区及各区的环境保护目标值、提出切实可行的实现环境目标值的环境保护方案等。城市环境规划具有以下基本特征：

(1)区域性 城市环境的区域性特征决定了城市环境规划具有非常明显的地域性。环境规划须本着"因地制宜"的方针，根据城市的自然环境状况、社会经济状况、社会经济发展方向和发展速度，主要污染物的分布特征和污染控制能力，确定本城市环境规划的基本原则、程序和方法，以保证环境规划客观、真实、有指导意义。

(2)综合性 城市环境规划涉及城市社会、经济、文化、生态等诸多方面，涉及领域广泛，影响因素众多、对策措施综合、部门协调复杂，是经济、社会、自然、工程、技术相结合的综合体，也是多部门的集成产物。

(3)整体性 城市环境的各要素和各个组成部分之间构成一个有机整体，而且环境规划过程中各技术环节之间关系紧密、关联度高。因此，城市规划要从城市发展的整体出发全面考虑。

(4)动态性 环境规划具有较强的时效性。无论是环境问题还是社会经济条件等都在随时间发生着变化，而且有些变化是难以预料的。这就要求基于一定条件制定的环境规划随着社会经济发展方向、发展政策、发展速度以及实际环境状况的变化不断进行调整，要求环境规划工作具有快速响应能力和不断更新的能力。

(5)政策性 城市环境规划从最初立题、课题总体设计至最后的决策分析，制订实施计划的每一技术环节中，经常会面临从各种可能性中进行选择的问题。完成选择的重要依据和准绳，是我国现行的有关环境政策、法规、制度、条例和标准。目前，我国环境政策、法规、制度、条例和标准方面的总体系框架已形成，地方性的工作正在逐步进行和完善中，在进行区域环境规划时，既有较为固定、必须遵守的一面，也有需要根据地方实际、灵活掌握的一面，环境规划的过程也是环境政策的分析和应用过程。

(6)公众参与性 保护和改善环境质量必须依靠公众及社会团体的支持和参与。公众、团体和组织的参与方式和程度决定环境规划目标实现的进程。公众及团体参与环境规划，既需要参与有关决策过程，特别是参与可能影响到他们生活和工作的社区决策，也需要参与对决策执行的监督。

(二)城市环境规划的理论依据

环境承载力理论：环境承载力是指在一定时期内，在维持相对稳定的前提下，环境资源所能容纳的人口规模和经济规模的大小。环境承载力作为判断人类社会经济活动与环境是否协调的依据，具有客观性与主观性、区域性与时间性、动态性和可调控性的特点。环境承载力理论是对特定时、空环境中的环境容量条件下，对不同环境因子保持在特定水平及平衡的定量判定与预测。

(1)可持续发展理论 运用这一理论，突破经济制约型环境规划的框架，使环境规划的内容不再仅仅局限于大气、水、固体废弃物等环境单元的质量控制和污染物的防治上，而是将与环境单元有关的资源、经济和社会等子系统一并纳入规划的研究范围内，最终实现区域资源、环境、经济、社会大系统诸要素的和谐、合理，并使总效益达到最佳。可持续发展既要作为环境规划的指导思想，又要成为环境规划的最终目标，对可持续发展的追求，应贯穿于环境规划的始终。这一理论是对特定历史时段内，具体区域的经济、社会、环境子系统之间平衡关系的科学调整理论。

（2）人地系统理论　人地系统由人类社会系统和地球自然物质系统构成。其中，人类社会系统是人地系统的调控中心，决定人地系统发展方向和具体面貌。地球自然物质系统是人类系统存在和发展的物质基础和保障。两个系统之间存在双向反馈的耦合关系，人类社会系统以其主动的作用力施加于地球自然物质系统，并引起它发生相应变化，变化了的地球自然物质系统又把这些作用的结果反馈给人类社会系统，从而在两个系统之间形成了能动作用和受动作用的辩证统一，人地系统理论重点强调了人类与其生存的自然之间的和谐对立统一关系。

（3）区域复合生态系统理论　复合生态系统具有人工性、脆弱性、可塑性、高产性、地带性和综合性等特性。组成复合生态系统的社会、经济、自然3个子系统，均有着各自的特性。它是针对环境长远利益—环境生态内部协调发展与平衡的理性。

（4）空间结构理论　这是人类活动空间分布及组织优化的科学。是一门应用理论学科，为环境规划提供理论基础和方法支持。从环境保护的目的出发，科学合理地安排生产规模、生产结构和布局，调控人类自身活动，是一项涉及自然、社会和经济系统的复杂的系统工程。城市环境规划在进行区位选择的时候，在考虑经济因素的同时，要以不破坏生态环境为前提，即将环境和生态因子放在同等重要的地位考虑。空间结构理论为环境规划提供理论基础和方法支持。

（三）城市环境规划的内容和程序

城市环境规划分为城市环境宏观规划和城市环境专项规划两个层次。

（1）城市环境宏观规划　主要内容包括：城市总体发展趋势分析、城市发展对资源的需求分析、自然资源承载力分析、主要污染物排放量及环境纳污能力分析、污染物宏观总量控制综合能力分析、确定总体环境目标、确定城市的宏观环境与发展战略等。

（2）城市环境专项规划　主要内容包括：城市大气环境保护规划、城市水环境保护规划、城市固体废物综合整治规划、城市噪声污染控制规划以及城市生态环境保护规划。

城市环境规划是在对城市进行环境调查、监测、评价的基础上，预测城市发展、经济发展对环境产生的影响；确定城市功能区分及各区环境保护的目标值；提出切实可行的实现环境目标值的污染防治方案，其中包括污染控制方案、环保投资方案、处理设施建设方案等。城市环境规划的一般程序如图3-2所示。

（四）城市环境规划的作用

城市环境规划作为城市环境管理的基础与目标，在保证城市环境质量和污染防治方面发挥着重要作用，主要体现在以下5个方面：

1. 有利于合理利用城市环境容量

城市环境规划对城市环境充分调查、监测与评价，根据环境纳污容量确定排污量，依据"谁污染谁治理"的基本原则，公平合理地分配各单位排污量和污染物削减量，为合理地、指令性地约束排污者的排污行为，消除污染提供科学依据。

2. 以最小的投资获得最佳的环境效益

环境规划立足运用科学的方法，把握城市经济发展、社会发展和环境变化的内在关

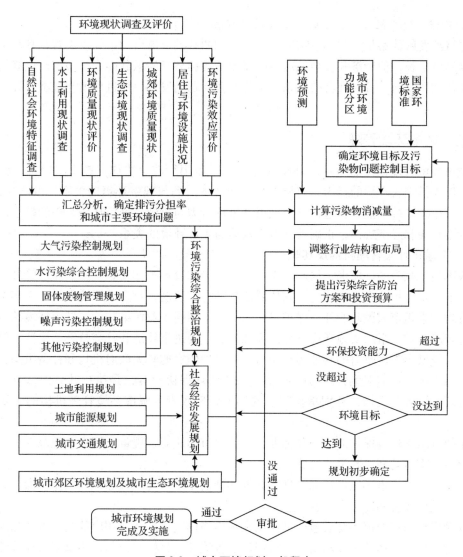

图 3-2　城市环境规划一般程序

系，对城市环境演变进行预测和规划，根据城市具体条件，在有限的资源和资金条件下，保障在发展经济的同时，以最小的投资获取最佳环境效益。

3. 实行环境管理目标的基本依据

城市环境规划制定的功能区划、质量目标、控制指标和各种措施以及工程项目给人们提供环境保护工作的方向和要求，可以指导环境建设和环境管理活动的开展，对有效实现环境科学管理起着决定性作用。

4. 保障环境保护活动纳入国民经济和社会发展计划

我国经济体制由计划经济转向社会主义市场经济之后，制定规划、实施宏观调控仍然是政府的重要职能，中长期计划在国民经济中仍起着十分重要的作用。环境保护是我国经济生活中的重要组成部分，与经济、社会活动有密切联系，必须将环境保护活动纳入国民经济和社会发展计划之中，进行综合平衡，才能得以顺利进行。

5. 确保环境与经济、社会的协调可持续发展

可持续发展战略是人类在总结以往经验教训的基础上提出的新的发展观，其基本思想是鼓励经济增长，但经济和社会发展不能超越资源和环境的承载能力。城市环境规划的目标在于协调环境与经济、社会的关系，预防环境问题的发生，促进环境与经济、社会的协调可持续发展。

五、城市环境管理

城市环境管理是按照一定的环境功能目标，运用行政、法律、教育、经济、科技手段，限制人类损害环境的行为，协调人类社会经济活动与城市环境的关系，以防治污染，维护城市生态系统平衡，营造良好的城市环境的行为与措施。城市环境管理的核心内容是遵循生态规律和经济规律，正确处理城市发展与生态环境的关系。

（一）城市环境管理机构及其职责

我国城市政府的环境保护局对城市的环境保护和管理工作实施统一的监督管理，是市人民政府环境保护行政主管部门。它依照法规和行政法规，对全市环境保护工作实施统一监督管理，承担市人民政府环境保护目标与任务，加强工业污染防治、城市环境综合整治和生态环境保护，组织实施环境管理制度和措施，促进市经济和社会持续、协调、健康地发展。各级城市人民政府的其他履行城市环境管理职责的有关政府机构和社会组织，如城市园林管理局、环境卫生管理局以及"绿色之家"环保协会等，是执行社会内部分工、综合管理环境的公共机构，分别承担相应的环境管理职责。城市环境管理机构的主要职责如下：

①执行国家环境保护的法律和标准，拟订本市的法规、规章、标准和规范性文件，制定适合本市市情的环境政策和措施。

②组织制订城市环境保护和管理的规划和计划以及环境统计和预测工作，参与制定城市规划、城市经济和社会发展规划。

③制定、修订城市环境质量标准体系和污染物排放标准及其相应的基础方法标准，确定环境污染总量控制的区域和指标，组织落实各级环境目标责任制，协调城市环境综合整治和定量考核工作。

④监督检查各单位、各部门和下级政府执行国家环境保护与管理的方针、政策。

⑤直接监督重大的建设项目，审批开发建设项目、技术改造项目以及新建工业区的环境影响报告书和"三同时"执行情况，参加选址和工程竣工的验收，组织实施环境管理的各项制度。

⑥组织环保的科技攻关，促进环保产业的发展。

⑦管理城市的环境监测网络，发布环境状况公报，协调环境污染纠纷。

⑧总结、交流与推广环境管理及污染防治的先进经验和技术，组织开展环境科学的教育工作、科学研究及宣传普及活动。

（二）城市环境质量管理

城市环境质量管理包括城市环境空气质量管理、城市水环境管理、城市固体废物管理、城市噪声污染管理4个方面。城市环境质量管理的方法措施既包括运用政策和法律手

段对城市的产业结构和布局进行调控；也包括运用科技手段对环境质量进行监测、数据分析和质量评价；运用经济手段和技术手段对污染源进行控制与治理；还包括运用行政手段保证环境质量管理的各项措施能够顺利实施。

（三）城市环境建设管理

1. 城市园林绿化管理

城市园林绿化管理，是指城市政府的行政主管部门依靠其他部门的配合和社会公众参与，依法对城市的各种绿地、林地、公园、风景游览区和苗圃等的建设、养护和管理。城市园林绿化对城市的环境具有积极的保护作用，主要体现在净化空气、减弱噪声、净化污水、调节小气候、防止火灾、监测环境污染、保持水土等方面，是城市形象建设的重要环节。城市园林绿化管理是积极营造良好城市环境的行动，是城市环境管理十分重要的内容。

2. 城市环境卫生管理

城市环境卫生管理，是指在城市政府领导下，城市卫生行政主管部门依靠专职队伍和社会力量，依法对道路、公共场所、垃圾、各单位和家庭等方面的卫生状况进行管理，为城市的生产和生活创造一个整洁、文明的环境。城市环境卫生管理保护着市民的身体健康第、城市环境卫生管理保障着经济建设的正常进行、城市环境卫生管理保持着城市的整洁面貌，有利于城市的对外交往和发展旅游业、城市环境卫生管理是城市精神文明建设的重要组成部分，它陶冶和展示着一个城市市民的高尚情操。城市环境卫生管理是城市环境管理的一个重要内容，是城市形象建设的关键环节。

3. 市容市貌管理

城市市容管理，是指城市政府的市容行政主管部门依靠市容监察队伍和社会参与，依法对城市的建筑外貌、景观灯光、户外广告设置和生产运输等的整洁、规范进行的管理活动。市容市貌管理对提升城市整体环境形象具有十分重要的作用。

（四）城市环境综合治理

城市环境综合整治，是指在城市政府的统一领导下，从整体出发，以最佳的方式利用城市环境资源，通过经济建设、城市建设与环境建设的同步规划、综合平衡，达到社会效益、经济效益和环境效益的统一，城市环境综合整治已成为我国城市环境管理的重要措施。城市环境综合整治的主要内容涉及城市工业污染防治、城市基础设施建设和城市环境管理3个方面。具体内容包括制定环境综合整治计划并将其纳入城市建设总体规划，合理调整产业结构和生产布局，加快城市基础设施建设，改变和调整城市的能源结构，发展集中供热，保护并节约水资源，加快发展城市污水处理，大力开展城市绿化，改革城市环境管理体制，加大城市环境保护投入等。

城市环境的综合治理可以充分发挥两个作用：预防城市环境向坏的方向发展，主要是通过实施我国城市环境管理的预防方面的基本制度，依法行政进行管理；治理已经被污染的环境，主要是通过实施我国城市环境管理的治理方面的基本制度，依法行政、并运用经济手段进行管理。

城市环境的综合治理首先体现在领导体制的综合性。在中共市委和市政府的领导下，由市政府总的负责。市政府的环保部门强化职权，对城市的环境保护工作，实施统一的监督管理，并对城市环保负专职管理的责任。市政府的其他部门在各自职权范围内，负有分工配合环保部门工作的责任。其次体现在运用手段的综合性。要综合地运用经济、法律、行政、技术、教育等方面的手段，有效地进行城市环境的综合整治。第三体现在依靠力量的综合性。只有增强各单位和市民保护环境的自觉性，城市环境的综合整治才能具有坚实的社会基础。还体现在防治内容的综合性。环境保护不仅自身的内容非常丰富，而且渗透到城市经济和社会发展的各个方面。

六、创建国家生态园林城市

国家生态园林城市，是由原国家建设部自1992年发起的，一项在全国范围内开展创建"国家生态园林城市"创建活动。"生态园林城市"的评估每年进行一次，采取城市自愿申报，建设部组织专家评议。2016年1月，住建部首次命名徐州、苏州、珠海、南宁、宝鸡、昆山、寿光7个城市为"国家生态园林城市。2017年10月，住建部命名杭州、许昌、常熟、张家港4个城市为国家生态园林城市。

生态园林城市必须符合以下基本要求：

①应用生态学与系统学原理来规划建设城市，城市性质、功能、发展目标定位准确，编制了科学的城市绿地系统规划并纳入了城市总体规划，制定了完整的城市生态发展战略、措施和行动计划。城市功能协调，符合生态平衡要求；城市发展与布局结构合理，形成了与区域生态系统相协调的城市发展形态和城乡一体化的城镇发展体系。

②城市与区域协调发展，有良好的市域生态环境，形成了完整的城市绿地系统。自然地貌、植被、水系、湿地等生态敏感区域得到了有效保护，绿地分布合理，生物多样性趋于丰富。大气环境、水系环境良好，并具有良好的气流循环，热岛效应较低。

③城市人文景观和自然景观和谐融通，继承城市传统文化，保持城市原有的历史风貌，保护历史文化和自然遗产，保持地形地貌、河流水系的自然形态，具有独特的城市人文、自然景观。

④城市各项基础设施完善。城市供水、燃气、供热、供电、通信、交通等设施完备、高效、稳定，市民生活工作环境清洁安全，生产、生活污染物得到有效处理。城市交通系统运行高效，开展创建绿色交通示范城市活动，落实优先发展公交政策。城市建筑（包括住宅建设）广泛采用了建筑节能、节水技术，普遍应用了低能耗环保建筑材料。

⑤具有良好的城市生活环境。城市公共卫生设施完善，达到了较高污染控制水平，建立了相应的危机处理机制。市民能够普遍享受健康服务。城市具有完备的公园、文化、体育等各种娱乐和休闲场所。住宅小区、社区的建设功能俱全、环境优良。居民对本市的生态环境有较高的满意度。

⑥社会各界和普通市民能够积极参与涉及公共利益政策和措施的制定和实施。对城市生态建设、环保措施具有较高的参与度。

⑦模范执行国家和地方有关城市规划、生态环境保护法律法规，持续改善生态环境和生活环境。3年内无重大环境污染和生态破坏事件、无重大破坏绿化成果行为、无重大基础设施事故。

国家生态园林城市指标体系由城市生态环境指标、城市生活环境指标和城市基础设施指标三部分构成,详细内容见表3-1。

表3-1　生态园林城市指标体系

指标类别	指标	标准值
生态 环境 指标	综合物种指数	≥0.5
	本地植物指数	≥0.7
	建成区道路广场用地中透水面积的比重(%)	≥50
	城市热岛效应程度(℃)	≤2.5
	建成区绿化覆盖率(%)	≥45
	建成区人均公共绿地(m²)	≥12
	建成区绿地率(%)	≥38
城市 生活 环境 指标	空气污染指数小于等于100的天数/年	≥300
	城市水环境功能区水质达标率(%)	100
	城市管网水水质年综合合格率(%)	100
	环境噪声达标区覆盖率(%)	≥95
	公众对城市生态环境的满意度(%)	≥85
城市 基础 设施 指标	城市基础设施系统完好率(%)	≥85
	自来水普及率(%)	100,实现24 h供水
	城市污水处理率(%)	≥70
	再生水利用率(%)	≥30
	生活垃圾无害化处理率(%)	≥90
	万人拥有病床数(张/万人)	≥90
	主次干道平均车速(km/h)	≥40

以创建国家生态园林城市为契机,因地制宜地进行城市的生态环境规划和环境管理,是不断改善城市环境质量,提高城市污染控制能力,促进城市社会、经济与环境协调发展的重要措施。

第二节　乡村环境规划与管理

一、乡村及其形成与发展

乡村也称乡村聚落,又称非城市化地区,包括集镇、村落等。乡村聚落以农业(自然经济和第一产业)为主,包括各种农场(包括畜牧和水产养殖场)、林场(林业生产区)、园艺和蔬菜生产等。村落具有农舍、牲畜棚圈、仓库场院、道路、水渠、宅旁绿地,以及特定环境和专业化生产条件下特有的附属设施等。因此,乡村是具有自然、社会、经济特征的地域综合体,兼具生产、生活、生态、文化等多重功能,与城镇互促互进、共生共存,共同构成人类活动的主要空间。

乡村是社会发展到一定阶段自然形成的产物,是人类生活演进过程中必不可少的环节。在社会发展的不同历史阶段，乡村的概念和内容都在发生着变化，因此，乡村是一个历史的、动态的、发展的概念。在我国历史发展进程中，乡村这个特定的经济区域其形成与发展经历了原始型乡村、古代型乡村、近代型乡村、现代型乡村几个主要阶段。在原始社会初期，人类依靠采集、渔猎为生，逐水草、居巢穴，无所谓村落。原始社会的中期，大约在新石器时代，农业和畜牧业开始分离，以农业为主要生计的氏族定居下来，人类掌握了农业生产技术，有了耕种土地、照管作物、饲养畜禽等生产活动，出现了最早的村落。原始村落是以血缘关系形成的氏族部落的聚居之地，实行原始公有制，按自然分工进行生产活动，平均分配。中国已经发掘的最早村落遗址属新石器时代前期，如浙江余姚的河姆渡和陕西西安的半坡等；奴隶社会时期，由于农村中生产力的发展，手工业、商业相继从农业中独立出来。在一些大的村落中，手工业者集中，商业集中，形成永久性市场，这些地方，逐步演变成一个地区的政治、经济、文化中心。为了保护财产的安全、政权的巩固，则开始修城筑墙筑等，逐渐出现了城市。大商人、大奴隶主、官吏聚居在城市，奴隶、个体小农、少数小奴隶主则居住在农村。夏商周时，出现了乡里制度的萌芽，据《周礼》记载"国中五家为比，使之相保；五比为闾，使之相爱；四闾为族，使之相葬；五族为党，使之相救；五党为州，使之相赒；五洲为乡，使之相宾""野中五家为邻，五邻为里，四里为酂，五酂为鄙，五鄙为县，五县为遂"，开启了中国农村的乡官制治理模式。中国传统农村以自然经济为主体，农村经济是以家庭为单位的个体农业和家庭手工业紧密结合的小农经济，即男耕女织、自给自足，汉代有句谚语："一夫不耕或受之饥，一女不织或受之寒"。农民从事农业生产的目的主要是为了满足自身的需要，而不是为了使农产品实现商品化进入商品市场。只有当农产品有所剩余的时候，才被拿到市场上进行交换，以换回自己不能生产的生产资料和基本生活资料。清代中期以后，土地兼并和农民破产现象十分严重。土地的高度集中，迫使农民失去土地，他们除了必须向地主缴纳地租以外，还要负担沉重的赋税和名目繁多的苛捐杂税。这种经济压迫促使小农业与小手工业进一步密切结合，农民们必须在农业生产的同时，从事家庭手工业劳动，以满足菲薄的衣食所需。封建社会时期，农村中主要居住着农民（雇农、佃农、自耕农）或农奴、中小地主等。土地等生产资料绝大部分为封建地主阶级（或封建农奴主阶级）所有，少部分归农民所有。

中华民国初期，农村连年发生灾荒，军阀混战不断加剧，使中国农村经济雪上加霜。在权贵资本和军阀势力的挤压下，中国乡村陷入愈来愈深的衰败之中，低矮破败的农舍，迷茫木讷的农民，百姓贫困不堪，整个乡村社会濒临溃败的边缘。面对乡村贫穷衰败的状况，许多仁人志士纷纷探求救国之路。20世纪二三十年代，以毛泽东为代表的中国共产党人在广大农村发动了轰轰烈烈的土地革命，以梁漱溟为代表的知识分子在中国不少地区兴起了"乡村建设运动"，提倡和参加乡村建设的人员，有进步的社会学者、经济学者、农业专家和有志青年，也有资产阶级、地主阶级中的改良派，还有一些国民党政府官员。主办乡村建设的机构，有的是学术机关，有的是高等学校，也有的是民间团体，还有一些是政治机构。乡村建设工作有的侧重平民教育，有的侧重社会救济和社会服务，有的侧重于农村经济事业，也有的侧重于乡村自治（图3-3）。晏阳初、梁漱溟、李景汉等都是当时乡村建设运动的倡导者和实践者（图3-4）。其中以梁漱溟主持的山东邹平乡村建设实验和晏阳初主持的河北定县乡村建设实验最为有名，使当地的乡村经济状况、农民生活状况、乡村环境面貌都发生了很大变化，也对全国的乡村建设事业起到了示范与推动作用。但这种乡村建设运动是社会改良性质的，是对旧中国农村社会恶性运行现实的修修补补，虽然对改变乡村落后面貌所作的探索有一定价值，但是无法从根本上拯救多灾多难的中国农村以及重重压迫之下的中国农民。

图3-3　20世纪30年代中国乡村

图3-4　晏阳初在定县乡村

　　1949年，中华人民共和国成立以后，我国在农村进行了一系列有利于社会主义建设的改革。首先是土地改革，1950年6月，中央人民政府通过了《中华人民共和国土地改革法》，该法律的颁布，使农民"耕者有其田"。土地生产关系的巨大变革，极大地释放出了制度潜能，充分调动了几亿中国农民的政治觉悟和生产积极性，促进了农业生产的空前发展，农村面貌以及农民的生活状况及精神状态都发生了显著的变化。然后是农业合作化，通过各种互助合作的形式，把以生产资料私有制为基础的个体农业经济，改造为以生产资料公有制为基础的农村集体经济，至1956年11月，全国加入高级社的农户比重已达到96%。第三步是人民公社化，在高级农业生产合作社的基础上联合组成人民公社。人民公社的规模是一乡一社，公社下设生产大队和生产队，采用集体所有制经济，生产队社员各尽所能、按劳分配、多劳多得、不劳动者不得食。公社管理委员会面向生产队，充分调动社员群众的积极性，发展农业、畜牧业、林业、副业、渔业等生产事业。到1958年10月底，全国74万多个农业生产合作社改组成2.6万多个人民公社，参加公社的农户有1.2亿户，占全国总农户的99%以上，全国农村基本上实现了人民公社化。《农村人民公社工作条例》中对乡村农业资源与生态环境都有明确的管理规定"公社管理委员会和人民公社各级组织，都要保护水库、堤坝、渠道和苇塘，注意综合利用这些资源，养鱼养鸭，发展水生作物""不论是山区、半山区、平原区、沿海地区或者其他地区，人民公社的各级组织，都必须积极地植树造林，保护林木，保持水土，严格禁止乱砍滥伐，毁林开荒。在放牛放羊的时候，不准毁坏幼林。公社、大队和生产队，应该根据山林资源的情况和林木生长的规律，根据国家采伐计划以及生产和社员生活的需要，确定每年林木采伐的数量、规格、时间和地点"等。农村人民公社实施"以农养工"和"用农民集体力量建设农田水利基础设施"的策略，顺利实现了依靠农业积累建立工业化基础，以集体优势建成了一大批农田水利基础设施，为今后改革开放打下了一定的基础。但是人民公社制度在运行过程中也出现了脱离当时生产力水平，不符合客观实际的"一大二公"的"大跃进"现象，给乡村发展带来了不利的影响。

1978 年 12 月，中共中央十一届三中全会在北京举行，揭开了全国改革开放的序幕。中国的改革从农村开始，农村改革的核心是实行家庭联产承包责任制。20 世纪 80 年代初，国家开始全面推行家庭联产承包责任制，农民分到土地后调整了生产关系，改变了原有的分配方式，极大地解放和发展了生产力。后来国家不断调整政策，促进农村经济发展，国家农业可持续的发展规划从 2000 年开始实行"退耕还林""退耕还草"等政策。2006 年，中国农民彻底告别了延续 2600 年的"皇粮国税"——农业税，这大大地减轻了农民的负担。2014 年，新一轮农村土地制度改革开始实施，农村土地的所有权、承包权、经营权"三权"分置，这一方面有助于集约化、规模化利用土地，实现农业现代化经营；另一方面，农民的承包权不变，只是把经营权流转出去，有助于在维护农民权益的前提下，进一步释放农村劳动力的活力和积极性。改革开放 40 年来，中国乡村加快了由近代型乡村向现代型过渡的步伐，乡村产业结构不断变化，科学技术对乡村发展的支撑作用越来越强烈，乡村人口素质和人民生活水平不断提高，乡村面貌和生态环境不断优化。2017 年，中共十九大报告中提出了乡村振兴战略，2018 年，《国家乡村振兴战略规划（2018—2022年)》制定并实施，开启了中国现代化乡村建设的新篇章。

二、乡村环境及环境问题

（一）乡村环境

乡村环境，是指以农村居民为中心的乡村区域范围内各种天然的和人工改造的自然因素的总和。它包括该区域内的土地、大气、水、动植物、交通道路、设施、构筑物等。狭义的乡村环境仅指乡村、田园、山林和荒野。广义的乡村环境还包括小城镇。乡村环境具有以下特征：

①乡村田野广阔或山林浓郁，农业环境是乡村最主要的自然环境。

②乡村人居分散，以院落为基本居住单元构成其典型的乡村特征。

③第二产业迅速发展，大量新技术的引用不断改变着乡村环境。

④乡村环境具有明显的地域特征，不同区域的乡村环境差异很大。

（二）乡村环境问题的历史特征

在我国漫长的农业文明过程中，乡村环境问题始终存在，只是在不同的历史阶段表现形式不同。我国古代农村的环境问题主要体现在生活污染和垦荒带来的生态破坏。突出特点是：

（1）人居环境恶劣　"上古穴居而野处"（《易经·系辞下传》），农村居住环境极差。洞穴之中，不仅有虱子、臭虫、苍蝇、蚊子、老鼠以及各种寄生虫，甚至还有毒蛇出没。即使是后来建起的屋舍，大多都是破烂的茅屋，在这样的生活环境下，人们在居所附近随意便溺，生活垃圾随意抛撒，致使各种传染疾病肆虐横行。直至进入近代社会，中国农村居民的居住条件并没有多少改变。南方的茅草屋与北方的土坯房、土窑洞与石板房一直是占主体的居住形式。而且很多农村的居住地同时也是生产基地，养蚕、纺线、织布都在居室之中，居住的院落也是家畜饲养的场所，猪圈、鸡窝、牲口厩等分布于院落内外，不少人家在房前屋后还要种菜、种树。南方居住在干栏式茅草房中的人们，更是将茅草房的底层作为猪圈、羊圈、鸡窝等使用，其居住环境非常恶劣。

（2）生活污染较为严重　古代农村生活大量使用柴草用于炊事、取暖、手工业生产等，都是造成农村环境污染的主要因素。我国古代农村自给自足的自然经济使得农村人口的数量巨大，当时人们的环境卫生意识较差，人畜粪便随处堆放，生活垃圾随意抛撒，由此造成的农村环境污染不可小觑。

（3）垦荒和战争引发生态破坏　"薪柴"有"火之母"的称谓，是古代使用最早且最普遍的燃料，薪柴的利用史与人类使用火的历史同步，薪柴作为人们熟食和取暖的主要燃料，需求量十分巨大。一户五口之家一年约需薪柴 1800 kg，这个需求量相当于毁掉 1.34 hm^2 土地上的植被。古代生产力极其低下，洪水猛兽是古人生存面临的主要威胁。为了对付猛兽的袭击，在黄帝时代，人们就采取"烧山林，破增薮，焚沛泽"的办法，以"逐禽兽，实以益人，而后天下可得而牧也"。在发展生产的过程中，古人曾广泛采取火耕的方式开垦耕地，扩大种植面积。虽然火猎和火耕，在当时看来是必要的，但由此造成的自然资源与生态的破坏也是不容忽视的。古代统治者为适应边防战争需要，实行移民屯田。大规模的移民屯垦，使得大片绿洲原野被辟为农田，由于人口超过自然负荷，固沙植被遭到破坏，强烈的风蚀使大面积表土破坏，尘沙飞扬，流沙活动加剧，不仅造成了严重的大气污染，也使不少边塞地区由绿洲变成了沙漠，生态环境遭到了严重破坏。

近代乡村环境问题延续了较为严重的生活污染和生态破坏，移民垦殖活动规模越来越大，垦殖区域已经扩大到了东北、内蒙古、西北、华南、长江流域等地区。19 世纪中叶以来，随着移民的增加和北满铁路的修建，大量森林遭到没有任何控制的乱砍滥伐，森林面积大幅度减少。例如，原本草木繁茂、广漠无垠的天然游牧区——内蒙古科尔沁草原昌图额尔克地区，由于牧垦而使自然生态环境遭到严重破坏；原始森林郁郁葱葱的我国北疆地区，由于乱砍滥伐和帝国主义大肆掠夺，也使这里的森林资源遭到严重破坏。森林被砍伐，草原被破坏，裸露的地面在长期的风力作用之下，黄沙漫漫、此起彼伏，形成了无数流动的沙丘，并由此经常发生沙尘暴，被风卷起来的尘土呈乌云状，常常遮天蔽日，天昏地暗。而且，近代社会矿冶业的兴起使环境污染进一步加剧。为筹集向帝国主义的赔款以及维持统治阶级的腐朽统治，清朝政府矿禁大开，随着世界列强侵入中国，帝国主义纷纷在中国开设工厂，修铁路，用现代方法开采矿山，掠夺中国的资源。由于资金和条件所限，找矿和采矿大都采用十分原始的土法生产，技术十分落后。"洗炼矿砂之信水，流入河中，凝而不散，腻如脂，毒如鸩，红黄如丹漆，车以粪田，禾苗立杀"。矿业开发中，普遍利用森林作燃料，"冶餐燃料以木炭为主，而木炭来源则是就地砍伐森林烧制而成"。这种只追求利润的最大化，忽视对矿藏周围生态的保护，对矿山进行掠夺式的开采，大面积地破坏山体植被，污染河流，致使农村生态平衡遭到破坏，环境遭到严重污染。

（三）当代乡村环境问题

中华人民共和国成立以后，随着国家经济实力的增强，我国乡村在政治、经济、文化等方面发展速度很快，尤其是从 1978 年改革开放之后的 40 多年，乡村的生产方式、生活方式、文化活动都发生了巨大变化。乡镇企业雨后春笋般的出现、现代农业生产技术的推广和应用、能源利用结构和方式的变化、村民生活方式和消费方式的变化使乡村环境出现了新的问题。与传统农村环境污染问题相比，在科技发展日新月异以及经济全球化的影响下，乡村环境问题呈现出新特点和新趋势。

1. 人居环境质量问题

与传统乡村人居环境相比，当代乡村人居环境有了根本性的改善。但仍存在以下 6 个方面的问题：

（1）固体垃圾问题　乡村经济的发展和村民生活水平的提高，使其自身生产垃圾和生活垃圾的数量和成分都在增加。乡村自身对垃圾的消纳能力有限，再加上城市建筑垃圾、生产垃圾、生活垃圾向乡村的输送，更加剧了固体垃圾对人居环境的影响，垃圾产生的气味、分解过程中产生的污染物对乡村人居环境造成影响。

（2）生活污水问题　由于乡村基础设施匮乏，不具备排污能力，没有下水道管网的村落普遍存在生活污水向院落、街道随意排放，污水四溢，严重影响着人居环境。

（3）厕所污染问题　在城市里已经很普及的冲水厕所，在农村很少见，基本上还是条件简陋的棚厕、土坑旱厕等。这样的厕所不具备卫生条件，粪水会下渗到地下水中，污染地下水。夏季蚊虫肆虐，卫生条件堪忧。简易厕所由于存在积肥不发酵、不杀菌的弊病，粪便中的病菌、病毒、寄生虫等多种病原体，很容易造成肠道传染病流行，对乡村人居环境影响很大。

（4）村容村貌问题　许多乡村由于历史的原因，没有合理的村落规划，私搭乱建、乱堆乱放现象严重，道路泥泞、村民出行不便。

（5）畜禽养殖污染问题　有些畜禽养殖场建在人口居住区附近区域内或村民院落中，噪声、臭味、粪便等直接污染周围居民。

（6）乡镇企业污染问题　乡镇企业规模小，数量多，工艺落后，离村落和集镇较近，废水、废弃、废渣、噪音等对乡村人居环境影响很大。

2. 土壤环境污染问题

土壤是农村最重要的生产资源，对乡村经济的发展起着至关重要的作用。原国土资源部调查资料显示，乡村土壤环境污染问题比较严重，不仅影响农业生态系统，也对农产品安全构成危害。土壤环境污染的途径很多，有来自农业生产自身因素，如化学农药和化学肥料的过量使用、散落土壤中的农用塑料薄膜、不合理的灌溉方式、畜禽养殖等。也有外源性污染物的输入，如大气沉降、工业企业及医疗机构"三废"等污染物的输入。土壤环境污染具有复杂性、积累性、隐蔽性等特点，治理土壤环境污染难度大、成本高、周期长。不仅对乡村环境影响较大，对国民经济和社会发展都会产生严重影响。

3. 水环境污染问题

分布在乡村的河流、湖泊、沟渠、池塘、水库等地表水和地下水体构成了乡村的水环境，水环境是乡村大地的管脉系统，对雨涝起着调节作用，同时又是农业生产的生命之源。因此，保护好农村水环境是保障农业生产发展的基础。调查资料显示，我国农村水环境污染非常严重，地表水中重金属、氨氮、总磷、化学耗氧量、大肠杆菌、阳离子表面活性剂等指标均存在不同程度的超标。水环境污染问题不容忽视。造成乡村水环境污染的主要因素，一方面是农业生产造成面源污染；另一方面是来自企业污染物排放的点源污染。城市环境意识的不断增强，冶金、建材、化工及食品工业等污染严重的企业落户农村，企业大量排污给农村河流造成严重污染。乡村水环境污染，一是直接威胁着村民的身体健康；二是直接影响着水域生态系统；三是间接对土壤生态系统造成影响；四是影响村容村貌；五是造成农村社会不稳定，由于蚊蝇孳生，细菌繁殖，疾病传播，引起邻里纠纷，引发新的社会矛盾，群众因病致贫等，造成乡村社会秩序紊乱。

4. 乡村环境问题的新特征

（1）污染物及其引起环境效应的不确定性　传统农村社会中面临的污染问题，如生活垃圾污染、养殖污染等都是内生性的污染问题，与外在力量关联性少，而且在一定程度上能够进行预防和治理。而现代社会由科技进步伴随而来的农村环境污染物会随着工业产业结构和生产方式、农业生产和管理方式、人民生活方式的改变不断地发生变化，这种变化是复杂的和动态的，甚至超出了我们的预测和控制能力，表现为明显的不确定性。

（2）环境问题扩散的迅速性　现代社会发展改变了传统社会的时空结构，不同时间内和区域内的物质交换和能量交换越来越迅速。传统农村社会中的环境污染仅限于发生地，其污染主要是来自于农村住户日常生活、生产中的人造垃圾以及牲畜粪便等，对其他地区的环境影响较小。现代农村环境问题不是孤立存在，而是和其他地区的环境问题相互交织、彼此影响。例如，农业生产中使用的化肥和农药造成的局部地区的土壤污染，可以迅速通过农产品流通、通过河流流经多处形成新的污染。

（3）环境问题危害的深入性　现代乡村环境问题打破了阶级和民族的概念，对置身于环境中的每个人都会产生危害，而且不仅会对人类健康造成威胁，还会对人类的合法性、财产以及利益产生威胁。现代农村环境问题的不确定性、扩散性和复杂性，将不仅影响当代人的生命健康，对后代人的身体健康、私有财产以及自然环境等都有着不同程度的威胁。

三、乡村环境规划

（一）规划的含义

乡村环境规划是在对自然生态环境和社会发展状况进行充分调查研究基础上，提出的合理利用土地、改善农业产业结构，维护和修复土地、水体等农业资源为主要内容的一系列计划和安排。乡村环境规划的目的是要为改善乡村的自然环境质量和人居环境质量的重要决策与行动提供科学依据。

（二）规划的原则

1. 自然环境结构相似性原则

区域农村环境质量的相似性和差异性来自于自然环境的演变，同时受人类社会经济活动的影响。一方面，自然环境结构的不同类型的地区，人类利用自然环境、改造自然的方式和程度有明显的区别，因此对环境产生的影响也不同；另一方面，自然环境结构不同，对污染物的敏感性、承载和降解能力也随之不同，保护和改善环境质量的方向、途径和措施也就不同。

2. 社会环境结构及其对环境影响的相似性原则

自然环境结构制约着人类活动的方法和程度，社会环境结构又反映了人类活动对自然环境的影响。在不同的农村自然环境中，人类活动方式和程度对自然环境的影响不同，环境质量和环境问题差异很大，因此社会环境结构的区内相似性和区间差异性是乡村环境规划的重要原则之一。

3. 改善乡村环境的一致性原则

乡村环境规划的目的在于寻找社会、经济、环境协调发展的最佳方法措施，在一定的农村环境区域里，环境影响条件和环境问题具有相似性，所以改善环境质量的措施和对策也应该具有相似性。

4. 行政区域单元相对完整性原则

乡村环境规划的直接服务目标是乡村环境管理，其操作运行必然会落实到一定的行政单元，因此，乡村环境规划的界限要保持一定级别的行政区界的完整性，这样有利于区域内社会经济的发展，工农业生产布局和环境管理对策实施的统筹规划与统一领导。

（三）规划主要内容

乡村环境规划是乡村建设与发展规划的重要组成部分，也是制定该区域发展建设规划的主要依据。乡村环境规划主要包括以下内容：

1. 合理规划农业产业结构

农业生产结构对保证区域环境质量和维护农业生态系统都起着至关重要的作用，根据乡村区域范围内自然生态系统的特点，确定适宜的农业生产结构是乡村环境规划中最重要的内含。

2. 合理规划农业生产方式

农业生产方式与技术对乡村农业资源与环境产生着重要的影响。在乡村环境规划中要体现出采用和推广各种有效的农业生产技术，如间作套种、秸秆还田、微喷灌、滴灌、膜下滴灌等，以充分保护乡村土地资源和环境，发展生态农业。

3. 合理规划区域内生物多样性的保护

区域内生物多样性对提高其抵御自然灾害和各种病虫害的能力有非常重要的作用，在乡村环境规划中要体现采取合理措施增加和保护区域内物种，改良和增加农作物品种，以促进农业生态系统的稳定。

4. 合理规划乡镇业调整格局

乡镇企业数量、种类、生产规模、生产方式等对区域环境产生重要影响。乡村环境规划中应提出改善和调整区域内乡镇企业格局的计划与措施。

5. 合理规划乡村非农业用地

乡村村民住宅、生活设施、经济设施、文化娱乐设施等人工环境，不仅影响村民的生活质量，也对农业生产环境产生重要影响。乡村环境规划中要重点体现改善乡村人居环境的计划与措施，不断改善村容村貌，建设美丽乡村。

（四）规划的一般程序

乡村环境规划的编制一般按照下列程序进行：

1. 确定任务

政府部门根据当地社会发展目标，给出明确的规划任务、规划范围、规划时间、规划重点和特殊要求，委托具有相应资质的机构编制该区域内的乡村环境规划。

2. 调查研究

规划编制机构充分调查当地自然环境状况和社会经济状况，收集必要的现实资料和历史资料，研究该区域的经济社会发展规划、区域建设总体规划、重点行业发展规划等相关资料，明确区域内的生态敏感区及重点保护区，形成明确的环境规划纲要。

3. 规划编制

承担环境规划的专业机构组织技术人员编制环境规划。

4. 审查与论证

环境保护行政主管部门负责对环境规划的审查和组织论证。规划编制单位根据审查和论证意见对规划进行修改，形成报批稿。

5. 批准与实施

乡村环境规划由县级以上人大或政府审批后，由当地人民政府组织实施。

四、乡村环境管理

(一)主要内容

乡村环境管理的目的是合理利用和有效保护区域内的自然资源，改善和提高环境质量，建设宜居宜业宜游文明、富裕、美丽的乡村。其环境管理的主要内容包括：

1. 乡村自然资源管理

乡村自然资源不仅是其自然环境中最重要的组成部分，也是乡村可持续发展的物质基础，乡村自然资源管理包括土地资源管理、水资源管理、森林资源管理、草地资源管理、生物多样性管理、矿产资源管理、景观资源管理等。

2. 农业环境质量管理

农业环境是乡村人与自然作用最密切也是最强烈的层面，农业生态环境管理包括农田土壤环境管理、农用水环境管理、大气环境管理和农业生产区域其他有害物质污染防治等。

3. 乡镇企业环境管理

乡镇企业生产和环境行为对乡村环境产生重要影响，乡村环境管理应该包括对区域范围内乡镇企业的生产和环境行为进行监督管理。

4. 乡村人居环境管理

乡村人居环境管理包括：改善基本生活条件、提升农房节能性能、乡村厕所改造、推进规模化畜禽养殖区和居民生活区的科学分离、村庄环境卫生管理、村庄综合整治等。其中村庄环境整治，包括农村垃圾和污水治理的统一规划、统一建设、统一管理，保持村庄整体风貌与自然环境相协调和村庄绿化美化；结合水土保持等工程，保护和修复自然景观与田园景观，保护和修复水塘、沟渠等乡村设施等，都是乡村人居环境管理的主要内容。

(二)主要措施

1. 严格落实各级政府和部门的乡村环保责任

构建覆盖政府、企业、农民的农村环境保护责任体系。各级人民政府对所辖行政区域内的农村环境质量负责，承担指导教育农民在农业生产和生活过程中保护农业农村资源环境的主体责任，要为企业和农民承担污染治理责任提供更加全面和有效的保障政策。行业主管部门要在履行对本行业的管理职责时，承担本行业污染治理的指导责任。农业农村部、自然资源部等行业主管部门应负责指导各地开展农业污染治理、农村人居环境整治、生态红线保护等工作。同时，逐步在法律层面明确农民在农业生产中的环保责任，倒逼其自觉采用高效、低毒、绿色的农业生产方式，推动农业资源综合利用。

2. 建立全面协调的乡村生态环境管理政策体系

全面梳理现行法律法规中涉及农村生态环境管理的相关内容，在系统评估的基础上，调整存在冲突的条款，确保农村生态环境管理法律体系的内部一致性。同时，研究建立农村生态环境保护相关的专项法。发布农村生活污水处理、农村生活垃圾资源化利用等技术规范和专化装备标准，制定农业面源污染防控技术指南、农田退水污染防治技术指南、农业面源污染监测预警技术规范等，具体指导农业农村污染防治和监管。鼓励各地开展有针对性的农业面源管理研究，以区域环境质量达标为底线制订地方标准。发挥市场在农村生态环境管理工作中的作用，扶持第三方服务体系，加快农村污染治理的专业化、规范化发展。强化财政补贴机制，加大政府在农村生态环境管理中的投入。有条件的地区逐步探索农村居民适当缴费、村集体事业捐助等多渠道筹措农村环境保护基础设施运行维护费用。

3. 构建适应乡村特点的环境监管体系。

对乡村环境的监管，要实行分类管理。规模化畜禽养殖与规模化种植业比照工业污染管理。农民小规模种植业、养殖业污染治理由地方政府指导农民开展，允许不同地区采用不同标准。对于农村生活污染源，以环境质量监管为主要量化考核办法。对化肥农药等量大面广的农业面源，以源头控制加抽样调查作为监管方式。同时建立村民自治环境管理组织，依托村民自治组织，加强自治章程、村规民约、居民公约的宣传教育，调动农民群众参与农村生态环境管理。在监管方法上，加强与公安、交通等涉农部门的沟通协作，建立农村可视化监管系统资源共享机制，采用卫星遥感、摄像探头、无人机拍摄等多种新技术新手段开展农村环境监管。同时，结合省以下生态环境部门机构改革，推动编制资源向基层一线倾斜，解决农村环境监管的机构和人员问题。

4. 探索便捷有效的农村环境治理模式

定期组织农村环境治理实用技术跟踪评估，发布各地农业农村污染防治实用技术及典型案例，并在此基础上总结经验模式。组织专家团队编写操作手册，形成规范化文件，用法规、规范和标准将先进经验模式固定下来。同时政府要为先进的治理模式提供保障机制，对好的治理模式加大资金支持，并调动市场因素，加快经验推广。

5. 完善农村环境教育体系

细化农村环境教育工作机制，充分依托农业基层技术服务队伍，提供农业污染治理技术咨询和指导，推广绿色生产方式。建立基层农村环保干部轮训制度，快速培养一批农村环境保护宣传员。结合农村环境综合整治、美丽乡村建设、生态文明创建、职业农民教育、环境友好型农产品产地创建等，在农村建设一批农村环境保护宣传教育基地，使农民能够亲身体验环境保护的成果。

五、乡村振兴战略与生态宜居乡村建设

（一）乡村振兴战略概述

1. 乡村振兴战略

乡村振兴战略是习近平同志 2017 年 10 月 18 日在党的十九大报告中提出的战略思想。

十九大报告指出，农业农村农民问题是关系国计民生的根本性问题，必须始终把解决好"三农"问题作为全党工作的重中之重，实施乡村振兴战略。2018 年 2 月 4 日，国务院公布了 2018 年中央一号文件，即《中共中央国务院关于实施乡村振兴战略的意见》。2018 年 3 月 5 日，国务院总理李克强在《政府工作报告》中讲到大力实施乡村振兴战略。2018 年 5 月 31 日，中共中央政治局召开会议，审议《国家乡村振兴战略规划（2018—2022 年）》。2018 年 9 月，中共中央、国务院印发了《乡村振兴战略规划（2018—2022 年）》，并发出通知，要求各地区各部门结合实际认真贯彻落实。

实施乡村振兴战略的目的是坚持农业农村优先发展，按照产业兴旺、生态宜居、乡风文明、治理有效、生活富裕的总要求，建立健全城乡融合发展体制机制和政策体系，统筹推进农村经济建设、政治建设、文化建设、社会建设、生态文明建设和党的建设，加快推进乡村治理体系和治理能力现代化，加快推进农业农村现代化，走中国特色社会主义乡村振兴道路，让农业成为有奔头的产业，让农民成为有吸引力的职业，让农村成为安居乐业的美丽家园。

2. 主要内容

实施乡村振兴战略，要按照产业兴旺、生态宜居、乡风文明、治理有效、生活富裕的总要求，让农业成为有奔头的产业，让农民成为有吸引力的职业，让农村成为安居乐业的美丽家园。乡村振兴从产业振兴、人才振兴、文化振兴、生态振兴、组织振兴 5 个主要层面展开。

（1）产业振兴　是乡村振兴战略的基础保证。乡村产业振兴应着力构建现代农业体系，实现农村一、二、三产业深度融合发展，进一步提高国家粮食安全保障水平，牢牢把握国家粮食安全主动权；以农业供给侧结构性改革为主线，推动农业从增产导向转向提质导向，增强我国农业创新力和竞争力，为建设现代化经济体系奠定坚实基础，为农民增收拓展空间。

（2）人才振兴　是乡村振兴战略的重要支撑。乡村人才振兴要着力增强内生发展能力，通过留住一部分农村优秀人才，吸引一部分外出人才回乡和一部分社会优秀人才下乡，以人才汇聚推动和保障乡村振兴，增强农业农村内生发展能力。实施好乡村振兴人才支撑计划，培育新型职业农民，加强农村专业人才队伍建设，吸引更多社会人才投身乡村建设。

（3）文化振兴　是乡村振兴战略的动力源泉。乡村文化振兴要着力传承发展中华优秀传统文化，深入挖掘农耕文化蕴含的优秀思想观念、人文精神、道德规范，结合时代要求，在保护传承的基础上创造性转化、创新性发展，焕发乡风文明新气象，更好满足农民精神文化生活需求。乡村是中华文明的基本载体。推动乡村文化振兴，要以乡村公共文化服务体系建设为载体，培育文明乡风、良好家风、淳朴民风；要让中华优秀文化精髓如邻里守望、诚信重礼、勤俭节约的文明之风在乡村兴盛起来。乡村文化振兴，不仅可以为乡村全面振兴提供精神动力，而且传承的乡村优秀文化与乡村优美环境结合起来，还能成为珍贵的乡村旅游资源。

（4）生态振兴　是乡村振兴战略的发展内涵。乡村生态振兴要着力建设宜业宜居的美丽生态家园，以绿色发展为引领，严守生态保护红线，推进农业农村绿色发展，加快农村人居环境整治，让良好生态成为乡村振兴支撑点，打造农民安居乐业的美丽家园。加强农村污水、垃圾等突出环境问题综合治理，改善农村人居环境，推进农村"厕所革命"，完善农村生活设施，补齐农村生态环境建设短板，让乡村成为生态涵养的主体区，让生态成为乡村最大的发展优势。

（5）组织振兴　是乡村振兴战略的制度保证。乡村组织振兴要加强农村基层党组织建设，建设好农村基层党组织带头人队伍，加强农村基层党组织对乡村振兴的全面领导。完善村民自治制度，发展农民合作经济组织，健全乡村治理体系，提高乡村治理能力，让乡村社会充满活力，具有自我管理和自我服务能力，确保广大农民安居乐业、农村社会安定有序。

3. 重要意义

乡村是具有自然、社会、经济特征的地域综合体，兼具生产、生活、生态、文化等多重功能，与城镇互促互进、共生共存，共同构成人类活动的主要空间。乡村兴则国家兴，乡村衰则国家衰。我国人民日益增长的美好生活需要和不平衡不充分的发展之间的矛盾在乡村最为突出，我国仍处于并将长期处于社会主义初级阶段的特征很大程度上表现于乡村。全面建成小康社会和全面建设社会主义现代化强国，最艰巨最繁重的任务在农村，最广泛最深厚的基础在农村，最大的潜力和后劲也在农村。实施乡村振兴战略，是解决新时代我国社会主要矛盾、实现"两个一百年"奋斗目标和中华民族伟大复兴中国梦的必然要求，具有重大现实意义和深远历史意义。

实施乡村振兴战略是建设现代化经济体系的重要基础。农业是国民经济的基础，农村经济是现代化经济体系的重要组成部分。乡村振兴，产业兴旺是重点。实施乡村振兴战略，深化农业供给侧结构性改革，构建现代农业产业体系、生产体系、经营体系，实现农村一、二、三产业深度融合发展，有利于推动农业从增产导向转向提质导向，增强我国农业创新力和竞争力，为建设现代化经济体系奠定坚实基础。

实施乡村振兴战略是建设美丽中国的关键举措。农业是生态产品的重要供给者，乡村是生态涵养的主体区，生态是乡村最大的发展优势。乡村振兴，生态宜居是关键。实施乡村振兴战略，统筹山水林田湖草系统治理，加快推行乡村绿色发展方式，加强农村人居环境整治，有利于构建人与自然和谐共生的乡村发展新格局，实现百姓富、生态美的统一。

实施乡村振兴战略是传承中华优秀传统文化的有效途径。中华文明根植于农耕文化，乡村是中华文明的基本载体，实施乡村振兴战略，深入挖掘农耕文化蕴含的优秀思想观念、人文精神、道德规范，结合时代要求在保护传承的基础上创造性转化、创新性发展，有利于在新时代焕发出乡风文明的新气象，进一步丰富和传承中华优秀传统文化。

实施乡村振兴战略是健全现代社会治理格局的固本之策。社会治理的基础在基层，薄弱环节在乡村。乡村振兴，治理有效是基础。实施乡村振兴战略，加强农村基层基础工作，健全乡村治理体系，确保广大农民安居乐业、农村社会安定有序，有利于打造共建共治共享的现代社会治理格局，推进国家治理体系和治理能力现代化。

实施乡村振兴战略是实现全体人民共同富裕的必然选择。农业强不强、农村美不美、农民富不富，关乎亿万农民的获得感、幸福感、安全感，关乎全面建成小康社会全局。乡村振兴，生活富裕是根本。实施乡村振兴战略，不断拓宽农民增收渠道，全面改善农村生产生活条件，促进社会公平正义，有利于增进农民福祉，让亿万农民走上共同富裕的道路，汇聚起建设社会主义现代化强国的磅礴力量。

（二）生态宜居乡村建设

《国家乡村振兴战略规划（2018—2022年）》中描绘了"产业兴旺、生态宜居、乡风文明、治理有效、生活富裕"的社会主义现代化乡村的宏伟蓝图，其中涉及建设生态宜居乡村的主要内容如下：

1. 基本原则

坚持人与自然和谐共生。牢固树立和践行"绿水青山就是金山银山"的理念，落实节约优先、保护优先、自然恢复为主的方针，统筹山水林田湖草系统治理，严守生态保护红线，以绿色发展引领乡村振兴。

2. 强化空间用途管制

强化国土空间规划对各专项规划的指导约束作用，统筹自然资源开发利用、保护和修复，按照不同主体功能定位和陆海统筹原则，开展资源环境承载能力和国土空间开发适宜性评价，科学划定生态、农业、城镇等空间和生态保护红线、永久基本农田、城镇开发边界及海洋生物资源保护线、围填海控制线等主要控制线，推动主体功能区战略格局在市县层面精准落地，健全不同主体功能区差异化协同发展长效机制，实现山水林田湖草整体保护、系统修复、综合治理。

3. 优化乡村发展布局

坚持人口资源环境相均衡、经济社会生态效益相统一，打造集约高效生产空间，营造宜居适度生活空间，保护山清水秀生态空间，延续人和自然有机融合的乡村空间关系。

（1）统筹利用生产空间　乡村生产空间是以提供农产品为主体功能的国土空间，兼具生态功能。围绕保障国家粮食安全和重要农产品供给，充分发挥各地比较优势，重点建设以"七区二十三带"为主体的农产品主产区。落实农业功能区制度，科学合理划定粮食生产功能区、重要农产品生产保护区和特色农产品优势区，合理划定养殖业适养、限养、禁养区域，严格保护农业生产空间。适应农村现代产业发展需要，科学划分乡村经济发展片区，统筹推进农业产业园、科技园、创业园等各类园区建设。

（2）合理布局生活空间　乡村生活空间是以农村居民点为主体、为农民提供生产生活服务的国土空间。坚持节约集约用地，遵循乡村传统肌理和格局，划定空间管控边界，明确用地规模和管控要求，确定基础设施用地位置、规模和建设标准，合理配置公共服务设施，引导生活空间尺度适宜、布局协调、功能齐全。充分维护原生态村居风貌，保留乡村景观特色，保护自然和人文环境，注重融入时代感、现代性，强化空间利用的人性化、多样化，着力构建便捷的生活圈、完善的服务圈、繁荣的商业圈，让乡村居民过上更舒适的生活。

（3）严格保护生态空间　乡村生态空间是具有自然属性、以提供生态产品或生态服务为主体功能的国土空间。加快构建以"两屏三带"为骨架的国家生态安全屏障，全面加强国家重点生态功能区保护，建立以国家公园为主体的自然保护地体系。树立山水林田湖草是一个生命共同体的理念，加强对自然生态空间的整体保护，修复和改善乡村生态环境，提升生态功能和服务价值。全面实施产业准入负面清单制度，推动各地因地制宜制定禁止和限制发展产业目录，明确产业发展方向和开发强度，强化准入管理和底线约束。

4. 推进农业绿色发展

以生态环境友好和资源永续利用为导向，推动形成农业绿色生产方式，实现投入品减量化、生产清洁化、废弃物资源化、产业模式生态化，提高农业可持续发展能力。

（1）强化资源保护与节约利用　实施国家农业节水行动，建设节水型乡村。深入推进农业灌溉用水总量控制和定额管理，建立健全农业节水长效机制和政策体系。逐步明晰农业水权，推进农业水价综合改革，建立精准补贴和节水奖励机制。严格控制未利用地开垦，落实和完善耕地占补平衡制度。实施农用地分类管理，切实加大优先保护类耕地保护力度。降低耕地开发利用强度，扩大轮作休耕制度试点，制定轮作休耕规划。全面普查动植物种质资源，推进种质资源收集保存、鉴定和利用。强化渔业资源管控与养护，实施海洋渔业资源总量管理、海洋渔船"双控"和休禁渔制度，科学划定江河湖海限捕、禁捕区域，建设水生生物保护区、海洋牧场。

（2）推进农业清洁生产　加强农业投入品规范化管理，健全投入品追溯系统，推进化肥农药减量施用，完善农药风险评估技术标准体系，严格饲料质量安全管理。加快推进种养循环一体化，建立农村有机废弃物收集、转化、利用网络体系，推进农林产品加工剩余物资源化利用，深入实施秸秆禁烧制度和综合利用，开展整县推进畜禽粪污资源化利用试点。推进废旧地膜和包装废弃物等回收处理。推行水产健康养殖，加大近海滩涂养殖环境治理力度，严格控制河流湖库、近岸海域投饵网箱养殖。探索农林牧渔融合循环发展模式，修复和完善生态廊道，恢复田间生物群落和生态链，建设健康稳定田园生态系统。

（3）集中治理农业环境突出问题　深入实施土壤污染防治行动计划，开展土壤污染状况详查，积极推进重金属污染耕地等受污染耕地分类管理和安全利用，有序推进治理与修复。加强重有色金属矿区污染综合整治。加强农业面源污染综合防治。加大地下水超采治理，控制地下水漏斗区、地表水过度利用区用水总量。严格工业和城镇污染处理、达标排放，建立监测体系，强化经常性执法监管制度建设，推动环境监测、执法向农村延伸，严禁未经达标处理的城镇污水和其他污染物进入农业农村。

5. 持续改善农村人居环境

以建设美丽宜居村庄为导向，以农村垃圾、污水治理和村容村貌提升为主攻方向，开展农村人居环境整治行动，全面提升农村人居环境质量。

（1）加快补齐突出短板　推进农村生活垃圾治理，建立健全符合农村实际、方式多样的生活垃圾收运处置体系，有条件的地区推行垃圾就地分类和资源化利用。开展非正规垃圾堆放点排查整治。实施"厕所革命"，结合各地实际普及不同类型的卫生厕所，推进厕所粪污无害化处理和资源化利用。梯次推进农村生活污水治理，有条件的地区推动城镇污水管网向周边村庄延伸覆盖。逐步消除农村黑臭水体，加强农村饮用水水源地保护。

（2）着力提升村容村貌　科学规划村庄建筑布局，大力提升农房设计水平，突出乡土特色和地域民族特点。加快推进通村组道路、入户道路建设，基本解决村内道路泥泞、村民出行不便等问题。全面推进乡村绿化，建设具有乡村特色的绿化景观。完善村庄公共照明设施。整治公共空间和庭院环境，消除私搭乱建、乱堆乱放。继续推进城乡环境卫生整洁行动，加大卫生乡镇创建工作力度。鼓励具备条件的地区集中连片建设生态宜居的美丽乡村，综合提升田水路林村风貌，促进村庄形态与自然环境相得益彰。

（3）建立健全整治长效机制　全面完成县域乡村建设规划编制或修编，推进实用性村庄规划编制实施，加强乡村建设规划许可管理。建立农村人居环境建设和管护长效机制，发挥村民主体作用，鼓励专业化、市场化建设和运行管护。推行环境治理依效付费制度，健全服务绩效评价考核机制。探索建立垃圾污水处理农户付费制度，完善财政补贴和农户付费合理分担机制。依法简化农村人居环境整治建设项目审批程序和招投标程序。完善农村人居环境标准体系。

6. 加强乡村生态保护与修复

大力实施乡村生态保护与修复重大工程，完善重要生态系统保护制度，促进乡村生产生活环境稳步改善，自然生态系统功能和稳定性全面提升，生态产品供给能力进一步增强。

（1）实施重要生态系统保护和修复重大工程　统筹山水林田湖草系统治理，优化生态安全屏障体系。大力实施大规模国土绿化行动，全面建设三北、长江等重点防护林体系，扩大退耕还林还草，巩固退耕还林还草成果，推动森林质量精准提升，加强有害生物防治。稳定扩大退牧还草实施范围，继续推进草原防灾减灾、鼠虫草害防治、严重退化沙化草原治理等工程。保护和恢复乡村河湖、湿地生态系统，积极开展农村水生态修复，连通河湖水系，恢复河塘行蓄能力，推进退田还湖还湿、退圩退垸还湖。大力推进荒漠化、石漠化、水土流失综合治理，实施生态清洁小流域建设，推进绿色小水电改造。加快国土综合整治，实施农村土地综合整治重大行动，推进农用地和低效建设用地整理以及历史遗留损毁土地复垦。加强矿产资源开发集中地区特别是重有色金属矿区地质环境和生态修复，以及损毁山体、矿山废弃地修复。加快近岸海域综合治理，实施蓝色海湾整治行动和自然岸线修复。实施生物多样性保护重大工程，提升各类重要保护地保护管理能力。加强野生动植物保护，强化外来入侵物种风险评估、监测预警与综合防控。开展重大生态修复工程气象保障服务，探索实施生态修复型人工增雨工程。

（2）健全重要生态系统保护制度　完善天然林和公益林保护制度，进一步细化各类森林和林地的管控措施或经营制度。完善草原生态监管和定期调查制度，严格实施草原禁牧和草畜平衡制度，全面落实草原经营者生态保护主体责任。完善荒漠生态保护制度，加强沙区天然植被和绿洲保护。全面推行河长制、湖长制，鼓励将河长湖长体系延伸至村一级。推进河湖饮用水水源保护区划定和立界工作，加强对水源涵养区、蓄洪滞涝区、滨河滨湖带的保护。严格落实自然保护区、风景名胜区、地质遗迹等各类保护地保护制度，支持有条件的地方结合国家公园体制试点，探索对居住在核心区域的农牧民实施生态搬迁试点。

（3）健全生态保护补偿机制　加大重点生态功能区转移支付力度，建立省以下生态保护补偿资金投入机制。完善重点领域生态保护补偿机制，鼓励地方因地制宜探索通过赎买、租赁、置换、协议、混合所有制等方式加强重点区位森林保护，落实草原生态保护补助奖励政策，建立长江流域重点水域禁捕补偿制度，鼓励各地建立流域上下游等横向补偿机制。推动市场化多元化生态补偿，建立健全用水权、排污权、碳排放权交易制度，形成森林、草原、湿地等生态修复工程参与碳汇交易的有效途径，探索实物补偿、服务补偿、设施补偿、对口支援、干部支持、共建园区、飞地经济等方式，提高补偿的针对性。

（4）发挥自然资源多重效益　大力发展生态旅游、生态种养等产业，打造乡村生态产业链。进一步盘活森林、草原、湿地等自然资源，允许集体经济组织灵活利用现有生产服务设施用地开展相关经营活动。鼓励各类社会主体参与生态保护修复，对集中连片开展生态修复达到一定规模的经营主体，允许在符合土地管理法律法规和土地利用总体规划、依法办理建设用地审批手续、坚持节约集约用地的前提下，利用1%~3%治理面积从事旅游、康养、体育、设施农业等产业开发。深化集体林权制度改革，全面开展森林经营方案编制工作，扩大商品林经营自主权，鼓励多种形式的适度规模经营，支持开展林权收储担保服务。完善生态资源管护机制，设立生态管护员工作岗位，鼓励当地群众参与生态管护和管理服务。进一步健全自然资源有偿使用制度，研究探索生态资源价值评估方法并开展试点。

第三节　工业企业环境管理

一、工业与资源环境

（一）工业及其分类

工业主要是指原料采集与产品加工制造的产业或工程。在我国，工业一直被称为国民经济的主导产业。

在过去的产业经济学领域中，往往根据产品单位体积的相对重量将工业划分为重工业和轻工业，产品单位体积重量重的工业部门就是重工业，重量轻的就属轻工业。

重工业是指为国民经济各部门提供物质技术基础的主要生产资料的工业。按其生产性质和产品用途，可以分为下列3类：采掘（伐）工业：指对自然资源的开采，包括石油开采、煤炭开采、金属矿开采、非金属矿开采和木材采伐等工业；原材料工业：指向国民经济各部门提供基本材料、动力和燃料的工业。包括金属冶炼及加工、炼焦及焦炭、化学、化工原料、水泥、人造板以及电力、石油和煤炭加工等工业；加工工业：是指对工业原材料进行再加工制造的工业。包括装备国民经济各部门的机械设备制造工业、金属结构、水泥制品等工业，以及为农业提供的生产资料如化肥、农药等工业。

轻工业是指提供生活消费品和制作手工工具的工业。按其所使用的原料不同，可分为两大类：以农产品为原料的轻工业：是指直接或间接以农产品为基本原料的轻工业，主要包括食品制造、饮料制造、烟草加工、纺织、缝纫、皮革和毛皮制作、造纸以及印刷等工业；以非农产品为原料的轻工业：是指以工业品为原料的轻工业，主要包括文教体育用品、化学药品制造、合成纤维制造、日用化学制品、日用玻璃制品、日用金属制品、手工工具制造、医疗器械制造、文化和办公用机械制造等工业。

中国工业拥有行业齐全的工业体系，是全世界唯一拥有联合国产业分类中全部工业门类的国家。我国工业体系拥有41个工业大类，191个中类，525个小类。我国工业大类划分见表3-2。

表 3-2　我国工业类别

大类别	序号	类别名称
采矿业	1	煤炭开采和洗选业
	2	石油和天然气开采业
	3	黑色金属矿采选业
	4	有色金属矿采选业
	5	非金属矿采选业
	6	开采辅助活动
	7	其他采矿业
制造业	8	农副食品加工业
	9	食品制造业
	10	酒、饮料和精制茶制造业
	11	烟草制品业
	12	纺织业
	13	纺织服装、服饰业
	14	皮革、毛皮、羽毛及其制品和制鞋业
	15	木材加工和木、竹、藤、棕、草制品业
	16	家具制造业
	17	造纸和纸制品业
	18	印刷和记录媒介复制业
	19	文教、工美、体育和娱乐用品制造业
	20	石油加工、炼焦和核燃料加工业
	21	化学原料和化学制品制造业
	22	医药制造业
	23	化学纤维制造业
	24	橡胶和塑料制品业
	25	非金属矿物制品业
	26	黑色金属冶炼和压延加工业
	27	有色金属冶炼和压延加工业
	28	金属制品业
	29	通用设备制造业
	30	专用设备制造业
	31	汽车制造业
	32	铁路、船舶、航空航天和其他运输设备制造业
	33	电气机械和器材制造业
	34	计算机、通信和其他电子设备制造业
	35	仪器仪表制造业
	36	其他制造业
	37	废弃资源综合利用业
	38	金属制品、机械和设备修理业
电力、热力、燃气及水生产和供应业	39	电力、热力生产和供应业
	40	燃气生产和供应业
	41	水的生产和供应业

（二）工业生产与资源环境

工业生产都需要占有一定的地域空间，都需要消耗原料、动力和用水，因而土地、矿藏、水等自然资源，也是工业生产的必要条件。工业生产过程主要是物理和化学变化过程，以及少量的微生物作用(如食品工业的发酵)过程，因此，工业生产和环境是密不可分的。

从欧美和日本等发达国家和地区的早、中期的工业化进程来看，在经历了以大机器生产取代手工业生产的工业革命之后，生产能力迅速提高，生产规模急剧扩大，但由于技术水平相对低下，对资源消耗急剧上升，环境污染日趋严重。率先发生工业革命的英国，曾经被称为世界工厂，环境污染甚为严重，泰晤士河臭气熏天，鱼虾绝迹，伦敦大气质量急剧恶化，1952年，发生了震惊世界的伦敦烟雾事件，死亡居民4000多人，英国为工业化付出了惨重代价。日本在20世纪五六十年代实施了经济倍增计划，在经济高速增长之下，环境污染不断加剧，发生了一系列公害事件，日本在一段时期曾被称为"公害列岛"。

在经历了公害频繁的时期以后，发达国家目前已进入了二次工业化晚期和高技术工业化阶段，传统工业衰落，新兴工业突起，工业化以量的扩张转变为质的提升，这种结构变动使环境污染呈现出下降的趋势。例如，钢铁工业近年来在西方发达国家下降最快，钢产量在80年代初的6年里下降了13.3%，其中美国减产最多，为27.3%，日本减产11.8%，欧洲共同体减产11.3%。这种重污染工业规模的缩小，对环境无疑是有利的。

我国的工业化过程有着自身鲜明的特点，这也决定了我国工业企业环境管理的任务更为艰巨：第一，工业高速增长且传统工业所占比例较高。大量低技术、低效益、粗放经营的工业企业必然是高消耗、高污染，给环境和资源造成的压力也是巨大的；第二，工业结构重型化。重工业是以能源和矿产资源为主要原料的产业，进入重工业时代后，经济增长对能源和原材料的需求膨胀，从而拉动了包括石油、煤炭、电力、冶金、建材、化工等初级加工部门生产的大幅度增长，能源、原材料消耗的迅速上升，大大加剧了环境污染负荷；第三，乡镇工业低水平扩张，加剧了污染危害。乡镇工业在推动我国工业化进程上的功绩不可抹杀，但它对我国生态环境的冲击也同样不容忽视。乡镇工业对环境的污染和对能源、资源的消耗，要大大高于同等类型的大中型企业。

2015年以来，我国经济进入了一个新阶段，整体经济结构不断优化，经济发展正加快向第三产业主导的形态转变，同时国家通过法律、行政、经济、技术、科教等多种举措，加快传统工业的生产方式转化，推行清洁生产，不断协调工业生产与资源环境之间的关系。由于多年积累的老问题和不断出现的新问题，我国工业企业的环境管理仍任重而道远。

二、工业企业环境管理概述

（一）概念

以管理科学和环境科学为基础，运用法律、行政、教育、经济、科技手段，对企业生产活动的全过程进行控制。协调发展生产与环境保护的关系，使生产目标和环境目标统一起来，达到既发展生产又创造良好环境质量的目的。

工业企业环境管理有两个方面的含义：企业作为管理的主体对企业内部自身进行管

理；企业作为管理的对象接受其他管理主体如政府职能部门的管理。

（二）基本原则

工业企业环境管理遵循以下基本原则：

1. 协调好发展生产与环境保护关系的原则

企业经济利益是企业生产和经营目标，企业的环境效益和社会效益是实现其经济目标的保证，企业的环境管理必须协调发展生产与环境保护的关系。

2. 污染控制采用预防为主与技术改造相结合的原则

对企业污染采取源头控制是最有效的方法和措施，但对于许多企业中的旧设备应该采取技术改造的办法减少环境负荷。

3. 环境管理实施厂长负责制，各级责任制的原则

企业环境管理采用厂长负责制，各级责任制的管理体制，厂长对企业环境管理负总责有利于保障企业各项环境管理措施的执行力度。企业职能部门、车间、班组、职工个人各负其责有利于环境管理各项措施落实。

4. 将环境管理渗透到企业管理各个环节的原则

企业生产的规划、生产过程、经营过程每一环节都涉及资源利用和物质转化，因此，应该将环境管理渗透到企业管理的各个环节。

5. 企业环境管理应与区域环境管理相结合的原则

企业应该配合所在区域环境管理的目标和要求开展环境管理活动。

（三）管理对象

现代管理学认为企业环境管理的对象应该是企业生产经营活动中影响环境问题的各种因素组成的有机体，如资金、技术、设备、政策、环境体制、职工环境意识、利益分配及相互之间不协调的关系等。这些因素不是孤立的，而是相对独立、有机结合、互为制约和互相影响的，环境管理的对象应该是整体和影响因素的辩证统一。

企业生产经营活动主要包括两个方面：生产建设活动和经营管理活动。在生产建设方面，企业环境管理的对象主要是合理利用资源、优化生产工艺、减少环境污染；在生产经营管理方面，企业环境管理的对象主要是在生产和经营的各个环节中的污染防治，解决与保护环境不协调的问题等。环境管理对象的两个方面相互关联，相互影响，相互制约，构成工业企业环境管理对象的整体。

（四）管理范围

工业企业所辖的生产区域和生活区域，企业排放的污染物危害到企业附近的环境区域。

（五）企业环境管理与企业生产管理的关系

企业生产管理和环境管理应该是企业生产过程的两个方面，企业生产有用的产品一方面是可以产生利润，满足职工福利和扩大再生产；另一方面是为满足社会日益增长的物质和文化需要。企业的环境管理可以有效保障上述目标的实现。这两个方面相互促进，相辅相成。企业环境管理与企业生产管理的关系见表3-3。

表 3-3　企业环境管理与企业生产管理的关系

项目	企业生产管理	企业环境管理
目标	生产目标	环境目标
对象	企业的生产、技术、经济活动	有损环境质量的生产经营活动
目的	以最小的劳动消耗完成生产，满足人们的物质文化需要	以最小的劳动消耗防治污染，满足人们的环境需要。

三、工业企业环境管理的主要内容

（一）企业环境管理体系建设

企业环境同生产经营的各项管理有着密切的关系，解决环境问题不能只靠企业的环保部门，必须将企业环境管理纳入企业生产经营管理全过程之中，渗透到每一个环节。根据企业状况，建立与企业运行相适应的内部环境管理体系，健全环境管理机构，把企业的各级领导、职能部门的环境保护职能和职工的环境保护责任，合理地组成有机整体，实行环境管理科学化、高效化和具体化。目前我国企业环境管理体制具有如下特点：第一，一人主管，分工负责。一般是企业的领导班子中一位主管领导负责企业的环境管理，其他领导班子成员按照分管的工作负责其中涉及环境管理的部分。第二，职能科室，各有专责。企业内每一个科室，对自己工作中涉及环境保护的工作具体负责。第三，落实基层，监督考核。企业的环境责任落实到每一个车间、班组和职工个人，建立定量考核制度，保证将环境管理工作落到实处。

企业的环境管理体制建设还应该包括企业环境管理机构建设和环境管理制度建设。企业环保机构一般应由综合管理部门、环境监测部门、环境科研部门 3 个方面的专职机构组成。中小型企业可根据情况将以上 3 个部门的职能分别纳入到相应的部门之中。企业的环境管理规章制度是企业管理制度的重要组成部分，以企业"立法"的形式对各项环境管理工作提出的要求与规定，具有一定的强制性，是职工进行与企业环境有关活动的行为规范和准则。企业的环境管理规章制度可根据企业生产规模和环境问题状况不同有所差异。一般应包含企业环境保护的总体规定、企业环境管理相关技术标准或规程、企业环境保护管理制度、企业环境保护责任制度等。企业环境制度应涉及企业生产经营过程中每一个与资源环境相关的环节，并有效执行。

（二）企业环境计划管理

企业的环境保护目标是企业生产经营发展目标的重要组成部分，是企业进行重要决策的依据，也是贯彻国家环境保护方针的具体体现，对企业发展起着十分重要的作用。企业环境保护职能部门负责根据企业发展和环境状况制定环境目标和环境规划，经审定后执行。同时还要制定出实施环境规划与目标的年度环境工作计划和具体实施计划，将环境保护计划纳入企业的计划管理之中。

（三）企业环境质量管理

企业环境质量管理包括为实现企业环境目标，控制本企业污染物排放进行的各项工作。是企业环境管理中最经常性的工作。主要内容包括：准确掌握本企业污染源和主要污染物排放情况；恰当分解主要污染物消减量指标；建立环境质量监测系统；掌握污染物产生的原因、污染物排放数量和种类、迁移转化规律及对环境的影响程度；进行污染现状评价和环境影响预测，建立环境质量分析报告制度；兼顾环境目标和生产目标，综合考虑技术、工艺及环境容量等因素，提出企业节能减排最优方案。

（四）企业环境技术管理

企业的环境技术管理是为企业合理利用资源，有效控制污染保护企业和周围环境而运用的技术政策和技术措施所做的各项管理。主要内容包括：研究和落实国家污染防治的技术政策；制定和改进本企业生产工艺以利于节能减排的技术方案，将环境保护要求纳入生产技术规程；组织科技研究，研发合理利用资源，减少"三废"的新技术和新工艺等。通过制定技术标准、规程，对技术路线、生产工艺和污染防治技术进行环境经济评价，使生产技术的发展既能促进经济的不断发展，又能保证环境质量不断改善。

四、清洁生产和绿色企业

随着人类社会经济的不断发展和对环境问题认识水平的提高，现代工业企业正在不断改变传统的工业产业结构，改进企业生产方式和营销，以减轻其对环境的影响，在企业内开展清洁生产，创建绿色企业已成为工业企业发展的主流。

（一）清洁生产

1. 清洁生产的概念

清洁生产是指将综合预防的环境保护策略持续应用于生产过程和产品中，以期减少对人类和环境的风险。清洁生产从本质上来说，就是对生产过程与产品采取整体预防的环境策略，减少或者消除它们对人类及环境的可能危害，同时充分满足人类需要，使社会经济效益最大化的一种生产模式。

（1）清洁生产的目标　根据经济可持续发展对资源和环境的要求，清洁生产谋求达到两个目标：①通过资源的综合利用，短缺资源的代用，二次能源的利用，以及节能、降耗、节水，合理利用自然资源，减缓资源的耗竭；②减少废物和污染物的排放，促进工业产品的生产、消耗过程与环境相融，降低工业活动对人类和环境的风险。

（2）清洁生产的过程　清洁生产的每个周期包含了两个清洁过程控制：生产全过程控制和产品周期全过程控制。对生产过程而言，清洁生产包括节约原材料和能源，淘汰有毒有害的原材料，并在全部排放物和废物离开生产过程以前，尽最大可能减少它们的排放量和毒性；对产品而言，清洁生产旨在减少产品整个生命周期过程从原料的提取到产品的最终处置对人类和环境的影响。

2. 清洁生产的优势

清洁生产和传统生产相比具有以下几点优势：

（1）能促使企业建立环境管理体系　推行清洁生产需企业建立一个预防污染、保护资源所必需的组织机构，要明确职责并进行科学的规划，制定发展战略、政策、法规。是包括产品设计、能源与原材料的更新与替代、开发少废无废清洁工艺、排放污染物处置及物料循环等的一项系统工程。

（2）能有效预防过程污染，减轻末端治理的压力　清洁生产是对产品生产过程中产生的污染进行综合预防，以预防为主，通过污染物的削减和回收利用，使废物减至最少，有效地防止污染物的产生。

（3）能产生良好的经济效益　在技术可靠前提下执行清洁生产、预防污染的方案，进行社会、经济、环境效益分析，使生产体系运行最优化，以及产品具备最佳的质量价格。同时，清洁生产强调废物循环利用，建立生产闭合圈，对废物的有效处理和回收利用，既可减少污染，又可创造财富。

（4）与企业发展相适应　清洁生产结合企业产品特点和工艺生产要求，使其目的符合企业生产经营发展的需要。环境保护工作要考虑不同经济发展阶段的要求和企业经济的支撑能力，这样清洁生产不仅推进企业生产的发展，而且保护了生态环境和自然资源。

3. 清洁生产的主要措施

（1）实施产品绿色设计　企业实行清洁生产，在产品设计过程中，一要考虑环境保护，减少资源消耗，实现可持续发展战略；二要考虑商业利益，降低成本、减少潜在的责任风险，提高竞争力。具体做法是：在产品设计之初就注意未来的可修改性，容易升级以及可生产几种产品的基础设计，提供减少固体废物污染的实质性机会。产品设计要达到只需要重新设计一些零件就可更新产品的目的，从而减少固体废物。在产品设计时还应考虑在生产中使用更少的材料或更多的节能成分，优先选择无毒、低毒、少污染的原辅材料替代原有毒性较大的原辅材料，防止原料及产品对人类和环境的危害。

（2）实施生产全过程控制　清洁的生产过程要求企业采用少废、无废的生产工艺技术和高效生产设备；尽量少用、不用有毒有害的原料；减少生产过程中的各种危险因素和有毒有害的中间产品；使用简便、可靠的操作和控制；建立良好的卫生规范（GMP）、卫生标准操作程序（SSOP）和危害分析与关键控制点（HACCP）；组织物料的再循环；建立全面质量管理系统（TQMS）；优化生产组织；进行必要的污染治理，实现清洁、高效的利用和生产。

（3）实施材料优化管理　材料优化管理是企业实施清洁生产的重要环节。选择材料，评估化学使用，估计生命周期是能提高材料管理的重要方面。企业实施清洁生产，在选择材料时其要关心再使用与可循环性，具有再使用与再循环性的材料可以通过提高环境质量和减少成本获得经济与环境收益；实行合理的材料闭环流动，主要包括原材料和产品的回收处理过程的材料流动、产品使用过程的材料流动和产品制造过程的材料流动。原材料的加工循环是自然资源到成品材料的流动过程以及开采、加工过程中产生的废弃物的回收利用所组成的一个封闭过程。产品制造过程的材料流动，是材料在整个制造系统中的流动过程，以及在此过程中产生的废弃物的回收处理形成的循环过程。制造过程的各个环节直接或间接地影响着材料的消耗。产品使用过程的材料流动是在产品的寿命周期内，产品的使用、维修、保养及服务等过程，以及在这些过程中产生的废弃物的回收利用过程。产品的回收过程的材料流动是产品使用后的处理过程，其组成主要包括：可重用的零部件、可再生的零部件、不可再生的废弃物。在材料消耗的 4 个环节里，都要将废弃物减量化、资源化和无害化，或消灭在生产过程之中，不仅要实现生产过程的无污染或不污染，而且生产出来的产品也没有污染。

4. 意义

清洁生产是一种新的创造性理念，这种理念将整体预防的环境战略持续应用于生产过程、产品和服务中，以增加生态效率和减少人类及环境的风险。清洁生产是环境保护战略由被动反应向主动行动的一种转变。20 世纪 80 年代以后，随着经济建设的快速发展，全球性的环境污染和生态破坏日益加剧，资源和能源的短缺制约着经济的发展，人们也逐渐认识到仅仅依靠开发有效的污染治理技术对所产生的污染进行末端治理所实现的环境效益是非常有限的。如关心产品和生产过程对环境的影响，依靠改进生产工艺和加强管理等措施来消除污染可能更为有效，因此清洁生产的概念和实践也随之出现，并以其旺盛的生命力在世界范围内迅速推广。首先，清洁生产体现的是预防为主的环境战略。传统的末端治理与生产过程相脱节，先污染再去治理，这是发达国家曾经走过的道路；清洁生产要求从产品设计开始，到选择原料、工艺路线和设备、废物利用、运行管理的各个环节，通过不断地加强管理和技术进步，提高资源利用率，减少乃至消除污染物的产生，体现预防为主的思想。其次，清洁生产体现的是集约型的增长方式。清洁生产要求改变以牺牲环境为代价的、传统的粗放型的经济发展模式，走内涵发展道路。要实现这一目标，企业必须大力调整产品结构，革新生产工艺，优化生产过程，提高技术装备水平，加强科学管理，提高人员素质，实现节能、降耗、减污、增效，合理、高效配置资源，最大限度地提高资源利用率。第三，清洁生产体现了环境效益与经济效益的统一。传统的末端治理，投入多、运行成本高、治理难度大，只有环境效益没有经济效益；清洁生产的最终结果是企业管理水平、生产工艺技术水平得到提高，资源得到充分利用，环境从根本上得到改善。清洁生产与传统的末端治理的最大不同是找到了环境效益与经济效益相统一的结合点，能够调动企业防治工业污染的积极性。

五、绿色企业

1. 概念

绿色企业是指以可持续发展为己任，把节约资源、保护和改善生态与环境，纳入企业生产经营管理全过程，实现经济效益、社会效益和环境效益的和谐统一并卓有成效的企业。如果说实现清洁生产是企业改变传统生产方式的开始，那么创建绿色企业无疑是使企业现代化生产和经营的全面提升，同时也是企业生存和发展的趋势所在。

近些年来，日益严峻的资源和环境形势，使企业必须转变原有的生产模式，承担改善环境的社会责任。同时社会公众环境保护意识和环境素质的增强，也使得环境污染型企业逐渐失去生存的空间。注重环境保护，建立绿色生产和经营，对企业来说，不再只是支出和投入，也不再只是作为与企业利润相对立的经济负担，而是企业新的财富源泉。树立绿色经营理念，采用绿色经营模式，逐渐成为企业增加盈利、获得成长的必然选择。进入 21 世纪，创建绿色企业对企业的发展具有越来越强的吸引力。

2. 主要特征

（1）生产绿色产品　绿色企业从产品设计、产品制造、产品销售到产品回收处置，涉及的全过程的每一个环节，实现对环境无害或危害很少，符合特定的环保要求，有利于资源再生利用。完美的绿色产品设计与生产，还注重整个的生态产业链的绿色健康发展，对国家和社会及个人都有益。

(2)使用绿色技术　绿色技术是指能够节约资源、避免和减少环境污染的技术，是绿色管理的核心内容，绿色技术可以分为末端处理技术和污染预防技术。末端处理技术是在默认现有生产体系的前提下，对废弃物采用分离、处置、处理等手段，试图减少废弃物对环境的污染的技术。污染预防技术则着重于污染源头的削减。绿色技术是解决资源耗费和环境污染产生的主要办法，它既可以为企业带来效益和增强竞争力，又可以在不牺牲生态环境前提下发展，是建设绿色企业的关键。

(3)开展绿色营销　绿色营销即企业在市场调查、产品研制，产品定价、促销活动等整个营销过程中，都以维护生态平衡，重视环保的"绿色理念"为指导，使企业的发展与消费者和社会的利益相一致。绿色营销应包括收集绿色信息、发展绿色技术、开发绿色产品、实行绿色包装、制定绿色价格、开拓绿色促销、推广绿色使用、提供绿色服务、宣传绿色知识等。将合理利用资源和减少环境污染的环保理念贯穿于营销活动的始终。

绿色企业把生态过程的特点引申到企业中来，从生态与经济综合的角度出发，考察工业产品从绿色设计、绿色制造到绿色消费的全过程，以其协调企业生态与企业经济之间的关系，主要着眼点和目标不是消除污染造成的后果，而是运用绿色技术从根本上消除造成污染的根源，实现集约、高效 无废、无害. 无污染的绿色工业生产。绿色企业比一般企业能更高效地利用资源和能源，以较少的物耗、能耗生产出更多的绿色产品，并将一般企业中被排出厂外的废弃物和余热等得到回收利用，大大提高绿色企业的循环经济综合效率，而非单纯的经济效率或生态效率。

3. 发展优势

(1)有效降低生产成本　在企业内部，资源利用的无效率，通常表现在物料使用不安全或是制成品管理太差，导致没有必要的浪费或储存。产品的生命周期中埋藏着很多隐性成本，如经销商或客户任意抛弃包装材料，生产过程中废弃物的随意处置等。这些既浪费资源又增加了产品成本。绿色企业在原材料和能量的利用方面可以做到最大程度的节约，有效降低生产成本。

(2)有利于企业市场竞争　面对日益扩大的绿色市场，企业要想在新一轮的竞争中立于不败之地，就必须赢得市场，赢得消费者。为此，企业应该及时更新经营观念，定位于绿色市场，投入适当的人力、财力和物力，积极开发适应市场需求的绿色产品。据调查，美国大部分绿色食品的销售价格，比同类普通食品的销售价格大约高50%，80%的消费者愿意为环保商品支付超额的价值。在欧洲，绿色食品的零售价比普通食品高50%~150%，生产商可以多获利10%~50%。尽管绿色食品的价格偏高，但消费者还是愿意为此支付较高的价格。在我国现阶段，消费者对绿色产品的购买意愿还不如发达国家强劲，但绿色消费代表的是市场发展的方向，是将来的发展趋势。在这样一场消费需求的革命中，率先实施绿色经营的企业必将抢占市场先机，获得市场竞争优势。

(3)更好地规避环境风险　环境风险是指企业被迫支付环境污染的巨额费用的风险，以及由此带来的信用风险。随着我国环境保护法律法规的不断完善，环境执法将越来越严，企业的环境风险也越来越大。其主要风险有3个方面：一是由于污染环境造成环境损失而支付的罚款。目前在一些发达国家，企业承担污染导致环境损害的责任而付出的治理环境污染的费用达到了历史上的最高点，严厉的处罚甚至使有的企业被迫停止经营活动；二是金融机构越来越注重企业环境问题对其信贷和投资决策的影响。现在许多银行在提供贷款之前要求先对企业进行环境评估。一旦企业产生环境事故，就会增加银行的贷款成本。贷款的企业会因为罚款和清理污染而被迫追加环保费用支出，从而导致因流动资金困难而无力偿还债务；三是投资者要求他们所投资的企业遵守环境标准。当前国外一些信托投资公司对上市公司进行选择时，宣布只对符合社会和伦理标准的公司进行投资。这些都要求现代企业进行绿色经营，审视自己的环保责任，以规避环境风险。

率先实施绿色经营的企业，将比使用传统生产方式和技术的企业获得先动优势。因为在绿色经济发展的初期，往往会运用价格、税收、信贷、收费等一系列手段来激励市场主体的行为朝着有利环保的方向发展。先行的企业享有这些绿色优惠政策而获得更多的竞争优势。

4. 创建绿色企业的主要对策

(1)创建绿色企业文化　创建绿色企业经营是一项战略决策，思想观念的转变是第一位的。不仅企业管理者必须率先把环境保护作为企业经营和发展的立足点，还要通过宣传教育、制定规则、贯彻实施等具体措施，把这一指导思想落实到每个员工，使全体员工都认识到：企业的一切生产经营活动都要与环境保护结合起来，环境保护是企业不可推卸的社会责任。

(2)制定绿色生产经营规划　绿色经营的关键在于制定与实施绿色经营规划，包括确立实施绿色经营的战略目标、实施步骤和对策措施。企业首先要对绿色经营的现状、存在的问题及差距进行深入分析，然后结合企业的各种要素、资源特点以及经过努力可能达到的水平，最终确定所要实现的绿色经营战略目标。企业要把绿色经营战略目标具体化为规划期内所要完成的总任务和将要达到的总水平，并在任务分解的基础上，有针对性地提出解决问题的对策措施，以保证绿色经营的顺利实施。

(3)推行绿色生产　环境问题不仅仅是生产终端的问题，在整个生产过程及其前后的各个环节都可能发生。因此，实施绿色经营必须重视污染物的全程控制和预防，而绿色生产是其最佳方式之一。

清洁生产包括清洁的生产过程和清洁的产品两个方面。实现清洁生产要贯彻两个全过程控制：一是产品生命周期的全过程控制，即从原材料加工、提炼到产出产品，产品使用，直至报废处置的各个环节都必须采取必要的清洁措施，以实施物质生产、人类消费污染的预防控制；二是生产的全过程控制，即从产品开发、规划、设计、建设到物质生产过程中污染发生的控制。

要生产出清洁的产品，必须重点抓好以下3个方面工作：一是材料的选择。要选用无毒、无害材料，以降低产品对健康的危害和安全风险；选用轻质、节能的新材料，以减少产品的重量和资源能源的消耗；选用可再生、可循环的新材料，以减少资源的消耗以及便于报废处理、生物降解和循环利用；选用生产过程中的废料作为产品原材料的一部分，以实现废料再循环，提高资源的利用率；二是产品的设计。要有利于减少加工工序和生产装配，以便于生产制造、降低能耗；要注重可循环设计，其中包括可拆卸设计和模块化设计，以减少报废处理的难度，提高资源的利用率和降低环境污染；三是产品的包装。要坚持5R原则：即包装材料减量(reduce)、包装材料再利用（reuse）、包装材料循环再生(recycle)、包装材料流入回收体系(recovery)、包装材料技术和方法研究(research)。

（4）加强绿色管理 一是要建立企业绿色管理体系。ISO 14000 是国际标准化组织继ISO 9000 之后推出的第二个系列标准，其目的是规范企业等组织行为，节省资源，减少环境污染，改善环境质量，促进经济持续、健康发展。实施 ISO 14000，首先，要把可持续发展思想纳入企业战略体系，制定环境方针，成立绿色管理领导小组，负责绿色管理体系的建立与实施。其次，要将绿色管理纳入组织管理活动，与质量管理体系等相互协调，形成一个有机整体，做到资源共享。再次，要按 ISO 14000 标准的思想和要求，对产品或生产过程的生命周期进行环境规划，使企业的绿色管理直接渗透到产品的生命周期中，以推动污染预防的实施和环境业绩的改善；二是要实施绿色会计制度。绿色会计是以货币为主要计量尺度，以有关环保法规为依据，研究企业经营与环境保护之间的关系，计量、记录企业污染、环境防治和开发利用的成本、费用，以评估企业环境绩效及环境活动对企业财务成本的影响，它是企业实施绿色经营的重要条件。它要求会计人员在企业进行经营活动时，正确、及时、合理地对企业耗用环境资源的程度进行核算，其内容主要包括自然资源损耗成本、环境污染成本、企业资源利用率和环境代价的评估等。

（5）开展绿色营销 绿色营销是指以产品对环境的影响为核心的市场营销手段，或以环境问题作为推进点而展开的营销实践。它涉及企业、环境、消费者与市场 4 个要素，比传统营销多了"环境"这个要素。企业开展绿色营销，第一，要收集绿色信息。企业应该从市场出发，建立一个能够对绿色信息进行搜集、整理、储存、检索和分析的绿色营销系统；第二，要开发绿色产品。产品在生产、使用、废弃时应该具有安全性和无污染性，企业使用的原材料和包装要有利于环境保护；第三，要制定绿色价格。企业应该考虑环境资源成本的内部化，即产品价格中应反映企业在原料、使用技术、三废处理等方面的绿色成本，以保证自然资源和生态环境价值在利用过程中得到合理补偿；第四，要选择绿色渠道。企业应该选用有信誉的批发商、零售商，设立绿色专柜、绿色专卖商店或绿色连锁店，还可以开展绿色产品直销活动，缩短渠道，减少污染；第五，要实施绿色促销。企业应该利用绿色广告、宣传报道、人员推销、营业推广等各种促销形式，在市场上广泛宣传自己的绿色产品，让更多的消费者了解和熟悉企业的产品，树立企业良好的绿色形象。

第四节　自然保护区环境规划与管理

一、自然保护区概述

1. 自然保护区的含义

自然保护区是指对有代表性的自然生态系统、珍稀濒危野生动植物物种的天然集中分布、有特殊意义的自然遗迹等保护对象所在的陆地、陆地水域或海域，依法划出一定面积予以特殊保护和管理的区域。

自然保护区分为广义和狭义两种。广义的自然保护区，是指受国家法律特殊保护的各种自然区域的总称，不仅包括自然保护区本身，还包括国家公园、风景名胜区、自然遗迹地等各种保护地区。狭义的自然保护区，是指以保护特殊生态系统进行科学研究为主要目的而划定的区域，即严格意义的自然保护区。

自然保护区是推进生态文明、构建国家生态安全屏障、建设美丽中国的重要载体。自1956年建立第一处自然保护区以来，经过60多年的发展，我国已基本形成类型比较齐全、布局基本合理、功能相对完善的自然保护区体系。自然保护区总面积达到 $147 \times 10^4 km^2$，约占全国陆地面积的 14.84%。已成为世界上规模最大的保护区体系之一。国家级自然保护区均已建立相应管理机构，多数已建成管护站点等基础设施。截至2017年年底，我国(不包括香港、澳门特别行政区和台湾省)共建立各种类型、不同级别的自然保护区2750个，其中国家级463个。基本形成了类型比较齐全、布局基本合理、功能相对完善的自然保护区网络。

2. 建立自然保护区的意义

(1)维持生态系统平衡，改善环境质量　自然保护区对本地和周围地区环境质量的改善，在涵养水源、维护生物多样性、维持自然生态系统的正常循环和提高当地群众的生存环境质量，促进当地农业生态环境逐步向良性循环转化，提高农作物产量，减免自然灾害等方面都在不断发挥着重要作用。

(2)反映自然要素本底，展示生态系统的原貌　自然界中，生物与环境、生物与生物之间存在着相互依存，相互制约的复杂生态关系，这是生物进化发展的动力，人类在自然界所从事的各项社会生产活动中，必须充分认识到保护好各类典型而有代表性自然生态系统的重要性，必须认识和遵循这些规律，才能维持自身的生存和创建适宜的条件。随着人类对环境影响程度的深入，未受人类影响或影响较小的生态系统越来越少。建立自然保护区能为人类研究自然生态系统的原貌和演变规律提供依据。

(3)保存野生物种，丰富物种基因库　自然界的野生物种是宝贵的种质资源。人类在发展、改造和利用自然财富的实践过程中，要不断地提高生物品种的产量和质量，选育优良品种，就必须从自然界中找到它们野外的原生种或近亲种，自然保护区能为保存野生物种和它们的遗传基因提供有效的保证。

(4)提供实验场所，利于科学研究　人类发展的历史就是了解自然、认识自然、利用自然和改造自然的漫长历史过程。在科学技术发达的当代，人类要持续地利用资源，必须尊重自然发展变化的客观规律。自然保护区为进行各种生物学、生态学、地质学、古生物学及其他学科的研究提供有利条件，为种群和物种的演变与发展，为环境科学研究提供了良好的基地。

(5)利用有利条件，开展公众教育　自然保护区是为广大公众普及自然科学知识的重要场所。有计划地安排教学实习、参观考察及组织青少年夏令营活动，利用自然保护区宣传教育中心内设置的标本、模型、图片和录像等，向人们普及生物学、自然地理等自然知识。

(6)提供独特景观，丰富旅游资源　自然保护区丰富的物种资源，优美的自然景观，还可满足人类精神文化生活的需求。有条件的自然保护区可划出特定旅游区域，供人们参观游览。同时对从事音乐、美术等文学工作者来说，自然保护区常常是进行艺术创作的重要场地和艺术灵感的触发源泉。

二、自然保护区分类

（一）自然保护区的类别划分

根据自然保护区的主要保护对象，自然保护区分为自然生态系统类、野生生物类、自然遗迹类 3 个类别共 9 个类型。自然保护区类型划分见表 3-4。

表 3-4　自然保护区类型划分表

序号	类别	类型
1	自然生态系统类	森林生态系统类型 草原与草甸生态系统类型 荒漠生态系统类型 内陆湿地和水域生态系统类型 海洋和海岸生态系统类型
2	野生生物类	野生动物类型 野生植物类型
3	自然遗迹类	地质遗迹类型 古生物遗迹类型

自然生态系统类自然保护区，是指以具有一定代表性、典型性和完整性的生物群落和非生物环境共同组成的生态系统作为主要保护对象的一类自然保护区，其下又可分为森林生态系统、草原与草甸生态系统、荒漠生态系统、内陆湿地和水域生态系统、海洋和海岸生态系统 5 个类型。森林生态系统类型自然保护区，是指以森林植被及其生境所形成的自然生态系统作为主要保护对象的自然保护区；草原与草甸生态系统类型自然保护区，是指以草原植被及其生境所形成的自然生态系统作为主要保护对象的自然保护区；荒漠生态系统类型自然保护区，是指以荒漠生物和非生物环境共同形成的自然生态系统作为主要保护对象的自然保护区；内陆湿地和水域生态系统类型自然保护区，是指以水生和陆栖生物及其生境共同形成的湿地和水域生态系统作为主要保护对象的自然保护区；海洋和海岸生态系统类型自然保护区，是指以海洋、海岸生物与其生境共同形成的海洋和海岸生态系统作为主要保护对象的自然保护区。

野生生物类自然保护区，是指以野生生物物种，尤其是珍稀濒危物种种群及其自然生境为主要保护对象的一类自然保护区，下分野生动物和野生植物 2 个类型。野生动物类型自然保护区，是指以野生动物物种，特别是珍稀濒危动物和重要经济动物种种群及其自然生境作为主要保护对象的自然保护区；野生植物类型自然保护区，是指以野生植物物种，特别是珍稀濒危植物和重要经济植物种种群及其自然生境作为主要保护对象的自然保护区。

自然遗迹类自然保护区，是指以特殊意义的地质遗迹和古生物遗迹等作为主要保护对象的一类自然保护区，以下又可分为地质遗迹和古生物遗迹 2 个类型。地质遗迹类型自然保护区，是指以特殊地质构造、地质剖面、奇特地质景观、珍稀矿物、奇泉、瀑布、地质灾害遗迹等作为主要保护对象的自然保护区；古生物遗迹类型生然保护区，是指以古人类、古生物化石产地和活动遗迹作为主要保护对象的自然保护区。

（二）自然保护区的级别划分

自然保护区分为国家级、省（自治区、直辖市）级、市（自治州）级和县（自治县、旗、县级市）级，共4个级别。

1. 国家级自然保护区

国家级自然保护区是指在全国或全球具有极高的科学、文化和经济价值，并经国务院批准建立的自然保护区。

（1）国家级自然生态系统类自然保护区　必须具备下列条件：第一，其生态系统在全球或在国内所属生物气候带中具有高度的代表性和典型性；第二，其生态系统中具有在全球稀有、在国内仅有的生物群或生境类型；第三，其生态系统被认为在国内所属生物气候带中具有高度丰富的生物多样性；第四，其生态系统尚未遭到人为破坏或破坏很轻，保持着良好的自然性；第五，其生态系统完整或基本完整，保护区拥有足以维持这种完整性所需的面积，包括具备 1000 hm^2 以上面积的核心区和相应面积的缓冲区。

（2）国家级野生生物类自然保护区　必须具备下列条件：第一，国家重点保护野生动、植物的集中分布区、主要栖息地和繁殖地；或国内或所属生物地理界中著名的野生生物物种多样性的集中分布区；或国家特别重要的野生经济动、植物的主要产地；或国家特别重要的驯化栽培物种其野生亲缘种的主要产地。第二，生境维持在良好的自然状态，几乎未受到人为破坏。第三，保护区面积要求足以维持其保护物种种群的生存和正常繁衍，并要求具备相应面积的缓冲区。

（3）国家级自然遗迹类自然保护区　必须具备下列条件：第一，其遗迹在国内外同类自然遗迹中具有典型性和代表性；第二，其遗迹在国际上稀有，在国内仅有；第三，其遗迹保持良好的自然性，受人为影响很小；第四，其遗迹保存完整，遗迹周围具有相当面积的缓冲区。

2. 省（自治区、直辖市）级自然保护区

省（自治区、直辖市）级自然保护区是指在本辖区或所属生物地理省内具有较高的科学、文化和经济价值以及休憩、娱乐、观赏价值，并经省级人民政府批准建立的自然保护区。

（1）省级自然生态系统类自然保护区　必须具备下列条件：第一，其生态系统在辖区所属生物气候带内具有高度的代表性和典型性；第二，其生态系统中具有在国内稀有，在辖区内仅有的生物群落或生境类型；第三，其生态系统被认为在辖区所属生物气候带中具有高度丰富的生物多样性；第四，其生态系统保持较好的自然性，虽遭到人为干扰，但破坏程度较轻，尚可恢复到原有的自然状态；第五，其生态系统完整或基本完整，保护区的面积基本上尚能维持这种完整性；第六，或其生态系统虽未能完全满足上述条件，但对促进本辖区内或更大范围地区内的经济发展和生态环境保护具有重大意义，如对保护自然资源、保持水土和改善环境有重要意义的自然保护区。

（2）省级野生生物类自然保护区　必须具备下列条件：第一，国家重点保护野生动、植物种的主要分布区和省级重点保护野生动、植物种的集中分布区、主要栖息地及繁殖地；或辖区内或所属生物地理中较著名的野生生物物种集中分布区；或国内野生生物物种模式标本集中产地；或辖区内外重要野生经济动植物或重要驯化物种亲缘种的产地。第二，生境维持在较好的自然状态，受人为影响较小。第三，其保护区面积要求能够维持保护物种其种群的生存和繁衍。

（3）省级自然遗迹类自然保护区　必须具备下列条件：第一，其遗迹在本辖区内、外同类自然遗迹中具有典型性和代表性；第二，其遗迹在国内稀有，在本辖区仅有；第三，其遗迹尚保持较好的自然性，受人为破坏较小；第四，其遗迹基本保存完整，保护区面积尚能保持其完整性。

3. 市（自治州）级和县（自治县、旗、县级市）级自然保护区

市（自治州）级和县（自治县、旗、县级市）级自然保护区是指在本辖区或本地区内具有较为重要的科学、文化、经济价值以及娱乐、休憩、观赏的价值，并经同级人民政府批准建立的自然保护区。

（1）市、县级自然生态系统类自然保护区　必须具备下列条件：第一，其生态系统在本地区具有高度的代表性和典型性；第二，其生态系统中具有在省（自治区、直辖市）内稀有、本地区仅有的生物群落或生境类型；第三，其生态系统在本地区具有较好的生物多样性；第四，其生态系统呈一定的自然状态或半自然状态；第五，其生态系统基本完整或不太完整，但经过保护尚可维持或恢复到较完整的状态；第六，其生态系统虽不能完全满足上述条件，但对促进地方自然资源的持续利用和改善生态环境具有重要作用，如资源管理和持续利用的保护区及水源涵养林，防风固沙林等类保护区。

（2）市、县级野生生物类自然保护区　必须具备下列条件：第一，省级重点保护野生动、植物的主要分布区和国家重点保护野生动、植物种的一般分布区；或本地区比较著名的野生生物种集中分布区；或国内某些生物物种模式标本的产地；或地区性重要野生经济动、植物或重要驯化物种亲缘种的产地。第二，生境维持在一定的自然状态，尚未受到严重的人为破坏生境维持在一定的自然状态，其保护区面积要求至少能维持保护物种现有的种群规模。

（3）市县级自然遗迹类自然保护区　必须具备下列条件：第一，其遗迹在本地区具有一定的代表性、典型性；第二，其遗迹在本地区尚属稀有或仅有；第三，其遗迹虽遭人为破坏，但破坏不大，且尚可维持在现有水平。

三、自然保护区环境管理

（一）建设管理

强化自然保护区建设和管理，是贯彻落实创新、协调、绿色、开放、共享新发展理念的具体行动，是保护生物多样性、筑牢生态安全屏障、确保各类自然生态系统安全稳定、改善生态环境质量的有效举措。《中华人民共和国自然保护区条例》规定，凡具有下列条件之一的，应当建立自然保护区：

①典型的自然地理区域、有代表性的自然生态系统区域以及已经遭受破坏但经保护能够恢复的同类自然生态系统区域。

②珍稀、濒危野生动植物物种的天然集中分布区域。

③具有特殊保护价值的海域、海岸、岛屿、湿地、内陆水域、森林、草原和荒漠。

④具有重大科学文化价值的地质构造、著名溶洞、化石分布区、冰川、火山、温泉等自然遗迹。

⑤经国务院或者省、自治区、直辖市人民政府批准，需要予以特殊保护的其他自然区域。

《中华人民共和国自然保护区条例》第十一条规定：在国内外有典型意义、在科学上有重大国际影响或者有特殊科学研究价值的自然保护区，列为国家级自然保护区。除列为国家级自然保护区的外，其他具有典型意义或者重要科学研究价值的自然保护区列为地方级自然保护区。

国家级自然保护区的建立，由自然保护区所在的省、自治区、直辖市人民政府或者国务院有关自然保护区行政主管部门提出申请，经国家级自然保护区评审委员会评审后，由国务院环境保护行政主管部门进行协调并提出审批建议，报国务院批准。地方级自然保护区的建立，由自然保护区所在的县、自治县、市、自治州人民政府或者省、自治区、直辖市人民政府有关自然保护区行政主管部门提出申请，经地方级自然保护区评审委员会评审后，由省、自治区、直辖市人民政府环境保护行政主管部门进行协调并提出审批建议，报省、自治区、直辖市人民政府批准，并报国务院环境保护行政主管部门和国务院有关自然保护区行政主管部门备案。跨两个以上行政区域的自然保护区的建立，由有关行政区域的人民政府协商一致后提出申请，并按照前两款规定的程序审批。建立海上自然保护区，须经国务院批准。

（二）自然保护区环境规划管理

自然保护区环境规划是在对自然保护区的资源和环境特点、社会经济条件、资源保护与开发利用现状以及潜在因素进行综合调查分析的基础上，在明确的自然保护区的范围、性质、类型、发展方向和发展目标的指导下，制订的自然保护区保护环境建设与管理的各方面的计划、方案和措施。自然保护区环境规划是长期指导自然保护区建设与管理的依据。国务院环境保护行政主管部门应当会同国务院有关自然保护区行政主管部门，在对全国自然环境和自然资源状况进行调查和评价的基础上，拟订国家自然保护区发展规划，经国务院计划部门综合平衡后，报国务院批准实施。

自然保护区管理机构或者该自然保护区行政主管部门应当组织编制自然保护区的建设规划，按照规定的程序纳入国家的、地方的或者部门的投资计划，并组织实施。

（三）自然保护区功能区划管理

自然保护区按照环境保护目标可以分为核心区、缓冲区和实验区。自然保护区内保存完好的天然状态的生态系统以及珍稀、濒危动植物的集中分布地，应当划为核心区。核心区外围可以划定一定面积的缓冲区，缓冲区外围划为实验区，原批准建立自然保护区的人民政府认为必要时，可以在自然保护区的外围划定一定面积的外围保护地带。

自然保护区的核心区禁止任何单位和个人进入，也不允许进入从事科学研究活动。因科学研究的需要，必须进入核心区从事科学研究观测、调查活动的，应当事先向自然保护区管理机构提交申请和活动计划，并经自然保护区管理机构批准；其中，进入国家级自然保护区核心区的，应当经省、自治区、直辖市人民政府有关自然保护区行政主管部门批准。禁止在自然保护区的缓冲区开展旅游和生产经营活动。因教学科研的目的，需要进入自然保护区的缓冲区从事非破坏性的科学研究、教学实习和标本采集活动的，应当事先向自然保护区管理机构提交申请和活动计划，经自然保护区管理机构批准。在自然保护区的实验区内开展参观、旅游活动的，由自然保护区管理机构编制方案，方案应当符合自然保护区管理目标。

在自然保护区的核心区和缓冲区内，不得建设任何生产设施。在自然保护区的实验区内，不得建设污染环境、破坏资源或者景观的生产设施；建设其他项目，其污染物排放不得超过国家和地方规定的污染物排放标准。在自然保护区的实验区内已经建成的设施，其污染物排放超过国家和地方规定的排放标准的，应当限期治理；造成损害的，必须采取补救措施。《中华人民共和国自然保护区条例》第三十条还规定，自然保护区的内部未分区的，依照本条例有关核心区和缓冲区的规定管理。

在自然保护区的外围保护地带建设的项目，不得损害自然保护区内的环境质量；已造成损害的，应当限期治理。限期治理决定由法律、法规规定的机关做出，被限期治理的企业、事业单位必须按期完成治理任务。

(四)环境管理体系

1. 机构体系

国家对自然保护区实行综合管理与分部门管理相结合的管理体制。国务院环境保护行政主管部门负责全国自然保护区的综合管理。国务院林业、农业、地质矿产、水利、海洋等有关行政主管部门在各自的职责范围内，主管有关的自然保护区。县级以上地方人民政府负责自然保护区管理的部门的设置和职责，由省、自治区、直辖市人民政府根据当地具体情况确定。

国家级自然保护区，由其所在地的省、自治区、直辖市人民政府有关自然保护区行政主管部门或者国务院有关自然保护区行政主管部门管理。地方级自然保护区，由其所在地的县级以上地方人民政府有关自然保护区行政主管部门管理。有关自然保护区行政主管部门应当在自然保护区内设立专门的管理机构，配备专业技术人员，负责自然保护区的具体管理工作。根据《中华人民共和国自然保护区条例》第二十二条：自然保护区管理机构的主要职责：

①贯彻执行国家有关自然保护的法律、法规和方针、政策。

②制定自然保护区的各项管理制度，统一管理自然保护区。

③调查自然资源并建立档案，组织环境监测，保护自然保护区内的自然环境和自然资源。

④组织或者协助有关部门开展自然保护区的科学研究工作。

⑤进行自然保护的宣传教育。

⑥在不影响保护自然保护区的自然环境和自然资源的前提下，组织开展参观、旅游等活动。

2. 技术规范体系

全国自然保护区管理的技术规范和标准，由国务院环境保护行政主管部门组织国务院有关自然保护区行政主管部门制定。国务院有关自然保护区行政主管部门可以按照职责分工，制定有关类型自然保护区管理的技术规范，报国务院环境保护行政主管部门备案。

3. 主要政策和法律保障

①国家采取有利于发展自然保护区的经济、技术政策和措施，将自然保护区的发展规划纳入国民经济和社会发展计划。

②自然保护区所在地的公安机关，可以根据需要在自然保护区设置公安派出机构，维护自然保护区内的治安秩序。

③管理自然保护区所需经费，由自然保护区所在地的县级以上地方人民政府安排。国家对国家级自然保护区的管理，给予适当的资金补助。

④自然保护区管理机构或者其行政主管部门可以接受国内外组织和个人的捐赠，用于自然保护区的建设和管理。

《中华人民共和国自然保护区条例》还规定，一切单位和个人都有保护自然保护区内自然环境和自然资源的义务，并有权对破坏、侵占自然保护区的单位和个人进行检举、控告。

第五节　海洋环境规划与管理

海洋是地球上广大连续的海和洋总水域的统称。海洋的中心部分称作洋，边缘部分称作海，彼此沟通组成统一的水体。

海洋总面积约为 $3.6 \times 10^8 km^2$，约占地球表面积的 71%。人类虽然并不生活在海洋上，但海洋却是人类消费和生产所不可缺少的物质和能量的源泉。远在古代社会，人类就开始沿海捕鱼、制盐和航海贸易，向海洋索取食物。进入现代社会，人类不仅发展远洋渔业，还发展各种海产养殖业。不仅在沿岸制盐，还发展海洋采矿事业，开发海水中各种可用的能源，如利用潮汐发电等，对海洋的空间利用也越来越充分，海洋已成为人类生产活动非常频繁的区域。20 世纪中叶以来，海洋事业发展极为迅速，已有近百个国家在海上进行石油和天然气的钻探和开采，每年通过海洋运输的石油超过 $20 \times 10^8 t$，每年从海洋捕获的鱼、虾、贝等海洋水产品近 $1 \times 10^8 t$。随着科学和技术的发展，人类开发海洋资源的规模越来越大，对海洋的依赖程度越来越高，同时海洋对人类的影响也日益增大。因此，在强调海洋环境保护和管理的理论与方法措施时，应该充分重视海洋环境的社会属性，重视人类对海洋的作用及所产生的一系列结果。

一、海洋环境概述

（一）海洋环境及主要特征

海洋环境是指围绕海洋的所有空间构成的自然要素和人为要素的总合。海洋环境构成包含两个层面的含义：一是与海洋密切相关的自然要素，包括海水、溶解和悬浮于海水中的物质、海底沉积物、海洋生物、海洋气候等；二是人类与海洋相互作用的非自然要素，包括海洋污染、海洋灾害等。因此，海洋环境是围绕海洋的所有空间构成的自然要素和人为要素的综合体。海洋环境的主要特征如下：

1. 整体性和区域性

海洋环境的整体性是指构成海洋环境的各个组成部分和各种要素相互联系，相互影响，共同构成一个有机的整体。任何海域，任何一种海洋资源或环境要素的变化都会引起对临近海域乃至更大范围海域的相关变化。海洋环境的区域性是指不同地理位置区域的海洋环境具有不同的特性。海洋环境的区域性特征造成了丰富多样的海洋生态系统类型，也使人类对海洋资源的开发与利用及对海洋环境的影响带有明显的区域特征。

2. 稳定性和可变性

海洋环境的稳定性是指海洋具有较大的环境容量和自净能力，只要人类的影响在其环境容量范围内，海洋环境系统便呈现稳定状态。海洋环境的可变性指的是在外部自然和人为因素的作用下，海洋环境的内部组成和外部状态始终处于不停的变化之中，当外部对其产生的物理作用、化学作用或生物作用超出了海洋环境的承载能力，必然会引起海洋生态系统的变化。

3. 丰富性和脆弱性

海洋环境的丰富性是指海洋中蕴涵的各种自然资源种类丰富且数量巨大，包括海水资源、化学资源、生物资源、矿产资源、能源、空间资源等。海洋每年给人类提供食物的能力相当于陆地全部耕地的 1000 倍，海洋每年可提供 3×10^9 t 水产品，可供 300 亿人口食用，维护海洋环境对人类生存与发展非常重要。海洋环境的脆弱性指的是由于外界因素的影响，海洋环境中某种或几种要素发生变化一旦超过其承载能力，必然会产生环境污染或生态破坏，受污海洋环境很难修复。

（二）海洋环境要素

海洋环境要素是海洋环境结构的基本单元，包括太阳辐射、海区气候、海水环境、波浪、潮汐、海流、海洋环境中的主要生物类群和海洋生态环境中的主要类群。海洋环境要素的变化对海洋环境和海洋生态系统都会产生影响。每一种海洋环境要素又由若干子要素组成，例如，海水环境的子要素包括海水温度、海水盐度、海水密度、海水压强、海水的黏滞力、海水的表面张力、海水的渗透压、海水的透明度和水色、海水中的溶解性物质与悬浮颗粒、海水的热容和比热等；海洋气候要素主要包括大洋上气温、气压和风等。

（三）海洋生态系统

1. 含义

海洋生态系统是海洋中由生物群落及其环境相互作用所构成的自然系统。全球海洋是一个大生态系统，其中包含许多不同等级的次级生态系统。每个次级生态系统占据一定的空间，由相互作用的生物和非生物，通过能量流和物质流形成具有一定结构和功能的统一体。

2. 类型

关于海洋生态系统的研究开始于 20 世纪 70 年代，迄今为止还没有关于海洋生态系统的系统划分方案。一方面是因为海洋生态系统的划分比陆地上要困难得多，陆地生态系统的划分，主要是以生物群落为基础。而海洋生物群落之间的相互依赖性和流动性很大，缺乏明显的分界线，而且海洋环境明显的区域特征，各分区的特点差异很大；另一方面由于海洋生态系统的研究工作开展较晚，很多研究有待深入。目前，常见的海洋生态系统分类见表 3-5。

表3-5　海洋生态系统分类表

按照海区划分	沿岸区	河口生态系统	按照生物群落划分	红树林生态系统
		海岸带生态系统		
		内湾生态系统		
		滨海湿地生态系统		
	浅海区	潮间带生态系统		藻场生态系统
		浅海生态系统		
	远海区	大洋生态系统		
		深海生态系统		
		上升流生态系统		珊瑚礁生态系统
		深海热泉生态系统		
		火山口生态系统		

3. 环境作用

海洋生态系统的物质循环和能量流动不断进行，维持着自身的平衡。海洋生态系统的作用巨大，其服务功能及其生态价值是地球生命支持系统的重要组成部分，也是社会与环境可持续发展的基本要素。4种典型海洋生态系统及生态环境作用如下：

(1)河口生态系统　是陆地河流入海处的特殊生态系统。河口生态系统是融淡水生态系统、海水生态系统、咸淡水混合生态系统、潮滩湿地生态系统、河口岛屿和沙洲湿地生态系统为一体的复杂系统，是地球四大圈层交汇、能流和物流的重要聚散地带。由于特殊的位置，河口生态系统具有环境复杂多变、较高的生物多样性以及受人类扰动程度大等特征。河口生态系统的主要生态服务功能包括：

①物质生产　河口是一类高生产力的生态系统。河口水产品(如贝类、蟹类、虾类、鱼类、海藻等)是人类重要的蛋白质来源；河口丰富的有机碎屑物往往使周边海域形成一定规模的渔场。许多洄游性的经济鱼类都有一定的时间段在河口里度过，如长江口的中华鲟、日本鳗鲡等；除了食物外，河口的初级生产者还为人类丰富的原材料，如河口盐沼植被如芦苇、互花米草收割以后可用于造纸。

②环境净化　河口的环境净化功能通常可以分为物理净化和生物净化。物理净化过程主要是水流的稀释、颗粒物的吸附沉降等，尤其是具有高浓度悬沙径流输入的河口，如长江口和黄河口，随着河口水动力条件以及盐度等环境因子的改变，大量的颗粒物在河口区沉降下来，其吸附的氮、磷、有机质以及重金属等污染物也随之从水体中去除。河口的生物净化则与河口生态系统的生产过程相耦合。河口的高生产力能同化大量来自径流的营养盐，并且能吸收重金属、难降解有机物等污染物质。例如，芦苇由于其具有较强的吸收营养盐及污染物质的能力，而被许多污水处理生态工程作为工程种，并用于污水的深度处理，取得了很好的成效。

③调节水循环和削减海浪　河口水面蒸发及植物的蒸腾作用，可使大量的水分进入空气，进而影响区域的气温和降水量。通过河口湿地储水，在调蓄洪水的同时，可以有效地补充地下水水源的供给；河口湿地维管束植物，可以明显减缓水流，削弱风浪对滩面的冲刷。在长江口，由于蕉草和海三棱蕉草的生长，使近岸水流流速减缓了16%~84%，潮波

的波高降低，对岸滩的冲刷作用大大削弱。2002 年，长江口风暴潮对许多岸段造成的严重的冲刷，但是具有大面积芦苇及海三棱蔗草生长的区域，所受的影响则相对较小。

④大气调节功能　河口植物通过光合作用吸收、固定二氧化碳，通过收获或植物凋落形成泥炭将二氧化碳从大气库中移去，从而减少了温室气体，同时光合作用过程中释放的氧气，可以明显改善区域环境空气质量。

⑤生物多样性　河口生态系统具有明显的边缘效应特征，生物种类异常丰富，河口多样化和复杂的生境，为各种生物提供了适宜的栖息地。

⑥造地功能　对于多沙河口，由于径流携带的大量泥沙在河口沉积，河口潮滩有不断向海淤积的趋势，随着滩涂的淤长，相应区域的水环境条件以及生物类群的组成会逐渐发生变化，最终会丧失湿地环境特征而成为陆地。因此，对发育成陆地或处于演替后期的滩涂进行适当的圈围，可以为周边城市提供有效的发展空间。

⑦社会与文化功能　河口在人类史上始终是重要的航运枢纽，河口独特的景观是重要的休闲娱乐场所，可以作野外观鸟、快艇巡游、休闲钓捕、海滨浴场等。同时具有重要的科学研究价值。

（2）滨海湿地生态系统　滨海湿地是海洋生态系统和陆地生态系统之间的过渡地带，由连续的沿海区域、潮间带区域以及包括河网、河口、盐沼、沙滩等在内的水生态系统组成受海陆共同作用的影响，是比较脆弱的生态敏感区。《中华人民共和国海洋环境保护法》明确规定，滨海湿地是指低潮时水深浅于 6 m 的水域及其沿岸浸湿地带，包括水深不超过 6 m 的永久性水域，潮间带（或泛洪地带）和沿海低地等。滨海湿地生态系统的生物组分中的生产者主要有草本植物、乔木、灌木和浮游植物等。消费者主要包括具有飞翔能力的鸟类和昆虫，适应湿生环境的哺乳类、两栖类和爬行类，以鱼类为代表的水生动物，以及种类繁多的底栖无脊椎动物。

滨海湿地是我国近岸海洋生态健康的关键维护区域，是我国生物多样性最高的区域，是海洋生物资源集中分布区，也是渔业资源养护、陆源污染物降解、应对气候变化和抵御自然灾害的关键区域。遗传物质、调节气候、生物调节、水文状况、防治侵蚀、调控自然灾害、养分循环、土壤形成、物种多样性主要通过滨海湿地生态系统自身的结构和过程实现。

（3）红树林生态系统　是以红树植物为主的处于海陆交界处的独特湿地生态系统，由藻类、红树植物和半红树植物、伴生植物、动物、微生物等因子以及阳光、水分、土壤等非生物因子所构成。

红树林生态系统主要的环境作用：第一，是生物的理想栖息地。由于红树林具有热带、亚热带河口地区湿地生态系统的典型特征以及特殊的咸淡水交迭的生态环境，为众多的鱼、虾、蟹、水禽和候鸟提供了栖息和觅食的场所，因此，红树林蕴藏着丰富的生物资源和物种多样性；第二，是天然的海岸防护林。红树植物的根系十分发达，盘根错节屹立于滩涂之中。红树林对海浪和潮汐的冲击有着很强的适应能力，可以护堤固滩、防风浪冲击、保护农田、降低盐害侵袭，对保护海岸起着重要的作用，为内陆的天然屏障，有"海岸卫士"之称；第三，净化海水。红树林可净化海水，吸收污染物，降低海水富营养化程度，防止赤潮发生；第四，促淤造陆。红树林在海滩上形成了一道藩篱，发达的支柱根加速了淤泥的沉积作用。随着红树群落向外缘发展，陆地面积也逐渐扩大。

(4)珊瑚礁生态系统　热带、亚热带海洋中由造礁珊瑚的石灰质遗骸和石灰质藻类堆积而成的礁石及其生物群落形成的整体。是全球初级生产量最高的生态系统之一。

珊瑚礁生态系统的环境作用非常重要，一是维护海洋生物多样性。珊瑚礁的生物多样性最为丰富，它为各种海洋生物提供了理想的居住地；二是保护海岸线。珊瑚礁能保护脆弱的海岸线免受海浪侵蚀，健康的珊瑚礁就像自然的防波堤，约有70%~90%的海浪冲击力量在遭遇珊瑚礁时会被吸收或减弱。珊瑚礁本身会有自我修补的力量，死掉的珊瑚会被海浪分解成细沙，这些细沙丰富了海滩，也取代已被海潮冲走的沙粒；三是维持渔业资源，许多具有商业价值的鱼类都由珊瑚礁提供食物来源及繁殖场所，礁坪可以养殖珍珠、麒麟菜、石花菜和江蓠等；四是吸引游客观光。珊瑚礁多变的形状和色彩，把海底点缀得美丽无比，因而是一种可供观赏的难得的旅游资源。愈来愈多的潜水观光客在寻找全球各地原始珊瑚礁，保护性开发珊瑚礁观光是一个兴盛的产业；五是保护人类生命。在珊瑚礁中有许多资源可制造药品、化学物质及食物。某些特定珊瑚的组织，类似人体骨骼，有些外科医生已使用珊瑚礁来替代骨头；六是减轻温室效应，珊瑚在造礁过程中，通过体内虫黄藻，吸收大量二氧化碳，从而减轻了地球的温室效应。

随着我国沿海开发新战略的全面实施，海洋生态系统对维护国家生态安全、物种安全、食品安全方面的重要意义日益凸显，对海洋渔业、滨海旅游业、海洋药物等海洋产业健康发展起到重要支撑作用，在抵御海平面上升、风暴潮、海啸、污染事故等海洋灾害中也发挥着关键的屏障作用。

二、我国海洋环境状况

(一) 我国海域

我国濒临渤海、黄海、东海、南海及台湾以东海域，海域面积超过 $300 \times 10^4 km^2$ ，跨越温带、亚热带和热带。大陆海岸线北起鸭绿江口，南至北仑河口，长达 $1.8 \times 10^4 km$ ，岛屿岸线长达 $1.4 \times 10^4 km$ ，海岸类型丰富多样。

渤海古称沧海，又因地处北方，也有北海之称，渤海是中国的内海。渤海面积 $7.7 \times 10^4 km^2$ ，大陆海岸线长 2668 km，平均水深 18 m，辽东半岛南端老铁山角与山东半岛北岸蓬莱角的连线是渤海与黄海的分界线。渤海在我国海洋生态格局中是连接三大流域和外海的枢纽，渤海沿岸江河纵横，形成渤海沿岸三大水系和三大海湾生态系统。在莱州湾、渤海湾和辽东湾处形成辽河口、黄河口、海河口三角洲湿地，湿地生物种类繁多，植物有芦苇、水葱、碱蓬、三棱藨草和藻类等，鸟类有150余种。渤海沿岸河口浅水区营养盐丰富，饵料生物繁多，是经济鱼、虾、蟹类的产卵场、育幼场和索饵场。

黄海是西太平洋边缘海之一。黄海面积约 $40 \times 10^4 km^2$ ，平均深度 44 m。淮河、碧流河、鸭绿江及朝鲜半岛的汉江、大同江、清川江等河流注入黄海。黄海沿岸是我国大型河口和滨海湿地生态系统的分布区，如鸭绿江口湿地、黄河三角洲湿地和苏北浅滩湿地等。河流和河口区湿地饵料生物丰富，浮游生物繁茂，有利于海洋生物的繁衍生息。黄海中南部深水区是黄渤海区主要经济鱼类的越冬场。

东海是中国岛屿最多的海域，面积约 $70 \times 10^4 km^2$ ，平均深度 349 m。东海的海湾以杭州湾最大，大陆流入东海的江河中长度超过 100 km 的河流有 40 多条，其中长江、钱塘江、瓯江、闽江 4 大水系是注入东海的主要江河。东海具有我国最大的河口生态系统——长江口生态系统。东海渔业资源丰富，渔业资源种类数量达 800 余种，有我国最优良的大陆架渔场，闽南—台湾浅滩渔场和舟山渔场等著名渔场，捕捞量占全国海洋渔业捕捞总产量的 50% 左右。

南海位于我国大陆的南端，南海作为我国唯一的热带海，是我国海洋生态系统类型最为多样的海区，近岸具有红树林、珊瑚礁、滨海湿地、海草床、海岛、海湾、入海河口等典型海洋生态系统，海洋生物资源和物种多样性最丰富。南海是全球红树林分布中心之一，共有 46 种真红树分布，红树植物物种多样性为世界最高。南海分布着全球 50 多种海草中的 20 多种，南海鱼类、虾蟹类、软体动物、棘皮动物的种类数量分别占全国的 67%、80%、75% 和 76%。南海是我国海洋珍稀物种分布最多的海域，有中华白海豚、儒艮、绿龟、棱皮龟、玳瑁、文昌鱼、鲎、鹦鹉螺、虎斑宝贝、唐冠螺、大砗磲、大珠母贝等多种稀濒危物种。

（二）我国海洋环境主要特征

1. 丰富性特征

我国海域辽阔、岸线漫长、岛屿众多、资源丰富，具有丰富的海洋生物物种多样性、生态系统多样性和遗传多样性。海洋生物物种多达 2.6 万多种，其中鱼类 3000 多种、浅海和滩涂生物资源 2257 种。我国海洋生态系统多样性较高，拥有世界海洋大部分生态系统类型，包括红树林、珊瑚礁、海草床、盐沼、滩涂、海岛、海湾、河口、潟湖、上升流等。丰富的生态系统类型为我国经济社会发展提供了必不可少的空间和基础条件。

2. 脆弱性特征

近些年来，我国经济发展迅速，沿海区域经济尤其是海洋经济，已成为国家经济新的增长点。经济发展和科技的快速发展，对海洋资源的开发利用程度逐渐增强，对海洋环境的影响也逐渐深入。因此，我国近海海域也普遍存在环境质量下降，海洋生态系统受损的现象。海岸带生态脆弱主要由于围填海、陆源污染、海岸侵蚀、外来物种入侵等，而围填海导致的海岸带自然生境的丧失和改变是近年来海岸带生态脆弱的主导原因，对海洋环境的保护已成为亟待解决的问题。

（三）我国海洋环境现状

《2017 年中国海洋生态环境状况公报》显示：我国海洋生态环境状况稳中向好，并呈现出以下个特点：

1. 海水质量总体有所改善，生物多样性状况保持稳定

我国管辖海域海水环境维持在较好水平，夏季符合第一类海水水质标准的海域面积约占管辖海域面积的 96%，连续 3 年有所增加。与上年同期相比，夏季劣 4 类海水水质标准的海域面积减少 3700 km^2。管辖海域沉积物质量总体良好。海洋浮游生物、底栖生物、红树植物、造礁珊瑚的主要优势类群及自然分布格局未发生明显变化。国家级海洋自然/特别保护区的重点保护对象基本保持稳定。

2. 海洋功能区环境满足使用要求

海洋倾倒区环境状况基本保持稳定，倾倒活动未对周边海域生态环境及其他海上活动

产生明显影响；海洋油气区水质和沉积物质量基本符合海洋功能区环境保护要求，环境质量状况较上年有所改善；重点监测的海水浴场、滨海旅游度假区、海水增殖养殖区环境质量状况基本满足沿海生产生活用海需求。

3. 陆源入海排污口达标排放次数比率有所升高

监测的重点陆源入海排污口达标排放次数占监测总次数的 57%，连续 3 年有所升高。其中，全年各次监测均达标的入海排污口 119 个，占比较上年增加 6.8%。

4. 赤潮、绿潮灾害面积大幅减少

2017 年，管辖海域共发现 68 次赤潮，发现次数与上年相同，累计面积为 3679 km^2，比上年减少 51%，低于近 5 年平均水平；黄海浒苔绿潮最大分布面积 29 522 km^2，最大覆盖面积 281 km^2，均比上年减少近一半，为近 5 年最小。

但近岸海域环境问题依然突出。主要体现在近岸局部海域污染依然严重，典型海洋生态系统健康状况不佳，陆源入海污染压力仍较大，海洋环境风险仍然突出等方面。

（四）我国海洋环境面临的主要问题

1. 近岸海域环境污染严重

目前，近岸海域总体污染程度依然较高，主要污染物类型包括：石油类物质、重金属、有机物质和营养盐、难降解有机化合物、放射性物质、热污染、固体废弃物等。对海洋的污染及其危害污染严重的海域集中在大型入海河口和海湾，包括辽东湾、渤海湾、莱州湾、胶州湾、象山港、长江口、杭州湾、珠江口等。这些区域大多为我国沿海经济发达地区，曾经粗放型的生产模式使这些区域的环境问题积重难返。海洋环境污染的主要污染源是陆源性污染物的排放。渤海、黄海、东海、南海 4 大海区入海排污口的超标率多年居高不下，从不同海区分布看，渤海入海排污口排放的污染物总量呈明显上升趋势，海洋环境保护的压力增大。陆源性污染物种类繁多，排海污水中多环芳烃、有机氯农药、多氯联苯类等持久性有机污染物以及铊、铍、锑等剧毒类重金属，对食品安全和人类健康带来隐患。陆源营养盐对我国近岸海域的贡献占 70% 以上，是我国近岸赤潮、绿潮灾害频发的主要原因之一。人类活动产生的陆源污染物通过直接排放、河流携带和大气沉降等方式输送到海洋，已严重影响着海洋生态环境质量，成为中国海洋环境恶化的关键因素。

海洋开发建设工程也是造成海洋污染的重要途径之一。海洋油气资源开发会造成石油类污染，如 2011 年，康菲公司在渤海湾油田发生漏油事故，泄露原油对该海域的生态环境造成严重污染。不合理的集约化浅海水产养殖，向海洋中播撒大量的植物营养物质，其对海洋环境的污染也不容忽视。港口码头生产作业过程中的污染物排放、船舶海上航行及运输过程中的污染物排放，都会对海洋环境造成污染。海洋污染不仅使海水质量降低，还会造成重要生境退化、生物多样性减少和生态系统服务功能丧失等更多难以量化的经济和生态损失。沿海地区废水及水污染物源增长大大高于全国平均增幅水平，将给近岸海域环境带来巨大的压力。

2. 近海渔业资源衰退

20 世纪 60 年代末，中国近海渔业资源进入全面开发利用期，海洋捕捞机械和渔船数量持续大量增加，近海捕捞对象主要是经济价值较高的大型底层和近底层生物种类。随着资源开发力度的盲目加大，这些重要经济种类逐渐减少。从 70 年代开始，近海捕捞已变为经济价值稍低的种类，主要有马面鲀、太平洋鲱等。80 年代以来，小型中上层鱼类逐渐替代了传统的底层鱼类成为捕捞的主要对象。1992 年，渤海渔业资源调查表明，虾蟹类动物产量与 10 年前相比减少了 39%，鱼类产卵群体平均体重只有 10 年前的 30%。鲈鱼、对虾、梭子蟹等重要经济渔业资源生物产量只有 10 年前的 29%，近海渔业资源已进入严重衰退期。自 1995 年以来，全国四大海区执行伏季休渔制度和一系列渔业资源保护制度以来，我国近海渔业资源衰退趋势有所缓解，但总体形势仍很严峻。

3. 海洋生态系统受损

由于海域污染、大规模填海造地、外来物种入侵等因素，导致我国海洋生态系统受损严重。2009 年监测结果表明：中国近岸海洋生态系统亚健康和不健康的比重占到 76%；岸线人工化近 40%，海岸带生态脆弱区占 80% 以上。

海湾、河口生态系统处于不健康或亚健康状态。我国近岸海域生态系统总体上处于高风险、强压力下的暂时稳定状态，大亚湾、闽东沿岸、乐清湾、杭州湾、莱州湾、锦州湾等主要海湾生态系统均处于不健康或亚健康状态。海湾生态系统健康状况较差的原因主要是由于水体氮、磷比例失衡，富营养化程高，部分生物体重金属和石油烃残留水平偏高，围填海压力增大，栖息地环境受损加剧，渔业资源下降，生物群落结构稳定性较差，生物多样性整体上呈中等或较差水平。各海湾普遍存在的生态问题是富营养化、湿地生境丧失、生物群落波动范围超出多年平均范围、渔业资源衰退等，部分海湾还受到重金属、油类的污染，大亚湾受到核电站温排水热污染，乐清湾外来物种护花米草的分布范围进一步扩大。我国双台子河口、滦河口、黄河口、长江口及珠江口等主要河口生态系统均处于亚健康或不健康状态。

根据我国近海海洋综合调查与评价的调查数据，2007 年，中国滨海湿地总面积 $693 \times 10^4 hm^2$，自然湿地总面积 $669 hm^2$，比 1975 年减少了 $65 \times 10^4 hm^2$，其中潮间带湿地面积累计减少 57%；2002 年，我国红树林保有量为 $1.5 \times 10^4 hm^2$，与 20 世纪 50 年代相比总面积减少了 73%；近年来通过人工种植和移植等手段，红树林面积有所恢复，但面临形势依然严峻；我国海草床面积缩减更为严重，目前在辽宁、河北、山东等地难以找到海草床，仅在海南高隆湾、龙湾港、新村港、黎安港和长圯港以及广西北海等还有成片海草分布。现存海草分布区仍受到渔业、养殖业、海洋工程、非法捕捞、旅游业的威胁。目前海藻床湿地的变化还不太清楚，但港口等海岸工程的建设对辽东半岛藻类分布区产生了影响，并且海藻床的生态功能并未得到足够重视；珊瑚礁生态系统出现明显退化现象，2004 年以来的监测结果表明，大陆沿岸珊瑚礁主要分布区广东徐闻和大亚湾珊瑚礁出现了明显的退化现象。网箱养殖、底播增殖养殖规模的迅速扩大，以及填海造地等海岸工程建设等皆能导致海水中悬浮物含量增加、珊瑚表面沉积物沉降速率增加和水体透明度降低。大亚湾因受核电温排水、海水养殖及陆源排污的影响，珊瑚礁退化更为严重。

4. 自然岸线破坏严重

我国大陆岸线长达 1.8×10^4 km，岸线资源丰富，具有丰富的旅游资源、港口资源、渔业资源和广阔的经济社会发展的空间资源。受海洋开发利用活动的影响，全国自然岸线比例缩减、人工岸线比例增加、重要海湾水域面积缩减。2008 年，全国人工岸线比例已达 56.5%，江苏、上海、天津的岸线人工化程度更高。人工岸线中 84.5% 为养殖堤坝，

11.9%为海岸护堤坝，3.3%为港口码头岸线，0.3%为城市建设填海岸线。围填海导致海岸带自然生境丧失和改变是近年来自然岸线减少的主导原因。

5. 海洋生态环境灾害频发

我国海洋生态环境灾害主要包括有害藻华(赤潮、绿潮)、海岸侵蚀、海水入侵和溢油等。气候变化也对海洋及海岸带生态产生影响，台风和风暴潮灾害加剧、洪涝威胁加重、咸潮上溯加重，沿海城市排污困难加大，珊瑚礁出现"白化"现象，海岸侵蚀、海水入侵等持续性海洋灾害呈增加态势。从20世纪70年代至今，我国近海有害赤潮频繁发生，2001年以来，赤潮的发生频次和涉及海域面积都呈现骤增趋势，有害藻华的分布区域、规模和危害效应也在不断扩大。1999年，渤海海域发生影响面积达6000 km^2的大规模赤潮；2000年至今，东海连年发生面积为$1 \times 10^4 km^2$的大规模赤潮，2005年，浙江沿海的米氏凯伦藻赤潮导致大量网箱养殖鱼类的死亡，造成了数千万元的损失；2008年，特大规模浒苔绿潮在黄海海域出现，影响海域面积近$3 \times 10^4 km^2$，直接经济损失达13亿元，对当地渔业生产及滨海旅游等开发活动产生严重影响。此外，日渐增多的有毒赤潮所产生的藻毒素加剧了贝类等水产品的污染问题，对人类健康和养殖业的持续发展构成了潜在的威胁。在近海富营养化的驱动下，我国近海生态系统正处于演变关键时期。

海岸带地质灾害主要包括海岸侵蚀和海水入侵。多年监测结果显示，我国海岸侵蚀灾害十分普遍，海岸侵蚀主要分布在地质岩性相对脆弱的岸段，受到海平面上升和频繁风暴潮等自然因素影响，以及海滩和海底采砂、上游泥沙拦截和海岸工程修建等人类活动的影响，海岸侵蚀速率增加。我国海岸侵蚀灾害严重区域包括辽宁营口市盖州至鲅鱼圈岸段、辽宁葫芦岛市绥中岸段、秦皇岛岸段、山东龙口至烟台岸段、江苏连云港至射阳河口岸段、上海崇明东滩岸段、广东雷州市赤坎村岸段、海南海口市新海乡新海村和长流镇镇海村岸段；2010年，海水入侵严重地位于辽宁盘锦和锦州，河北秦皇岛、唐山和黄骅，山东滨州和潍坊滨海平原地区。海水入侵范围一般距岸20～30km。东海大部分监测区海水入侵基本稳定，南海沿岸地区如广东茂名、揭阳、阳江、湛江和广西北海海水入侵程度和范围有所增加，部分近岸农用水井和饮用水井已明显到受海水入侵的影响。

三、海洋环境管理

海洋环境管理是指为实现合理开发利用海洋资源，综合防治海洋污染，改善海洋环境质量，保持海洋生态平衡的目标，国家海洋环境管理部门运用行政、法律、经济、科学技术和国际合作等手段，维持海洋环境的良好状况，防止、减轻和控制海洋环境破坏、损害或退化的管理行为。

海洋环境管理可以分为海洋环境规划管理、海洋环境区划管理、海洋环境质量管理和海洋环境技术管理4个层面。

(一) 海洋环境规划管理

我国海洋环境规划管理体系由《中华人民共和国海洋环境保护法》《中华人民共和国海域使用管理法》《全国海洋生态环境保护规划》、各海区海洋环境保护规划和各沿海城市海洋环境保护规划等组成。

在遵循《中华人民共和国海洋环境保护法》《中华人民共和国海域使用管理法》基础上

制定的《全国海洋生态环境保护规划》(以下简称"规划"),是我国海洋环境管理与保护的蓝图。该"规划"以习近平同志新时代中国特色社会主义思想为指导,明确了"一个根本、一个导向、一个原则、两个动力保障"的主要思路,即以解决群众反映强烈的突出环境问题、实现海洋生态环境质量的整体改善为根本,以实施以生态系统为基础的海洋综合管理为导向,按照陆海统筹、重视以海定陆的发展原则,以全面深化改革和全面依法行政为动力和保障,实行最严格的生态环境保护制度,打好海洋污染治理攻坚战,早日实现"水清、岸绿、滩净、湾美、物丰"的美丽海洋目标。"规划"明确了5条原则:一是绿色发展、源头护海,建立健全绿色低碳循环发展的经济体系和绿色技术创新体系,力求用最小的资源消耗和环境代价换取最大的发展效益;二是顺应自然、生态管海,以海洋资源环境承载能力作为沿海经济社会发展的根本依据和刚性约束,逐步构建基于生态系统的海洋综合管理体系;三是质量改善、协力净海,以改善环境为根本,坚持污染防治和生态修复并举,坚决打赢海洋生态环境污染治理的攻坚战;四是改革创新、依法治海,以改革创新精神推动海洋生态环境保护工作,健全完善法律法规体系;五是广泛动员、聚力兴海,促进政府与市场"两手发力",构建政府为主导、企业为重点、社会组织和公众共同参与的环境治理体系。"规划"根据"治、用、保、测、控、防"的工作布局,将主要任务细化为6大部分:

①"构建海洋绿色发展格局"部分,突出"加快推进绿色发展",以推动海洋开发方式向循环利用型转变,加快形成节约资源和保护环境的空间格局、产业结构和生产生活方式为目标,提出了"科学制定实施海洋空间规划""推进海洋产业绿色化发展""提高涉海产业环境准入门槛"3项重点任务,以此促进沿海地区加快建立健全绿色低碳循环发展的现代化经济体系。

②"加强海洋生态保护"部分,突出"保护优先、从严从紧"的导向,推进重点区域、重要生态系统从现有的分散分片保护转向集中成片的面上整体保护,严守海洋生态保护红线,提出了"划定守好海洋生态红线""健全完善海洋保护区网络""保护海洋生物多样性""保护自然岸线、重要岛礁等重要生境"4个环节,以此全面维护海洋生态系统稳定性,筑牢海洋生态安全屏障。

③"推进海洋环境治理修复"部分,着力重点区域系统修复和综合治理,以"蓝色海湾""南红北柳""生态岛礁"等重大生态修复工程为抓手,提出了加强海湾综合治理、推进滨海湿地修复、加快岸线整治修复、持续建设"生态岛礁"4项重点任务,以有效遏制海洋生态环境恶化趋势。

④"强化陆海污染联防联控"部分,注重实施流域环境和近岸海域污染综合治理,以近岸海域水质考核、总量控制等制度建设为抓手,强化环境质量要求、质量考核、质量追责,研究提出了加快推进总量控制制度、加强入海河流和入海排污口监管、加强海上污染防控、推进近岸海域水质考核4个方面工作。

⑤"防控海洋生态环境风险"部分,针对我国海洋环境风险的区域性、结构性的特点,构建事前防范、事中管控、事后处置的全过程、多层级风险防范体系,明确开展生态环境风险排查与评估、提升监测预警能力、完善灾害应急响应体系等3项重点工作,切实做到在重点区域、重点行业集中布控,守牢守好安全底线。

⑥"推动海洋生态环境监测提能增效"部分，以近岸海域为主战场，以海洋实时在线监控、一站多能等重大工程为抓手，注重优化整体布局、强化运行管理、提升整体能力，研究提出了打造海洋生态环境监测"一张网"、提升环境监测能力和质量、提升监测评价服务效能 3 方面工作，推动海洋环境监测提能提效。

国家海洋环境保护规划是各海区和各沿海城市制定区域海洋环境保护规划的指导性文件。2018 年 2 月，国家海洋局印发《全国海洋生态环境保护规划（2017—2020 年）》后，各海区和沿海城市相继出台海洋环境保护规划，这些区域性和地方性的海洋环境管理规划，在充分调查和分析海洋环境状况和管理状况的基础上，明确了海洋环境保护与管理的指导思想、基本原则和目标，制定了海洋环境保护与管理的主要任务和保障措施，是区域海洋环境管理的科学依据。

（二）海洋功能区划管理

海洋功能区划是根据海域的地理位置、自然资源状况、自然环境条件和社会需求等因素而划分的不同的海洋功能类型区，用来指导、约束海洋开发利用实践活动，保证海上开发的经济、环境和社会效益。同时，海洋功能区划又是海洋管理的基础。

《全国海洋功能区划（2011—2020 年）》，本着以自然属性为基础、以科学发展为导向、保护渔业为重点、保护环境为前提、陆海统筹为准则的五项基本原则，将我国全部管辖海域划分为农渔业、港口航运、工业与城镇用海、矿产与能源、旅游休闲娱乐、海洋保护、特殊利用、保留 8 类海洋功能区。各功能区划分级管理目标如下：

1. 农渔业区

农渔业区，主要是指适于农业围垦、渔业基础设施建设、养殖增殖、捕捞和水产种质资源保护的区域。重点保障黄海北部、长山群岛周边、辽东湾北部、冀东、黄河口至莱州湾、烟（台）威（海）近海、海州湾、江苏辐射沙洲、舟山群岛、闽浙沿海、粤东、粤西、北部湾、海南岛周边等海域养殖用海。农渔业区开发要控制围垦规模和用途，合理布局渔港及远洋基地建设，稳定传统养殖用海面积，发展集约化海水养殖和现代化海洋牧场。要保护海洋水产种质资源，严格控制重要水产种质资源产卵场、索饵场、越冬场及洄游通道内各类用海活动。

农业围垦要控制规模和用途，严格按照围填海计划和自然淤涨情况科学安排用海。渔港及远洋基地建设应合理布局，节约集约利用岸线和海域空间。确保传统养殖用海稳定，支持集约化海水养殖和现代化海洋牧场发展。加强海洋水产种质资源保护，严格控制重要水产种质资源产卵场、索饵场、越冬场及洄游通道内各类用海活动，禁止建闸、筑坝以及妨碍鱼类洄游的其他活动。防治海水养殖污染，防范外来物种侵害，保持海洋生态系统结构与功能的稳定。农业围垦区、渔业基础设施区、养殖区、增殖区执行不劣于二类海水水质标准，渔港区执行不劣于现状的海水水质标准，捕捞区、水产种质资源保护区执行不劣于一类海水水质标准。

2. 港口航运区

港口航运区，是指开发利用港口航运资源，可供港口、航道和锚地建设的海域。重点保障大连港、营口港、秦皇岛港、唐山港、天津港、烟台港、青岛港、日照港、连云港港、南通港、上海港、宁波—舟山港、温州港、福州港、厦门港、汕头港、深圳港、广州港、珠海港、湛江港、海口港、北部湾港等沿海主要港口用海。港口航运区开发要深化整合港口岸线资源，优化港口布局，合理控制港口建设规模和节奏。维护沿海主要港口和渤海海峡、成山头附近海域、长江口、舟山群岛海域、台湾海峡、珠江口、琼州海峡等航运水道水域功能，保障航运安全。

深化港口岸线资源整合，优化港口布局，合理控制港口建设规模和节奏，重点安排全国沿海主要港口的用海。堆场、码头等港口基础设施及临港配套设施建设用围填海应集约高效利用岸线和海域空间。维护沿海主要港口、航运水道和锚地水域功能，保障航运安全。港口的岸线利用、集疏运体系等要与临港城市的城市总体规划做好衔接。港口建设应减少对海洋水动力环境、岸滩及海底地形地貌的影响，防止海岸侵蚀。港口区执行不劣于四类海水水质标准。航道、锚地和邻近水生野生动植物保护区、水产种质资源保护区等海洋生态敏感区的港口区执行不劣于现状海水水质标准。

3. 工业与城镇用海区

工业与城镇用海区，是指适于发展临海工业与滨海城镇建设的海域，主要分布在沿海大、中城市和重要港口毗邻海域。

工业和城镇建设围填海应做好与土地利用总体规划、城乡规划、河口防洪与综合整治规划等的衔接，突出节约集约用海原则，合理控制规模，优化空间布局，提高海域空间资源的整体使用效能。优先安排国家区域发展战略确定的建设用海，重点支持国家级综合配套改革试验区、经济技术开发区、高新技术产业开发区、循环经济示范区、保税港区等的用海需求。重点安排国家产业政策鼓励类产业用海，鼓励海水综合利用，严格限制高耗能、高污染和资源消耗型工业项目用海。在适宜的海域，采取离岸、人工岛或围填海，减少对海洋水动力环境、岸滩及海底地形地貌的影响，防止海岸侵蚀。工业用海区应落实环境保护措施，严格实行污水达标排放，避免工业生产造成海洋环境污染，新建核电站、石化等危险化学品项目应远离人口密集的城镇。城镇用海区应保障社会公益项目用海，维护公众亲海需求，加强自然岸线和海岸景观的保护，营造宜居的海岸生态环境。工业与城镇用海区执行不劣于三类海水水质标准。

4. 矿产与能源区

矿产与能源区，是指适于开发利用矿产资源与海上能源，可供油气和固体矿产等勘探、开采作业，以及盐田和可再生能源等开发利用的海域，包括油气区、固体矿产区、盐田区和可再生能源区。

重点保障油气资源勘探开发的用海需求，支持海洋可再生能源开发利用。遵循深水远岸布局原则，科学论证与规划海上风电，促进海上风电与其他产业协调发展。禁止在海洋保护区、侵蚀岸段、防护林带毗邻海域开采海砂等固体矿产资源，防止海砂开采破坏重要水产种质资源产卵场、索饵场和越冬场。严格执行海洋油气勘探、开采中的环境管理要求，防范海上溢油等海洋环境突发污染事件。油气区执行不劣于现状海水水质标准，固体矿产区执行不劣于四类海水水质标准，盐田区和可再生能源区执行不劣于二类海水水质标准。

5. 旅游休闲娱乐区

旅游休闲娱乐区，是指适于开发利用滨海和海上旅游资源，可供旅游景区开发和海上文体娱乐活动场所建设的海域。包括风景旅游区和文体休闲娱乐区。

旅游休闲娱乐区开发建设要合理控制规模，优化空间布局，有序利用海岸线、海湾、海岛等重要旅游资源；严格落实生态环境保护措施，保护海岸自然景观和沙滩资源，避免旅游活动对海洋生态环境造成影响。保障现有城市生活用海和旅游休闲娱乐区用海，禁止非公益性设施占用公共旅游资源。开展城镇周边海域海岸带整治修复，形成新的旅游休闲娱乐区。旅游休闲娱乐区执行不劣于二类海水水质标准。

6. 海洋保护区

海洋保护区，是指专供海洋资源、环境和生态保护的海域，包括海洋自然保护区、海洋特别保护区。

依据国家有关法律法规进一步加强现有海洋保护区管理，严格限制保护区内影响干扰保护对象的用海活动，维持、恢复、改善海洋生态环境和生物多样性，保护自然景观。加强海洋特别保护区管理。在海洋生物濒危、海洋生态系统典型、海洋地理条件特殊、海洋资源丰富的近海、远海和群岛海域，新建一批海洋自然保护区和海洋特别保护区，进一步增加海洋保护区面积。近期拟选划为海洋保护区的海域应禁止开发建设。逐步建立类型多样、布局合理、功能完善的海洋保护区网络体系，促进海洋生态保护与周边海域开发利用的协调发展。海洋自然保护区执行不劣于一类海水水质标准，海洋特别保护区执行各使用功能相应的海水水质标准。

7. 特殊利用区

特殊利用区，是指供其他特殊用途排他使用的海域。包括用于海底管线铺设、路桥建设、污水达标排放、倾倒等的特殊利用区。在海底管线、跨海路桥和隧道用海范围内严禁建设其他永久性建筑物，从事各类海上活动必须保护好海底管线、道路桥梁和海底隧道。合理选划一批海洋倾倒区，重点保证国家大中型港口、河口航道建设和维护的疏浚物倾倒需要。对于污水达标排放和倾倒用海，要加强监测、监视和检查，防止对周边功能区环境质量产生影响。

8. 保留区

保留区，是指为保留海域后备空间资源，专门划定的在区划期限内限制开发的海域。保留区主要包括由于经济社会因素暂时尚未开发利用或不宜明确基本功能的海域，限于科技手段等因素目前难以利用或不能利用的海域，以及从长远发展角度应当予以保留的海域。

保留区应加强管理，严禁随意开发。确需改变海域自然属性进行开发利用的，应首先修改省级海洋功能区划，调整保留区的功能，并按程序报批。保留区执行不劣于现状海水水质标准。

（三）海洋环境质量管理

海洋环境质量管理是以海洋环境质量标准为依据，以控制污染物排放量为主要内容的各项管理过程。主要包括以下内容：

1. 陆源性污染管理

陆地污染源简称陆源污染，是指从陆地向海域排放污染物，造成或者可能造成海洋环境污染损害的场所、设施等。陆源污染物质种类最广、数量最多，对海洋环境的影响最大。陆源污染物对封闭和半封闭海区的影响尤为严重。陆源污染物可以通过临海企事业单位的直接入海排污管道或沟渠、入海河流等途径进入海洋。沿海农田施用化学农药，在岸滩弃置、堆放垃圾和废弃物，也可以对海洋环境造成污染损害。

陆源性污染管理涉及农业面源污染管理、点源污染管理、控制排污口污染物达标排放、特殊物质禁止排入海洋、敏感区域保护、沿岸堆放固体废弃物的管理等众多层面，需要环境保护部门及相关部门协调联动，既需要依据国家相关法律法规、相关经济政策、技术规范与标准对陆源性污染物排放进行管理，也需要不断提高公众的海洋环境保护意识。

2. 港口和船舶污染管理

港口污染，是指港口各种作业及船舶在港口停留对海洋环境造成的污染。船舶污染，主要是指船舶在海洋上航行、停泊港口、装卸货物的过程中对海洋环境产生的污染，主要污染物有含油污水、生活污水、船舶垃圾有3类，另外，也将产生粉尘、化学物品、废气等。

港口污染管理涉及港口科学规划布局与港口运营过程的环境管理。根据《中华人民共和国海洋环境保护法》制定的《防治船舶污染海洋环境管理条例》，是我国港口与船舶环境管理的主要依据。主要内容如下：

（1）管理机构及职责　国务院交通运输主管部门主管所辖港区水域内非军事船舶和港区水域外非渔业、非军事船舶污染海洋环境的防治工作；国务院交通运输主管部门应当根据防治船舶及其有关作业活动污染海洋环境的需要，组织编制防治船舶及其有关作业活动污染海洋环境应急能力建设规划，报国务院批准后公布实施。沿海设区的市级以上地方人民政府应当按照国务院批准的防治船舶及其有关作业活动污染海洋环境应急能力建设规划，并根据本地区的实际情况，组织编制相应的防治船舶及其有关作业活动污染海洋环境应急能力建设规划；国务院交通运输主管部门、沿海设区的市级以上地方人民政府应当建立健全防治船舶及其有关作业活动污染海洋环境应急反应机制，并制定防治船舶及其有关作业活动污染海洋环境应急预案；海事管理机构应当根据防治船舶及其有关作业活动污染海洋环境的需要，会同海洋主管部门建立健全船舶及其有关作业活动污染海洋环境的监测、监视机制，加强对船舶及其有关作业活动污染海洋环境的监测、监视；国务院交通运输主管部门、沿海设区的市级以上地方人民政府应当按照防治船舶及其有关作业活动污染海洋环境应急能力建设规划，建立专业应急队伍和应急设备库，配备专用的设施、设备和器材等。

（2）船舶污染物的排放和接收管理　船舶在中华人民共和国管辖海域向海洋排放的船舶垃圾、生活污水、含油污水、含有毒有害物质污水、废气等污染物以及压载水，应当符合法律、行政法规、中华人民共和国缔结或者参加的国际条约以及相关标准的要求。船舶应当将不符合排放要求的污染物排入港口接收设施或者由船舶污染物接收单位接收。船舶不得向依法划定的海洋自然保护区、海滨风景名胜区、重要渔业水域以及其他需要特别保护的海域排放船舶污染物；船舶污染物接收单位从事船舶垃圾、残油、含油污水、含有毒有害物质污水接收作业，应当编制作业方案，遵守相关操作规程，并采取必要的防污染措施。船舶污染物接收单位应当将船舶污染物接收情况按照规定向海事管理机构报告等。

（3）船舶有关作业活动的污染防治　从事船舶清舱、洗舱、油料供受、装卸、过驳、修造、打捞、拆解，污染危害性货物装箱、充罐，污染清除作业以及利用船舶进行水上水下施工等作业活动的，应当遵守相关操作规程，并采取必要的安全和防治污染的措施；船舶不符合污染危害性货物适载要求的，不得载运污染危害性货物，码头、装卸站不得为其进行装载作业；载运污染危害性货物的船舶，应当在海事管理机构公布的具有相应安全装卸和污染物处理能力的码头、装卸站进行装卸作业；船舶修造、水上拆解的地点应当符合环境功能区划和海洋功能区划；从事船舶拆解的单位在船舶拆解作业前，应当对船舶上的残余物和废弃物进行处置，将油舱（柜）中的存油驳出，进行船舶清舱、洗舱、测爆等工作等。

（4）船舶污染事故应急处置管理　船舶污染事故，是指船舶及其有关作业活动发生油类、油性混合物和其他有毒有害物质泄漏造成的海洋环境污染事故。发生特别重大船舶污染事故，国务院或者国务院授权交通运输主管部门成立事故应急指挥机构。发生重大船舶污染事故，有关省、自治区、直辖市人民政府应当会同海事管理机构成立事故应急指挥机构。发生较大船舶污染事故和一般船舶污染事故，有关设区的市级人民政府应当会同海事管理机构成立事故应急指挥机构。有关部门、单位应当在事故应急指挥机构统一组织和指挥下，按照应急预案的分工，开展相应的应急处置工作；发生船舶污染事故，海事管理机构可以采取清除、打捞、拖航、引航、过驳等必要措施，减轻污染损害。相关费用由造成海洋环境污染的船舶、有关作业单位承担；处置船舶污染事故使用的消油剂，应当符合国家有关标准等。

3. 海洋工程建设污染管理

海洋工程，是指以开发、利用、保护、恢复海洋资源为目的，并且工程主体位于海岸线向海一侧的新建、改建、扩建工程。一般认为海洋工程的主要内容可分为资源开发技术与装备设施技术两大部分，具体包括：围填海、海上堤坝工程，人工岛、海上和海底物资储藏设施、跨海桥梁、海底隧道工程，海底管道、海底电（光）缆工程，海洋矿产资源勘探开发及其附属工程，海上潮汐电站、波浪电站、温差电站等海洋能源开发利用工程，大型海水养殖场、人工鱼礁工程，盐田、海水淡化等海水综合利用工程，海上娱乐及运动、景观开发工程，以及国家海洋主管部门会同国务院环境保护主管部门规定的其他海洋工程。

海洋工程对海洋环境的影响简单概括为两点：第一，改变海洋的自然条件系统。改变海底的地形、地貌、景观态、动力状况、局部生态系统等，这种改变对现存的海洋环境的平衡是一种冲击和破坏；第二，污染海洋环境：建设中的污染（疏浚、开挖、倾倒）、投入使用后废弃物的污染、工程使用中的特殊污染（发电站的冷却水、港口的船舶污染）、突发事件引起的污染（潜在的污染）（石油平台的溢油、港口船舶触礁泄漏等）。

为了防治和减轻海洋工程建设项目污染损害海洋环境，维护海洋生态平衡，保护海洋资源，根据《中华人民共和国海洋环境保护法》制定的《防治海洋工程建设项目污染损害海洋环境管理条例》是海洋工程项目环境管理的主要依据。主要包括以下内容：

（1）实施环境影响评价制度　国家实行海洋工程环境影响评价制度。海洋工程的环境影响评价，应当以工程对海洋环境和海洋资源的影响为重点进行综合分析、预测和评估，并提出相应的生态保护措施，预防、控制或者减轻工程对海洋环境和海洋资源造成的影响和破坏。海洋工程环境影响报告书应当依据海洋工程环境影响评价技术标准及其他相关环境保护标准编制。编制环境影响报告书应当使用符合国家海洋主管部门要求的调查、监测资料。

(2)海洋工程的污染防治管理　严格控制围填海工程。禁止在经济生物的自然产卵场、繁殖场、索饵场和鸟类栖息地进行围填海活动。围填海工程使用的填充材料应当符合有关环境保护标准；建设海洋工程，不得造成领海基点及其周围环境的侵蚀、淤积和损害，危及领海基点的稳定。进行海上堤坝、跨海桥梁、海上娱乐及运动、景观开发工程建设的，应当采取有效措施防止对海岸的侵蚀或者淤积；污水离岸排放工程排污口的设置应当符合海洋功能区划和海洋环境保护规划，不得损害相邻海域的功能。污水离岸排放不得超过国家或者地方规定的排放标准。在实行污染物排海总量控制的海域，不得超过污染物排海总量控制指标；从事海水养殖的养殖者，应当采取科学的养殖方式，减少养殖饵料对海洋环境的污染。因养殖污染海域或者严重破坏海洋景观的，养殖者应当予以恢复和整治；建设单位在海洋固体矿产资源勘探开发工程的建设、运行过程中，应当采取有效措施，防止污染物大范围悬浮扩散，破坏海洋环境；海洋油气矿产资源勘探开发作业中应当配备油水分离设施、含油污水处理设备、排油监控装置、残油和废油回收设施、垃圾粉碎设备。海洋油气矿产资源勘探开发作业中所使用的固定式平台、移动式平台、浮式储油装置、输油管线及其他辅助设施，应当符合防渗、防漏、防腐蚀的要求；进行海上爆破作业，应当设置明显的标志、信号，并采取有效措施保护海洋资源。在重要渔业水域进行炸药爆破作业或者进行其他可能对渔业资源造成损害的作业活动的，应当避开主要经济类鱼虾的产卵期等。

(3)污染物排放管理　海洋油气矿产资源勘探开发作业中产生的污染物的处置，应当遵守下列规定：含油污水不得直接或者经稀释后排放入海，应当经处理符合国家有关排放标准后再排放；塑料制品、残油、废油、油基泥浆、含油垃圾和其他有毒有害残液残渣，不得直接排放或者弃置入海，应当集中储存在专门容器中，运回陆地处理；严格控制向水基泥浆中添加油类，确需添加的，应当如实记录并向原核准该工程环境影响报告书的海洋主管部门报告添加油的种类和数量。禁止向海域排放含油量超过国家规定标准的水基泥浆和钻屑；禁止向海域排放油类、酸液、碱液、剧毒废液和高、中水平放射性废水；严格限制向海域排放低水平放射性废水，确需排放的，应当符合国家放射性污染防治标准。严格限制向大气排放含有毒物质的气体，确需排放的，应当经过净化处理，并不得超过国家或者地方规定的排放标准；向大气排放含放射性物质的气体，应当符合国家放射性污染防治标准。严格控制向海域排放含有不易降解的有机物和重金属的废水；其他污染物的排放应当符合国家或者地方标准等。

(4)污染事故的预防和处置管理　海洋工程在建设、运行期间，由于发生事故或者其他突发性事件，造成或者可能造成海洋环境污染事故时，建设单位应当立即向可能受到污染的沿海县级以上地方人民政府海洋主管部门或者其他有关主管部门报告，并采取有效措施，减轻或者消除污染，同时通报可能受到危害的单位和个人。沿海县级以上地方人民政府海洋主管部门或者其他有关主管部门接到报告后，应当按照污染事故分级规定及时向县级以上人民政府和上级有关主管部门报告。县级以上人民政府和有关主管部门应当按照各自的职责，立即派人赶赴现场，采取有效措施，消除或者减轻危害，对污染事故进行调查处理等。

4. 海上倾废管理

海洋倾废，是指从船舶、航空器、平台和其他海上人工构筑物上有意地在海上弃置废弃物或其他任何物质的行为。港口疏浚物和部分生产废渣、建筑垃圾、粉煤灰等是目前主要的倾废物。

《中华人民共和国海洋倾废管理条例》（以下简称"条例"）于 1990 年 9 月 25 日发布施行，并于 2017 年第二次修订，"条例"在严格控制向海洋倾倒废弃物，防止对海洋环境的污染损害，保持生态平衡，保护海洋资源，促进海洋事业的发展发挥了重要作用。我国海洋倾废管理依据《中华人民共和国海洋倾废管理条例》进行，主要管理内容包括：需要向海洋倾倒废弃物的单位，应事先向主管部门提出申请，按规定的格式填报倾倒废弃物申请书，并附报废弃物特性和成分检验单。主管部门在接到申请书之日起两个月内予以审批。对同意倾倒者应发给废弃物倾倒许可证。任何单位和船舶、航空器、平台及其他载运工具，未依法经主管部门批准，不得向海洋倾倒废弃物；外国的废弃物不得运至中华人民共和国管辖海域进行倾倒，包括弃置船舶、航空器、平台和其他海上人工构造物；禁止倾倒的物质：一是含有机卤素化合物、汞及其化合物、镉及镉化合物的废弃物，但微含量的或能在海水中迅速转化为无害物质的除外；二是强放射性废弃物及其他强放射性物质；三是原油及其废弃物、石油炼制品、残油，以及含这类物质的混合物；四是渔网、绳索、塑料制品及其他能在海面漂浮或在水中悬浮，严重妨碍航行、捕鱼及其他活动或危害海洋生物的人工合成物质；需要获得特别许可证才能倾倒的物质：一是含有下列大量物质的废弃物：砷及其化合物、铅及其化合物、铜及其化合物、锌及其化合物、有机硅化合物、氰化物、氟化物、铍铬镍钒及其化合物、未列入禁止倾倒类的杀虫剂及其副产品（但无害的或能在海水中迅速转化为无害物质的除外）；二是含弱放射性物质的废弃物；三是容易沉入海底，可能严重障碍捕鱼和航行的容器、废金属及其他笨重的废弃物等。

（四）海洋环境技术管理

海洋环境技术管理是通过科学技术手段有效保护海洋环境的各项方法和措施。主要包括以下内容：

1. 海洋环境调查

海洋环境调查是基于一定的目标要求，采用科技手段获取海洋环境资料及信息的过程。调查对象可以是某一特定海区的水文、气象、物理、化学、生物、底质分布情况或变化规律。调查观测方式有大面积调查、断面调查，有连续观测和辅助观测。采用方法有航空观测、卫星观测、船舶观测、水下观测、定置浮标自动观测、飘浮站自动观测等。

我国海洋环境调查管理的科学依据是中华人民共和国国家标准《海洋调查规范》（GB/T 12763.1—2007），该标准是国家海洋局组织有关单位，根据近十多年来海洋调查新技术、新装备的发展和海洋学科研究的新需求，在国家科技基础标准研究项目成果的基础上，密切结合我国海洋调查的技术现状、海区特点和调查实践，充分考虑海洋调查质量控制的要求，参考了近年来国际上发布的最新相关文献，集我国众多涉海单位和专家智慧的共同成果。上述规范国家标准由总则；海洋水文观测；海洋气象观测；海水化学要素调查；海洋声、光要素调查；海洋生物调查；海洋调查资料交换；海洋地质地球物理调查；

海洋生态调查指南；海底地形地貌调查；海洋工程地质调查 11 个部分组成，是指导和规范各级海洋调查工作的主要技术标准和管理依据。

2. 海洋环境监测

利用科技手段对海洋环境进行常规性监测、研究性监测、特殊项目监测和污染事故应急类监测等，是海洋环境管理的基础。目前全国已形成以国家、海区、省、市、县 5 级海洋环境监测网络为主体，以海军、渔业部门、交通运输部门、科研机构等涉海部门监测机构为辅助的海洋环境监测网络体系，可以开展海洋环境监测、海洋环境风险监测、海洋环境监管监测、公益服务监测等。《海洋监测技术规程》《赤潮监测技术规程》《陆源入海排污口及邻近海域监测技术规程》《海洋生物质量监测技术规程》《贻贝监测技术规程》《滨海湿地生态监测技术规程》《红树林生态监测技术规程》《珊瑚礁生态监测技术规程》《海草床生态监测技术规程》《海湾生态监测技术规程》《河口生态系统监测技术规程》《陆源入海排污口及邻近海域生态环境评价指南》《近岸海洋生态健康评价指南》等是环境监测管理的技术依据和管理依据。

推进实时在线监测工作，建立在线监测技术体系，创新和集成海洋环境监测技术，优化现有监测技术，充分挖掘在线监测技术潜力，实现多种技术手段的综合运用，提高监测工作效能；进一步强化质量管理和质量控制工作，建立健全质量管理制度和质量责任追究制度，完善质量控制技术手段，切实保障监测数据信息质量是我国海洋环境监测的发展趋势

3. 应对海洋灾害的技术管理

海洋灾害既包括海洋自然灾害，如风暴潮灾、海浪灾害、海冰灾害、海啸等，也包括人为因素影响，如赤潮、海洋环境污染、海上石油渗漏、海岸侵蚀、海水入侵等。采用科技手段，对于海洋灾害进行预防、预测、预警和应急处置，是海洋环境技术管理的重要层面。

对海洋灾害的技术管理包括预防海洋灾害的一系列措施的研究与实践、海洋灾害预测技术手段研发与运用、海洋灾害的预警系统的建立与完善、海洋灾害应急预案的制定与完善、海洋灾害应急处置的组织体系和科技手段等，在该领域开展国际合作也是海洋环境技术管理的重要组成部分。

4. 受损海域修复技术管理

研究和开发受损海域修复的措施与技术，恢复海域的环境功能，是海洋环境技术管理的重要内容。受损海域修复包括海岸带整治修复和典型海域生态系统修复。海岸带整治修复技术包括：根据海域开发利用过程中海岸带自然景观受损、生态功能退化、防灾减灾能力减弱等实际情况，结合沿海经济社会发展及环境保护要求合理布局和规划海岸防护、沙滩资源修复、近岸构筑物整治、海域清淤、海岸景观美化等。典型海域生态系统修复包括：针对滨海湿地、红树林、珊瑚礁和海草床等易受气候变化影响的典型海洋生态系统保护、恢复和修复技术。

受损海域生态修复技术主要技术程序：资料收集—现场调查—制定生态修复方案—实施修复措施(水文修复措施、景观修复措施、修复植物筛选和种植等)—绩效评估等。受损海域修复技术管理还应该包括，不断探索和推广海岸带整治修复技术和典型海域生态系统修复新技术和新方法，建立

技术规范和规程等。

思 考 题

(1) 简述城市环境及主要特征。城市环境面临的主要问题有哪些?

(2) 以典型城市为例,对其环境规划与管理进行分析与评价。

(3) 目前乡村环境存在的主要问题有哪些? 分析其产生的原因。

(4) 试述乡村环境规划与环境管理的主要内容。

(5) 调研典型乡村环境状况,并提出环境规划与管理的设想。

(6) 试述工业企业环境管理的含义及主要内容。

(7) 试述绿色企业的含义及主要特征。

(8) 试述我国自然保护区的含义及分类,设立自然保护区的重要意义。

(9) 试述我国海洋功能区有的类型与作用。

(10) 结合海洋环境质量管理的主要内容,谈谈你对实现"水清、岸绿、滩净、湾美、物丰"的海洋环境的认识。

第四章

自然资源利用环境管理

第一节　自然资源及利用管理

一、自然资源概述

（一）概念及内涵

自然资源是指一定时间、地点条件下，为人类生存和发展产生经济价值，以提高人类当前和将来福利的自然环境的总和。例如，地球上的空气、水、土地、矿物、生物、能量和其他可被人类利用和消耗的物质，都属于自然资源的范畴。自然资源具有地域性和国家属性。自然资源具有以下内涵：

①自然资源是自然过程所产生的天然生成物。例如，地球表面积、土壤肥力、地壳矿藏、水、野生动植物等，都是自然生成物。

②自然物成为自然资源，必须有两个基本前提，人类的需要和人类的开发利用能力。自然资源是由人而不是由自然界界定的，人类必须对它能产生的物质或服务有某种需求，而且人类必须有获得和利用它的知识和技术能力。

③人的需要与经济地位和文化背景有关，因此自然物是否被看作自然资源常常取决于信仰、宗教、风俗习惯等文化因素。

④自然资源的范畴随着人类社会和科学技术的发展而变化。人类的需要和人类的开发利用能力在不断发展，自然资源的范围也将随着人类社会和科学技术的发展而不断变化。

⑤自然资源和自然环境是两个不同的概念，自然环境是指人类周围所有客观存在的自然要素，自然资源是从人类能够利用其满足需要的角度认识和理解这些要素存在的价值。但两者涉及的具体对象和范围又往往是同一客体。

⑥自然资源不仅是一个自然科学概念，也是一个经济学概念，还涉及文化、伦理和价值观，因此，对自然资源的认识涉及地理学、生态学、经济学、文化人类学、伦理学等多学科。

（二）基本属性

1. 稀缺性

稀缺性是自然资源的固有特性。因为人类的需要实质上是无限的，而自然资源是有限的。自然资源相对于人类需要在数量上的不足，是人类社会与自然资源关系的核心问题。

2. 整体性

人类通常是利用某种单一资源甚至单一资源的某一部分，但实际上自然资源之间是相互联系、相互制约形成的一个整体系统。如土地资源是气候、地形、生物及水源共同影响下的产物，

3. 地域性

自然资源的形成服从一定的地域分异规律，因此其空间分布是不均衡的，总是相对集中于某些区域之中。如石油资源就相对集中于波斯湾地区。

4. 多用性

大部分自然资源具有多种功能和用途。例如，一条河流，对能源部门来说可用作水力发电，对农业部门来说可作为灌溉水源；对交通部门而言则可能是航运线；而旅游部门又把它当成风景资源。

5. 社会性

地理学家卡尔·苏尔认为"资源是文化的一个函数"。即自然资源由于附加了人类劳动而表现出社会性，它或多或少都有人类劳动的印记。人类不仅变更了植物和动物的位置，而且也改变了它们所居住的地方的地形与气候，甚至还改变了植物和动物本身。

6. 可变性

自然资源加上人类社会构成"人类—资源生态系统"，它处于不断的运动和变化之中。这种变动可表现为正负两个方面。正的方面如植树造林、修建水电站等，使人类与资源的关系呈现良性循环。负的方面如滥伐森林、围湖造田，使资源退化衰竭，甚至加剧自然灾害。

（三）分类

1. 按资源的利用限度划分

可以将自然资源分为可再生资源与不可再生资源

(1)可再生资源　通过天然作用可以再生更新，从而为人类反复利用的资源称可再生资源，又称为可更新资源。如植物、微生物、水资源、地热资源和各种自然生物群落、森林、草原、水生生物等。

(2)不可再生资源　也称为不可更新资源，指经人类开发利用后，在相当长的时期内不可能再生的自然资源。不可更新资源的形成、再生过程非常的缓慢，相对于人类历史而言，几乎不可再生。如矿石资源、土壤资源、煤、石油等。

2. 按资源利用目的划分

可以将自然资源分为工业资源、农业资源、药物资源、能源资源、旅游资源等。

3. 按资源所在圈层特征划分

可以将自然资源分为土地资源、气候资源、水资源、矿产资源、生物资源、能源资源、旅游资源、海洋资源等。

4. 按资源所属地理位置划分

自然资源可以分为陆地资源、海洋资源和太空资源。

自然资源综合分类见表4-1。

表4-1　自然资源综合分类表

分类方式一	分类方式二
陆地自然资源	土地资源；水资源；生物资源；森林资源；草地资源；能源资源；矿产资源；气候资源；空间资源；自然景观资源
海洋自然资源	海洋水资源；海洋化学资源；海洋生物资源；海洋矿产资源；海洋气候资源；海洋能源；海洋空间资源；海洋景观资源
太空自然资源	空间资源；能量资源；矿产资源

(四) 典型自然资源简述

①生物资源　生物资源是在当前的社会经济技术条件下人类可以利用与可能利用的生物，包括动物资源、植物资源和微生物资源等。生物资源具有再生机能，如利用合理，并进行科学的抚育管理，不仅能生长不已，而且能按人类意志，进行繁殖更生；若不合理利用，不仅会引起其数量和质量下降，甚至可能导致消失。

②农业资源　农业资源是农业自然资源和农业经济资源的总称。农业自然资源是指农业生产可以利用的自然环境要素，如土地资源、水资源、气候资源和生物资源等。

③矿产资源　是指经过地质成矿作用而形成的，埋藏于地下或出露于地表，并具有开发利用价值的矿物或有用元素的集合体。矿产资源属于非可再生资源，其储量是有限的。目前世界已知的矿产有160多种，其中80多种应用较广泛。按其特点和用途，通常分为金属矿产、非金属矿产和能源矿产3大类。

④海洋资源　海洋资源是海洋生物、海洋能源、海洋矿产及海洋化学资源等的总称。海洋生物资源以鱼虾为主，在环境保护和提供人类食物方面具有极其重要的作用。海洋能源包括海底石油、天然气、潮汐能、波浪能以及海流发电、海水温差发电等，远景发展尚包括海水中铀和重水的能源开发。海洋矿产资源包括海底的锰结核及海岸带的重砂矿中的钛、锆等。海洋化学资源包括从海水中提取淡水和各种化学元素(溴、镁、钾等)及盐等。海洋资源的开发较之陆地复杂，技术要求高，投资亦较大，但有些资源的数量却较之陆地多几十倍甚至几千倍，因此，在人类资源的消耗量愈来愈大，而许多陆地资源的储量日益减少的情况下，开发海洋资源具有很重要的经济价值和战略意义。

⑤气候资源　气候资源是在目前社会经济技术条件下人类可以利用的太阳辐射所带来的光和热资源、大气降水、空气流动(风力)等。气候资源对人类的生产和生活有很大影响，既具有可长期可用性，又具有强烈的地域差异性。

⑥能源资源　能源资源是在目前社会经济技术条件下可为人类提供的大量能量的物质和自然过程，包括煤炭、石油、天然气、风、流水、海流、波浪、草木燃料及太阳辐射、电力等。能源资源，不仅是人类的生产和生活中不可缺少的物质，也是经济发展的物质基础，和可持续发展关系极其密切。

⑦旅游资源　自然界和人类社会凡能对旅游者产生吸引力，可以为旅游业开发利用，并可产生经济效益、社会效益和环境效益的各种事物现象和因素，均称为旅游资源。旅游资源主要包括自然风景旅游资源和人文景观旅游资源。自然风景旅游资源包括高山、峡谷、森林、火山、江河、湖泊、海滩、温泉、野生动植物、气候等，可归纳为地貌、水

文、气候、生物 4 大类。人文景观旅游资源包括历史文化古迹、古建筑、民族风情、现代化建设新成就、饮食、购物、文化艺术和体育娱乐等，可归纳为人文景物、文化传统、民情风俗、体育娱乐 4 大类。

二、我国自然资源状况

（一）特征

1. 自然资源总量丰富，人均量少

按储量计算，我国矿产资源量居世界第三，可开发利用的水资源居世界第一，森林面积居世界第四，国土面积居世界第三，可以说我国是个自然资源大国。但是，我国人口众多，具有庞大的人口基数，从而使得我国自然资源的人均值在世界上处于低水平。目前我国矿产、水资源、森林、耕地、草地、石油、天然气的人均占有量分别不足世界平均水平的 50%、28%、14%、32%、32%、12%、5%。由此可见，我国自然资源总量是丰富的，但人均水平却比较低。

2. 自然资源分布的空间差异大，利用配置不甚合理

我国自然资源的空间分布存在着巨大的差异。水资源是东多西少，南多北少；耕地资源是平原和盆地多，丘陵和山地少，东部多西部少；区域水土资源配比是北方土多水少，南方水多土少。水能集中分布在四川、贵州、广西、云南、西藏 5 省（自治区），西南可开发水能占全国的 76.9%，华北只占全国的 1.2%，华东也只有 3.6%。矿产资源的基本分布由西部高原到东部的山地丘陵地带逐渐减少。

3. 自然资源开发难度大，浪费严重

自然资源开发的难易程度主要取决于自然资源的质量状况以及开采条件。我国资源质量差别悬殊，低质资源比重大。全部耕地中低产田占 2/3 左右，其中大部分属风沙干旱、盐碱、涝洼、红壤等地；在天然草场中，高中低产面积基本上占 1/3；我国矿产大多属贫矿，而且共生、伴生资源多，全国铁矿有 95% 以上为贫矿，铜矿品位低于 1% 的约占 2/3，磷矿和铜矿中贫矿占 19%。而且我国一些大型矿床多为共生或伴生的综合性矿床，共生、伴生矿存在难分选、难冶炼、难分离等技术难题。由于开发难度大，加上管理水平低，生产技术、设备落后，致使资源浪费严重，矿产资源总回收率仅为 30%~50%，大部分乡镇企业资源回收率不到 30%。

4. 呆滞资源多，开发投资大

我国荒地 $0.33 \times 10^8 km^2$ 中，有多达 $0.23 \times 10^8 km^2$ 处在边远地区、盐碱地、沼泽地、干旱地和沿海滩涂；草地资源的 27% 属气候干旱、植被稀疏型；森林中有 $15 \times 10^8 m^3$ 为病腐、风倒、枯损，或是分布于江河上游，或是处于深山峡谷地带；海洋资源中"争执"面积较大，渔业和石油勘探难于进行；矿产资源有不少分布在地理条件极其恶劣的环境中，很难保证生产、生活的基本条件，其中煤炭资源近期不能利用的占 40% 以上，铁矿和铜矿中长期不能利用的分别占 35% 和 40%，铂矿 93.5% 分布在甘肃、云南、四川的边缘地区，铬铁矿资源少，探明储量又主要分布在西藏等交通不便之处。上述资源要开发利用，必须进行大量投资。

（二）存在的主要问题

1. 自然资源总量接近承载极限

从未来社会经济发展对自然资源的需要角度来看，自然资源从总量上接近承载极限甚至走向枯竭。20世纪末至21世纪初，我国仍然处于工业化成长阶段，工业对自然资源的需求量将会不断增长。在能源方面，如按目前制定的发展目标计算，到2020年，除煤炭、钨、钼、稀土和某些非金属矿外，大部分主要矿产将缺乏必要的储量保证。工业用水资源和土地资源也面临严峻的危机。工业及城乡的发展与用地矛盾也日益突出，一方面表现为工业化发展必然导致用地量的增加；另一方面表现为工业用地浪费导致土地资源不足的矛盾加剧。

2. 自然资源使用浪费

我国的自然资源不仅人均占有量不高，而且在开发使用上还存在严重的浪费现象，这就加剧了我国自然资源稀缺的程度。首先，我国能源资源浪费极其严重。据《世界资源》报道，在世界10个经济大国中，每生产1美元的国民生产总值的能耗，我国最高，分别是法国的4.97倍，日本的4.43倍，美国的2.1倍，印度的1.65倍。目前世界能源的综合利用率先进指标已超过50%，而我国仅在26%左右；其次，对矿产资源而言，因"乱采滥挖、采富弃贫"等造成资源回收率很低和优质矿产滥用现象，全国矿产开发利用率仅有33%~50%。在资源利用方面，因忽视综合勘探、综合开发、综合矿单一开发利用等浪费现象。

3. 开发利用引起的环境严重恶化严重

水土流失、土地沙漠化等已成为世界性灾害，给国民经济和生态环境造成了多方面的危害，我国也属于多灾害的国家之一。20世纪50年代初，我国水土流失面积达150×10^4 km^2，还有大面积的土地遭受风沙灾害。至70年代的20年间，我国沙漠化土地平均每年增加1560 km^2。70年代中期至80年代末，沙漠化土地每年增加2100 km^2。据测定，黄土高原每年因水土流失带走的氮、磷、钾约4000×10^4 t，相当于每年全国生产的化肥总量，黄河每年挟带的泥沙量高达16×10^8 t，其中4×10^8 t淤积在下游河道。采矿业对环境的破坏尤为严重。

三、自然资源利用管理

（一）意义

自然资源既是经济社会发展的物质基础、能量来源和空间载体，也是生态系统的构成要素。任何一种自然资源均具有资源和环境双重属性，开发自然资源必然扰动生态环境，保护生态环境必须从源头上加强自然资源管护。长期以来，尽管我们强调要在保护中进行自然资源开发且在开发中对其进行保护，但在指导思想上出现偏差，还是更多地将其看作支撑经济发展的生产要素和物质基础，侧重于如何将资源优势转化为经济优势，而忽略了其生态属性，弱化了资源管理对生态环境的源头保护作用。结果导致不少地方资源开发过度、生态环境恶化。因此，加强生态文明建设，必须突出强调自然资源管理对生态环境的源头保护作用。

①自然资源管理是人类生存和发展的需要　自然资源是人类生存和发展的基本物质条

件，人类的衣、食、住和行均离不开自然资源提供的物质基础。加强自然资源管理，对于自然资源保护和可持续利用具有重要意义。

②自然资源管理是实现社会再生产的需要　社会再生产的物质基础是自然资源，加强自然资源管理和可持续利用是社会再生产的重要保障。

③自然资源管理是环境保护的需要　自然资源构成了环境的基本要素，加强自然资源管理是对环境基本要素保护的重要体现，是实现社会可持续发展的重要基础。

（二）基本原则

1. 保护优先与合理利用相结合

合理利用自然资源，是指人们在开发利用自然资源时，必须全面规划、合理布局、充分考虑到自然资源的承载能力，使之能达到持续利用。要求我们利用的同时，要把生态系统的"恢复能力"放在考虑的范围内。同时，资源的合理利用也要求确立保护的优先地位。这里所强调的保护并不是不使用，而是使用和保护相结合，即在合理的范围内进行使用，并且培育质量高的自然资源，对质量低的自然资源进行相应的改造，从而使得保护和利用相结合，最终达到自然资源的可持续利用。

2. 坚持可持续发展

在自然资源法保护和管理的各项基本原则中，坚持可持续发展原则是最核心和最重要的原则。可持续发展作为人类共同发展战略，它强调的是资源的使用既满足当代人的需求，又不损害后代人使用的权利即把后代人的利益考虑在现代人对资源的使用的范围内。在可持续发展的视野上，自然资源法应当遵守公平分配原则、效益发展原则、协调持续原则、合理利用原则、市场调节和国家宏观调控相结合的资源有偿使用原则。可持续发展原则要求自然资源立法中对有限资源着重保护，同时又包涵着保护和使用相结合原则。可持续发展原则还要求对我国现行的自然资源法律体系进行修改和完善，要求自然资源法以社会主义市场经济的思路对资源进行合理配置，以经济手段的法律化管理自然资源，做到可持续的经济发展与自然资源保护同时进行。

3. 开源和节约并重

开源是节约的前提，节约是开源的继续，两者必须有机结合才能缓解我国自然资源供需矛盾。开源主要是发现尚未被发现和开采的资源；加快研发替代资源，如开发和使用太阳、沼气、地热等形式的新能源；增加科技投入，提高资源的利用效率。在开源的同时，更不能忽视了节约的作用。

4. 合理规划和利益平衡

这一原则主要是说国家对于资源应当合理优化配置，在配置过程中要统筹兼顾各方面的利益需求。其实质是建立在自然资源分布的地域差异性、多功能性和开发利用的多目的性导致的潜在利益冲突之上的。在规划过程中产生的处理各方利益冲突问题需要建立适当的补偿机制进行协调。

（三）环境影响评价

自然资源开发利用的环境影响评价对于合理开发利用自然资源，克服开发过程中的盲目性和破坏性，保证自然资源的永续利用具有十分重要的意义。自然资源开发项目与一般开发项目相比，通常占地面积大、影响范围广、区域性较强，有时甚至是多种生态系统并存，即使是单个项目的环境影响评价，也需按区域环境评价的有关要求进行。而且在自然资源开发管理中，环境影响评价常常有战略环境影响评价和项目环境影响评价的双重性质，因为某些自然资源环境影响评价对象常常就是某个区域的开发规划或者是计划纲要，甚至有时还涉及一些区域开发政策，评价的结果反过来又为区域性的开发规划方案的生态建设提供科学依据，因此，它具有战略环境影响评价的性质和功能。自然资源开发利用的环境影响评价的基本程序如图 4-1 所示。

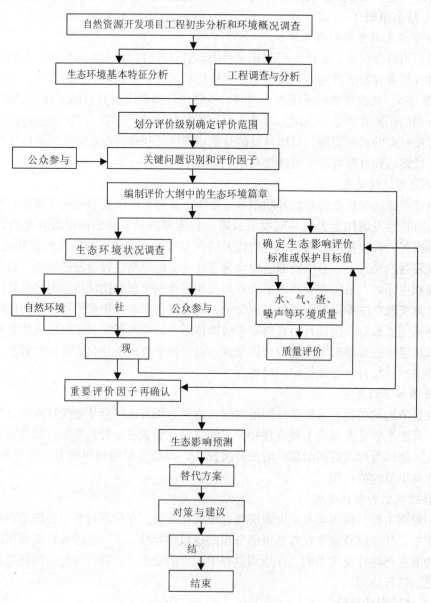

图 4-1　自然资源利用环境影响评价基本程序图

由于资源开发对生态环境影响的复杂性、潜在性和长期性，使得资源开发利用的环境影响评价工作难度较大。自然资源开发环境影响评价的重点，应注重考虑以下几方面：第一，以生态环境影响评价为重点自然资源开发所带来的环境问题，主要不是对自然环境的污染，而是对生态环境和社会经济环境的影响，所以自然资源开发环境影响评价的重点主要是非污染生态影响评价。从分析自然资源开发对生态结构的影响入手，预测环境功能的变化，并寻求保证正常生态功能的有效措施。其评价指标体系则应根据生态系统的结构、功能特点和开发活动的性质、规模择重选择，在影响评价中，不仅要注意对当代人的影响，而且也需要重视长期与代际之间影响评价，即对资源可持续利用的影响评价；第二，以开发活动环境可行性的科学论证为重点自然资源开发环境影响评价的重要任务就是要在影响预测的基础上，以实现资源可持续利用为目的，科学论证资源开发的环境可行性及合理规模。评价中应树立自然资源的生态价值和量与质的统一观，加强环境承载力定量分析，以便科学地确定开发的适宜度；第三，以生态环保措施的论证分析为重点生态保护措施的论证是自然资源开发环境影响评价的重要内容和精华，也是该环境影响评价质量和有效性的主要体现。甚至在某些情况下，生态环保措施的有效性对于自然资源开发活动的可行性和不可行性之间起着重要的转化作用。

（四）基本措施

1. 自然资源管理的法律措施

自然资源法是调整人们在开发、利用、保护和管理自然资源过程中发生的各种社会关系的法律规范的总称。目前，我国没有统一的自然资源保护法典，有关自然资源保护的正式规范，除了《宪法》中的基本规定外主要体现在各种自然资源保护的单行法或专门法中。一般包括土地法、水法、矿产资源法、渔业法、森林法、草原法、海洋法、风景名胜区法、野生动植物资源法等。自然资源法与环境保护法是两个联系密切，相互交叉，又有所不同的法律部门。自然资源法所涉及的自然资源都是环境保护法中的环境要素，大部分环境要素也就是自然资源；许多法律规范既是自然资源法的组成部分，又是环境保护法的组成部分；两个法律部门都有综合性、广泛性、技术性、社会性和较多的世界共同性的特点。自然资源法着重调整自然资源的开发和合理利用；环境保护法则着重调整各种环境要素及其综合体的保护。然而，开发、利用自然资源必须同时保护环境，保护环境实质上又是保护自然资源、合理利用自然资源。

2. 自然资源管理的制度措施

自然资源不仅是生态系统的重要组成部分，而且是生态文明建设的物质基础、空间载体和关键要素，支撑着各行各业发展。坚持资源开发与保护相统一的发展观和系统观，构建由"两大基础、三大核心和四大保障"组成的系统完整的自然资源制度体系是自然资源利用和保护的重要措施。其中产权制度和空间规划（包括用途管制制度）是自然资源制度体系中的两大基础性制度。健全自然资源资产产权制度，针对诸如产权归属不清、权责不明、产权保护不严格、流转不顺畅、所有者权益难落实和产权制度不完善等问题，构建归属清晰、权责明确、流转顺畅、保护严格的自然资源资产产权制度，使市场在自然资源资产产权配置中发挥决定性作用，形成多样化、多层次的自然资源资产产权制度体系。源头保护、利用节约、破坏修复是自然资源制度体系三大核心环节，是建设生态文明、实现美丽中国的治本之策和关键措施。体制保障、法治保障、监管保障和服务保障是自然资源管理制度体系中的四大保障。

3. 自然资源管理的技术措施

充分利用现代科技手段对自然资源进行规划、监测和评价，为合理开发利用自然资源提供科学依据。改善传统的资源利用方式，节约资源。长期以来，粗放型的经济发展模式和自然资源的无序开发、低效利用，导致了自然资源浪费、生态破坏和环境污染。因此，要改变传统的资源利用方式，合理统筹规划、精细高效利用，实施清洁生产、资源循环利用，政策技术并举、资源可持续利用。

4. 自然资源管理的经济措施

理顺价格，发展市场。过去人们长期认为自然资源是可以无偿占用，形成了"产品高价、原料低价、资源无价"的扭曲观念，从而导致对资源盲目贪婪无节制开发占用而无视利用效率，最终使得大量资源浪费、环境受到严重污染，完全背离了可持续发展理念。自然资源资产化管理是盘活自然资源资产、合理开发利用自然资源的有效保证，要求发挥市场在自然资源有效合理配置中的积极作用，最大限度地调动市场主体的积极性。逐步建立国家和重点区域范围内的自然资源资产交易市场，加快自然资源及其产品价格改革，扩大资源税范围，逐步健全资源有偿使用制度，使资源开发利用能够反映资源稀缺程度，以及对生态环境损害和修复成本。发展资源产业，补偿资源消耗。自然资源资产管理就是以自然资源的客观规律和经济运行规律为前提，按照自然资源的实际生产能力，对自然资源的开发利用、生产和再生产以及投入与产出进行管理，同时对其开发利用实行有偿制度，并逐步将其开发利用权推向市场使之市场化并将其收益再投入到资源事业。

5. 自然资源管理的宣传教育措施

为子孙后代留下天更蓝、山更绿、水更清的优美环境，是当代人的责任和义务，也是对人类的贡献。要利用世界地球日、全国土地日、世界海洋日、测绘法宣传日等主题宣传平台，大力开展自然资源国情、国策、国法的宣传教育，普及地球科学知识，引导社会公众树立正确的生态观，增强全民珍惜和保护自然资源意识。

第二节　大气环境规划与管理

大气是人类赖以生存的基本环境要素和自然资源，是维持生命包括人类、动植物和很多微生物所必需的物质，大气也是人们生活和生产活动的载体，合理利用大气资源，保护大气环境，对人类社会的生存和发展至关重要。

一、大气环境概述

(一)大气的基本组成

大气是指地球表面受地球引力作用，随地球旋转的空气层，厚度约 $1000 \sim 4400$ km，95%的大气存在于近地面 30 km 以下。大气是由多种气体混合而成的，按成分的可变性划分可分为：稳定成分（N_2、O_2、Ar 等）、可变成分（CO_2、SO_2、H_2O 等）和不确定成分（污染性气体）；按含量多少划分可分为：主要成分（N_2、O_2、Ar）、微量成分（CO_2、CH_4、He、Ne、Kr）和痕量成分（H_2、NO、Xe、NH_3、SO_2）。大气中 3 种主要成分气体占据空气成分的 99.96%，微量成分占 $10^{-6}\%\sim1\%$，痕量成分占 $10^{-6}\%$ 以下。

距地面不同高度的大气层在组成、温度变化、天气现象等方面呈现不同的变化规律。世界气象组织(WMO)按温度变化规律将大气层分为：对流层、平流层、中间层、热层和逸散层。

(二) 大气污染物及来源

大气污染是指由于人类活动或自然过程引起某些污染性物质进入大气中，呈现出足够的浓度，达到足够的时间，并因此危害了人类的舒适、健康和福利或环境的现象。

1. 大气污染物来源

大气污染物来源有天然来源和人为来源，其中人为来源主要包括以下 4 个方面：

(1)工业生产　工业生产是大气污染的一个重要来源。工业生产的类别多样决定了其排放到大气中的污染物种类繁多，有烟尘、硫氧化物、氮氧化物、有机化合物、卤化物、碳氢化合物等。其中有的是烟尘，有的是气体。

(2)生活炉灶与采暖锅炉　城市中大量民用生活炉灶和采暖锅炉需要消耗大量煤炭，煤炭在燃烧过程中要释放大量的灰尘、二氧化硫、一氧化碳等有害物质污染大气。特别是在冬季采暖期内，是一种不容忽视的污染源。

(3)交通运输　汽车、火车、飞机、轮船是当代的主要运输工具，它们烧煤或石油产生的废气也是重要的污染物。特别是城市中的汽车，量大而集中，尾气所排放的污染物能直接侵袭人的呼吸器官，对城市的空气污染很严重，成为大城市空气的主要污染源之一。汽车排放的废气主要有一氧化碳、二氧化硫、氮氧化物和碳氢化合物，以及这些物质在光的作用下生成的二次污染物。

(4)农业活动　田间施用农药时，一部分农药会以粉尘等颗粒物形式逸散到大气中，部分残留在作物体上或黏附在作物表面的仍可挥发到大气中。进入大气的农药可以被悬浮的颗粒物吸收，并随气流向各地输送，造成大气农药污染。此外，还有秸秆焚烧等也会造成局部大气污染。

2. 大气污染物类别

根据大气污染物的存在状态，也可将其分为气溶胶态污染物和气态污染物。

(1)气溶胶态污染物　根据颗粒污染物物理性质不同，气溶胶态污染物可分为以下 6 种：

①粉尘　是指悬浮于气体介质中的细小固体粒子。通常是由于固体物质的破碎、分级、研磨等机械过程或土壤、岩石风化等自然过程形成的。粉尘粒径一般在 $1\sim200\ \mu m$。大于 $10\ \mu m$ 的粒子靠重力作用能在较短时间内沉降到地面，称为降尘；小于 $10\ \mu m$ 的粒子能长期在大气中漂浮，称为飘尘。

②烟　通常是指由冶金过程形成的固体粒子的气溶胶。在工业生产过程中总是伴有诸如氧化之类的化学反应，熔融物质挥发后生成的气态物质冷凝时便生成各种烟尘。烟的粒子是很细微的，粒径范围一般为 $0.01\sim1\ \mu m$。

③飞灰　是指由燃料燃烧后产生的烟气带走的会分中分散的较细的粒子。灰分是含碳物质燃烧后残留的固体渣，在分析测定时假定它是完全燃烧的。

④黑烟　通常是指由燃烧产生的能见的气溶胶，不包括水蒸气。在某些文献中以林格

曼数、黑烟的遮光率、玷污的黑度或捕集的沉降物的质量来定量表示黑烟。黑烟的粒径范围为 $0.05 \sim 1~\mu m$。

⑤雾　一般指小液体粒子的悬浮体。它可能是由于液体蒸汽的凝结、液体的雾化以及化学反应等过程形成的，如水雾、酸雾、碱雾、油雾等，水滴的粒径范围在 $200~\mu m$ 以下。

⑥总悬浮颗粒物（TSP）　大气中粒径小于 $100~\mu m$ 的所有固体颗粒。

（2）气体状态污染物　主要有硫氧化合物、氮氧化合物、碳氧化合物以及碳氢化合物。

①硫氧化合物　主要指二氧化硫和三氧化硫。二氧化硫是无色、有刺激性气味的气体，其本身毒性不大，动物连续接触 $30~mg/L$ 的 SO_2 无明显的生理学影响，但是在大气中，尤其是在污染大气中 SO_2 易被氧化成 SO_3，与水分子结合形成硫酸分子，经过均相或非均相成核作用，形成硫酸气溶胶，并同时发生化学反应形成硫酸盐。硫酸和硫酸盐可以形成硫酸烟雾和酸雨，造成较大危害。大气中的 SO_2 主要源于含硫燃料的燃烧过程，及硫化矿物石的焙烧、冶炼过程。火力发电厂、有色金属冶炼厂、硫酸厂、炼油厂和所有烧煤或油的工业锅炉、炉灶等都排放 SO_2 烟气。

②氮氧化物　种类较多，是 NO、NO_2、N_2O、NO_3、N_2O_4、N_2O_5 等氮氧化物的总称，造成大气污染的氮氧化物主要是指 NO 和 NO_2。用 NO_x 表示。大气中氮氧化物的人为源主要来自于燃料燃烧过程，其中 2/3 来自于汽车等流动源的排放。NO_x 可以分为燃料型 NO_x 和温度型 NO_x。燃料型 NO_x 是燃料中含有的氮的氧化物在燃烧过程中氧化生成 NO_x，温度型 NO_x 是燃烧是空气中的 N_2 在高温下氧化生成 NO_x。氮氧化物的天然源主要为生物源，如机体腐烂等。大气中的 NO_x 最终转化为硝酸和硝酸盐微粒，经湿沉降和干沉降从大气中去除。

③碳氧化物　有一氧化碳和二氧化碳。一氧化碳人为源主要在燃料不完全燃烧时产生，80% 由汽车排出，此外还有森林火灾、农业废弃物焚烧。天然源是甲烷转化、海水中 CO 挥发、植物排放物转化和植物叶绿素的光解等。二氧化碳因引发全球性环境演变成为大气污染问题中的关注点。

④碳氢化合物（HC）　又称烃类，是形成光化学烟雾的一次污染物，通常是指 $C_1 \sim C_8$ 可挥发的所有碳氢化合物。分为甲烷和非甲烷烃两类，甲烷是在光化学反应中呈惰性的无害烃，非甲烷烃（NMHC）主要有萜烯类化合物（由植物排放，占总量 65%），非甲烷烃的人为源主要包括：汽油燃烧、焚烧、溶剂蒸发、石油蒸发和运输损耗、废物提炼。

⑤含卤素化合物　大气中以气态形式存在的含卤素化合物大致分为以下 3 类：卤代烃、氟化物、其他含氯化合物。卤代烃主要人为源如三氯甲烷（$CHCl_3$）、氯乙烷（CH_3CCl_3）、四氯化碳（CCl_4）等是重要化学溶剂，也是有机合成工业的重要原料和中间体，在生产使用中因挥发进入大气。大气中主要含氯无机物如氯气和氯化氢来自于化工厂、塑料厂、自来水厂、盐酸制造厂、废水焚烧等。氟化物包括氟化氢（HF）、氟化硅（SiF_4）、氟（F_2）等，其污染源主要是使用萤石、冰晶石、磷矿石和氟化氢的企业，如炼铝厂、炼钢厂、玻璃厂、磷肥厂、火箭燃料厂等。并且随着人类不断开发新的物质，大气污染物的种类和数量也在不断变化。

（三）大气污染引起的环境效应

1. 化学烟雾

化学烟雾污染，根据其产生污染的化学机理不同可分为硫酸烟雾和光化学烟雾。硫酸烟雾也称为还原型烟雾，主要是由于燃煤而排放出来的 SO_2 颗粒物以及由 SO_2 氧化所形成的硫酸盐颗粒物所造成的大气污染现象。这种污染一般发生在冬季、气温低、湿度高和日光弱的天气条件下。硫酸烟雾形成过程中，二氧化硫转化为三氧化硫的氧化反应主要靠雾滴中锰、铁、氨的催化氧化过程。还原型烟雾因其最早发生在英国伦敦，所以也称伦敦烟雾。以煤炭为主要燃料的工业化大城市，硫酸型烟雾污染时常出现。硫酸型烟雾污染对人体呼吸道强烈的刺激作用。

光化学烟雾也称为氧化型烟雾，是由汽车、工厂等污染源排入大气的碳氢化合物（HC）和氮氧化物（NO_x）等一次污染物在阳光（紫外线）作用下发生光化学反应生成二次污染，参与光化学反应过程的一次污染物和二次污染物的混合物（其中有气体污染物，也有气溶胶）所形成的烟雾污染现象。光化学烟雾一般发生在大气相对湿度较低，气温为 24～32℃的夏季晴天。称为光化学烟雾。光化学烟雾的表观特征是烟雾弥漫，大气能见度降低。光化学烟雾污染最早发生于美国洛杉矶，所以也称其为洛杉矶烟雾。光化学烟雾污染对人体眼睛和呼吸道均有强烈的刺激作用。

2. 酸雨

酸雨，是指 pH 值小于 5.6 的雨雪或其他形式的大气降水。雨、雪等在形成和降落过程中，吸收并溶解了空气中的二氧化硫、氮氧化合物等物质，形成了 pH 值低于 5.6 的酸性降水，酸雨主要是人为向大气中排放大量酸性物质所致。酸雨可分为硫酸型和硝酸型。世界范围工业迅猛发展导致了全球酸雨污染加重，各种机动车排放的尾气也是形成酸雨的重要原因。我国酸雨主要因大量燃烧含硫量高的煤而形成的，多为硫酸雨，少数为硝酸雨，酸雨污染持续以城市为中心，目前有不断向农村蔓延的趋势。酸雨是全球性环境问题，酸性污染物经大气扩散和运输可以在全球范围内重新分布和沉降导致产生自然灾害，对生物圈和人类社会造成不利影响，主要表现在腐蚀建筑物、破坏生态系统、危害人体健康等，如造成森林退化、粮食及蔬果作物减产、湖泊酸化、危害水生生物、危害人体呼吸道系统和皮肤等。

3. 温室效应

温室效应，又称"花房效应"，是大气保温效应的俗称。大气能使太阳短波辐射到达地面，但地表受热后向外放出的大量长波热辐射线却被大气吸收，这样就使地表与低层大气作用类似于栽培农作物的温室，故名温室效应。自工业革命以来，人类向大气中排入的二氧化碳等吸热性强的温室气体逐年增加，大气的温室效应也随之增强。温室气体主要有二氧化碳、甲烷、臭氧、一氧化二氮、氟利昂以及水汽等。

温室效应引发一系列的生态环境问题，首先是气候变暖，温室气体浓度的增加会减少红外线辐射放射到太空，地球的气候因此需要转变来使吸取和释放辐射的份量在全球各地区温室气体排放量达至新的平衡。这转变可包括"全球性"的地球表面及大气低层变暖。气候变暖还会引起海平面上升、气候反常、海洋风暴增多、地球上的病虫害增加、土地干旱及沙漠化面积增大、动物失去栖息地等自然灾害。对人类生存环境造成严重影响。

4. 臭氧层破坏

大气中臭氧平均浓度仅约 0.4×10^{-6}，且 90% 存在于平流层内。它几乎吸收了全部 300 nm 以下波长的紫外线辐射，保护着地球上的万物生灵。同时，它对紫外线辐射的吸收构成了平流层的重要热源，从而制约着平流层的温度场结构和动力学过程，并对全球气候的形成及变化起着决定性的作用。

近半个世纪以来，工农业高速发展，人为活动产生大量氮氧化物排入大气，超音速飞机在臭氧层高度内飞行、宇航飞行器的不断发射都排出大量氮氧化物和其他痕量气体进入臭氧层。此外，人们大量生产氯氟烃化合物（即氟利昂），如 $CFCl_3$（氟利昂 -11）、CF_2Cl_2（氟利昂 -12）、CCl_2FCClF_2（氟利昂 -113）、$CClF_2CClF_2$（氟利昂 -114）等用作致冷剂、除臭剂、头发喷雾剂等。氟利昂在对流层中很稳定，能长时间滞留在大气中不发生变化，逐渐扩散到臭氧层中，与臭氧发生化学反应使臭氧消除，降低臭氧层中的浓度。臭氧层破坏后，地面将受到过量的紫外线辐射，危害人类健康，使平流层温度发生变化，导致地球气候异常，影响植物生长、生态平衡等。

二、我国大气环境状况

改革开放四十年是我国经济的高速发展阶段，城市化进程不断加快，以资源消耗为主的粗放型经济增长方式带来的高强度污染排放，使我国许多地区特别是东部经济发达地区各种环境问题集中爆发，大气污染呈现出煤烟型与机动车污染共存的新型大气复合污染，颗粒物为主要污染物，霾和光化学烟雾频繁、二氧化氮浓度居高不下，酸沉降转变为硫酸型和硝酸型的复合污染，区域性的二次性大气污染愈加明显。

严重的大气污染对公众健康、生态环境和社会经济都会产生巨大的威胁与损害，为此，我国环保部门开展了一系列污染控制举措。"十一五"期间，通过全国二氧化硫排放总量控制的实施，超额完成了二氧化硫排放量削减 10% 的约束性指标。全国煤炭消耗总量增加 9×10^8 t，2010 年，二氧化硫排放总量却比 2005 年下降 14.3%，113 个重点城市的年均二氧化硫浓度从 0.057 mg/m³ 下降为 0.042 mg/m³。针对首要污染物 PM10，通过开展重点行业的烟尘排放控制、城市建筑工地及道路扬尘治理等工作，全国重点城市的空气质量监测结果显示，2001 年，全国大部分区域的年均值大于 0.13 mg/m³，到 2011 年，下降为 0.07~0.1 mg/m³，只有少数地区为 0.1~0.13 mg/m³。此外，北京、上海等特大城市利用举办奥运会、世博会的重要契机，加大加严对大气污染的控制力度，使 PM10、SO_2、NO_2 3 项主要污染物浓度得到持续明显改善。近年来，通过实施一系列的大气环境治理措施，我国大气环境取得了明显改善，但从污染物浓度的绝对值及未来面临的压力来看，我国大气污染依然形势严峻，主要体现在以下方面：

大部分城市的 PM10 浓度仍然维持高值。2011 年，全国 55.8% 的重点城市 PM10 浓度为 0.07~0.1 mg/m³，19.7% 的重点城市浓度大于 0.1 mg/m³，以最新修订的《环境空气质量标准》进行评价，绝大部分城市属于二级超标，西南部和南部少数城市能够二级达标，一级达标的城市不到 2%。必须指出，经过多年对一次排放颗粒物的大幅治理，细颗粒物在 PM10 中所占比例愈来愈高，这无疑将进一步加大颗粒物污染控制工作的难度。

霾污染问题日益突出。近年来我国区域性霾污染天气日益严重，以 PM2.5 为代表的细颗粒是其主要成因。环保部灰霾试点监测的结果表明，2010 年，各试点城市发生灰霾天数占全年天数的比例为 20.5%~52.3%，且在近几年呈上升趋势。针对 PM2.5，综合发表文献的科学研究数据，北方城市 PM2.5 年均浓度为 0.08~0.1 mg/m^3，南方城市为 0.04~0.07 mg/m^3。上海、南京等地 2006—2010 年连续观测结果表明：PM2.5 整体呈上升或持平趋势。由于约 50% 左右的 PM2.5 来自气态污染物的化学转化，组分构成复杂，污染来源广泛，对颗粒物污染控制提出了新的更高的要求。

臭氧污染超标频繁。臭氧是光化学烟雾的代表性污染物，近年来我国许多城市机动车保有量激增，导致氮氧化物和挥发性有机物浓度迅速上升，高浓度的臭氧超标频繁出现，京津冀地区、长三角和珠三角地区已呈现区域性光化学污染。

我国大气污染主要特征如下：

1. 区域性特征

我国地域辽阔、地形复杂，南北方以及东西部不论是气候还是地理环境差异都非常巨大，而且资源条件、产业结构、人口密度、社会发展和经济水平差异显著，也导致大气污染排放结构有显著差异，空气污染的情况有着明显的地域分布特征。

北方区域大气污染物以 PM10 及 PM2.5 超标为主，部分城市兼有 SO$_2$ 超标。华北平原以烟尘、工业和机动车复合污染为主要特征；由于受沙漠和沙尘的影响较大，西北城市表现为自然来源的粉尘污染，如甘肃、宁夏、内蒙古及新疆等地区的城市。其中，一些以资源开发利用为主、人口相对集中的城市兼有 SO$_2$ 超标，如乌鲁木齐、兰州和包头等，这些区域地形地貌和气象条件特殊，不利于大气污染物的稀释和扩散；西南部城市由于山川较多并且植被茂盛，所以风尘污染较少，但主要的几个城市都有能源开发等支柱产业，并且该地区的煤炭中含硫量较高，导致贵州、云南和广西等地的大中型城市中 SO$_2$ 含量超标，四川和重庆的地理位置特殊，人口众多有地处于盆地，本身的大气污染扩散条件不好，极其容易产生粉尘和 SO$_2$ 超标。

2. 周期性特征

我国大气污染表现为周期变化特征，其中 TSP 污染的季节特点是：春季(风沙较重季节)重于冬季采暖期。也从侧面说明城市空气中颗粒物的来源，除燃煤排放的烟尘外，其他来源的影响也是不容忽视的，其变化需考虑地理植被和气象条件等的影响。在冬季采暖季时，大气污染物 SO$_2$ 含量有较大提升，同时也受到大气扩散条件的影响，所以供暖前后 PM2.5 的浓度变化很大。

3. 多样性特征

我国大气污染物种类繁多，其中包括有悬浮颗粒物、降尘、可吸入颗粒物、二氧化硫、氮氧化物、汞、铅、氟化物、臭氧和苯类有机物等。

颗粒物质是大气污染物中数量最大、成分复杂、性质多样以及危害极大的一种。因此，对颗粒物质的控制是大气污染治理的一项重要内容。氮氧化物对人体健康会产生巨大的影响，很多的呼吸道和免疫系统疾病都与其有关系，而且氮氧化物与碳氢化合物在阳光照射下发生一系列光化学反应，形成强氧化高活性自由基、醛和酮等二次污染物，该混合物被称为光化学烟雾，对人体器官破坏力极强且在大气中停留时间较长。

4. 集中性特征

近年来所关注的大气污染物 PM2.5，其主要来源是日常生活、工业生产和汽车尾气排放等过程中燃烧排放而出的残留物。2015 年全国近地面 PM2.5 浓度卫星反演图，人口密集地区的 PM2.5 浓度要高于边远地区，京津冀地区形势依旧严峻。根据 2016 年上半年数据表明，我国酸雨污染区域情况在逐渐好转，范围在不断缩小，破坏力在渐渐减弱。我国酸雨重灾区集中在 3 个区域，西南地区是多年来酸雨灾害一直比较严重的区域；华中地区连续数年成为全国酸雨污染范围最大，中心强度最高的酸雨污染区；华东沿海地区由于扩散条件比较好污染强度低于华中及西南酸雨区。

5. 广泛性特征

随着我国人口增加以及城市化进程不断深入，出现越来越多的大型城市甚至是特大型城市，这也是现代化进程的必然结果。人口大量集中必将会加重某一区域的环境负担，随之而来的环境恶化将很快成为人们不得不面对的问题。从我国整体污染状况可以看出，在人口集中的城市及附近区域大气环境状况多数不容乐观。

三、大气环境管理

（一）大气环境规划管理

大气环境规划是根据城市和区域环境规划，为协调该区域的大气环境与社会、经济之间的关系所做的大气环境利用和保护的环境方案。大气环境规划的目标是平衡和该区域大气环境与经济社会发展的关系，以期实现大气环境系统功能的最优化，最大限度地发挥大气环境系统组成部分的功能。

大气环境规划总体上划分为两类，即大气环境质量规划和大气污染控制规划。大气环境质量规划是以城市总体布局和国家大气环境质量标准为依据，规定了城市不同功能区主要大气污染物的限值浓度。是城市大气环境管理的基础。大气污染控制规划是实现大气环境质量规划的技术与管理方案。对于已经受到污染或部分污染的城市，制定大气污染控制规划的目的主要是寻求实现城市大气环境质量规划的简捷、经济和可行的技术方案和管理对策。这两类规划相互联系、相互影响、相互作用构成了大气环境规划的全过程。

构成大气环境系统的子系统有大气污染物排放系统、大气污染控制子系统和城市生态子系统，在进行大气环境规划时，应首先对大气环境系统进行系统分析，确定各子系统之间的关系；其次对规划期内的主要资源进行需求分析，重点分析城市能流过程，从能源的输入、输送、转换、分配和使用各个环节中，找出产生污染的主要原因和控制污染的主要途径，为确定和实现大气环境目标提供可靠保证。大气环境规划主要程序如图 4-2 所示。

图 4-2　大气环境规划主要程序

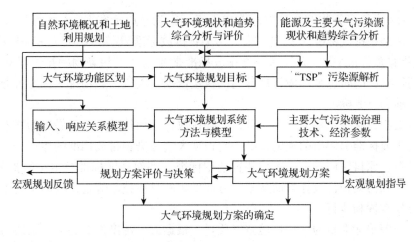

图4-3 大气环境规划技术路线图

大气环境规划技术路线如图4-3所示。

（二）大气功能区划管理

大气环境功能区划管理是以城市环境功能分区为依据，根据自然环境概况、土地利用规划、规划区域气象特征和国家大气环境质量的要求，将规划城市按大气环境质量划分为不同的功能区进行管理。

大气功能区划遵循的原则：充分利用现行行政区界或自然分界、宜粗不宜细，既要考虑空气污染状况，又要兼顾城市发展规划、不能随意降低已划定的功能区类别的基本原则。

我国环境空气功能区分为二类：一类区为自然保护区、风景名胜区和其他需要特殊保护的区域；二类区为居住区、商业交通居民混合区、文化区、工业区和农村地区。

（三）大气环境质量管理

大气环境质量管理涉及运用经济、法律、行政、教育和科学技术手段，协调社会经济发展与保护大气环境之间的关系，使经济社会发展在满足人类基本需要的同时获得可接受的大气环境质量。

大气质量管理既包括组织制订各种大气环境质量控制标准、组织调查、监测和评价大气环境质量状况以及预测大气环境质量变化趋势，也包括运用各种环境管理手段保证区域环境质量。大气环境质量管理既包括对污染物排放的管理和也包括对污染源的管理。其中环境空气质量控制标准是大气环境质量管理的法律依据、政策依据和技术依据。

环境空气质量控制标准体系由环境空气质量标准、大气污染物排放标准、大气污染物控制技术标准和大气污染报警标准组成。

《环境空气质量标准》（GB 3095—2012）是国家级大气环境质量标准，为保护人群健康和生存环境、促进生态良性循环所制定的在一定时间和空间内大气中污染物质的最高允许含量的标准。是大气环境质量管理的目标值，也是制定大气污染物排放标准、进行大气污染防治的基本依据。

大气污染物排放标准是为了控制污染物的排放量，使空气质量达到环境质量标准，对排入大气中的污染物数量或浓度所规定的限制标准。大气污染物排放标准体系包括综合性排放标准，如《大气污染物综合排放标准》《恶臭污染物排放标准等和行业性排放标准》《工业炉窑大气污染物排放标准》《火电厂大气污染物排放标准》《炼焦炉大气污染物排放标准》《饮食业油烟排放标准》等。大气污染物排放标准是控制大气污染物的排放量和进行净化装置设计的依据，同时也是环境管理部门的执法依据。大气污染物排放标准可分为国家标准、地方标准和行业标准。

大气污染物控制技术标准是为达到污染物排放标准而从某一方面做出的技术规定，是根据污染物排放标准引申出的辅助标准。它根据大气污染物排放标准的要求，结合生产工艺特点、燃料、原料使用标准、净化装置选用标准、烟囱高度标准及卫生防护带标准等，都是为保证达到污染物排放标准而从某一方面做出的具体技术规定，目的是使生产、设计和管理人员易掌握和执行。

大气污染警报标准是为保护环境空气质量，根据大气污染发展趋势，预防污染事故而规定的污染物含量的极限值。超过这一极限值时就发生警报，以便采取必要的措施。警报标准的制订建立在对人体健康的影响和生物承受限度的综合研究基础之上。

（四）大气环境技术管理

1. 大气环境监测技术

利用现代科学技术对大气环境中污染物监测的过程。测定大气中污染物的种类及其浓度，分析其时空分布和变化规律。《环境空气质量标准》（GB 3095—2012）规定了监测污染物项目、平均时间及浓度限值、监测方法、数据统计的有效性规定及实施与监督等内容。各省、自治区、直辖市人民政府对本标准中未作规定的污染物项目，可以制定地方环境空气质量标准。

2. 大气污染防治技术

大气污染防治技术是利用现代科技手段对大气污染物排放控制技术及大气污染物治理技术的总和，其先进的技术主要包括：电站锅炉烟气排放控制、工业锅炉及炉窑烟气排放控制、典型有毒有害工业废气净化、机动车尾气排放控制、居室及公共场所典型空气污染物净化、无组织排放源控制、大气复合污染监测模拟与决策支持、清洁生产8个领域的关键技术，是我国大气环境控制与治理的主要技术管理手段。

（五）大气污染综合防治

大气污染综合防治，是指在一个特定区域内，把大气环境看作一个整体，统一规划能源结构、工业发展、城市建设布局等，综合运用各种防治污染的技术措施，充分利用环境的自净能力，以改善大气质量。地区性污染和广域污染是多种污染源造成的，并受该地区的地形、气象、绿化面积、能源结构、工业结构、交通管理、人口密度等多种自然因素和社会因素的影响。大气污染物又不可能集中起来进行统一处理，因此只靠单项治理措施解决不了区域性的大气污染问题。例如，对于我国大中城市存在的颗粒物和 SO_2 等污染的控制，除了应对工业企业的集中点源进行污染物排放总量控制外，还应同时对分散的居民生活用燃料结构、燃用方式、炉具等进行控制和改革，对机动车排气染、城市道路扬尘、建筑施工现场环境、城市绿化、城市环境卫生、城市功能区规划等方面，一并纳入城市环境规划与管理，才能取得综合防治的显著效果。大气污染综合防治的基本点是防与治的综合，实质是为了达到区域环境空气质量控制目标，对多种大气污染控制方案的技术可行性、经济合理性、区域适应性和实施可能性等进行最优化选择和评价，从而得出最优的控制技术方案和工程措施。主要措施如下：

1. 调整优化产业结构和布局

研究建立各地区资源环境承载能力预警机制，严格控制高耗能、高排放项目。综合运用法律法规、产业政策、节能减排、安全生产等手段，着力化解产能严重过剩矛盾。加快淘汰落后产能，会同有关部门确保明年完成"十二五"淘汰任务。大力发展节能环保产业，制订重大节能、环保、资源循环利用等技术装备产业化工程实施方案。

2. 推动能源结构清洁化

加快发展水电、核电、风电、太阳能、生物质能，推动分布式能源发展，切实解决可再生能源优先上网问题。控制煤炭消费量，制订重点区域煤炭消费总量控制方案。切实抓好天然气供应保障。做好油品品质提升工作。

3. 大力推进节能减排

实行能源消费总量和能耗强度"双控"考核，暂停未完成目标地区新建高耗能项目的核准和审批。强化节能评估审查，对能源消费增量超出控制目标的地区新上高耗能项目，实行能耗等量或减量置换。推进工业、建筑、交通和公共机构等重点领域节能，深入开展万家企业节能低碳行动，加快重点用能单位能耗在线监测系统建设。积极推行能效领跑者制度，建立和实施节能量交易制度。加强能效标准制（修）订工作，完善节能监察执法机制，依法查处违法用能行为。

4. 积极推行清洁生产

组织编制《国家清洁生产推行规划》，大力推广清洁生产先进技术，实施清洁生产改造。

5. 大力推进生态文明建设

尽快研究推进生态文明建设的制度建议。开展国家生态文明先行示范区建设，探索生态文明建设有效模式。

实践证明，只有从整个区域大气污染状况出发，统一规划并综合运用各种防治措施，才可能有效地控制大气污染。

第三节　水资源利用管理

一、水资源概述

（一）地球水资源

水是人类生命的基础物质，也是人类生产和生活的载体，是人类环境的重要组成部分。地球上水的总储量约有 $14 \times 10^8 \mathrm{km}^3$，地球表面70%被水覆盖。尽管如此，但真正能为人类利用的淡水资源只占地球总水量的极少部分。全球总储水量中，海水占去97.3%，淡水只占2.7%。在陆地淡水中，约有86%的水被两极冰盖和各地冰川所固定，目前还不能被利用。其次占淡水总量12%的地下淡水也不能全部被人类开发利用。可供人类利用的淡水资源主要是河川、湖泊中的淡水和部分地下水，其总和还不到地球总水量1%。其分布情况见表4-2。

各种类型水资源所占比例如图4-4所示。

表4-2　地球上不同类型水资源分布

存在形式	分布面积（km²）	水量（km³）	质量分数（%）	更新时限
海洋	3.6×10^8	1.322×10^9	97.212	37 000 年
冰川与高山积雪	1.8×10^7	2.92×10^7	2.15	16 000 年
浅层地下水		4.170×10^6	0.307	几百年
深层地下水		4.170×10^6	0.307	几千年
淡水湖泊	8.6×10^5	1.25×10^6	0.0092	10~100 年
咸水湖及内海	7.0×10^5	1.04×10^5	0.0077	10~100 年
土壤及沼泽水		6.7×10^4	0.0049	1 年
大气		1.3×10^4	0.001	9~10 天
河流		1.25×10^3	0.0001	2~3 周
生物体内水		1.2×10^3	0.0001	几小时

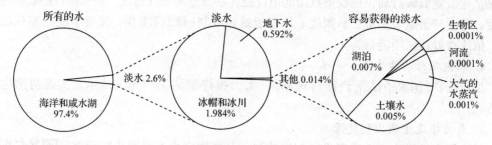

图4-4　各种类型水资源所占比例

水资源，是指自然形成的，在一定时期内，能被人类直接或间接开发利用的淡水资源，主要指河流、湖泊、地下水、土壤水等。

由于受气候和地理条件的影响，陆地上淡水资源的分布很不均匀，冰岛、印度尼西亚等国家每公顷土地的径流量高出贫困国 1000 多倍。而北非和中东等许多国家降水量少、蒸发量大。我国华北和西北地区处于干旱和半干旱地区，季节性缺水很严重。非洲的撒哈拉地区已有 20 年左右降水低于正常水平。世界水资源研究所认为，目前全世界有多个国家的约 2.32 亿人口已经面临缺水威胁。

（二）水资源主要特征

1. 循环可再生性和总量有限性

就全球范围水资源而言，水资源属于可再生资源，在循环过程中可以不断回复和更新，水资源始终处于降水—径流—蒸发的自然水文循环之中，这就要求人们对水资源的利用形成一个水源—供水—用水—排水—处理回用的相互衔接与相互协调的系统，以维护其良好的自然属性，进而维护良好的自然生态环境，促进人与水的协调、人与自然的和谐。

2. 时空分布的不均匀性

水资源的补给主要靠大气降水、地表径流和地下径流，这些来源具有随机性和周期性，且在地区分布上很不均匀，如我国西北干旱地区降水较少、水资源较为贫乏，而东南湿润地区降水充沛、水资源丰富。

3. 功能的广泛性和应用的不可替代性

水资源是人们重要的生活和生产资料，各种生活和生产活动都需要用水，如饮用、洗漱、养殖、种植、航运以及工业生产活动，且这些功能是其他任何自然资源无法替代的。

4. 水资源利用的利害两重性

水资源功能广泛、不可替代，但若开发利用不当可引发水体污染、地下水枯竭、地面沉降、水资源浪费等现象发生。因此，合理开发利用水资源，充分发挥其功能为人类提供优质服务。

二、我国水资源状况

(一)水资源分布

我国淡水资源包括地表水和地下水，总量约为 $28\,124 \times 10^8\,m^3$，仅次于巴西、俄罗斯、加拿大、美国、印度尼西亚居世界第 6 位，但人均水资源量为 $2300\,m^3$，约为世界人均水资源占有量的 1/4，亩均水资源量为 $1770\,m^3$，仅相当于世界均数的 2/3，我国已被联合国列为 13 个贫水国之一。除了水资源不足，我国水资源在空间上分布也很不均匀，与耕地、人口的地区分布极不适应。我国水能资源的 68% 集中于西南 5 省(自治区、直辖市)。青藏高原水资源十分丰富，理论蕴藏量为 $6.76 \times 10^8\,kW$，目前实际开发不足 6%，所以开发前景非常乐观，其中以长江水系为最多，其次为雅鲁藏布江水系。黄河水系与珠江水系也有较大的水能蕴藏量。我国南方地区水资源量占全国总量的 81%，人数占按照全国的 54%，耕地面积只占 35.9%；北方地区水资源量只占全国总量的 14.4%，耕地面积却占 58.3%，特别是黄、淮、海流域，人数占按照全国的 30%，耕地面积占 37%，水资源量只占全国总量的 5%，人均水资源量仅为全国人均量的 1/5。

1. 河流

中国境内的河流，仅流域面积在 $1000\,km^2$ 以上的就有 1500 多条。全国径流总量达 $27\,000 \times 10^8\,m^3$，相当于全球径流总量的 5.8%。

中国河流分为外流河和内流河。注入海洋的外流河，流域面积约占全国陆地总面积的 64%。长江、黄河、黑龙江、珠江、辽河、海河、淮河等向东流入太平洋；西藏的雅鲁藏布江向东流出国境再向南注入印度洋，这条河流上有长 504.6 km、深 6009 m 的世界第一大峡谷——雅鲁藏布大峡谷；新疆的额尔齐斯河则向北流出国境注入北冰洋。流入内陆湖泊或消失于沙漠、盐滩之中的内流河，流域面积约占全国陆地总面积的 36%。新疆南部的塔里木河，是中国最长的内流河，全长 2179 km。

2. 湖泊

陆地表面上有一些能够蓄相当水量的天然洼地，称之为湖泊。湖泊不仅使我们的星球更加璀璨，还是人类生息繁衍的良好环境。我国的湖泊众多，天然湖泊有 2000 多个。包括东部平原湖区：以大兴安岭—阴山—贺兰山—祁连山—昆仑山—冈底斯山一线为界。此线东南为外流湖区，以淡水湖为主，湖泊大多直接或间接与海洋相通，成为河流水系的组成部分，属吞吐型湖泊。此线西北为内陆湖区，以咸水湖或盐湖为主，湖泊位于封闭或半封闭的内陆盆地之中，与海洋隔绝。东部平原湖区较著名的湖泊有洞庭湖、洪湖、鄱阳湖、巢湖、太湖、淀山湖、东钱湖、南四湖、白洋淀、七里海等；蒙新高原湖区：蒙新高原湖区较著名的湖泊有呼伦湖、运城盐湖、红碱淖、文县天池、罗布泊等；云贵高原湖区：云贵高原湖区较著名的湖泊有滇池、洱海、泸沽湖、草海、邛海、九寨沟海子群等；青藏高原湖区：青藏高原湖区较著名的湖泊有纳木措、青海湖、察尔汗盐湖、鄂陵湖等；东北平原与山地湖区：东北平原与山地湖区较著名的湖泊有镜泊湖、五大连池、扎龙湖、长白天池等。

湖泊的分布没有地带性规律可循，也不受海拔的限制，凡是地面上一些排水不良的洼地都可以发育成湖泊。但湖泊也是非常容易消失的。要使美丽的湖泊长久存在，必须保持河流沿岸的土壤不流失。

3. 地下水

地下水资源在我国水资源中占有举足轻重的地位，由于其分布广、水质好、不易被污染、调蓄能力强、供水保证程度高，正被越来越广泛地开发利用。尤其在中国北方、干旱半干旱地区的许多地区和城市，地下水成为重要甚至唯一的水源。据计算我国可更新地下淡水资源总量为 $8700 \times 10^8 \text{ m}^3$，占我国水资源总量的 31%，其中地下淡水开采资源量为 $2900 \times 10^8 \text{ m}^3$。平原区（含盆地）地下水储存量约 $23 \times 10^{12} \text{ m}^3$，10 m 含水层中的地下水储存量相当于 840 mm，水层厚度，略大于全国平均降水量 648 mm，这个比例与世界地下水储存量的平均值相近似。

目前，我国地下水开发利用主要是以孔隙水、岩溶水、裂隙水 3 类为主，其中以孔隙水的分布最广，资源量最大，开发利用的最多，岩溶水在分布、数量开发上均居其次，而裂隙水则最小。在以往调查的 1243 个水源地中，孔隙水类型的有 846 个占 68%，岩溶水类型的有 315 处，占 25%，而裂隙水类型的只有 82 处，仅占 7%。从目前的供水情况看，全国地下水的利用量占全国水资源利用总量的 16%，其中地下水开发利用程度最高的是华北地区，其地下水供水量占全区总用水量的 52%。

（二）面临的主要问题

1. 地域分布不均衡，水土资源分布不匹配

我国陆地水资源的总的分布趋势是东南多，西北少，由东南向西北逐渐递减。全国淡水资源中，黑龙江、辽河、海滦河、黄河、淮河及内陆诸河等总计 $5493 \times 10^8 \text{ m}^3$，长江流域为 $9600 \times 10^8 \text{ m}^3$，珠江流域为 $4739 \times 10^8 \text{ m}^3$，浙闽台诸河为 $2714 \times 10^8 \text{ m}^3$，西南诸河为 $4648 \times 10^8 \text{ m}^3$。南方四片合计为 $4701 \times 10^8 \text{ m}^3$。南方多数地区年降水量大于 800 mm，北方及西北地区中大多数地方降水量少于 400 mm，新疆的塔里木盆地、吐鲁番盆地和青海的柴达木盆地中部，年降水量不足 25 mm。

水土资源配置很不平衡。全国平均每公顷耕地径流量为 $2.8 \times 10^4 \text{ m}^3$。长江流域为全国平均 1.4 倍，珠江流域为全国平均值的 242 倍，黄淮流域为全国平均的 20%，辽河流域为全国平均值的 29.8%，海滦河流域为全国平均值的 13.4%。黄、淮、海滦河流域的耕地占全国的 36.5%，径流量仅为全国的 7.5%；长江及其以南地区耕地只占全国的

36%，而水资源总量却占全国的81%，占全国国土50%的北方，地下水只占全国的31%。

2. 降水年内、年际变化大

我国降水受季风气候影响，年内变化很大，一般长江以南（3~6月或4~7月）的降水量约占全年的60%，长江以北地区6~9月的降水量常常占全年的80%，冬春缺少雨雪。北方干旱、半干旱地区的降水往往集中在少有的数次历时很短的暴雨中。由于降水量过于集中，大量降水得不到利用，使可用水资源量大大减少。

我国年际降水变化也很大，仅中华人民共和国成立以来就发生数次全国范围的特大洪水灾害。有些地方还出现连续的枯水年。这给水资源的充分利用和合理利用带来很大困难，加重了一些地区的水资源危机。

3. 水资源利用效率低，浪费严重

目前全国水的利用系数仅0.3左右，水的重复利用率约50%，农业用水由于灌溉工程的老化以及灌溉技术落后等原因，利用率不到40%，与发达国家的80%相比差距太大，研究表明，黄河近年来的严重断流问题除了流域降水量偏少外，更重要的原因就是沿黄河地区春灌用量大幅度增加，用水浪费所致。

4. 地下水开采过量引发生态问题

由于地下水具有水质好、温差小、提取易、费用低等特点，以及用水增加等原因，人们常会超量抽取地下水，以致抽取的水量远远大于它的自然补给量，造成地下含水层衰竭、地面沉降以及海水入侵、地下水污染等恶果。如我国苏州市区近30年内最大沉降量达到1.02 m，上海、天津等城市也都发生了地面下沉问题。有些地方还造成了建筑物的严重损毁问题。地下水过量开采往往形成恶性循环，过度开采破坏地下水层，使地下水层供水能力下降，人们为了满足需要还要进一步加大开采量，从而使开采量与可供水量之间的差距进一步加大，破坏进一步加剧，最终引起严重的生态退化。

三、水资源利用管理

水资源利用管理是以实现水资源的持续开发和永续利用为最终目的。运用行政、法律、经济、技术和教育等手段，组织各种社会力量开发水利和防治水害，协调社会经济发展与水资源开发利用之间的关系的各种活动。

水资源作为维持人类生存、生活和生产的最重要的自然资源、环境资源和经济资源，其持续开发和永续利用是保证实现整个人类社会的持续发展的最重要的物质支持基础。为了实现人类社会的持续发展，必须实现水资源的持续发展和永续利用。而要实现水资源的持续发展和永续利用又必须要借助科学的水资源管理。

（一）基本原则

1. 开发与保护并重的原则

在开发水资源的同时，重视森林保护、草原保护、水土保持、河道和湖泊整治、污染防治等工作，以实现涵养水源、保护水质的效果。

2. 水量和水质管理并重的原则

由于水质的污染日趋严重，可用水量逐渐减少。因此，水资源的开发利用应统筹考虑

水量和水质，规定污水排放标准和制定切实的保护措施。

3. 效益最优原则

水资源开发利用的各个环节（规划、设计、运用），都要拟定最优化准则，以最小投资取得最大效益。

（二）主要内容

1. 水权管理

水权即水资源的所有权，是水的占有权、使用权、收益权、处分权以及与水开发利用有关的各种用水权利的总称，是一个复杂的概念。水权管理是调节个人之间、地区与部门之间以及个人、集体与国家之间使用水资源及相邻资源的一种权益界定的规则，也是水资源开发规划与管理的法律依据和经济基础。它包含两方面内容：一是水资源的所有权制度，二是水的使用权制度。关于水资源的所有权，《中华人民共和国宪法》第九条规定："矿藏、水流、森林、山岭、草原、荒地、滩涂等自然资源，都属国家所有，即全民所有"。《中华人民共和国水法》第三条规定："水资源属于国家所有。农业集体经济组织所有的水塘、水库中的水，属于集体所有。"国务院是水资源所有权的代表，代表国家对水资源行使占有、使用、收益和处分的权利。推行水资源宏观布局、省际水量分配、跨流域调水以及水污染防治等多方面工作，都涉及省际利益分配，必须强化国家对水资源的宏观管理。地方各级人民政府水行政主管部门依法负责本行政区域内水资源的统一管理和监督，并服从国家对水资源的统一规划、统一管理和统一调配的宏观管理。关于水的使用权，根据水法，国家对用水实行总量控制和定额管理相结合的制度，要确定各类用水的合理用水量，为分配水权奠定基础。水权分配首先要遵循优先原则，保障人的基本生活用水，优先权的确定要根据社会、经济发展和水情变化而有所变化，同时在不同地区要根据当地特殊需要，确定优先次序。同时，"开发、利用水资源的单位和个人有依法保护水资源的义务。"这就为水资源管理提供了法律依据，能够规范和约束管理者和被管理者的权利和行为。目前，正在研讨的另一个问题是水权（水资源使用权）转让，是利用市场机制对水资源优化配置的经济手段。水利部发布了《水权制度建设框架》《关于水权转让的若干意见》，为建立健全水权制度、充分发挥市场配置水资源作用奠定了坚实基础。

2. 开发利用管理

加强水资源开发利用控制红线管理，严格实行用水总量控制，应包括以下几个方面：第一，规划管理和水资源，论证开发利用水资源，应当符合主体功能区的要求，按照流域和区域统一制定规划，在相关规划和项目建设布局加强水资源论证工作，严格执行建设项目水资源论证制度；第二，控制流域和区域取用水总量，加快制订主要江河流域水量分配方案，建立覆盖流域和省、市、县三级行政区域的取用水总量控制指标体系，实施流域和区域取用水总量控制和年度取水总量控制管理，建立健全水权制度，运用市场机制合理配置水资源；第三，实施取水许可制度，严格规范取水许可审批管理，对取用水总量已达到或超过控制指标的地区，暂停审批建设项目新增取水；对取用水总量接近控制指标的地区，限制审批建设项目新增取水。严格规范建设项目取水许可审批管理；第四，水资源有偿使用，合理调整水资源费征收标准，扩大征收范围，严格水资源费征收、使用和管理。水资源费主要用于水资源节约、保护和管理，加大水资源费调控力度，严格依法查处挤占挪用水资源费的行为；第五，严格地下水管理和保护，加强地下水动态监测，实行地下水取用水总量控制和水位控制。核定并公布地下水禁采和限采范围，严格查处地下水违规开采；规范机井建设审批管理，限期关闭在城市公共供水管网覆盖范围内的自备水井；编制并实施全国地下水利用与保护规划；第六，强化水资源统一调度、流域管理机构和县级以上地方人民政府水行政主管部门要依法制订和完善水资源调度方案、应急调度预案和调度计划，对水资源实行统一调度。

3. 用水效率管理

真正实现水资源的可持续利用，必须加强水资源利用效率的管理。在节约用水方面，全面推进节水型社会建设，建立健全有利于节约用水的体制和机制；稳步推进水价改革；各项引水、调水、取水、供用水工程建设首先考虑节水要求；限制高耗水工业项目建设和高耗水服务业发展，遏制农业粗放用水。在定额用水方面，加快制定高耗水工业和服务业用水定额国家标准；建立用水单位重点监控名录，强化用水监控管理；实施节水"三同时"制度。在节水技术改造方面，制定节水强制性标准，禁止生产和销售不符合节水强制性标准的产品。加大农业节水力度，加大工业节水技术改造，优先推广先进适用的节水技术、工业、装备和产品；大力推广使用生活节水器具，着力降低供水管网漏损率；将非常规水源开发利用纳入水资源统一配置。

4. 污染物排放管理

严格限制地表水和地下水的排污行为，强化水功能区监督管理，从严核定水域纳污容量，严格控制入河湖排污总量。各级政府要把限制排污总量作为水污染防治和污染物减排工作的重要依据。切实加强水污染防控，加强工业污染源控制，加大主要污染物减排力度，提高城市污水处理率，改善重点流域水环境质量，防治江河湖库富营养化。流域管理机构要加强重要江河湖泊的省界水质水量监测。严格入河湖排污口的监督管理，对排污量超出水功能区限排总量的地区，限制审批新增取水和入河湖排污口。建立水功能区水质达标评价体系，完善监测预警监督管理制度。加强水源地保护，依法划定饮用水水源保护区，禁止在饮用水水源保护区内设置排污口，加快实施全国城市饮用水水源地安全保障规划和农村饮水安全工程规划。强化饮用水水源应急管理，完善饮用水水源地突发事件应急预案，建立备用水源。推进水生态系统保护与修复，考虑基本生态用水需求，维护河湖健康生态；编制全国水生态系统保护与修复规划，加强重要生态保护区、水源涵养区、江河源头区和湿地的保护，开展内源污染整治，推进生态脆弱河流和地区水生态修复。推进河湖健康评估建立健全水生态补偿机制。

（三）主要手段

水资源管理是在国家实施水资源可持续利用、保障经济社会可持续发展战略方针下的水事管理。涉及水资源的自然、生态、经济、社会属性，影响水资源复合系统的诸方面，因此必须采用多种手段，相互配合，相互支持，才能达到水资源、经济、社会、环境协调持续发展的目的。法律、行政、经济、技术、宣传教育等综合手段在管理水资源中具有十分重要的作用，其中依法治水是根本，行政措施是保障，经济调节是核心，技术创新是关键，宣传教育是基础。

1. 法律手段

法律手段是管理水资源及涉水事务的一种强制性手段。依法管理水资源，是维护水资源开发利用秩序，优化配置水资源，消除和防治水害，保障水资源可持续利用，保护自然和生态系统平衡的重要措施。水资源管理一方面要立法，把国家对水资源开发利用和管理保护的要求，以法律形式固定下来，强制执行，作为水资源管理活动的准绳；另一方面还要执法，有法不依，执法不严，会使法律失去应有的效力。水资源管理部门应主动运用法律武器管理水资源。依法管理水资源和规范水事行为是确保水资源实现可持续利用的根本所在。

2. 行政手段

行政手段主要指政府各级水行政管理机关，依据国家行政机关职能配置和行政法规所赋予的组织和指挥权力，对水资源及其环境管理工作制定方针、政策，建立法规，颁布标准，进行监督协调，实施行政决策和管理，是进行水资源管理活动的体制保障和组织行为保障。行政手段具有一定的强制性质，既是水资源日常管理的执行方式，又是解决水旱灾害等突发事件的强有力组织方式和执行方式。只有通过有效的行政管理才能保障水资源管理目标的实现。

3. 经济手段

水利是国民经济的重要基础产业，水资源既是重要的自然资源，也是不可缺少的经济资源。经济手段是指在水资源管理中利用价值规律，运用价格、税收、信贷等经济杠杆，控制生产者在水资源开发中的行为，调节水资源的分配，促进合理用水、节约用水。经济手段的主要方法包括审定水价和征收水费、水资源费，制定实施奖罚措施等。利用政府对水资源定价的导向作用和市场经济中价格对资源配置的调节作用，促进水资源的优化配置和各项水资源管理活动的有效运作。

4. 技术手段

技术手段就是运用既能提高生产率，又能提高水资源开发利用率、减少水资源消耗，对水资源及其环境的损害能控制在最少限度的技术以及先进的水污染治理技术等，达到有效管理水资源的目的。许多水资源政策、法律、法规的制定和实施都涉及科学技术问题，所以能否实现水资源可持续利用的管理目标，在很大程度上取决于科学技术水平。因此，管理好水资源必须以科教兴国战略为指导，采用新理论、新技术、新方法，实现水资源管理的现代化。

5. 宣传教育

宣传教育既是水资源管理的基础，也是水资源管理的重要手段。水资源科学知识的普及、水资源可持续利用观的建立、国家水资源法规和政策的贯彻实施、水情通报等，都需要通过行之有效的宣传教育才能达到。同时，宣传教育还是从思想上保护水资源、节约用水的有效环节，它能充分利用道德约束力量规范人们对水资源的行为。通过报刊、广播、电视、展览、专题讲座、文艺演出等各种传媒形式，广泛宣传教育，使公众了解水资源管理的重要意义和内容，提高全民水患意识，形成自觉珍惜水、保护水、节约用水的社会风尚，更有利于各项水资源管理措施的执行。

四、最严格水资源管理制度建立与实施

(一)最严格水资源管理制度概述

1. 最严格水资源管理制度的建立

水是生命之源、生产之要、生态之基,人多水少、水资源时空分布不均是我国的基本国情和水情。当前我国水资源面临的形势十分严峻,水资源短缺、水污染严重、水生态环境恶化等问题日益突出,已成为制约经济社会可持续发展的主要瓶颈。为解决我国日益复杂的水资源问题,实现水资源高效利用和有效保护,根本上要靠制度、靠政策、靠改革。根据水利改革发展的新形势新要求,在系统总结我国水资源管理实践经验的基础上,2011年,中央1号文件和中央水利工作会议明确要求实行最严格水资源管理制度,确立水资源开发利用控制、用水效率控制和水功能区限制纳污"三条红线",从制度上推动经济社会发展与水资源水环境承载能力相适应。针对中央关于水资源管理的战略决策,2012年1月,国务院发布了《关于实行最严格水资源管理制度的意见》,对实行最严格水资源管理制度工作进行全面部署和具体安排,进一步明确水资源管理"三条红线"的主要目标,提出具体管理措施,全面部署工作任务,落实有关责任,全面推动最严格水资源管理制度贯彻落实,促进水资源合理开发利用和节约保护,保障经济社会可持续发展。2013年1月2日,国务院办公厅发布《实行最严格水资源管理制度考核办法》。《中共中央关于制定国民经济和社会发展第十三个五年规划的建议》明确提出,"实行最严格的水资源管理制度,以水定产、以水定城,建设节水型社会"。这是党中央在深刻把握我国基本国情水情和经济发展新常态,准确判断"十三五"时期水资源严峻形势的基础上,按照创新、协调、绿色、开放、共享的发展理念,针对水资源管理工作提出的指导方针和总体要求。

2. 指导思想

深入贯彻落实科学发展观,以水资源配置、节约和保护为重点,强化用水需求和用水过程管理,通过健全制度、落实责任、提高能力、强化监管,严格控制用水总量,全面提高用水效率,严格控制入河湖排污总量,加快节水型社会建设,促进水资源可持续利用和经济发展方式转变,推动经济社会发展与水资源水环境承载能力相协调,保障经济社会长期平稳较快发展。

3. 基本原则

坚持以人为本,着力解决人民群众最关心最直接最现实的水资源问题,保障饮水安全、供水安全和生态安全;坚持人水和谐,尊重自然规律和经济社会发展规律,处理好水资源开发与保护关系,以水定需、量水而行、因水制宜;坚持统筹兼顾,协调好生活、生产和生态用水,协调好上下游、左右岸、干支流、地表水和地下水关系;坚持改革创新,完善水资源管理体制和机制,改进管理方式和方法;坚持因地制宜,实行分类指导,注重制度实施的可行性和有效性。

4. 主要目标

确立水资源开发利用控制红线,到2030年全国用水总量控制在$7000 \times 10^8 \, m^3$以内;确立用水效率控制红线,到2030年用水效率达到或接近世界先进水平,万元工业增加值用水量(以2000年不变价计,下同)降低到$40 \, m^3$以下,农田灌溉水有效利用系数提高到

0.6 以上；确立水功能区限制纳污红线，到 2030 年主要污染物入河湖总量控制在水功能区纳污能力范围之内，水功能区水质达标率提高到 95% 以上。为实现上述目标，到 2015 年，全国用水总量力争控制在 $6350 \times 10^8 \mathrm{m}^3$ 以内；万元工业增加值用水量比 2010 年下降 30% 以上，农田灌溉水有效利用系数提高到 0.53 以上；重要江河湖泊水功能区水质达标率提高到 60% 以上。到 2020 年，全国用水总量力争控制在 $6700 \times 10^8 \mathrm{m}^3$ 以内；万元工业增加值用水量降低到 65 m^3 以下，农田灌溉水有效利用系数提高到 0.55 以上；重要江河湖泊水功能区水质达标率提高到 80% 以上，城镇供水水源地水质全面达标。

(二)最严格水资源管理制度的主要内容

1. 加强水资源开发利用控制红线管理，严格实行用水总量控制

(1)严格规划管理和水资源论证　开发利用水资源，应当符合主体功能区的要求，按照流域和区域统一制定规划，充分发挥水资源的多种功能和综合效益。建设水工程，必须符合流域综合规划和防洪规划，由有关水行政主管部门或流域管理机构按照管理权限进行审查并签署意见。加强相关规划和项目建设布局水资源论证工作，国民经济和社会发展规划以及城市总体规划的编制、重大建设项目的布局，应当与当地水资源条件和防洪要求相适应。严格执行建设项目水资源论证制度，对未依法完成水资源论证工作的建设项目，审批机关不予批准，建设单位不得擅自开工建设和投产使用，对违反规定的，一律责令停止。

(2)严格控制流域和区域取用水总量　加快制订主要江河流域水量分配方案，建立覆盖流域和省、市、县三级行政区域的取用水总量控制指标体系，实施流域和区域取用水总量控制。各省、自治区、直辖市要按照江河流域水量分配方案或取用水总量控制指标，制订年度用水计划，依法对本行政区域内的年度用水实行总量管理。建立健全水权制度，积极培育水市场，鼓励开展水权交易，运用市场机制合理配置水资源。

(3)严格实施取水许可　严格规范取水许可审批管理，对取用水总量已达到或超过控制指标的地区，暂停审批建设项目新增取水；对取用水总量接近控制指标的地区，限制审批建设项目新增取水。对不符合国家产业政策或列入国家产业结构调整指导目录中淘汰类的，产品不符合行业用水定额标准的，在城市公共供水管网能够满足用水需要却通过自备取水设施取用地下水的，以及地下水已严重超采的地区取用地下水的建设项目取水申请，审批机关不予批准。

(4)严格水资源有偿使用　合理调整水资源费征收标准，扩大征收范围，严格水资源费征收、使用和管理。各省、自治区、直辖市要抓紧完善水资源费征收、使用和管理的规章制度，严格按照规定的征收范围、对象、标准和程序征收，确保应收尽收，任何单位和个人不得擅自减免、缓征或停征水资源费。水资源费主要用于水资源节约、保护和管理，严格依法查处挤占挪用水资源费的行为。

(5)严格地下水管理和保护　加强地下水动态监测，实行地下水取用水总量控制和水位控制。各省、自治区、直辖市人民政府要尽快核定并公布地下水禁采和限采范围。在地下水超采区，禁止农业、工业建设项目和服务业新增取用地下水，并逐步削减超采量，实现地下水采补平衡。深层承压地下水原则上只能作为应急和战略储备水源。依法规范机井建设审批管理，限期关闭在城市公共供水管网覆盖范围内的自备水井。抓紧编制并实施全

国地下水利用与保护规划以及南水北调东中线受水区、地面沉降区、海水入侵区地下水压采方案，逐步削减开采量。

（6）强化水资源统一调度　流域管理机构和县级以上地方人民政府水行政主管部门要依法制订和完善水资源调度方案、应急调度预案和调度计划，对水资源实行统一调度。区域水资源调度应当服从流域水资源统一调度，水力发电、供水、航运等调度应当服从流域水资源统一调度。水资源调度方案、应急调度预案和调度计划一经批准，有关地方人民政府和部门等必须服从。

2. 加强用水效率控制红线管理，全面推进节水型社会建设

（1）全面加强节约用水管理　各级人民政府要切实履行推进节水型社会建设的责任，把节约用水贯穿于经济社会发展和群众生活生产全过程，建立健全有利于节约用水的体制和机制。稳步推进水价改革。各项引水、调水、取水、供用水工程建设必须首先考虑节水要求。水资源短缺、生态脆弱地区要严格控制城市规模过度扩张，限制高耗水工业项目建设和高耗水服务业发展，遏制农业粗放用水。

（2）强化用水定额管理　加快制定高耗水工业和服务业用水定额国家标准。各省、自治区、直辖市人民政府要根据用水效率控制红线确定的目标，及时组织修订本行政区域内各行业用水定额。对纳入取水许可管理的单位和其他用水大户实行计划用水管理，建立用水单位重点监控名录，强化用水监控管理。新建、扩建和改建建设项目应制订节水措施方案，保证节水设施与主体工程同时设计、同时施工、同时投产（即"三同时"制度），对违反"三同时"制度的，由县级以上地方人民政府有关部门或流域管理机构责令停止取用水并限期整改。

（3）加快推进节水技术改造　制定节水强制性标准，逐步实行用水产品用水效率标识管理，禁止生产和销售不符合节水强制性标准的产品。加大农业节水力度，完善和落实节水灌溉的产业支持、技术服务、财政补贴等政策措施，大力发展管道输水、喷灌、微灌等高效节水灌溉。加大工业节水技术改造，建设工业节水示范工程。充分考虑不同工业行业和工业企业的用水状况和节水潜力，合理确定节水目标。有关部门要抓紧制定并公布落后的、耗水量高的用水工艺、设备和产品淘汰名录。加大城市生活节水工作力度，开展节水示范工作，逐步淘汰公共建筑中不符合节水标准的用水设备及产品，大力推广使用生活节水器具，着力降低供水管网漏损率。鼓励并积极发展污水处理回用、雨水和微咸水开发利用、海水淡化和直接利用等非常规水源开发利用。加快城市污水处理回用管网建设，逐步提高城市污水处理回用比例。非常规水源开发利用纳入水资源统一配置。

3. 加强水功能区限制纳污红线管理，严格控制入河湖排污总量

（1）严格水功能区监督管理　完善水功能区监督管理制度，建立水功能区水质达标评价体系，加强水功能区动态监测和科学管理。水功能区布局要服从和服务于所在区域的主体功能定位，符合主体功能区的发展方向和开发原则。从严核定水域纳污容量，严格控制入河湖排污总量。各级人民政府要把限制排污总量作为水污染防治和污染减排工作的重要依据。切实加强水污染防控，加强工业污染源控制，加大主要污染物减排力度，提高城市污水处理率，改善重点流域水环境质量，防治江河湖库富营养化。流域管理机构要加强重要江河湖泊的省界水质水量监测。严格入河湖排污口监督管理，对排污量超出水功能区限排总量的地区，限制审批新增取水和入河湖排污口。

（2）加强饮用水水源保护　各省、自治区、直辖市人民政府要依法划定饮用水水源保护区，开展重要饮用水水源地安全保障达标建设。禁止在饮用水水源保护区内设置排污口，对已设置的，由县级以上地方人民政府责令限期拆除。县级以上地方人民政府要完善饮用水水源地核准和安全评估制度，公布重要饮用水水源地名录。加快实施全国城市饮用水水源地安全保障规划和农村饮水安全工程规划。加强水土流失治理，防治面源污染，禁止破坏水源涵养林。强化饮用水水源应急管理，完善饮用水水源地突发事件应急预案，建立备用水源。

（3）推进水生态系统保护与修复　开发利用水资源应维持河流合理流量和湖泊、水库以及地下水的合理水位，充分考虑基本生态用水需求，维护河湖健康生态。编制全国水生态系统保护与修复规划，加强重要生态保护区、水源涵养区、江河源头区和湿地的保护，开展内源污染整治，推进生态脆弱河流和地区水生态修复。研究建立生态用水及河流生态评价指标体系，定期组织开展全国重要河湖健康评估，建立健全水生态补偿机制。

4. 保障措施

（1）建立水资源管理责任和考核制度　要将水资源开发、利用、节约和保护的主要指标纳入地方经济社会发展综合评价体系，县级以上地方人民政府主要负责人对本行政区域水资源管理和保护工作负总责。国务院对各省、自治区、直辖市的主要指标落实情况进行考核，水利部会同有关部门具体组织实施，考核结果交由干部主管部门，作为地方人民政府相关领导干部和相关企业负责人综合考核评价的重要依据。具体考核办法由水利部会同有关部门制订，报国务院批准后实施。有关部门要加强沟通协调，水行政主管部门负责实施水资源的统一监督管理，发展与改革、财政、自然资源、生态环境、住房与城乡建设、监察、法制等部门按照职责分工，各司其职，密切配合，形成合力，共同做好最严格水资源管理制度的实施工作。

（2）健全水资源监控体系　抓紧制定水资源监测、用水计量与统计等管理办法，健全相关技术标准体系。加强省界等重要控制断面、水功能区和地下水的水质水量监测能力建设。流域管理机构对省界水量的监测核定数据作为考核有关省、自治区、直辖市用水总量的依据之一，对省界水质的监测核定数据作为考核有关省、自治区、直辖市重点流域水污染防治专项规划实施情况的依据之一。加强取水、排水、入河湖排污口计量监控设施建设，加快建设国家水资源管理系统，逐步建立中央、流域和地方水资源监控管理平台，加快应急机动监测能力建设，全面提高监控、预警和管理能力。及时发布水资源公报等信息。

（3）完善水资源管理体制　进一步完善流域管理与行政区域管理相结合的水资源管理体制，切实加强流域水资源的统一规划、统一管理和统一调度。强化城乡水资源统一管理，对城乡供水、水资源综合利用、水环境治理和防洪排涝等实行统筹规划、协调实施，促进水资源优化配置。

（4）完善水资源管理投入机制　各级人民政府要拓宽投资渠道，建立长效、稳定的水资源管理投入机制，保障水资源节约、保护和管理工作经费，对水资源管理系统建设、节水技术推广与应用、地下水超采区治理、水生态系统保护与修复等给予重点支持。中央财政加大对水资源节约、保护和管理的支持力度。

（5）健全政策法规和社会监督机制 抓紧完善水资源配置、节约、保护和管理等方面的政策法规体系。广泛深入开展基本水情宣传教育，强化社会舆论监督，进一步增强全社会水忧患意识和水资源节约保护意识，形成节约用水、合理用水的良好风尚。大力推进水资源管理科学决策和民主决策，完善公众参与机制，采取多种方式听取各方面意见，进一步提高决策透明度。对在水资源节约、保护和管理中取得显著成绩的单位和个人给予表彰奖励。

5. 实行最严格的水资源管理制度意义

实行最严格的水资源管理制度是重大而紧迫的战略任务。党的十八大以来，以习近平同志为总书记的党中央高度重视水资源问题，明确提出"节水优先、空间均衡、系统治理、两手发力"的水治理新思路，推动水资源管理工作取得新的明显成效。在制度建设方面，出台最严格水资源管理制度和水污染防治行动计划，水资源开发利用控制、用水效率控制、水功能区限制纳污"三条红线"已基本覆盖省、市、县三级行政区域。在用水效率方面，开展了 100 个国家级节水型社会建设试点和 200 个省级试点，全国万元工业增加值用水量由 2010 年的 90 m^3 下降到 62 m^3，农田灌溉水有效利用系数由 2010 年的 0.50 提高到 0.53。在保障能力方面，着力加快 172 项节水供水重大水利工程建设，可新增城乡供水能力 $800 \times 10^8 \, m^3$，新增农业节水能力 $260 \times 10^8 \, m^3$，增加灌溉面积 7800 多万亩。在生态保护方面，启动 105 个水生态文明城市试点建设，年均治理水土流失面积 $5 \times 10^4 \, km^2$，黄河连续 16 年不断流，塔里木河、石羊河等流域生态功能逐步得到恢复。但要看到，我国基本水情特殊、水资源供需矛盾突出、水生态环境容量有限，实行最严格的水资源管理制度，加强水资源节约保护，是一项长期而艰巨的战略任务。

（1）实行最严格的水资源管理制度，是解决我国水资源短缺问题的根本途径 我国人均水资源占有量仅为世界平均水平的 28%，正常年份全国缺水量达 $500 \times 10^8 \, m^3$，近 2/3 城市不同程度缺水。随着经济社会不断发展，今后相当长时间内，水资源供需矛盾将更加突出。从根本上破解水资源短缺的瓶颈制约，必须实行最严格的水资源管理制度，全面建设节水型社会，以水资源的节约使用、可持续利用保障经济社会的可持续发展。

（2）实行最严格的水资源管理制度，是适应和引领经济发展新常态的迫切需要 水资源是经济发展的约束性、先导性、控制性要素。长期以来，我国用水方式比较粗放，水资源短缺和用水浪费并存，生态脆弱和开发过度并存，污染治理和超标排放并存。当前，我国经济发展进入新常态，需要加快转变高消费的发展方式，更加强调节约集约利用资源。适应和引领经济发展新常态，必须实行最严格的水资源管理制度，充分发挥水资源管理红线的倒逼机制，推进产业结构调整和区域经济布局优化，实现经济社会发展与水资源和水环境承载能力相协调。

（3）实行最严格的水资源管理制度，是加快推进生态文明建设的重要举措 水生态文明是生态文明的重要内涵和组成部分。当前，我国部分地区水资源开发已经接近或超出水资源和水环境承载能力，引发河道断流、湖泊干涸、湿地萎缩、绿洲退化、地面沉降等生态问题。加快推进生态文明建设、建设美丽中国，必须实行最严格的水资源管理制度，保障环境用水，维护河湖健康生命，为人民群众提供良好的水环境。

（4）实行最严格的水资源管理制度，是国家水治理领域的深刻革命　随着工业化、城镇化快速推进和全球气候变化影响加剧，未来我国面临的水问题将更趋复杂，传统的水利发展方式已经难以适应新形势、新任务和新要求。推进水治理体系和治理能力现代化，必须实行最严格的水资源管理制度，加快实现从供水管理向需水管理转变，从粗放用水方式向高效用水方式转变，从过度开发水资源向主动保护水资源转变，切实把绿色发展理念融入水资源开发、利用、治理、配置、节约、保护各个领域。

实行最严格的水资源管理制度是艰巨而复杂的系统工程，必须全面贯彻党的十八大和十八届三中、四中、五中全会精神，坚持绿色发展理念，树立底线思维，以水资源节约、保护和配置为重点，加强用水需求管理，以水定产、以水定城，建设节水型社会，促进水资源节约集约循环利用，保障经济社会可持续发展。要坚持以下原则：一是尊重自然、人水和谐，促进人口经济与资源环境相均衡；二是以人为本、改善民生，着力解决直接关系人民群众生命安全、生活保障、生产发展、人居环境等方面问题；三是统筹兼顾、系统治理，立足山水林田湖是一个生命共同体，系统解决水资源、水环境、水生态、水灾害问题；四是深化改革、创新驱动，健全水生态文明建设体制机制，增强水资源管理内生动力；五是依法治水、依法管水，完善适合我国国情和水情的水法治体系，把水资源管理全面纳入法治轨道。

第四节　土地资源利用管理

一、土地资源概述

（一）土地资源及其主要功能

土地资源，是指已经被人类所利用和可预见的未来能被人类利用的土地。土地资源是人类生存的基本资料和劳动对象，具有质和量两方面的内容。土地资源具有一定的时空性，在不同地区和不同历史时期的技术经济条件下所包含的内容不同。如大面积沼泽因渍水难以治理，在小农经济的历史时期，不适宜农业利用，不能视为农业土地资源。但在已具备治理和开发技术条件的今天，可成为农业土地资源。

土地资源的主要功能包括土地的养育功能、承载功能、生态功能、文化功能和资产功能。

（1）土地资源的养育功能　由于土地位于地球表面大气圈、水圈和陆地表层交汇处，是地球表面物质循环、合成、交汇以及生命活动最为活跃的地区，特别是绿色植物的光合作用合成有机质及产生氧气，土壤的矿质营养支持植物生长发育，支撑整个地球和人类的生命和活动的生态系统。我国自古就有的"万物土中生"的朴素土地理论之说。

（2）土地资源的空间承载功能　土地的地质力学承载力的基础及不可移动、不可展延的稳定空间，成为人类生活、城市建设、工业生产、交通运输和建筑设施的空间。

（3）土地资源的生态净化功能　进入土地的污染物质在土体中可通过扩散、分解等作用逐步降低污染物浓度，减少毒性；或经沉淀、胶体吸附等作用使污染物发生形态变化，变为难以被植物利用的形态存于土地中，暂时退出生物小循环，脱离食物链；或通过生物和化学降解，使污染物变为毒性较小或无毒性甚至有营养的物质；或通过土地掩埋减少工业废渣、城市垃圾和污水对环境的污染。

（4）土地资源的文化功能　由于地面自然景观及人类文明的积淀，土地成为人类文化、美学和旅游的重要载体。

（5）土地资源的资产功能　由于土地的自然文化属性及稀缺性、不可移动性、可控性、稳定性与增值性，土地成为资源性的资产。

土地资源对人类的生存和发展具有不可替代的意义，它是人类赖以生存和发展的物质基础，是社会生产的劳动资料，是农业生产的基本生产资料，是一切生产和一切存在的源泉。

土地资源为人类的生存和发展提供了客观的、基础性的物质条件，人类从土地中得到赖以生存的衣食住行的基本条件。特别是，当其他条件一定时，土地的数量、质量、分布等决定着土地的人口负载量和人们平均生活的质量。如果人类能正确、科学地开发、利用、改造、保护土地，使人与土地正确结合，保持恰当的配比，就能在利用土地、取得土地产品和利用土地的过程中，实现土地的可持续利用和人类自身的可持续发展。

（二）基本属性

土地资源既是自然综合体，也是人类生产劳动的产物。因此，其既具有自然属性，也具有社会经济属性。

1. 土地的自然属性

包括土地资源构成的整体性、土地面积有限性、土地位置的固定性、土地质量的差异性、土地性质随时间的变化性、土地资源的可更新性和土地永续利用的相对性。

（1）构成的整体性　土地是由气候、土壤、水文、地形、地质、生物及人类活动的结果所组成的综合体，土地资源各组成要素相互依存，相互制约，构成完整的资源生态系统。人类不可能改变一种资源或资源生态系统中的某种成分同时又能使周围的环境完全不变。例如，我们采伐山地的森林，不仅会直接改变林木和植物的状况，同时必然要引起土壤和径流的变化，对野生动物，甚至对气候也会产生一定的影响。同时，生态系统绝也不是孤立的，一个系统的变化又不可避免地要涉及其他系统。例如，黄土高原的水土流失不仅使当地农业生产长期处于低产落后状态，而且造成黄河下游的洪涝、风沙、盐碱等灾害。

（2）土地面积有限性　土地是自然的产物，人类不能创造土地。广义土地的总面积在地球形成后就已经确定。人类虽然能移山填海扩展陆地，或围湖造田增加耕地，但这仅仅是土地用途的转换，并没有增加土地面积。

（3）土地位置的固定性　土地最大的自然特性是地理位置的固定性，即土地位置不能互换，不能搬动。人们通常可以搬运一切物品，房屋及其他建筑物虽然移动困难，但可拆迁重建。只有土地固定在地壳上，占有一定的空间位置，无法搬动。这一特性决定了土地的有用性和适用性随着土地位置的不同而有着较大的变化，这就要求人们必须因地制宜地利用土地。

（4）土地质量的差异性　不同地域，由于地理位置及社会经济条件的差异，不仅使土地构成的诸要素(如土壤、气候、水文、地貌、植被、岩石)的自然性状不同，而且人类活动的影响也不同，从而使土地的结构和功能各异，最终表现在土地质量的差异上。

（5）土地性质随时间的变化性　土地随时间而产生季节性变化，如动植物的生长、繁育和死亡，土壤的冻结与融化，河水的季节性泛滥等，这些都影响着土地的固有性质和生产特征。土地的时间变化又与空间位置紧密联系，因为处于不同空间位置的土地，它的能量与物质的变化状况是不相同的。

（6）土地资源的可更新性　土地是一个生态系统，土地资源具有可更新性。生长在土地上的生物，不断地生长和死亡，土壤中的养分和水分及其他化学物质，不断地被植物消耗和补充，这种周而复始的更替，在一定条件下是相对稳定的。在合理利用条件下土地的生产力可以自我恢复，并不会因使用时间的延长而减少，即"治之得宜，地力常新"。

（7）土地永续利用的相对性　土地作为一种生产要素，在合理使用和保护的条件下，农用土地的肥力可以不断提高，非农用土地可以反复利用，永无尽期。土地的这一自然特性，为人类合理利用和保护土地提出了客观的要求与可能。但土地的可再生性并不意味着人类可以对土地进行掠夺性开发，人类一旦破坏了土地生态系统的平衡，就会出现水土流失、沼泽化、盐碱化、沙漠化等一系列的土地退化，使土地生产力下降，使用价值减少。这种退化达到一定程度，土地原有性质可能彻底破坏而不可逆转。所以，土地的再生性是相对的，是有一定限度的，当超过某一阈值时，土地的再生性就会丧失，土地资源即被破坏。

2. 土地的经济特性

是指人们在利用土地的过程中，在生产力和生产关系方面表现的特性，土地资源的自然特性决定了土地的经济特性，具体表现在以下 7 个方面：

（1）土地供给的稀缺性　土地本身面积的有限性和位置的固定性这两个自然特性，导致了土地供给的稀缺性。全球人口的急剧增加，使得人均土地面积减少，也是一个重要原因。此外，不同用途的土地面积是有限的，往往不能完全满足人们对各类用地的需求，也是土地稀缺性的一个原因。

（2）土地利用的多方向性　土地的使用价值有很多种，既可以用作农业耕地、工业建设用地、住宅用地等。因此，对一块土地的利用，常常同时产生两个以上用途的竞争，并可以从一种用途转换到另一种用途。这种竞争常使土地趋于最佳用途和最大经济效益。人们在利用土地时，考虑土地的最有效利用原则，使土地的用途和规模、利用方法等均为最佳。

（3）土地利用方向变更的困难性　土地利用方式一旦被确定就很难更改。例如，已经建设好的工业厂房用地，短时期内不可能再进行农业耕种。土地利用的变更需要较长的时间，具有一定的难度。在编制土地利用规划确定土地用途时，要认真调查研究，充分进行可行性论证，以便作出科学、合理的决策。

（4）土地报酬递减的可能性　土地利用报酬递减规律，是指在技术不变、其他要素不变的前提下，对相同面积的土地不断追加某种要素的投入所带来的报酬的增量迟早会出现下降。虽然现代科学技术是不断发展，但是土地报酬递减对土地的集约化利用会产生一定的影响。

（5）土地利用后果的社会性　土地的合理利用能够促进人类人会健康发展，有利于社会经济的发展。反之则阻碍经济的发展。土地所承接的经济活动的合理配置有助于提高土地利用价值，土地的合理运用会对整个社会产生积极的影响。

（6）区位的效益性　土地区位利用的三个原理：农业区位理论、工业区位理论和中心地理理论。区位理论说明土地区位的合理利用会产生较好的经济效益。土地区位效益的实质也就是"位置级差地租"，由于土地距离产品消费中心位置不同而导致土地利用纯收益的差异，好的区位规划会带来较大的经济效益。

（7）土地的增值性　土地是可再生资源，在土地上追加投资的效益具有持续性，而且随着人口增加和社会经济的发展，对土地的投资具有显著的增值性。

（三）资源类型

土地资源类型，是指土地按其自然属性的相似性和差异性划归的类别。它既取决于土地资源各个构成因素（土壤、岩石、地貌、气候、植被和水分等）性状的不同与量的不同组合，也取决于上述因素的综合影响。人类在生产活动中利用土地资源实质上是利用土地资源类型。依据一定标志划分土地类型的工作称为土地分类。土地资源类型的划分既要考虑其相关的自然要素及其组合特性，又要考虑其相关的社会经济特性。目前对土地资源类型划分及命名方式有多种。

1. 按地形分类

土地资源可分为高原、山地、丘陵、平原和盆地。这种分类展示了土地利用的自然基础。一般而言，山地宜发展林牧业，平原、盆地宜发展农耕业。

2. 按土地利益性质分类

土地资源可以分为公益性用地和经营性用地。

3. 按土地利用类型分类

2017年11月1日，由原国土资源部组织修订的国家标准《土地利用现状分类》（GB/T 21010—2017），经国家质量监督检验检疫总局、国家标准化管理委员会批准发布并实施，该标准将土地利用类型分为耕地、园地、林地、草地、商服用地、工矿仓储用地、住宅用地、公共管理与公共服务用地、特殊用地、交通运输用地、水域及水利设施用地、其他用地等12个一级类、72个二级类。见表4-3所列。

该标准土地资源利用类别适用于土地调查、规划、审批、供应、整治、执法、评价、统计、登记及信息化管理等。

表4-3　土地利用类型分类

序号	一级类别名称	含义	二级类别名称	含义
01	耕地	指种植农作物的土地，包括熟地，新开发、复垦、整理地，休闲地（含轮歇地、休耕地）；以种植农作物（含蔬菜）为主，间有零星果树、桑树或其他树木的土地；平均每年能保证收获一季的已垦滩地和海涂。耕地中包括南方宽度<1.0m，北方宽度<2.0m固定的沟、渠、路和地坎（埂）；临时种植药材、草皮、花卉、苗木等的耕地，临时种植果树、茶树和林木且耕作层未破坏的耕地，以及其他临时改变用途的耕地	水田	指用于种植水稻、莲藕等水生农作物的耕地。包括实行水生、旱生农作物轮种的耕地
			水浇地	指有水源保证和灌溉设施，在一般年景能正常灌溉、种植旱生农作物（含蔬菜）的耕地。包括种植蔬菜的非工厂化的大棚用地
			旱地	指无灌溉设施，主要靠天然降水种植旱生农作物的耕地，包括没有灌溉设施，仅靠引洪灌溉的耕地

（续）

序号	一级类别名称	含义	二级类别名称	含义
02	园地	指种植以采集果、叶、根、茎、汁等为主的集约经营的多年生木本和草本作物，覆盖度大于50%或每亩株数大于合理株数70%的土地。包括用于育苗的土地	果园	指种植果树的园地
			茶园	指种植茶树的园地
			橡胶园	指种植橡胶树的园地
			其他园地	指种植桑树、可可、咖啡、油棕、胡椒、药材等其他多年生作物的园地
03	林地	指生长乔木、竹类、灌木的土地，及沿海生长红树林的土地。包括迹地，不包括城镇、村庄范围内的绿化林木用地，铁路、公路征地范围内的林木，以及河流、沟渠的护堤林	乔木林地	指乔木郁闭度≥0.2的林地，不包括森林沼泽
			竹林地	指生长竹类植物，郁闭度≥0.2的林地
			红树林地	指沿海生长红树植物的林地
			森林沼泽	以乔木森林植物为优势群落的淡水沼泽
			灌木林地	指灌木覆盖度≥40%的林地，不包括灌丛沼泽
			灌丛沼泽	以灌丛植物为优势群落的淡水沼泽
			其他林地	包括疏林地（树木郁闭度≥0.1、＜0.2的林地）、未成林地、迹地、苗圃等林地
04	草地	指生长草本植物为主的土地	天然牧草地	指以天然草本植物为主，用于放牧或割草的草地，包括实施禁牧措施的草地，不包括沼泽草地
			沼泽草地	指以天然草本植物为主的沼泽化的低地草甸、高寒草甸
			人工牧草地	指人工种植牧草的草地
			其他草地	指树木郁闭度＜0.1，表层为土质，不用于放牧的草地
05	商服用地	指商务服务用地，以及经营性的办公场所用地。包括写字楼、商业性商服办公场所、金融活动场所和企业厂区外独立的办公场所；信息网络服务、信息技术服务、电子商务服务、广告传媒等的用地	零售商业用地	以零售功能为主的商铺、商场、超市、市场和加油、加气、充换电站等的用地
			批发市场用地	以批发功能为主的市场用地
			餐饮用地	饭店、餐厅、酒吧等用地
			旅馆用地	宾馆、旅馆、招待所、服务型公寓、度假村等用地
			商务金融用地	指商务服务用地，以及经营性的办公场所用地。包括写字楼、商业性商服办公场所、金融活动场所和企业厂区外独立的办公场所；信息网络服务、信息技术服务、电子商务服务、广告传媒等的用地
			娱乐用地	指剧院、音乐厅、电影院、歌舞厅、网吧、影视城、仿古城以及绿地率于65%的大型游乐等设施用地
			其他商服用地	指零售商业、批发市场、餐饮、旅馆、商务金融、娱乐用地以外的其他商业、服务业用地。包括洗车场、洗染店、照相馆、理发美容店、洗浴场所、赛马场、高尔夫球场、废旧物资回收站、机动车、电子产品和日用产品修理网点、物流营业网点及居住小区及小区级以下的配套的服务设施等用地

（续）

序号	一级类别名称	含义	二级类别名称	含义
06	工矿仓储用地	指主要用于工业生产、物资存放场所的土地	工业用地	指工业生产、产品加工制造、机械和设备修理及直接为工业生产等服务的附属设施用地
			采矿用地	指采矿、采石、采砂（沙）场，砖瓦窑等地面生产用地，排土（石）及尾矿堆放地
			盐田	指用于生产盐的土地，包括晒盐场所、盐池及附属设施用地
			仓储用地	指用于物资储备、中转的场所用地，包括物流仓储设施、配送中心、转运中心等
07	住宅用地	指主要用于人们生活居住的房基地及其附属设施的土地	城镇住宅用地	指城镇用于生活居住的各类房屋用地及其附属设施用地，不含配套的商业服务设施等用地
			农村宅基地	指农村用于生活居住的宅基地
08	公共管理与公共服务用地	指用于机关团体、新闻出版、科教文卫、公用设施等的土地	机关团体用地	指用于党政机关、社会团体、群众自治组织等的用地
			新闻出版用地	指用于广播电台、电视台、电影厂、报社、杂志社、通讯社、出版社等的用地
			教育用地	指用于各类教育用地，包括高等院校、中等专业学校、中学、小学、幼儿园及附属设施用地，聋、哑、育人学校及工读学校用地，以及为学校配建的独立地段的学生生活用地
			科研用地	指独立的科研、勘察、研发、设计、检验检测、技术推广、环境评估与监测、科普等科研事业单位及其附属设施用地
			医疗卫生用地	指医疗、保健、卫生、防疫、康复和急救设施等用地。包括综合医院、专科医院、社区卫生服务中心等用地；卫生防疫站、专科防治所、检验中心和动物检疫站等用地；对环境有特殊要求的传染病，精神病等专科医院用地；急救中心、血库等用地
			社会福利用地	指为社会提供福利和慈善服务的设施及其附属设施用地。包括福利院、养老院、孤儿院等用地
			文化设施用地	指图书、阅览等公共文化活动设施用地。包括公共图书馆、博物馆、档案馆、科技馆、纪念馆、美术馆和展览馆等设施用地；综合文化活动中心、文化馆、青少年宫、儿童活动中心、老年活动中心等设施用地
			体育用地	指体育场馆和体育训练基地等用地，包括室内外体育用地，如体育场馆、游泳场馆、各类球场及其附属的业余体校等用地，溜冰场、跳伞场、摩托车场，射击场，以及水上运动的陆域部分等用地，以及为体育运动专设的训练基地用地，不包括学校等机构专用的体育设施用地
			公用设施用地	指用于城乡基础设施的用地。包括供水、排水、污水处理、供电、供热、供气、邮政、电信、消防、环卫、公用设施维修等用地

（续）

序号	一级类别名称	含义	二级类别名称	含义
08	公共管理与公共服务用地	指用于机关团体、新闻出版、科教文卫、公用设施等的土地	公园与绿地	指城镇、村庄范围内的公园、动物园、植物园、街心花园、广场和用于休憩、美化环境及防护的绿化用地
09	特殊用地	指用于军事设施、涉外、宗教、监教、殡葬、风景名胜等的土地	军事设施用地	指直接用于军事目的的设施用地
			使领馆用地	指用于外国政府及国际组织驻华使领馆、办事处等的用地
			监教场所用地	指用于监狱、看守所、劳改场、戒毒所等的建筑用地
			宗教用地	指专门用于宗教活动的庙宇、寺院、道观、教堂等宗教自用地
			殡葬用地	指陵园、墓地、殡葬场所用地
			风景名胜设施用地	指风景名胜景点（包括名胜古迹、旅游景点、革命遗址、自然保护区、森林公园、地质公园、湿地公园等）的管理机构，以及旅游服务设施的建筑用地。景区内的其他用地按现状归入相应地类
10	交通运输用地	指用于运输通行的地面线路、场站等的土地。包括民用机场、汽车客货运场站、港口、码头、地面运输管道和各种道路以及轨道交通用地	铁路用地	指用于铁道线路及场站的用地。包括征地范围内的路堤、路堑、道沟、桥梁、林木等用地
			轨道交通用地	指用于轻轨、现代有轨电车、单轨等轨道交通用地，以及场站的用地
			公路用地	指用于国道、省道、县道和乡道的用地。包括征地范围内的路堤、路堑、道沟、桥梁、汽车停靠站、林木及直接为其服务的附属用地
			城镇村道路用地	指城镇、村庄范围内公用道路及行道树用地，包括快速路、主干路、次干路、支路、专用人行道和非机动车道，及其交叉口等
			指城镇、村庄范围内公用道路及行道树用地，包括快速路、主干路、次干路、支路、专用人行道和非机动车道，及其交叉口等	指城镇、村庄范围内交通服务设施用地，包括公交枢纽及其附属设施用地、公路长途客运站、公共交通场站、公共停车场（含设有充电桩的停车场）、停车楼、教练场等用地，不包括交通指挥中心、交通队用地
			农村道路	在农村范围内，南方宽度≥1.0m、≤8m，北方宽度≥2.0m、≤8m，用于村间、田间交通运输，并在国家公路网络体系之外，以服务于农村农业生产为主要用途的道路（含机耕道）

（续）

序号	一级类别名称	含义	二级类别名称	含义
10	交通运输用地	指用于运输通行的地面线路、场站等的土地。包括民用机场、汽车客货运场站、港口、码头、地面运输管道和各种道路以及轨道交通用地	机场用地	指用于民用机场、军民合用机场的用地
			港口码头用地	指用于人工修建的客运、货运、捕捞及工程、工作船舶停靠的场所及其附属建筑物的用地，不包括常水位以下部分
			管道运输用地	指用于运输煤炭、矿石、石油、天然气等管道及其相应附属设施的地上部分用地
11	水域及水利设施用地	指陆地水域，滩涂、沟渠、沼泽、水工建筑物等用地。不包括滞洪区和已垦滩涂中的耕地、园地、林地、城镇、村庄、道路等用地	河流水面	指天然形成或人工开挖河流常水位岸线之间的水面，不包括被堤坝拦截后形成的水库区段水面
			湖泊水面	指天然形成的积水区常水位岸线所围成的水面
			水库水面	指人工拦截汇集而成的总设计库容 $\geq 10 \times 10^4 m^2$ 的水库正常蓄水位岸线所围成的水面
			坑塘水面	指人工开挖或天然形成的蓄水量 $< 10 \times 10^4 m^2$ 的坑塘常水位岸线所围成的水面
			沿海滩涂	指沿海大潮高潮位与低潮位之间的潮浸地带。包括海岛的沿海滩涂。不包括已利用的滩涂
			内陆滩涂	指河流、湖泊常水位至洪水位间的滩地；时令湖、河洪水位以下的滩地；水库、坑塘的正常蓄水位与洪水位间的滩地。包括海岛的内陆滩地。不包括已利用的滩地
			沟渠	指人工修建，南方宽度 $\geq 1.0m$、北方宽度 $\geq 2.0m$ 用于引、排、灌的渠道，包括渠槽、渠堤、护堤林及小型泵站
			沼泽地	指经常积水或渍水，一般生长湿生植物的土地。包括草本沼泽、苔藓沼泽、内陆盐沼等。不包括森林沼泽、灌丛沼泽和沼泽草地
			水工建筑用地	指人工修建的闸、坝、堤路林、水电厂房、扬水站等常水位岸线以上的建（构）筑物用地
			冰川及永久积雪	指表层被冰雪常年覆盖的土地
12	其他土地	指上述地类以外的其他类型的土地	空闲地	指城镇、村庄、工矿范围内尚未使用的土地。包括尚未确定用途的土地
			设施农用地	指直接用于经营性畜禽养殖生产设施及附属设施用地；直接用于作物栽培或水产养殖等农产品生产的设施及附属设施用地；直接用于设施农业项目辅助生产的设施用地；晒晾场等农业设施用地；粮食果品烘干设施、粮食和农资临时存放场所、大型农机具临时存放场所等规模化粮食生产所必需的配套设施用地
			田坎	指梯田及梯状坡地耕地中，主要用于拦蓄水和护坡，南方宽度 $\geq 1.0m$，北方宽度 $\geq 2.0m$ 的地坎

（续）

序号	一级类别名称	含义	二级类别名称	含义
12	其他土地	指上述地类以外的其他类型的土地	盐碱地	指表层盐碱聚集，生长天然耐盐植物的土地
			沙地	指表层为沙覆盖、基本无植被的土地。不包括滩涂中的沙地
			裸土地	指表层为土质，基本无植被覆盖的土地
			裸岩石砾地	指表层为岩石或石砾，其覆盖面积≥70%的土地

（四）土地资源利用对生态环境的影响

1. 土地利用结构和方式变化对生态环境的影响

中心城市、城镇、工矿用地和交通基础设施建设的影响，以及退耕还林还草等生态建设工程的实施，会使耕地面积会有所减少。在农牧交错区和草原区、荒漠区的工矿建设和交通设施建设，会导致部分生态保护地的占用和地表植被的破坏；随着现代科学技术的发展，传统土地利用方式逐渐现代高科技所替代，机械化的土地开发利用能力、化学和生物化的耕作方式和土壤管理方式等，都将对生态环境产生更加深远的影响。

2. 矿产资源开发对生态环境的影响

矿产资源开发在国民经济中占有重要的地位。目前矿产资源开发方式多样，有井采、坑采、露天开采等，不同地区、不同采矿方式对生态环境产生的影响各不相同，矿产资源开发的生态破坏与危害主要表现：造成水资源的破坏和水环境污染。矿产资源开采过程将破坏地下含水层、隔水层的构造和地下水系，疏干地下水，不仅会污染地表水和地下水，造成矿区周边的地下水水位下降，河流和水井干涸，导致地表植被退化，影响植被生境；矿产资源开发对土地环境造成的影响。由于不合理的矿产资源开发引发地面塌陷、地裂缝等，损毁村镇及交通、水利基础设施、农田及草原生态系统，造成塌陷区积水、土壤沼泽化、盐渍化及土地退化，破坏水文地质条件，加重水土流失。另外，矿山"三废"占压土地、污染环境、诱发滑坡等地质灾害。

3. 城镇化对生态环境的影响

城市化的直接结果是人口增长、经济集聚和地域扩展，并通过资源利用和能源消耗不断向区域排放废物来影响环境质量。主要表现在：城市交通引发汽车尾气排放、尘土飞扬、产生噪音污染、大气及环境污染；高架桥对景观破坏，产生视觉污染；工业和城镇生活废水排放量均相应增大，可能加重水环境污染；高大建筑物产生的"峡谷"和"盆地"地形，使城市空气流动发生变化，导致局部闷热等不良气候；大量人口涌入城市，经济快速发展带来的生产污染和人口聚集所产生的生活垃圾迅速增加；城乡用地矛盾加剧等。

4. 交通设施发展对生态环境的影响

交通设施建设各种施工活动会破坏地表植被，施工中的弃渣会影响路边植被生长和农田生产，施工产生的扬尘和其他有害气体及施工机械、人员的活动等会对植被产生一定的破坏。同时，工程建设中挖填方破坏动物的自然栖息、生长和繁殖及活动领域的分割等造成农田、草原生态景观碎化；施工粉尘对路边农作物有一定的污染；影响地表径流，造成沿路农田积水，诱发农田沼泽化、土壤盐渍化，影响农田、草原生态功能。穿越丘陵、山地的道路产生廊道效应，分割了自然生境，造成自然生境岛屿化，不利于生物多样性保护；地形地貌及植被的破坏，加重了水土流失，诱发地质灾害，使原有的生态破坏，农田、草地、森林生态功能减弱。

二、我国土地资源状况

（一）现状

我国土地总面积超过 960×10^4 km²，居世界第三位，占世界陆地总面积的 1/15。而且我国有 13 亿多人口，人均土地面积不到世界平均数的 1/3。截至 2016 年年底，全国共有农用地面积 64 512.66 × 10⁴ hm²，其中耕地 13 492.10 × 10⁴ hm²，园地 1426.63 × 10⁴ hm²，林地 25 290.81 × 10⁴ hm²，牧草地 21 935.92 × 10⁴ hm²；建设用地 3909.51 × 10⁴ hm²，含城镇村及工矿用地 3179.47 × 10⁴ hm²。我国土地资源及耕地分布如图 4-5 所示。

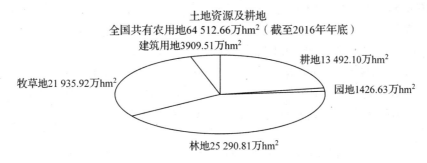

图 4-5　我国土地资源及耕地分布状况

目前，全国耕地平均质量等级为 5.09。其中评价为一至三等的耕地面积为 5.55 亿亩，占耕地总面积的 27.4%；评价为四至六等的耕地面积为 9.12 亿亩，占耕地总面积的 45.0%；评价为七至十等的耕地面积为 5.59 亿亩，占耕地总面积的 27.6%。

水土流失：根据第一次全国水利普查成果，中国现有土壤侵蚀总面积 294.9 × 10⁴km²，占普查范围总面积的 31.1%。其中，水力侵蚀面积 129.3 × 10⁴km²，风力侵蚀面积 165.6 × 10⁴km²。2017 年，全国新增水土流失综合治理面积 5.9 × 10⁴km²。

土地荒漠化和沙化：第五次全国荒漠化和沙化监测结果显示，截至 2014 年年底，全国荒漠化土地面积 261.16 × 10⁴km²，沙化土地面积 172.12 × 10⁴km²。与 2009 年相比，5 年间荒漠化土地面积净减少 12120 km²，年均减少 2424 km²；沙化土地面积净减少 9902 km²，年均减少 1980 km²。

（二）特点

1. 地域辽阔，类型多样

中国土地总面积约 960 × 10⁴km²。从北纬 53°34′～3°51′，南北约跨 50 个纬度，由寒温带至赤道带，约 70% 为温带（占 25.9%）、暖温带（占 18.5%）和亚热带（约占 26%），有优越的热量条件；从东经 73° 附近至 135°05′，东西跨将近 62 个经度，由太平洋沿岸到欧亚大陆的中心，包括土地面积几乎相等的湿润（占 32.2%）、半湿润（占 17.8%）与半干旱（占 19.2%）、干旱（占 30.8%）两大地理区域。由于土地的水、热条件组合的差异和复杂的地形地质条件，悠久的农业历史，多样的土地利用方式，形成了中国极其多种多样的土地资源类型，极有利于农林牧副渔生产的全面发展，同时也充分说明了因地制宜的重要性。

2. 山地多，平地少

我国是多山国家，山地、高原、丘陵的面积约占土地总面积的69%，平地约占31%。山地一般高差大，坡度陡，土层薄，土地的适宜性单一，宜耕性差，农业发展受到较大限制，生态系统一般较脆弱，利用不当，极易引起水土流失和资源破坏。我国南方山地，水热条件好，适宜于林木生长和多种经营的发展。西北地区的山地是我国主要牧场，也是平原地区农业灌溉水源的集水区，因而，山地在西北地区农业自然资源的组成中和农业生产结构中占有特殊重要地位。

3. 农业用地绝对数量多，人均占有量少

中国现有耕地约 $9572 \times 10^4 hm^2$，为世界耕地总面积的7.7%，占世界第4位；仅中国北部和西部的牧区与半农半牧区的天然草地约 $3.17 \times 10^8 hm^2$，为世界草地总面积的10%，居世界第3位；中国有林地面积约 $1.25 \times 10^8 hm^2$，占世界森林总面积的4.1%，居世界第8位。但中国人均耕地按统计约 $0.1 hm^2$，仅为世界平均值的1/3；森林覆盖率仅13%（世界平均覆盖率为22%），列世界第121位，中国每人占有林地约 $0.12 hm^2$，仅为世界平均数的1/5；天然草地稍多，中国每人占有约 $0.35 hm^2$，也不及世界平均数的1/2。农、林、牧用地总和，中国平均每人占有 $0.54 hm^2$，最多也不超过 $0.67 hm^2$，仅为世界平均水平的1/4。

4. 宜林地较多，宜农地较少，后备的土地资源不足

据林业部门调查，中国可供进一步发展生产的后备土地资源约 $1.225 \times 10^8 hm^2$，其中包括疏林地 $0.156 \times 10^8 hm^2$，灌木林地 $0.296 \times 10^8 hm^2$。宜林宜牧的荒山荒地约 $9000 \times 10^4 hm^2$。这些土地按其性质主要应作为林牧用地，每人平均仅占有 $0.12 hm^2$ 左右。而宜于种植作物、人工牧草的后备土地资源，从多方面材料估算仅约 $0.33 \times 10^8 hm^2$，其中可以作为粮棉等农作物生产基地建设的面积约 $0.13 \times 10^8 hm^2$，净面积也只有 $0.067 \times 10^8 hm^2$ 的潜力。相反，如流动沙丘、戈壁和海拔在 3000 m 以上人类不易利用的土地等这类无效的土地面积共约 $3.487 \times 10^8 hm^2$，约占中国土地总面积的36.3%，所占比例相当大。

5. 土地资源分布不平衡，土地生产力地区间差异显著

中国东南部季风区土地生产力较高，目前已集中全国耕地与林地的92%左右，农业人口与农业总产值的95%左右，是中国重要的农区与林区，而且实际也为畜牧业比重大的地区。但区内自然灾害频繁；森林分布不均。在东南部季风区内，土地资源的性质和农业生产条件差别也很大。西北内陆区光照充足，热量也较丰富，但干旱少雨，水源少，沙漠、戈壁、盐碱面积大，其中东半部为草原与荒漠草原；西半部为极端干旱的荒漠，无灌溉即无农业，土地自然生产力低。青藏高原地区大部分海拔在 3 000 m 以上，日照虽充足，但热量不足，高而寒冷，土地自然生产力低，而且不易利用。总之，中国土地资源分布不平衡，土地组成诸因素不协调，区域间差异大。

（三）资源利用面临的主要环境问题

1. 森林草原退化引起的环境问题

我国原是一个多林国家，古代森林面积占总土地面积的50%。据《诗经》记载，我国黄土高原昔日沟壑稀少，草林茂盛。但自春秋战国以来森林屡遭破坏，伴随着盲目开垦、陡坡种植，致使千里沃野逐步变成支离破碎的侵蚀沟壑。黄土高原严重的水土流失导致年输入黄河泥沙量达 16×10^8 t。1977年，黄河中游河龙区两次暴雨，使黄河输沙量剧增至 24.43×10^8 t，冲毁延安、榆林等地区水库315座、淤地坝32 700座。日积月累，黄河中下游发生大量泥沙淤积致使水旱灾害频繁，这不仅对华北平原和黄土高原的生态环境有不良影响，而且还威胁着上述地区人民的生命安全及农业生产的发展。我国西双版纳地区，20世纪50年代初期曾是人烟稀少，热带雨林密布的原始林带，经过30多年，由于该区人口增加了2倍，同时在毁林开荒，陡坡开垦和单一作物布局的影响下，森林覆盖率减少一半以上。森林植被的破坏，严重的水土流失使平坝地区的稻田成片遭到水淹沙埋。森林的破坏也使气候从湿热向干热方向转化。据统计，20世纪70年代与50年代相比，年平均气温上升0.4℃，相对湿度降低，雾日减少，同时森林蓄水能力降低。我国北方草原由于过度放牧和不合理的农垦，土地退化现象相当严重。科尔沁草原自1800年到1970年的170年间，由于大规模农垦，使得原来的榆树疏林草原退化为斑状流沙分布的半固定、固定沙丘景观。不少地区沙化发生后，旱作产量下降，可利用的土地减少。所有上述情况表明，在人为活动影响下，森林和草原退化使很多地区的生态环境正在发生着不良变化。

2. 城市化发展引起的环境问题

城市的建设与扩张一般总是选择在地势比较平坦开阔、接近水源、交通方便的有利地区，这就意味着城市扩大的过程就是原郊区耕地减少的过程。统计结果表明，沿海平原城市、内陆丘陵城市和平原城市扩展中占用耕地的比例分别达到65.3%、65.5%和80.5%。我国每年占用约1000 km² 的耕地来发展城市，如珠江三角洲改革开放以来土地利用发展转变很大，主要体现在农业用地尤其是耕地的锐减和城镇建设用地特别是建成区面积的迅速扩大。1980—1993年，珠江三角洲的耕地面积由 104.67×10^4 hm² 减到 71.33×10^4 hm²，平均每年减少 2.05×10^4 hm²，人均耕地面积则由1980年的0.059 hm² 减少到1993年的0.035 hm²，已低于联合国粮农组织提出的人均耕地0.0533亩的最低警戒线，一方面非农用地的增长速度过快，对农用地造成了极大侵占，使耕地面积不断减少。

随着城市的发展，树木、农作物、草地等面积减小，工业区、商业区和居民区规模、面积不断增大。城市化过程使相当部分的流域为不透水表面所覆盖，减少了蓄水洼地。由于不透水地表入渗量基本为零，使得洪峰流量增大；不透水地表的高径流系数使雨水汇流速度大大提高，从而使洪峰出现时间提前，城市发生内涝的频率增加。由于城市地区的入渗量减少，地下水补给量减少，干旱期河流基流量也相应减少。目前我国600多个城市中，400多个供水不足，其中严重缺水的城市有110个，城市年缺水总量达 60×10^8 m³。水污染是城市化带来的又一主要问题。一些技术水平低的造纸厂、制革、印染和冶金等企业不仅消耗大量的水资源，而且大量的污染废水未经处理直接排放，造成水体大面积污染。

城市土壤提供了多样的生态系统服务功能，城市土壤的健康状况与城市生态环境质量和城市居民健康安全紧密相关。在快速城市化的过程中，人类活动导致城市中原始的土地覆被类型不断被工业建筑用地及人工景观所取代，自然土壤被硬化地表逐渐封实，高强度的人类活动改变了土壤覆被和土地利用格局，影响了城市土壤地球化学元素的循环过程，土壤动物的生境随之受到威胁，生物多样性发生变化，土壤生态系统的健康状态受到影响，超出土壤自然生态功能的阈值，从而带来一系列的土壤生态环境问题。

3. 土壤环境污染问题

全国土壤环境状况总体不容乐观，部分地区土壤污染较重，耕地土壤环境质量堪忧，工矿业废弃地土壤环境问题突出。工矿业、农业等人为活动以及土壤环境背景值高是造成土壤污染或超标的主要原因。全国土壤总的超标率为16.1%，其中轻微、轻度、中度和重度污染点位比例分别为11.2%、2.3%、1.5%和1.1%。污染类型以无机型为主，有机型次之，复合型污染比重较小，无机污染物超标点位数占全部超标点位的82.8%。从污染分布情况看，南方土壤污染重于北方；长江三角洲、珠江三角洲、东北老工业基地等部分区域土壤污染问题较为突出，西南、中南地区土壤重金属超标范围较大；镉、汞、砷、铅4种无机污染物含量分布呈现从西北到东南、从东北到西南方向逐渐升高的态势。据全国土壤污染状况调查结果显示，不同土地利用类型土壤的环境质量状况为耕地：土壤点位超标率为19.4%，其中轻微、轻度、中度和重度污染点位比例分别为13.7%、2.8%、1.8%和1.1%，主要污染物为镉、镍、铜、砷、汞、铅、滴滴涕和多环芳烃；林地：土壤点位超标率为10.0%，其中轻微、轻度、中度和重度污染点位比例分别为5.9%、1.6%、1.2%和1.3%，主要污染物为砷、镉、六六六和滴滴涕；草地：土壤点位超标率为10.4%，其中轻微、轻度、中度和重度污染点位比例分别为7.6%、1.2%、0.9%和0.7%，主要污染物为镍、镉和砷。未利用地：土壤点位超标率为11.4%，其中轻微、轻度、中度和重度污染点位比例分别为8.4%、1.1%、0.9%和1.0%，主要污染物为镍和镉。污染严重的区域主要集中在重污染企业用地、工业废弃地、工业园区、固体废物集中处理处置场地、采油区、采矿区、污水灌溉区和干线公路两侧。

三、土地资源利用管理

土地资源利用管理，是指国家通过一系列法律的、行政的、经济的、技术的以及教育的手段，确定并调整土地利用的结构、布局和方式，以保证土地资源合理利用与保护的管理过程。

(一)基本原则

我国土地资源利用坚持节约资源和保护环境的基本国策，坚持保护耕地和节约集约用地的根本指导方针，实行最严格的土地管理制度。按照全面建设小康社会的目标和转变经济发展方式的要求，统筹土地利用与经济社会协调发展，充分发挥市场在土地资源配置中的基础性作用，加强宏观调控，落实共同责任，注重开源节流，推进科技创新和国际合作，构建保障和促进科学发展新机制，不断提高土地资源对经济社会全面协调可持续发展的保障能力，并遵循以下基本原则：

1. 严格保护耕地

按照稳定和提高农业基础地位的要求，立足解决农村民生问题，严格保护耕地特别是基本农田，加大土地整理复垦开发补充耕地力度，提高农业综合生产能力，保障国家粮食安全。

2. 节约集约用地

按照建设资源节约型社会的要求，立足保障和促进科学发展，合理控制建设规模，积极拓展建设用地新空间，努力转变用地方式，加快由外延扩张向内涵挖潜、由粗放低效向集约高效转变，防止用地浪费，推动产业结构优化升级，促进经济发展方式转变。

3. 统筹各业各类用地

按照落实国家区域发展总体战略的要求，立足形成国土开发新格局，优化配置各业各类用地，引导人口、产业和生产要素合理流动，促进城乡统筹和区域协调发展。

4. 加强土地生态建设

按照建设环境友好型社会的要求，立足构建良好的人居环境，统筹安排生活、生态和生产用地，优先保护自然生态空间，促进生态文明发展。

5. 强化土地宏观调控

按照促进国民经济又好又快发展的要求，立足构建保障和促进科学发展新机制，加强和改进规划实施保障措施，增强土地管理参与宏观调控的针对性和有效性。

（二）主要措施

1. 保护和合理利用农用地

围绕守住18亿亩耕地红线，严格控制耕地流失，加大补充耕地力度，加强基本农田建设和保护，强化耕地质量建设，统筹安排其他农用地，努力提高农用地综合生产能力和利用效益。

（1）严格控制耕地流失　严格控制非农建设占用耕地。强化对非农建设占用耕地的控制和引导，建设项目选址必须贯彻不占或少占耕地的原则，确需占用耕地的，应尽量占用等级较低的耕地，扭转优质耕地过快减少的趋势；严格禁止擅自实施生态退耕。切实落实国家生态退耕政策，凡不符合国家生态退耕规划和政策、未纳入生态退耕计划自行退耕的，限期恢复耕作条件或补充数量质量相当的耕地；加强对农用地结构调整的引导。合理引导种植业内部结构调整，确保不因农业结构调整降低耕地保有量。各类防护林、绿化带等生态建设应尽量避免占用耕地，确需占用的，必须按照数量质量相当的原则履行补充耕地义务。通过经济补偿机制、市场手段引导农业结构调整向有利于增加耕地的方向进行；加大灾毁耕地防治力度。加强耕地抗灾能力建设，减少自然灾害损毁耕地数量，及时复垦灾毁耕地。

（2）加大补充耕地力度　严格执行建设占用耕地补偿制度。切实落实建设占用补充耕地法人责任制；大力加强农村土地整理。积极稳妥地开展田水路林村综合整治，在改善农村生产生活条件和生态环境的同时，增加有效耕地面积，提高耕地质量；积极开展工矿废弃地复垦。加快闭坑矿山、采煤塌陷、挖损压占等废弃土地的复垦，立足优先农业利用、鼓励多用途使用和改善生态环境，合理安排复垦土地的利用方向、规模和时序。组织实施土地复垦重大工程；适度开发宜耕后备土地。在保护和改善生态环境的前提下，依据土地利用条件，有计划、有步骤地推进后备土地资源开发利用，组织实施土地开发重大工程。

（3）加强基本农田保护　稳定基本农田数量和质量。严格按照土地利用总体规划确定的保护目标，依据基本农田划定的有关规定和标准，参照农用地分等定级成果，在规定期限内调整划定基本农田，并落实到地块和农户，调整划定后的基本农田平均质量等级不得低于原有质量等级。严格落实基本农田保护制度，除法律规定的情形外，其他各类建设严禁占用基本农田；确需占用的，须经国务院批准，并按照"先补后占"的原则，补划数量、质量相当的基本农田。

加强基本农田建设。建立基本农田建设集中投入制度，加大公共财政对粮食主产区和基本农田保护区建设的扶持力度，大力开展基本农田整理，改善基本农田生产条件，提高基本农田质量。综合运用经济、行政等手段，积极推进基本农田保护示范区建设。

（4）强化耕地质量建设　加大耕地管护力度。按照数量、质量和生态全面管护的要求，依据耕地等级实施差别化管护，对水田等优质耕地实行特殊保护。建立耕地保护台账管理制度，明确保护耕地的责任人、面积、耕地等级等基本情况。加大中低产田改造力度，积极开展农田水利建设，加强坡改梯等水土保持工程建设，推广节水抗旱技术，大力实施"沃土工程""移土培肥"等重大工程，提高耕地综合生产能力。

确保补充耕地质量。依据农用地分等定级成果，加强对占用和补充耕地的评价，从数量和产能两方面严格考核耕地占补平衡，对补充耕地质量未达到被占耕地质量的，按照质量折算增加补充耕地面积。积极实施耕作层剥离工程，鼓励剥离建设占用耕地的耕作层，并在符合水土保持要求前提下，用于新开垦耕地的建设。

2. 节约集约利用建设用地

（1）严格控制建设用地规模　严格控制新增建设用地规模。以需求引导和供给调节合理确定新增建设用地规模，强化土地利用总体规划和年度计划对新增建设用地规模、结构和时序安排的调控。以控制新增建设用地规模特别是建设占用耕地规模，控制建设用地的低效扩张，促进土地利用模式创新和土地利用效率提高，以土地供应的硬约束促进经济发展方式的根本转变。

加大存量建设用地挖潜力度。积极盘活存量建设用地，加强城镇闲散用地整合，鼓励低效用地增容改造和深度开发；积极推行节地型城、镇、村更新改造，重点加快城中村改造，研究和推广各类建设节地技术和模式，促进各项建设节约集约用地，提高现有建设用地对经济社会发展的支撑能力。

积极拓展建设用地新空间。加强规划统筹和政策引导，在不破坏生态环境的前提下，优先开发缓坡丘陵地、盐碱地、荒草地、裸土地等未利用地和废弃地，积极引导城乡建设向地上、地下发展，拓展建设用地新空间。

（2）优化配置城镇工矿用地　控制城镇工矿用地过快扩张。合理调控城镇工矿用地增长规模和时序，引导大中小城市和小城镇协调发展，防止城镇工矿用地过度扩张。严格执行国家工业项目建设用地控制指标，防止工业用地低效扩张，从严控制城镇工矿用地中工业用地比例。从严从紧控制独立选址项目的数量和用地规模，除矿山、军事等用地外，新增工矿用地必须纳入城镇建设用地规划范围。严格按照土地利用总体规划和节约集约用地指标审核开发区用地，对不符合要求的，不得扩区、升级。

优化工矿用地结构和布局。依据国家产业发展政策和土地资源环境条件，合理制定产业用地政策，优先保障技术含量高、社会经济效益好的产业发展用地，重点保障与地区资源环境条件相适应的主导产业用地。科学配置不同类型和不同规模的企业用地，提高工业用地综合效益，促进地区产业链的形成。鼓励利用原有工业用地发展新兴产业，降低用地成本，促进工业产业升级。调整优化工矿用地布局，改变布局分散、粗放低效的现状。

引导城镇用地内部结构调整。控制生产用地，保障生活用地，提高生态用地比例，促进城镇和谐发展。严格限定开发区内非生产性建设用地的比例，提升开发区用地效率和效益。合理调整城镇用地供应结构，优先保障基础设施、公共服务设施、廉租住房、经济适用住房及普通住宅建设用地，增加中小套型住房用地，切实保障民生用地。

（3）整合规范农村建设用地　积极支持新农村建设。按照新农村建设的要求，切实搞好乡级土地利用总体规划和镇规划、乡规划、村庄规划，合理引导农民住宅相对集中建设，促进自然村落适度撤并。重点保障农业生产、农民生活必需的建设用地，支持农村道路、水利等基础设施建设和教育、卫生、人口计生等社会事业发展；加强农村宅基地管理。合理安排农村宅基地，禁止超标准占地建房，逐步解决现有住宅用地超标准问题。农民新建住宅应优先安排利用村内空闲地、闲置宅基地和未利用地，村内有空闲地、原有宅基地已达标的，不再安排新增宅基地。引导和规范农村闲置宅基地合理流转，提高农村宅基地的利用效率；稳步推进农村建设用地整治。按照尊重民意、改善民生、因地制宜、循序渐进的原则，开展田水路林村综合整治，加强对"空心村"用地的改造。

（4）保障必要基础设施用地　保障能源产业用地。按照有序发展煤炭、积极发展电力、加快发展石油天然气、大力发展可再生能源的要求，统筹安排能源产业用地，优化用地布局，严格项目用地管理，重点保障国家大型煤炭、油气基地和电源、电网建设用地；统筹安排交通用地。按照统筹规划、合理布局、集约高效的要求，优化各类交通用地规模、结构与布局，严格工程项目建设用地标准，大力推广节地技术，促进便捷、通畅、高效、安全综合交通网络的形成和完善；合理安排水利设施用地。按照水资源可持续利用和节水型社会建设的要求，加强水利设施的规划选址和用地论证，优先保障具有全国和区域战略意义的重点水利设施用地。推动农村水利设施建设，保障以灌区续建配套节水改造、雨水集蓄利用和农村饮水安全为重点的农村水利设施用地，促进农业生产和农村生活条件的改善；加强矿产资源勘查开发用地管理。按照全国矿产资源规划的要求，完善矿产资源开发用地政策，支持矿业经济区建设，加大采矿用地监督和管理力度。按照全国地质勘查规划的要求，依法保障矿产资源勘查临时用地，支持矿产资源保障工程的实施。

（5）加强建设用地空间管制　实行城乡建设用地扩展边界控制。各地要按照分解下达的城乡建设用地指标，严格划定城镇工矿和农村居民点用地的扩展边界，明确管制规则和监管措施，综合运用经济、行政和法律手段，控制城乡建设用地盲目无序扩张。

落实城乡建设用地空间管制制度。城乡建设用地扩展边界内的农用地转用，要简化用地许可程序，完善备案制度，强化跟踪监管；城乡建设用地扩展边界外的农用地转用，只能安排能源、交通、水利、军事等必需单独选址的建设项目，提高土地规划许可条件，严格许可程序，强化项目选址和用地论证，确保科学选址和合理用地。

完善建设项目用地前期论证制度。加强建设项目用地前期论证，强化土地利用总体规划、土地利用年度计划和土地供应政策等对建设用地的控制和引导；建设项目选址应按照节约集约用地原则进行多方案比较，优先采用占地少特别是占用耕地少的选址方案。

3. 协调土地利用与生态建设

(1)加强基础性生态用地保护 严格保护基础性生态用地。严格控制对天然林、天然草场和湿地等基础性生态用地的开发利用,对沼泽、滩涂等土地的开发,必须在保护和改善生态功能的前提下,严格依据规划统筹安排。规划期内,具有重要生态功能的耕地、园地、林地、牧草地、水域和部分未利用地占全国土地面积的比例保持在75%以上。

构建生态良好的土地利用格局。因地制宜调整各类用地布局,逐渐形成结构合理、功能互补的空间格局。支持天然林保护、自然保护区建设、基本农田建设等重大工程,加快建设以大面积、集中连片的森林、草地和基本农田等为主体的国土生态安全屏障。在城乡用地布局中,将大面积连片基本农田、优质耕地作为绿心、绿带的重要组成部分,构建景观优美、人与自然和谐的宜居环境。

(2)加大土地生态环境整治力度 巩固生态退耕成果。切实做好已退耕地的监管,巩固退耕还林成果,促进退耕地区生态改善、农民增收和经济社会可持续发展。在调查研究和总结经验基础上,严格界定生态退耕标准,科学制订和实施退耕还林工程建设规划,切实提高退耕还林的生态效益。

恢复工矿废弃地生态功能。推进矿山生态环境恢复治理,加强对采矿废弃地的复垦利用,有计划、分步骤地复垦历史上形成的采矿废弃地,及时、全面复垦新增工矿废弃地。推广先进生物技术,提高土地生态系统自我修复能力。加强对持久性有机污染物和重金属污染超标耕地的综合治理。

加强退化土地防治。积极运用工程措施、生物措施和耕作措施,综合整治水土流失;加快风蚀沙化土地防治,合理安排防沙治沙项目用地,大力支持沙区生态防护体系建设;综合运用水利、农业、生物以及化学措施,集中连片改良盐碱化土地;建立土壤环境质量评价和监测制度,严格禁止用未达标污水灌溉农田,综合整治土壤环境,积极防治土地污染。

(3)因地制宜改善土地生态环境 快速城镇化地区,要遏制城镇建设用地盲目扩张,鼓励城镇组团式发展,实行组团间农田与绿色隔离带有机结合,发挥耕地的生产、生态功能。严格保护农用地特别是耕地,合理调整农用地结构,大力发展城郊农业。促进产业结构升级,严格限制高耗能、高污染企业用地。

平原农业地区,要把严格保护耕地特别是基本农田放在土地利用的优先地位,加强基本农田建设,大力发展生态农业。在保护生态环境前提下,重点优化交通、水利等基础设施用地结构,鼓励发展城镇集群和产业集聚。严格控制工业对土地的污染,防治农田面源污染。

山地丘陵地区,要大力推进国土综合整治,严格控制非农建设活动,积极防治地质灾害。因地制宜加强植被建设,稳步推进陡坡耕地的退耕还林还草,发挥生态系统自我修复功能。以小流域为单元,积极防治水土流失。建立山区立体复合型土地利用模式,充分利用缓坡土地开展多种经营,促进山区特色产业发展。

能源矿产资源开发地区,要坚持资源开发与环境保护相协调,禁止向严重污染环境的开发项目提供用地。加强对能源、矿山资源开发中土地复垦的监管,建立健全矿山生态环境恢复保证金制度,强化矿区生态环境保护监督。

第五节　森林资源利用管理

一、森林资源概述

(一)概念及分类

森林是以树木和其他木本植物为主体的一种植物群落。森林生态系统是森林群落和其外界环境共同构成的一个生态功能单位，是陆地生态系统的主体。森林可以更新，属于可再生的自然资源。

森林资源有广义与狭义之分，广义的森林资源是林地及其所生长的森林有机体的总称，以林木资源为主，还包括林中和林下植物、野生动物、土壤微生物及其他自然环境因子等资源。狭义的森林资源仅指以林木和林地为主的森林植物。

森林资源分类有多种途径，可以按森林的作用分类，按人为影响的程序分类，按林木特征分类，按森林的自然属性分类等。

(1)按森林的作用分类　中国森林法规定将森林划分为防护林、用材林、经济林、薪炭林和特种用途林5类：

防护林：以防护为主要目的森林、林木和灌木丛。

用材林：以生产木材为主要目的森林和林木。

经济林：以生产果品、食用油料、饮料、调料、工业原料和药材等为主要目的的林木。

薪炭林：以生产燃料为主要目的林木。

特种用途林：以国防、环境保护、科学实验等为主要目的的森林和林木，包括国防林、实验林、母树林、环境保护林、风景林，名胜古迹和革命纪念地的林木，自然保护区的森林。

(2)按人为影响的程序分类　通常将森林分为原始林、次生林和人工林3类。

原始林：位于边远地区，基本上不受人为的影响。

次生林：是原始林经过人为的干扰破坏以后，通过林木的自然更新再度发生的森林。

人工林：是人为地采用播种或植苗的方式营造的森林。

(3)按林木特征分类　人们常根据优势树种对于森林资源进行分类，并且可以依据优势树种的分类地位制定出多极的分类系统。例如，首先可分为针叶林和阔叶林，而针叶林可按照优势树种的属，分为松林、落叶松林等，松林又可分为油松林、红松林、马尾松林等。除此以外，还要考虑各树种的构成比例，按此特征可将森林资源分为纯林和混交林两大类。天然林大多数是混交，但在气候和土壤条件比较苛刻的地方，也可能形成纯林。人工林大多数是纯林。

森林是一个生态系统，按照生态系统采用综合分析的观点对森林进行分类是最合理的。森林生态系统类型的划分如图4-6所示。

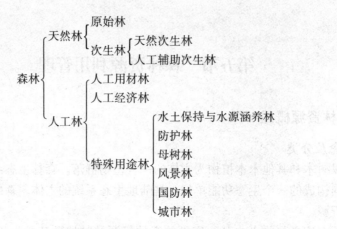

图4-6　森林生态系统类型的划分

（二）主要特征

森林资源是陆地上最重要的生物资源，具有如下主要特征：

1. 空间分布广，生物生产力高

世界森林面积约占地球陆地面积的1/5，地球覆盖面较大。从生物生产力来看，森林的初级净生产力较其他任何陆地生态系统均高，如热带雨林在最适宜条件下每公顷的总植物量为 350～450 t，年总生产量每公顷为 120～150 t。

2. 结构复杂、生物多样性高

森林中包括各种乔木、灌木、草本、蕨类和苔藓等植物，食叶和蛀食性昆虫、植食性和杂食性鸟类、食虫动物以及植食性哺乳类和大型食肉兽类等动物，细菌、真菌、放线菌等微生物。热带雨林因植被种类组成极为丰富、群落结构复杂等特点给动物提供了常年丰富的食物和多种多样的隐蔽场所，因此是地球上动物种类最丰富的地区。

3. 再生能力强，再生周期长

森林在一定条件下具有自我更新机制和循环再生特征，保障了森林资源的长期存在，能够实现森林效益的永续利用。但是，森林资源所具有的可再生性和结构功能的稳定只有在人类对森林资源的利用遵循森林生态系统自身规律，不对森林资源造成不可逆转的破坏的基础上才能实现。因为林木从造林到其成熟的时间间隔很长，天然林的更新需更久的时间，即便是人工速生林也要10年左右的时间，这就影响到森林资源的再生性和系统的稳定性。

4. 森林资源的多功能性和不可替代性

森林作为一个生态系统，是地球表面生态系统的主体，在调节气候、涵养水源、保持水土、防风固沙、改善土壤、维护生物多样性等多方面的生态防护效能上有着重要的作用。并且地球表面生态圈的平衡也要依靠森林维持。森林资源具有多种功能，可以提供多种物质和服务，森林资源的经济效益、生态效益、社会效益是统一的。

（三）生态环境作用

1. 调节气候

森林对气候有调节作用，森林浓密的树冠在夏季能吸收和散射、反射掉一部分太阳辐射能，减少地面增温。冬季森林叶子虽大都凋零，但密集的枝干仍能削减吹过地面的风速，使空气流量减少，起到保温保湿作用。据测定，夏季森林里气温比城市空阔地低 2～4℃，相对湿度则高 15%～25%，比柏油混凝土的水泥路面气温低 10～20℃。由于林木根系深入地下，源源不断的吸取深层土壤里的水分供树木蒸腾，使林正常形成雾气，增加了降水。通过分析对比，林区比无林区年降水量多 10%～30%。国外报导，要使森林发挥对自然环境的保护作用，其绿化覆盖率要占总面积的 25% 以上。

2. 净化空气

森林对空气的净化作用主要体现在吸收污染性物质、释放氧气和除尘 3 个方面。随着工矿企业的迅猛发展和人类生活用矿物燃料的剧增，受污染的空气中混杂着一定含量的有害气体，威胁着人类，其中二氧化硫就是分布广、危害大的有害气体。凡生物都有吸收二氧化硫的本领，但吸收速度和能力是不同的。植物叶面积巨大，吸收二氧化硫要比其他物种大的多。据测定，森林种空气的二氧化硫要比空旷地少 15%～50%。若是在高温、高湿的夏季，随着林木旺盛的生理活动功能，森林吸收二氧化硫的速度还会加快。相对湿度在 85% 以上，森林吸收二氧化硫的速度是相对湿度 15% 的 5～10 倍。

森林在生长过程中要吸收大量二氧化碳，放出氧气。据研究测定，树木每吸收 44 g 的二氧化碳，就能排放出 32 g 氧气；树木的叶子通过光合作用产生 1 g 葡萄糖，就能消耗 2500 L 空气中所含有的全部二氧化碳。照理论计算，森林每生长 1 m³ 木材，可吸收大气中的二氧化碳约 850 kg。若是树木生长旺季，1 hm² 的阔叶林，每天能吸收 1 t 二氧化碳，制造生产出 750 kg 氧气。森林绿地每年为人类处理近千亿吨二氧化碳，为空气提供 60% 的净洁氧气。

森林有除尘作用，人类生产和生活排放的烟灰、粉尘、废气严重污染着空气，威胁人类健康。高大树木叶片上的褶皱、茸毛及从气孔中分泌出的黏性油脂、汁浆能黏截到大量微尘，有明显阻挡、过滤和吸附作用。据资料记载，每平方米的云杉，每天可吸收粉尘 8.14 g，松林为 9.86 g，榆树林为 3.39 g。一般说，林区大气中飘尘浓度比非森林地区低 10%～25%。

3. 防风固沙

森林的防风固沙作用从降低风速和改变风向两个方面体现，一条疏透结构的防护林带，迎风面防风范围可达林带高度的 3～5 倍，背风面可达林带高度的 25 倍，在防风范围内，风速减低 20%～50%，如果林带和林网配置合理，可将灾害性的风变成小风、微风、乔木、灌木、草的根系可以固着土壤颗粒，防止其沙化，或者把固定的沙土经过生物改变成具有一定肥力的土壤。

4. 涵养水源

森林涵养水源的能力是基于植被的海绵效应，主要表现为：第一，森林能增加降水量及雾气；第二，在森林生态系统中枯枝落叶和泥土两层最能保持水分；第三，地表丰富的植被能延缓地表径流。生长良好的植被群落具有乔木层，灌木层，草本层，生长于地表的地表植物层，以及成长良好的枯枝落叶层。当降落到森林中的雨水，首先落到乔木的林冠层，一部分由于林木的枝条、叶子、树干表面吸引和雨水的重力的均衡作用而被吸附着，这部分水称为林冠截留水，约占降水量的 10%～30%，当雨滴汇集扩大到重力超过树体表面吸附力时，即从林冠落到林地。从林冠下落和透过林冠直接降落到林地的雨水其中一部分又被枯枝落叶层吸附，称枯枝落叶截留水，一般枯枝落叶层吸水量可达本身重量的 2～4 倍。林冠和枯枝落叶截留水在降水停止后，就会逐渐蒸发散失到大气中去。透过林冠和枯枝落叶层后的降水大部分直接从土壤孔隙渗入到土层中，渗入到土层中的水量主要决定于土壤的孔隙度。土壤的孔隙度决定于土壤中的根系、腐烂的根的孔穴、小动物的洞穴等，这些孔隙吸水后主要受重力作用的支配，慢慢下渗，直到不透水层才会从岩石中出来。这些孔隙是土壤涵养水源的关键，土壤的有机质含量越高、结构越好，则土壤孔隙越大、数量越大，储藏的水就越多。森林中土壤的孔隙度远大于无林地土壤的，杂木林的土壤孔隙度远大于毛竹林的土壤孔隙度，因此，森林的土壤的储水量远大于无林地土壤，杂木林的储水量远大于毛竹林的土壤储水量。

5. 保持水土

森林可以调节地表径流，配置在流域集水区，或其他用地上坡的水土保持林，借助于组成林分乔、灌木林冠层对降水的截留，改变落在林地上的降水量和降水强度，从而有利于减少雨滴对地表的直接打击能量，延缓降水渗透和径流形成的时间。林地上形成的松软的死地被物层，包括枯枝落叶层和苔藓地衣等低等植物层，及其下的发育良好的森林土壤，具有大的地表粗糙度、高的水容量和高的渗透系数，发挥着很好的调节径流作用。这样，一方面可以达到控制坡面径流泥沙的目的；另一方面有利于改善下坡其他生产用地的土壤水文条件。

森林可以固持土壤，依靠林分群体乔、灌木树种浓密的地上部分及其强大的根系，以调节径流和机械固持土壤。林木生长过程中生物排水等功能，也有着良好的稳固土壤的作用。根据各种生产用地或设施特定的防护需要，如陡坡固持土体，防止滑坡、崩塌，以及防冲护岸、缓流挂淤等，通过专门配置形成一定结构的水土保持林，可为护岸护滩、固沟护坝发挥作用。

6. 改良土壤

森林对土壤的改良主要依靠土壤动物进行，土壤动物生活在土壤或枯枝支落叶层内，它分为原生动物和腐食性动物，其生活方式各不相同。原生动物如环虫、线虫等生活在土壤水中。腐食性动物如蚯蚓、甲虫的幼虫、白蚁、壁虱、飞虫等喜欢生活在潮湿的土壤间隙里或枯枝落叶层内。这些土壤动物有些可以加速对森林中枯枝落叶层的分解；有些以枯枝落叶为食，其各种各样的排泄物混入土壤中，形成良好的团粒结构，可以改善土壤的通气性和保水性；有的动物深居土壤中，经常到土壤表层取食，在土壤表层至土壤深处形成各种各样的通道，增加了土壤孔隙，提高了氧气含量，对改良土壤有一定作用。

7. 消除噪声

噪声对人类的危害随着建筑业和交通运输业的发展越来越严重，特别是城镇尤为突出。实验数据表明，公园或片林可降低噪声 5～40 dB，比离声源同距离的空旷地自然衰减效果多 5～25 dB；汽车高音喇叭在穿过 40 m 宽的草坪、灌木、乔木组成的多层次林带，噪声可以消减 10～20 dB，比空旷地的自然衰减效果多 4～8dB。城市街道上种树，也可消减噪声 7～10 dB。

8. 自然防疫

树木能分泌出杀伤力很强的杀菌素，杀死空气中的病菌和微生物，对人群有一定保健作用。有人曾对不同环境，1 m^3 空气中含菌量作过测定：在人群流动的公园为 1000 个，街道闹市区为 3 万~4 万个，而在林区仅有 55 个。另外，树木分泌出的杀菌素数量也是相当可观的。例如，1 hm^2 圆柏林每天能分泌出 30 kg 杀菌素，可杀死白喉、结核、痢疾等病菌。

9. 生物多样性

森林是多类植物的生长地，是地球生物繁衍最为活跃的区域，保持着生物多样性资源。森林对生物多样性的作用体现在以下 4 个方面：

(1) 森林与物种多样性 森林是物种多样性最丰富地区之一。据估计，地球上有 500万~3000 万种生物，其中一半以上在森林中栖息繁衍。由于森林破坏、草原垦耕过度放牧和侵占湿地等，导致了生态系统简化和退化、破坏了物种生存、进化和发展的生境使物种和遗传资源失去了保障，造成生物多样性锐减。如果一片森林面积减少为原来的 10%，能继续在森林中生存的物种将减少一半。

(2) 森林与生态系统多样性 森林占陆地面积的 1/3，其生物量约占整个陆地生态系统的 90%。在森林生态系统中，植物及其群落的种类、结构和环境具有多样性，也是动物种群多样性赖以生存的基础和保证。森林的破坏，导致生态环境恶化，特别是引起温室效应、水土流失、土地荒漠化、气候失调等问题，从而也严重影响农田、草原、湿地等生态系统的生物多样性。

(3) 森林与遗传多样性 一个物种种群内两个体之间的基因组合没有完全一致的，灭绝部分物种，就等于损失了成千上万个物种基因资源。森林生态系统多样性提供了物种多样化的生境，不仅具有丰富的遗传多样性，而且为物种进化和产生新种提供了基础。森林的破坏导致基因侵蚀，使得世界上物种单一性和易危性非常突出。

(4) 森林对恢复生物多样性的影响 在裸露土地上或森林受到严重破坏的地区，通过营造人工林形成新森林环境，随着森林植被不断演替，最终改变了区域的生物多样性。当人工林成林后，植被物种逐渐增加，一些耐阴的伴生种孳生繁衍，森林内昆虫大量繁衍，同时吸引各种鸟类在林中觅食、栖息、繁衍。森林也为哺乳类动物提供了很好的隐蔽场所和食物，如食草和食林木种实的鼠和兔等。

二、我国森林资源状况

(一)现状

据第八次全国森林资源清查数据显示，我国森林面积 2.08×10^8 hm^2，森林覆盖率 21.63%，森林蓄积量 $151.37 \times 10^8 m^3$，根据联合国粮农组织发布的 2015 年全球森林评估结果，中国森林面积和森林蓄积量分别位居世界第 5 位和第 6 位，人工林面积居世界首位。《中华人民共和国森林法》中所划分的五大林种：防护林、特用林、用材林、薪炭林和经济林面积所占比重分别为 48.49%、7.94%、32.71%、0.86% 和 10.00%，蓄积量所占比重分别为 53.78%、14.68%、31.34%、0.40%。由此可见，我国的公益林（防护林和特用林）面积和蓄积量远远高于商品林（用材林、薪炭林和经济林）。根据地第 8 次森林资源连续清查结果显示，我国天然林面积为 1.22×10^8 hm²，占全国的 63.73%；人工林面积为 0.69×10^8 hm²，占全国的 36.27%。天然林蓄积为 122.96×10^8 m³，占全国的 83.20%；人工林蓄积量为 24.38×10^8 m³，占全国的 16.80%。目前，我国人工林面积仍位于世界首位。根据 1973 年至 2013 年开展的 8 次全国森林资源清查结果显示，自从 20 世纪 90 年代以来，我国的森林面积和蓄积已经连续 20 多年保持了上增长。特别是进入 21 世纪后，森林资源进入快速增长时期，我国森林资源总量居于世界前列。

中国幅员广阔，地形复杂，气候多样，植被种类丰富，分布错综复杂，因此，森林资源呈现出两个最突出的特点。

1. 森林类型多样，树种资源丰富

我国地域辽阔，自然条件复杂多样，从北到南跨越的 5 大气候带，适生着不同种类的森林植物，形成了中国森林类型多样，森林植物种类繁多，绚丽多彩的特色，在世界植物宝库中占有重要地位。全国由北向南依次分布有寒温带针叶林、温带针叶与落叶阔叶混交林、暖温带落叶阔叶林、亚热带常绿阔叶林、热带季雨林和雨林等多种森林类型。据统计，世界上有木本植物约 20 000 余种，中国约有 8000 余种，其中乔木树种即达 2000 余种。

2. 人均占有量小，资源分布极不均衡。

我国人均森林面积仅为世界人均水平的 25%。同时，我国的森林资源空间分布极其不平衡。林地集中分布在中国的东南部，西北地区很少。土地面积占全国 32.2% 的西北地区，有林地面积仅占全国的 6.7%，活立木蓄积量为全国的 7.7%；在东南部又集中分布在东北和西南地区，而人口稠密、经济发达的长江中下游和珠江流域则分布较少。由于西南地区的森林大多位于崇山峻岭或高山峡谷之中，交通运输困难，开发利用的难度较大，而且 90% 是成、过熟林，虽然活立木蓄积量较高，但可采资源量少。中国森林的这种分布格局，造成"北材南运"与"东材西运"，既增加了木材的生产成本，又削弱了森林的总体防护功能。

(二) 面临的主要问题

目前，我国仍然是一个缺林少绿、生态脆弱的国家，森林覆盖率远低于全球 31% 的平均水平，人均森林面积仅为世界人均水平的 1/4，人均森林蓄积量只有世界人均水平的 1/7，森林资源总量相对不足、质量不高、分布不均的状况仍未得到根本改变，林业发展还面临着巨大的压力和挑战：一是实现森林增长目标任务艰巨。从清查结果看，森林"双增"目标前一阶段完成良好，森林蓄积量增长目标已完成，森林面积增加目标已完成近六成。但清查结果反映森林面积增速开始放缓，森林面积增量只有上次清查的 60%，现有未成林造林地面积比上次清查少 396×10^4 hm²，仅有 650×10^4 hm²。同时，现有宜林地质量好的仅占 10%，差的多达 54%，且 2/3 分布在西北、西南地区，立地条件差，造林难度越来越大、成本投入越来越高，见效也越来越慢，如期实现森林面积增长目标还要付出艰巨的努力；二是严守林业生态红线面临的压力巨大。各类建设违法违规占用大量林地，局部地区毁林开垦问题依然突出。随着城市化、工业化进程的加速，生态建设的空间将被进一步挤压，严守林业生态红线，维护国家生态安全底线的压力日益加大；三是加强森林经营的要求非常迫切。中国林地生产力低，森林每公顷蓄积量只有世界平均水平 131 m³

的69%，人工林每公顷蓄积量只有52.76 m^3。林木平均胸径只有13.6 cm。龄组结构依然不合理，中幼龄林面积比例高达65%。林分过疏、过密的面积占乔木林的36%。林木蓄积年均枯损量增加18%，达到1.18 × $10^8 m^3$。进一步加大投入，加强森林经营，提高林地生产力、增加森林蓄积量、增强生态服务功能的潜力还很大；四是森林有效供给与日益增长的社会需求的矛盾依然突出。中国木材对外依存度接近50%，木材安全形势严峻；现有用材林中可采面积仅占13%，可采蓄积量仅占23%，可利用资源少，大径材林木和珍贵用材树种更少，木材供需的结构性矛盾十分突出。同时，森林生态系统功能脆弱的状况尚未得到根本改变，生态产品短缺的问题依然是制约中国可持续发展的突出问题。

三、森林资源利用管理

(一)我国森林资源管理的内涵

森林资源管理是对森林资源保护、培育、更新、利用等任务所进行的调查、组织、规划、控制、调节、检查及监督等方面做出的具有决策性和有组织的活动。森林资源管理以林业调查规划为先导，以林地管理为基础，以森林、林木管理为核心，运用行政、法律、经济的手段，保证森林资源总量和效益不断增加，森林质量不断提高。

1. 森林资源管理的内容

我国森林资源管理由3大部分组成，即基础管理、利用管理和监督管理。

(1)森林资源基础管理　包括森林资源调查、规划、设计管理；森林资源档案管理；统计管理；森林经营方案的组织制订；森林资源法规建设；森林资源技术管理；森林资源管理队伍建设等。

(2)森林资源利用管理　包括林地管理；采伐限额的管理；采伐消耗监督管理；伐区管理；更新检查验收管理；造林成效评估；成林验收等

(3)森林资源监督管理　包括资源审计管理；监督机构或人员管理；目标考核实施；调查、规划、设计成果监督实施；违法处罚；资源税费收缴等。

在以上森林资源管理三大组成部分中，"基础管理"是整个森林资源管理的基础，"利用管理"是森林资源管理的核心，"监督管理"是森林资源管理的手段，森林资源管理三大部分是相互联系的不可分割的一个完整的科学体系。

2. 森林资源管理的目的

(1)保护好森林资源的生态平衡，挽救濒危的森林资源，防止动植物物种的灭绝和生态系统的破坏，造福子孙后代。

(2)保护好森林资源安全，合理利用森林资源，满足国家经济建设和人民生活对森林资源的需要。

(3)持久的发挥森林生态的地位和作用，促进森林的经济效益和社会效益。

(4)不断调节森林结构，改善森林环境，扩大森林资源，优化森林质量，提高森林资源增长量，减少森林资源消耗，保证森林资源可持续利用。

(二)我国森林资源管理的方法措施

1. 强化森林资源管理的法律手段

(1)依法加强森林资源权属管理　要进一步明晰森林资源产权，依法保护林权利人的合法权益。对权属明确并核发林权证的，要严肃维护林权证的法律效力；对权属明确但尚未登记核发林权证的，要尽快依法登记发证；对权属不清或有争议的，要抓紧明晰，限期做出争议调处意见，尽快登记发证。要重点抓好退耕还林地的确权发证工作，退耕造林验收合格后，及时核发权证。各级林业主管部门要加强对森林、林木、林地使用权流转过程中的发证管理，及时掌握流转动态，制定有效措施，监管服务到位，确保登记手续完备、发证程序合法。要稳定国有和集体林场的森林资源权属。国有森林、林木和林地使用权的流转，必须进行森林资源资产评估，并按规定审批，否则不能实施流转，不予核发林权证。

（2）依法加强林地保护管理　坚持把林地放在与耕地同等重要的位置，实施最严格的保护管理制度和措施。按照分类保护、分区管理的原则，确定林地保护、利用等级，制定分区域的林地主导用途和利用方向，实施林地用途管制，确保林地面积只能增加不能减少。进一步完善林地征用占用审核审批制度，加强工程建设征用占用林地全过程的监管与服务，对征用占用林地选址情况、用地规模实行预先论证，确保工程建设不占或少占林地。要采取最严厉的措施，坚决遏制毁林开垦和乱占林地的行为，杜绝林地的非法流失。要把林地保护管理作为领导干部林业建设任期目标管理责任制的重要组成部分，把林地消长、征用占用林地审核率、补偿到位率、违法占用林地案件查处率等纳入考核内容，严格兑现奖惩。

（3）依法加强森林利用管理　坚持森林采伐限额制度不动摇，突出抓好森林可持续经营方案的编制与实施，严格执行"十一五"期间年森林采伐限额，加大对采伐限额执行情况的监督检查力度。坚持凭证采伐制度，切实强化林木采伐的源头管理，严格执行伐区调查、设计、拔交、验收等规定，严禁虚假设计和违规采伐，坚决杜绝超限额采伐现象的发生。坚持木材凭证运制度。充分发挥木材检查站、林政稽查队的作用，依法加强对木材运输的监督检查，坚决杜绝非法木材进入市场流通。要依法强化木材经营加工的监督管理，科学制定发展规划，明确准入条件，严格审批管理，加强服务引导，规范市场秩序，坚决打击非法木材流通和违法经营加工木材的行为，为合法经营加工创造良好环境。要按照森林资源分类管理、分区施策的要求，抓紧修订和颁布实施森林采伐更新、木材运输、木材经营加工监管等方面的法规规章和技术规程。

（4）依法加强监测管理　认真履行法定职责，切实加强各级森林资源监测管理，促进监测工作的规范化、制度化和系统化，进一步增强监测的时效性和预见性。要强化国家森林资源清查工作，优化方法，扩展内容，实现对森林资源和生态状况的综合监测和评价。要进一步搞好专项核查，加强组织协调，整合核查资源，加大技术含量，提高全国营造林实绩综合核查、森林采伐限额和林地征占用情况检查的工作效率及成果质量。要加快二类调查步伐，实行地方负责、国家积极扶持的政策，有计划有步骤地推进二类调查工作的全面开展。并及时建立和更新森林资源档案，积极利用现代科技手段建立森林资源数据库，构建较为完备的地方森林资源监测体系。抓紧做好林业基础数表的检验和编制工作，建立健全监测技术标准、工作制度和管理规范，加强对监测数据采集、处理分析、报告编制、成果使用等的管理和监督，建立健全监测成果管理和信息发布制度。国家林业和草原局负责对外公布全国和省级森林资源主要数据；各地需要对外使用的森林资源主要数据必须以此为准。要进一步加强监测行业资质和从业资格管理，实行监测单位资质和从业人员资格认证制度，做到监测单位按资质从业，从业人员持证上岗。要全面引入遥感、全球定位系统、地理信息系统数据库系统，强化现代测量、数据储存等仪器设备的应用，支持和鼓励监测单位、科研教学单位和社会力量合作开展监测技术研发、创新和转化，积极推动建立用现代技术、装备武装的森林资源和生态状况综合监测体系，进一步提升监测能力和水平。

（5）切实加强森林资源监督　各级森林资源监督机构要认真履行职责，依法对驻在地区的森林资源保护管理各项工作实施全面监督。重点监督领导干部林业建设任期目标管理责任制落实、林地非法流失、森林过量消耗和森林经营利用活动，以及自然保护区、湿地和野生动植物保护管理，采取事前介入、事中检查与事后督促整改相结合的方法，不断提高监督实效。

2. 大力推进森林资源管理改革

（1）创新重点国有林区森林资源管理体制　积极推进重点国有林区森林资源管理体制改革试点，适时总结试点经，扩大试验范围，探索行之有效的森林资源监管体制。依法明确重点国有林区范围，根据森林资源分布和有效监管幅度，建立健全国有林管理机构，履行出资人职责，享有所有者权益。在重点国有林区建立起产权明晰、资企分开、权责统一，管资产和管人、管事相结合的，办事高效、运转协调、执法严明、监管有力的森林资源管理体制。

（2）稳定推进林业产权制度改革　启动国有林区林业产权制度改革试点工作，推动重点国有林区全面、协调和可持续发展。制定和颁布实施《森林、林木、林地使用权流转条例》，促进和规范森林资源产权流转，逐步建立起"产权归属清晰、经营主体到位、责权划分明确、利益保障严格、流转顺畅规范、监管服务有效"的现代林业产权制度。

（3）深化森林资源经营管理改革　按照森林资源经营管理分区施策的要求，认真抓好试点，及时总结经验，制定符合当地实际、操作性的森林经营管理规范。对不同类型、不同区域的森林采取不同的经营管理政策和模式，全面提高森林经营管理的水平。对公益林，要严格管护、科学经营，促进其向生态功能和综合效益最佳状态发展；对人工商品林，要依法放活、集约经营，最大限度地发挥其经济效益。

（4）探索直接收购各种社会主体营造的非公有公益林　政府购买非公有公益林是一项全新的探索和尝试，各级林业主管部门要高度重视、认真研究，积极探索利用市场化手段将非公有公益林纳入公共产品管理的有效途径。研究形成一整套符合国情、运行规范、易于操作的收购办法和监管制度，探索建立公益林经营管理的新体制和林业资金投入的新机制，建设适应林业可持续发展要求的生态服务市场。

（5）积极推行综合监测　理顺国家监测与地方监测的关系，有效整合现有监测资源，建立以森林资源管理信息系统为基础，以国家、区域和地方监测队伍为保障，以高新技术研发应用为支撑的全国森林资源与生态状况综合监测体系，为林业发展和生态建设提供实时、动态、开放式的信息服务。完善森林资源监测组织体系，强化森林资源信息采集系统，构建森林资源基础数据库平台，建立健全森林资源和生态状况信息网络服务系统，健全综合监测体系建设的科技支撑系统，提高综合评价和预测预警能力。要探索建立以森林资源监测成果为主要依据的领导干部任期目标考核指标体系和评价方法，对各级领导干部林业建设任期目标进行有效的考核和评价。

3. 加强森林资源管理队伍建设

（1）加强基层林政执法队伍建设　积极探索流动巡查等新的检查方式，进一步完善木材运输检查的规章制度，制定和颁布实施《木材检查站管理办法》，切实加强木材检查站的监督管理，坚决杜绝公路"三乱"行为的发生。要大力加强林政稽查队伍建设，逐步建立健全林政稽查执法体系，严厉打击各种破坏森林资源违法行为。要进一步强化乡镇林业工作站的建设和管理，积极稳妥地推进林业工作站改革，实行由县级林业主管部门垂直领导的管理体制，充分发挥林业工作站在政策宣传、资源管护、林政执法、生产组织、科技推广和社会化服务等方面的职能作用。

（2）加强森林资源监督机构建设　森林资源监督是森林资源管理体系中的重要组成部分，是更高层次上的管理，承担着促进监督地区加强森林资源培育、利用和保护管理，确保法律实施、政令畅通的重要职能。监督机构要加强队伍的思想、组织、作风、制度和业务建设，认真建立制度完备、运转协调、作风优良、廉洁高效的运行机制。要进一步加大培训力度，全面提高队伍的整体素质，强化依法行政和执政为民意识。增强监督能力，提高监督实效。各地也要根据实际，积极向重点林区派驻森林资源监督机构，并加强监督队伍的建设和管理，充分发挥其应有作用。

（3）加强调查规划和监测机构建设　林业调查规划设计单位承担着野外信息采集、监测数据处理、生态建设成效评价和林业发展规划编制等重要职能，在生态建设和林业发展中发挥着十分重要的作用。要积极探索林业调查规划设计单位的改制，明确其社会公益事业单位的性质，保证人员编制，加大投入力度，加强基础性建设，改善工作条件，提高现代化监测能力。各级林业调查规划设计单位要创新机制、强化管理，克服片面的任务观念和经济效益观念，加快高新技术应用的步伐，着力提高调查、监测成果质量和水平。要建立健全国家、省、地、县统一协调的多级森林资源和生态状况综合监测机构。国家林业和草原局设立国家森林资源与生态状况综合监测中心，进一步完善四个域监测中心，各省级林业主管部门设立监测分中心，地、县林业主管部门设立监测站，有效开展多层次监测工作。

（4）加强森林资源管理人才队伍建设　全国森林资源管理系统的人才队伍肩负着贯彻党的林业方针政策，依法对森林资源的培育、利用和保护实施管理与监督的重大责任。要以加强思想政治建设和执政能力建设为核心，强化理论武装和实践锻炼，全面提升队伍的管理能力和执法水平。要以培养基层实用人才和高技能人才为重点，以造就一批复合型拔尖人才为目标，以岗位培训、在职学位学历培训为手段，建立健全用人机制和激励机制，培养人才、吸引人才，营造讲奉献、讲团结、比技能的良好氛围，努力造就一支全局观念强、政治思想好、业务技术精、组织纪律严、工作作风硬的资源管理队伍。各级林业主管部门和森林资源管理机构，要进一步深入贯彻全国林业人才工作会议精神，高度重视和加强资源管理人才队伍的建设，积极创造资源管理人才脱颖而出、奋发有为的良好环境。

4. 加强对森林资源管理工作的领导

（1）落实领导干部林业建设任期目标管理责任制　全面加强森林资源管理工作的领

导，完善领导干部林业建设任期目标管理责任制，把森林资源的数量消长、质量升降和保护管理情况等作为责任目标考核的重要内容，真正将森林资源保护和发展的责任落实到地方各级政府领导肩上。要认真落实《全国森林资源林政管理系统"十一五"和中长期规划》，合理调整投资结构，加大资金投入总量，切实加强森林资源管理系统的装备和基础设施建设。按照事权划分的原则，将森林资源管理系统所需经费纳入财政预算。各级林业主管部门要大力宣传森林资源管理工作的地位和作用，广泛宣传森林资源管理战线的先进人物和先进事迹，形式多样地宣传森林资源管理的政策法规，在全社会形成爱林、护林的良好氛围。

（2）建立森林资源管理奖惩制度　积极建立以政府奖励为导向、部门奖励为主体、定期表彰与适时表彰相结合的森林资源管理奖励制度，对在森林资源管理工作中做出突出贡献的单位和个人进行表彰奖励。要建立和完善破坏森林资源责任追究制度，严格执行国家林业和草原局《关于违反森林资源管理规定造成森林资源破坏的责任追究制度的规定》，因监督管理不力、有案不及时报告、案件查处不到位，导致森林资源破坏的单位及其有关责任人，依法严肃追究责任。要切实加强林政案件管理制度建设，抓好各类破坏森林资源案件的查处工作，规范受理、查处、报告程序，建立林政案件管理档案，做好林政案件统计分析工作，不断提高林政执法成效。

第六节　能源资源管理

一、能源资源概述

（一）能源及分类

能源资源是指在目前社会经济技术条件下能够为人类提供大量能量的物质和自然过程，既包括煤、石油、天然气等传统能源，也包括太阳能、风能、水能、生物质能、地热能、海洋能、核能等新能源。能源是人类生存和发展的重要物质基础，它不仅是经济发展的原动力，而且直接影响了国家或地区在全球经济发展体系中的国际地位和战略部署。

从不同的角度，可以对能源进行不同的分类。

（1）按能源的基本形态　能源分为一次能源和二次能源。一次能源是指自然界中以原有形式存在的、未经加工转换的能量资源，又称天然能源，如煤炭、石油、天然气、水能等。二次能源指由一次能源加工转换而成的能源产品，如电力、煤气、蒸汽及各类石油制品等。

（2）按照能源再生程度　能源分为可再生能源和不可再生能源。须经漫长的地质年代才能形成而无法在短期内再生的称为不可再生能源，如煤、石油等。可再生能源是指具有自我恢复原有特性，能够不断得到补充供人类可持续利用的一次能源，如风能、太阳能、水能、生物质能、地热能、海洋能等。

（3）按能量来源　能源分为直接来自太阳的能量，如太阳辐射能等；间接来自太阳的能源，如煤炭、生物能等；蕴藏于地球内部的能源，如地热能等；核燃料，即原子核能；

天体运动对地球的相互吸引所产生的能量,如潮汐能。

(4)按能源利用状态 能源分为常规能源和新能源。常规能源又称为传统能源,是指已经大规模生产和广泛利用的一次能源,如煤炭、石油、天然气、水等。新能源是在新技术基础上系统地开发利用的能源,如太阳能、风能、海洋能、地热能等。与常规能源相比,新能源生产规模较小,使用范围较窄。常规能源与新能源的划分是相对的。以核裂变能为例,20 世纪 50 年代初,起初用其生产电力和作为动力使用时,被认为是一种新能源。到 80 年代世界上不少国家已把其列为常规能源。太阳能和风能被利用的历史比核裂变能要早许多世纪,由于还需要通过系统研究和开发才能提高利用效率,扩大使用范围,所以还是把它们列入新能源。

(5)按能源利用对环境的影响 能源分为化石能源和清洁能源。化石能源是由古代生物的化石沉积而来,其化学成分为碳氢化合物或其衍生物,包括有煤炭类、石油、油页岩、天然气、油砂以及深海的可燃冰等。化石燃料不完全燃烧后,都会散发出有毒的气体,却是人类必不可少的燃料。清洁能源是指在生产和使用过程、不产生有害物质排放的能源。可再生的、消耗后可得到恢复或非再生的(风能、水能、天然气等)及经洁净技术处理过的能源(洁净煤、油等)。

(二)能源的利用过程

能源是人类社会发展的基石,是世界经济增长的动力。人类对能源的利用大致依次经历了以下 4 个主要阶段:

(1)薪柴阶段 无论是在西方古希腊神话的普罗米修斯盗火的传奇,还是东方燧人氏钻木取火的传说,火的发现和利用是人类第一次支配了一种自然力量,对人类生产力和社会的进步起到了极大的作用。火资源的使用增加了人的食物来源,扩大了人类活动的范围。促进不同部落的交流,人类社会的发展。特别是在增强原始人类体质。使食物变的跟容易消化,大大减少了肠道疾病的发生。火的出现在制造铁器、陶器等生产和生活用品方面起了重大作用。

从原始社会直到 18 世纪的漫长的历史年代中,草木作为燃料一直是最主要的能源。虽然当时已有畜力、风力、水力等"新能源"的发现和利用,但还是小规模的。人们把这个漫长的能源发展的历史阶段称为柴草时期或薪柴时期。这个阶段人类可利用的能源种类贫乏,所用能源的方法也是原始落后的,生产力发展水平也很低。

(2)煤炭时期 随着生产的发展和人口的增长,人们消耗的木材越来越多,木材资源日益紧张,特别是许多缺乏森林资源的地区,人们开始努力去发现和寻找新的能源。经过漫长的找寻,终于发现了一种能燃烧的矿石——煤,并开始把它用做能源。

1765 年瓦特发明了蒸汽机,煤炭逐渐成为人类生产生活的主要能源,并由此拉开了一轮浩浩荡荡的工业革命,始于英国机械创新的第一次工业革命,也带动了煤炭开采和利用的爆发式增长。16 世纪末到 17 世纪后期,英国的采矿业,特别是煤矿,已发展到相当规模,单靠人力、畜力难以满足排除矿井地下水的要求,蒸汽机应用到矿山开采业,降低了人类的劳动强度,并且可以昼夜不停、连续开采;蒸汽机应用到金属冶炼上,大型鼓风机开始使用,煤炭成为冶炼的主要燃料;蒸汽机应用到机械制造上,可以制造出更复杂、更精密的工具。伴随着蒸汽机在工业生产领域的广泛使用,近代煤炭工业开始在世界范围内广泛建立起来，煤炭被誉为"黑色的金子""工业的食粮"，成为 18 世纪以来人类使用的主要能源之一。1861 年英国的煤炭年产量已经超过五千万吨。煤炭在世界一次能源消费结构中占 24%，至 1920 年则上升为 62%，这标志着世界能源进入了"煤炭时代"。20 世纪 30 年代以后，随着发电机、汽轮机制造技术的完善，输变电技术的改进，特别是电力系统的出现以及社会电气化对电能的需求，火力发电进入大发展的时期。煤炭在世界能源中占据主导地位，并一直保持到 20 世纪 60 年代。

（3）石油时期　随着科技与经济的发展，石油在一次能源结构中的比例开始不断增加，并于 20 世纪 60 年代末超过煤炭，成为世界经济和各国工业发展需求最大的能源。如果说钢铁是近代工业经济的筋骨，那么石油就是近代工业经济的血液。人类正式进入石油时代是在 1967 年，这一年石油在一次能源消费结构中的比例达到 40.4%，而煤炭所占比例下降到 38.8%。

石油需求的增长和石油贸易的扩大起因于石油在工业生产中的大规模使用。第一次世界大战以前，石油主要被用于照明，主要产油国美国和俄罗斯同时也是主要的消费国。在一战中，石油的战略价值已初步显现出来，由于石油燃烧效能高，轻便，对于军队战斗力的提高具有重大战略意义。但是由于化石能源带来的环境问题越来越严重，不得不去寻找清洁的新能源。

（4）多元化新能源时期　随着社会突飞猛进的发展，能源需求量迅速增加。世界上的常规能源如煤、油、天然气将逐渐枯竭和告急。能源污染日趋严重，能源问题成为世界性的危机和挑战。人类开始并被迫深入地研究能源问题和能源开发，以实现第三次能源变革，即以化石能源为主要能源逐步向多元化能源结构过渡，开始了对核能、太阳能、海洋能、生物质能等的开发研究与利用。并从社会、经济、环境等多角度全方位研究开发，增强能源的可持续性，这一变革在相当多的国家和地区已取得了进展和成功。以多种新能源开发并用为标志的这一历史时期才刚刚起步，将持续较长的时期，也将有更多的新能源被人类所认识、开发和利用。

在世界能源系统的转换过程中，煤炭作为承上启下的过渡能源发挥着十分重要的作用。首先，因为相对于石油和天然气资源而言，煤炭资源相对比较丰富。其次，随着洁净煤技术的不断成熟，煤炭利用过程中所产生的环境问题将在一定程度上得到缓解。一些学者预测，在 21 世纪中叶，由于石油和天然气的短缺，煤炭液化生成的合成液体燃料的比例将增加。在替代传统的化石能源的可供选择的能源中，除可再生能源外，核能是人类未来能源的希望。近几年，由于核电站运行的安全性、核废料的处理和核不扩散等因素的影响，核能的发展在欧洲、北美洲国家出现了下降趋势，但核能的发展在亚洲仍然拥有强劲的势头。为了促进核能的发展，许多国家在研究新一代快中子反应堆的同时，又加强了受控核聚变的研究，目前受控核聚变已在实验室取得阶段性成果。世界能源理事会认为，如果核技术在 21 世纪有重大突破，那么到 2100 年核能将占世界一次能源构成的 30%。氢能是替代传统化石能源的理想的清洁高效的二次能源。随着制氢、氢能储运及燃料电池技术的发展，氢能将成为其他新能源和可再生能源的最佳载体替代化石能源。氢能系统由氢的生产、储运和利用 3 部分组成。用太阳能或其他可再生能源制氢，用储氢材料储氢，用氢燃料电池发电，将构成"零排放"可持续利用的氢能系统，可广泛作为分布式电源。未来核能、氢能、可再生能源将逐步发展并最终成为主要能源，电力将成为主要的终端能源。在 21 世纪，世界以化石燃料为主体的能源系统将逐步转变成以可再生能源为主体的能源系统。能源多元化是 21 世纪世界能源发展趋势。

（三）能源开发利用的环境影响

（1）煤炭开发利用对环境的影响　煤炭在开采过程中会造成矿山生态环境的破坏，威胁生物栖息环境。主要包括对地表的破坏、引起岩层的移动、矿井酸性排水、煤矸石堆积、煤层甲烷排放等。煤炭消费过程中产生大量二氧化硫、二氧化碳、氮氧化物、一氧化碳、烟尘和汞等污染物，是造成大气污染和酸雨的主要原因。煤炭消费过程也排放温室气体，造成全球性环境问题。

（2）石油和天然气勘探开采和加工利用对环境的影响　油田勘探开采过程中的井喷事故、采油废水、钻井废水、洗井废水、处理人工注水产生的污水排放；气田开采过程中产生的地层水，含有硫、卤素以及锂、钾、溴、铯等元素，其主要危害是使土壤盐渍化；油气田开采过程中的硫化氢排放；炼油废水、废气（含二氧化硫、硫化氢、氮氧化物、烃类、一氧化碳和颗粒物）、废渣（催化剂、吸附剂反应后产物）排放；海上采油影响海洋生态系统，石油因井喷、漏油、海上采油平台倾覆、油轮事故和战争破坏等原因泄入海洋，对海洋生态系统产生严重影响；石油和天然气产品在使用过程中产生的污染性物质对环境产生不利的影响，如在交通运输业，机动车尾气排放一氧化碳、碳氢化合物、氮氧化物、铅等污染物等造成大气污染。

（3）水电开发对环境的不利影响　水电是一种相对清洁的能源，但其对生态环境仍有多方面的不利影响，主要表现在：截流造成污染物质扩散能力减弱，水体自净能力受影响；淹没土地、地面设施和古迹，影响自然景观，尤其是风景区；泥沙淤积使上游河道截面缩小，河床抬高，下游河岸被冲刷，引起河道变化；改变地下水的流量和方向，使下游地下水位升高，造成土壤盐碱化，甚至形成沼泽，导致环境卫生条件恶化而引起疾病流行；建设过程采挖石料和填土，破坏自然环境；泄洪道变流装置的安装，对鱼类等水生生物的破坏，截流阻断鱼类洄游等；改变河流水深、水温、流速及库区小气候，对库区水生和陆生生物产生不利影响；可能会诱发地震；小水电站还会向生物圈排放一些温室气体，尤其是由于水库中生物质的腐烂而产生的甲烷等。

（4）核能开发利用对环境的影响　核能对环境的影响主要来自 3 个方面：核燃料生产、辐射后燃料的处理和核安全事故。由于人类无论何时何地都处于各种来源的天然放射性辐射之中，通常燃料生产过程的放射性污染较轻。核设施泄露造成的安全事故对环境影响很大，须予以充分注意。

（5）可再生能源开发利用对环境影响的影响　可再生能源开发利用整体上较传统化石能源来说，更加清洁安全，但是开发利用可再生能源仍然会带来一些环境问题。如风能开发中，风机会产生噪声和电磁干扰，并对景观和鸟类产生负面影响等。太阳能开发也会产生不利环境影响，主要是占用土地、影响景观等。此外，制造光伏电池需要高纯度硅，属能源密集产品，本身需要消耗大量能源。含镉光伏电池的有毒物质排放虽然在安全范围之内，但公众仍担心对健康的危害。生物质能利用对环境的不利影响，主要是占用大量土地，可能导致土壤养分损失和侵蚀，生物多样性减少，以及用水量增加，用汽车运输生物质会排放污染物。另外，薪柴和秸秆等生物质能的传统利用方式引起的室内空气污染，对居民健康产生严重危害。地热资源开发利用的环境影响主要是地热水直接排放造成地表水热污染；含有害元素或盐分较高的地热水，污染水源和土壤；地热水中的 CO_2 和 H_2S 等有害气体排放；地热水超采造成地面沉降等。海洋能是洁净的能源，对环境不会产生大的不利影响，但潮汐电站会对海岸线生态环境带来一定影响；波浪能发电装置能起到使海洋平静的消波作用，有利于船舶安全抛锚和减缓海岸受海浪冲刷，但波浪能发电装置给许多水生物提供了栖息场所，促使其繁殖生长，可能会堵塞发电装置；海洋温差发电装置的热交换器采用氨作介质，会污染海洋环境；建在河口的盐差能发电装置，要解决河水中的沉淀物和保护海洋生物的问题。

二、我国能源资源状况

(一)我国能源的资源禀赋

我国地下能源资源具有相对"多煤、少油、贫气"的特点。从油气来说，我国油气产量进入世界前列，但进口量也居世界前列。油气资源相对贫乏不仅表现在储量少还表现在品位相对差，致使其勘探开发成本相当高。在低油价时相当部分的表观"探明经济可采储量"仍无法实现效益开采而成为呆(无效)储量。今后油气的剩余可采储量及新增探明储量的进一步劣质化，将使其开发总体成本趋高成为难以改变的现实，导致可建有效产能的储量严重不足、实际储产比过低的情况更加突出，在此情况下偏低的油气价格对其稳产、增产的制约也会越来越大。2016 年我国煤炭探明可采储量居世界第三位，产量和消费量均居世界第一，分别占世界的 47.7% 和 50.0%。这对中国环境造成巨大的压力。但也应看到其对工业化发展初期中国的经济发展贡献巨大。在其他能源难以保障数量巨大且快速增长的能源需求时，恰是丰富易采的煤炭支持了中国经济的快速增长从而迈出了关键性的第一步，为中国工业化奠定了基础，使我们今天可以在温饱的基础上追求能源的优质化。在煤炭的作用方面，可供我们借鉴的还有若干经济发达而煤炭消费较高的国家。一个有竞争力、有经济效益且安全环保的煤炭开采行业对中国经济至关重要。

我国水力资源丰富，长期重视水电资源的系统开发，水电发电量在 2016 年占全球的 28.9%，居世界首位，占 2017 年全国非化石能源发电装机容量的一半以上。在我国常说的可再生能源中实际上主要指水电，如 2016 年可再生能源占能源的 11.4%，但其中水电就占 8.6%。核电的发展速度也长期居世界之首，2016 年占全球发电量的 8.1%，居第 3 位。特别应指出的是，近年来我国发现了一批大、中型沉积型铀矿并实现了地浸法规模生产，国产铀矿产量和自给率正在快速提高。我国水电、核电的系列技术已臻于成熟而居世界前列，近年在国际市场上引人注目。

中国广袤的大地上有丰厚的风能、太阳能资源，这已为近年其高速发展的事实所说明。但作为农业大国的中国有丰富、多类型的生物质能，其大部分如不能利用反而成为有害废弃物(如大量的秸秆和人畜粪便、垃圾)。全球生物源能的商业利用量已占可再生能源的 19.6%，而我国仅占世界的 0.6%，尚在起步阶段。

(二)我国能源利用面临的主要问题

能源工业作为国民经济的基础，对于社会、经济发展和提高人民生活水平都极为重要。在高速增长的经济环境下，中国能源工业面临经济增长、环境保护、资源节约、资源的合理开发与有效利用等多种压力。资源消耗多，环境污染严重，影响了资源、环境与经济的协调发展，具体表现在如下4个方面：

(1) 资源消耗多　技术水平落后和粗放的经济增长方式使资源消耗多，我国的能源利用率大约只有32%，比发达国家低十多个百分点。火力发电每千瓦时耗煤量、单位国民生产总值的能耗、单位GNP的能源消费量、主要耗能产品的单位能耗等数值均高于发达国家，平均煤炭利用效率比国际平均水平大约低10个百分点。

(2) 环境污染严重　由于能源消耗而引起的环境污染问题相当严重。以燃煤型为主的区域性环境污染，特别是排放SO_2和引发的酸雨，已成为影响许多地区经济社会发展的重要因素。除严重的大气污染外，以煤为主的能源结构还带来严重的地面污染。以井工为主的煤炭井工开采，引起地表塌陷造成农业减产和居民住房损坏。煤矸石积存不仅侵占了大量土地资源，还对土壤、水源及周围环境造成严重污染。煤炭的长途运输，给铁路、公路和水路的沿路带来污染。

(3) 能源消耗结构不合理　目前我国煤炭直接用于燃烧的现象还存在，煤炭直接消费比例居高不下。大量煤炭用于工业和民用直接燃烧，尤其是约40%的煤炭用于工业锅炉、窑炉直接燃烧，这是造成典型大气煤烟污染的主要原因。煤炭占终端能源消费的比例过高。终端消费的能源种类和能源质量对大气污染的影响较大。通过能源结构逐步调整，近年来我国的终端能源消费中煤炭所占比例大幅度下降，但煤炭在中国终端能源消费中依然过高。电力在终端能源消费中的比重大小是衡量一个国家经济发达程度和环境状况的标志，中国电力占终端能源消费的比例仍然较小，与发达国家煤炭主要用于二次加工转换的情况有很大区别。

(4) 能源资源利用技术落后　我国能源终端消费主要集中在工业部门，能源资源利用技术相对落后。以煤炭为例，尽管近几年我国燃煤发电技术水平提高较快，但其他行业的用煤技术和用煤设备较落后现象普遍存在。燃煤设备中尤其以工业锅炉燃煤污染最为严重，在很大程度上造成了煤炭利用的低效率、高能耗。此外，能源资源深加工产品的档次不高，品种也相对较为单一。

三、能源利用管理

(一)我国能源利用的指导方针

全面贯彻党的十九大精神，以习近平新时代中国特色社会主义思想为指导，坚持稳中求进工作总基调，坚持新发展理念，遵循能源安全新战略思想，按照高质量发展的要求，以推进供给侧结构性改革为主线，推动能源发展质量变革、效率变革和动力变革，围绕解决能源发展不平衡不充分问题，着力补短板、强基础、调结构、促改革、惠民生，努力构建清洁低碳、安全高效的能源体系，为经济社会发展和人民美好生活提供坚实的能源保障。

(二)我国能源利用的政策取向

把"清洁低碳、安全高效"的要求落实到能源发展的各领域、全过程，努力建设坚强有力的安全保障体系、清洁低碳的绿色产业体系、赶超跨越的科技创新体系、公平有序的市场运行体系、科学精准的治理调控体系、共享优质的社会服务体系、开放共赢的国际合作体系，全面推进新时代能源高质量发展。

（1）更加注重绿色低碳发展　坚持绿色低碳的战略方向，加快优化能源结构，壮大清洁能源产业，稳步推进可再生能源规模化发展，安全高效发展核电，推进化石能源清洁高效开发利用，提高天然气供应保障能力。坚持节约优先，大力推进能源综合梯级利用，倡导绿色低碳的生产生活方式，推动形成人与自然和谐共生的能源发展新格局。

（2）更加注重提高能源供给体系质量　坚持质量第一、效益优先，深化供给侧结构性改革，大力破除无效供给，优化存量资源配置，扩大优质增量供给。充分发挥质量、能效和环保标准等市场化措施的作用，统筹推进化解过剩产能与发展先进产能，提高有效供给能力，促进供需动态平衡。着力解决清洁能源消纳问题，提高可再生能源发展的质量和效益。

（3）更加注重提高能源系统效率　着力补短板、强弱项，加强天然气产供储销体系和电力系统调峰能力建设，加强需求侧管理，增强需求侧响应能力。优化能源发展布局，统筹发展各类能源，推动能源生产、加工转化、输送储存及消费各个环节协同发展，加强能源系统整体优化，提升能源系统协调性和整体效率。

（4）更加注重依靠创新驱动发展　深入实施创新驱动发展战略，加强应用基础研究，促进科技成果转化，推动互联网、大数据、人工智能与能源深度融合，培育新增长点、形成新动能。深化能源体制改革，加快能源市场体系建设，完善市场监管体制，着力构建市场机制有效、微观主体有活力、宏观调控有度的能源体制，不断增强创新力和竞争力。

（5）更加注重保障和改善民生　坚持把人民对美好生活的向往作为奋斗目标，加快能源民生保障工程建设，深入开展脱贫攻坚，提升能源普遍服务水平，让能源改革发展成果更多更公平地惠及全体人民。按照生态文明建设对能源发展的新要求，努力降低能源生产消费对生态环境的影响，满足人民日益增长的优美生态环境需要。

（6）更加注重深化能源依法治理实践　完善能源法律法规体系，深入推进依法行政。充分发挥能源法治的保障作用，将依法治理作为促进能源发展与改革的基本方式，并贯穿于能源战略规划、政策、标准的制定、实施和监督管理全过程，推进能源治理体系和治理能力现代化。

（三）我国能源利用环境管理的主要措施

1. 加快能源绿色发展，促进人与自然和谐共生

（1）发展清洁能源产业

①统筹优化水电开发利用　坚持生态保护优先，妥善解决移民安置问题，有序推进金沙江、雅砻江、大渡河、黄河上游等水电基地建设，控制中小水电开发。加快雅砻江两河口、大渡河双江口等龙头水库电站建设，积极推进金沙江中游龙盘水电综合枢纽工程前期工作，提高流域梯级水电站调节能力。完善流域综合监测平台建设，加强水电流域综合管理。以四川、云南和周边省区为重点，实施跨流域跨区域的统筹优化调度和水电丰枯调节，有效缓解弃水问题。

②稳妥推进核电发展　落实"核电安全管理提升年"专项行动要求，进一步提升核电安全管理水平，确保在运核电机组安全稳定运行，在建核电工程安全质量可控。在充分论

证评估的基础上，开工建设一批沿海地区先进三代压水堆核电项目。进一步完善核电项目开发管理制度，做好核电厂址资源保护工作。继续推动解决部分地区核电限发问题，促进核电多发满发。继续实施核电科技重大专项，建设核电技术装备试验平台共享体系，加快推进小型堆重大专项立项工作，积极推动核能综合利用。

③稳步发展风电和太阳能发电　强化风电、光伏发电投资监测预警机制，控制弃风、弃光严重地区新建规模，确保风电、光伏发电弃电量和弃电率实现"双降"。有序建设重点风电基地项目，推动分散式风电、低风速风电、海上风电项目建设。积极推进风电平价上网示范项目建设，研究制定风电平价上网路线图。健全市场机制，继续实施和优化完善光伏领跑者计划，启动光伏发电平价上网示范和实证平台建设工作。稳步推进太阳能热发电示范项目建设。

④积极发展生物质能等新能源　因地制宜，积极推广生物质能、地热能供暖。推进城镇生活垃圾、农村林业废弃物、工业有机废水等城乡废弃物能源化利用。加强垃圾焚烧发电项目运行及污染物排放监测，定期公布监测报告。开展垃圾焚烧发电领跑者示范项目建设，推动垃圾焚烧发电清洁绿色发展。组织开展海洋能调查研究，适时启动示范项目建设。

⑤有序推进天然气利用　推动建立天然气产供储销体系，加快国内天然气增储上产，全力推进天然气基础设施互联互通，完善天然气储备调峰体系。有序发展天然气分布式能源和天然气调峰电站。以京津冀及周边地区、长三角、珠三角、东北地区为重点，按照统筹规划、循序渐进、量力而为、以气定改的原则推进"煤改气"工程。稳步推进天然气车船发展和加气（注）站建设。加快推动天然气价格改革，推广天然气用户与气源方直接交易，消除或减少工业用户和民用用户在输配价格和终端气价上的交叉补贴，降低天然气综合使用成本，落实天然气接收和储运设施公平开放。

（2）加快传统能源清洁高效开发利用

①推进煤炭绿色高效开发利用　在煤矿设计、建设、生产等环节，严格执行环保标准，因地制宜推广充填开采、保水开采、煤与瓦斯共采等绿色开采技术，大力发展煤炭洗选加工和矿区循环经济。继续安排中央预算内投资支持煤矿安全改造和重大灾害治理示范工程建设，总结推广重大灾害治理示范矿井技术成果和管理经验。强化商品煤质量监管。开展煤炭深加工产业升级示范，深入推进低阶煤分质利用技术示范。大力推广成熟先进节能减排技术应用，加快西部地区煤电机组超低排放改造，中部地区具备条件的煤电机组基本完成超低排放改造，促进煤电清洁高效发展。

②持续推进油品质量升级　重点做好京津冀及周边地区"2＋26"城市国六标准车用汽柴油、船用低硫燃油，以及全国硫含量不大10ppm普通柴油的供应保障工作。加快淘汰炼油行业落后产能，提高炼厂能效，研究实施炼油行业能效领跑者计划。编制实施全国生物燃料乙醇产业布局方案，扩大生物燃料乙醇生产，推广使用车用乙醇汽油，提高交通运输燃料中非化石能源比重。完善成品油市场监管体系，加大油品质量专项抽查力度，依法严厉查处违法违规行为，营造公平竞争的市场环境，确保油品质量升级取得实效。

（3）推动能源绿色消费

①大力推进能源资源节约利用　深入实施能源消费总量和强度"双控"，推动重点用

能单位建立健全能源管理体系，加大节能力度和考核，抑制不合理能源消费，推行"合同能源管理"、能效领跑者制度，推广先进节能技术装备，提高能源转化利用效率，完善能源计量体系，促进能源行业节能和能效水平提升。倡导绿色生活方式，从源头减少不合理能源消费，使节约用能成为全社会的自觉行动。

②提升终端能源消费清洁化水平 实施煤炭终端消费减量替代，严格控制大气污染重点防治地区煤炭消费，提高清洁取暖比重，积极稳妥实施"煤改电""煤改气"工程，提升高品质清洁油品利用率。积极开展电能替代，推进长春、吉林、四平、白城和松原5个城市电能替代试点。统一电动汽车充电设施标准，优化电动汽车充电设施建设布局，建设适度超前、车桩相随、智能高效的充电基础设施体系。推广靠港船舶使用岸电，全面启动水运领域电能替代。

2. 加强能源行业管理，提升能源行业治理水平

（1）推进能源法治建设 积极推动《能源法》《电力法》《可再生能源法》《煤炭法》《石油天然气法》《石油天然气管道保护法》《国家石油储备条例》《海洋石油天然气管道保护条例》《核电管理条例》《能源监管条例》等法律法规的制定和修订工作，健全适应生态文明建设和能源转型变革要求的法律法规制度体系。清理废除妨碍统一市场和公平竞争的能源法律、法规、规章和规范性文件，加强能源改革与立法的有效衔接。加强政策文件的合法性审核、公平竞争审查，确保出台的规章规范性文件与相关法律法规、改革方向协调一致。完善能源系统普法工作机制，创新能源普法方式，提高能源领域法治意识。加强能源行业依法行政，严格规范公正文明执法，依法做好行政复议和行政应诉工作。规范能源重大事项决策机制，健全资金使用、行政处罚、资质许可等事项决策程序，进一步推进能源决策科学化、民主化、法治化。

（2）强化能源战略规划实施 加强能源统计分析和发展形势研究与判断，推动能源大数据平台建设，探索建立规划实施信息采集和共享机制。组织开展"十三五"能源规划实施中期评估和调整工作，建立和完善能源规划实施监测和评估机制，全面评估规划主要目标、重点任务、重大工程的落实情况，并做好规划中期调整，完善相关政策和措施，推动规划有效实施。

（3）加强能源生产建设安全管理 贯彻落实《中共中央 国务院关于推进安全生产领域改革发展的意见》和《国家发展改革委国家能源局关于推进电力安全生产领域改革发展的实施意见》，牢固树立安全发展理念，进一步理顺体制、厘清职责，大力提升能源安全生产整体水平。坚持问题导向，把握监管定位，压实企业安全生产主体责任，依法履行行业安全监管责任，落实地方安全生产管理责任。全面构建安全风险分级管控和隐患排查治理双重预防机制，防范大面积停电系统性风险，坚决遏制重特大人身伤亡事故以及水电站大坝溃坝、垮坝等事故，加强油气管道保护工作，全面推行管道完整性管理。以技术进步和精细化管理实现监管手段创新，持续加大监管执法和问责力度，不断推进本质安全建设，营造良好安全文化氛围，保持安全生产形势持续稳定。

第七节　海洋资源管理

一、海洋资源概述

(一)概念与特征

海洋资源是指在海洋内外应力作用下形成并分布在海洋地理区域内，在现在和能预见的将来可供人类开发利用并产生经济价值的物质、能量和空间。

狭义的海洋资源：包括传统的海洋生物资源、溶解在海水中的化学元素和淡水、海水中所蕴藏的能量以及海底的矿产资源等，这些都是与海水水体本身有着直接关系的物质和能量。广义的海洋资源：除了上述的能量和物质外，还把港湾、海洋交通运输航线、水产资源的加工、海洋上空的风、海底地热、海洋旅游景观、海洋里的空间以及海洋的纳污能力都视为海洋资源。海洋资源具有自然特性与经济特性。

1. 海洋资源的自然特性

是海洋资源自然属性的反映，是海洋资源所固有的，与人类对海洋开发利用与否没有必然的联系。海洋资源的自然特性有以下4个方面：

(1)海洋水体流动性　海洋中的海水，不是静止不动的，而是无时无刻不在做水平的或者是垂直方向的移动。因此在海洋资源中，除了海底矿产、岛礁等少数资源不移动外，其余的均随着海水的移动而在海洋中自由地移动。这种海洋水体的流动性，则造成海洋资源的公有性，任何一个地区或一个国家均不易独占海洋资源。这一特性就要求我们采取先进的科学技术，在维持海洋资源再生的良性平衡的基础上，尽可能地获取海洋资源。

(2)海洋空间立体性　海洋从其表面开始，往下可以深到数千米，这一特点决定了在海洋的不同深度都可以分布有海洋资源。这也要求我们在海洋开发时可以立体布局海洋产业，而不要模式单一，造成海洋资源与空间的浪费。

(3)海域质量差异性　虽然海洋水体是流动的，在很大程度上将不同海域的水体进行了交融，但是也由于海域自身的条件(如地质、地貌、距岸远近程度等)以及相应的气候条件、水文条件的差异，则造成了海洋资源的自然差异性。随着生产力水平的提高和人类对海洋利用范围的扩大，这种差异会逐步扩大。海洋资源的自然差异性是海洋级差生产力的基础，要求我们因地制宜地合理利用海洋资源，以取得海洋利用的最佳综合效益。

(4)使用功能永久性　任何生产资料都会在使用中逐渐磨损，直至废弃，而海洋资源作为一种生产要素，只要合理使用，就可以做到海洋的永续利用。这一特性，要求人们必须合理利用和保护海洋及其所含的海洋资源。

2. 海洋资源的经济特性

是以海洋资源的自然特性为基础，在人类开发利用海洋中逐渐产生的，海洋资源的经济特性主要包括以下4个方面：

(1)供给的稀缺性　在人类大规模进军海洋之前，当时无所谓海洋资源供给的稀缺性。而当人类大规模开发利用海洋之后，对海洋资源的需求不断扩大，因而产生了海洋资源供给的稀缺性。在当今，由于人类的科学技术尚未达到将海洋全部利用或大部分利用起来的程度。因此这种稀缺性并不表现在海洋资源供给总量与海洋资源需求总量的矛盾上，而是表现在某些海区资源(如海岸带)和某种用途资源(如养殖水域)的特别稀缺上。由于海洋稀缺性日益增强，导致一系列海洋经济问题的产生。海洋供给稀缺是引起海洋所有权垄断和海洋经营权垄断的基本前提。

(2)利用方向变更的困难性　海洋资源有多种用途，如可建码头，可以养殖等。但当其一经投入某项用途之后，欲改变其利用方向，一般说是比较困难的。因为海洋项目相对于陆地项目来说，一般投资均较巨大，如果变更其利用方向，往往会造成巨大的经济损失。再者，有的项目一旦变更利用方向，在海里并不能将其遗留的废弃物全部清除，而会对海区造成不可消除的影响，甚至导致整个海区的荒废。海洋资源利用的多重经济特性，要求在确定海洋利用方向时，一定要进行充分的调查勘探，做出长期周密的整体布局规划，而不能轻率地变更海洋资源用途。

(3)报酬递减的可能性　在海洋开发中，如果技术水平保持不变，当投入超过一定限度时，就会产生报酬递减的后果。如在虾池中养虾，在一定的技术条件下，如果在放苗量和饵料等环节投入资金较大，并不一定能出现高投入、高产出的结果；相反，高投入、低产出的现象却并不少见。这就要求在海洋资源开发中要充分运用技术经济学的原理，寻找出在一定技术、经济条件下投资的平衡点和适合度，确定适当的投资结构，并不断改进技术、创新技术，以提高海洋资源利用的经济效果。

(4)利用后果的社会性　海洋面积不仅非常广阔，它与陆地的区别还在于陆地是分割的，位置是相对固定的，而海洋则是一体的，相互流动的。这一点决定了海洋经济与陆地经济的一个明显差别，即某一陆地地域的经济开发一般不会给不相连的陆地地域带来直接的影响。而海洋经济的发展则不然，由于其一体的构成和流动的形态，某一海洋区域的开发利用，不仅影响本区域内的自然生态环境和经济效益。而且必然影响到邻近海域甚至更大范围内的生态环境和经济效益。当然，这种影响可能是正面的，也可能是负面的。因此，海洋开发、海洋的发展必须实施严格有效的管理，科学周密的规划，保证海洋开发处在一个良性循环的关系中。海洋资源利用后果的巨大社会性，要求任何国家都对所辖海域进行宏观的管理、监督和调控。在海洋利用后果社会性的认识中，尤其是要考虑海洋资源利用的外部效应。

(二)资源类别

(1)按其有无生命划分　分为海洋生物资源和海洋非生物资源。

(2)按其能否再生划分　分为海洋可再生资源和海洋非再生资源。分类体系如图 4-7 所示。

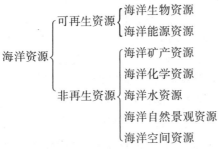

图 4-7　海洋可再生资源与不可再生资源

（3）按其存在形态划分　分为海洋物质资源、海洋能源和海洋空间资源。

（4）按其属性划分　分为海洋水资源、海洋化学资源、生物资源、海底矿产资源、海洋能资源、海洋空间资源和海洋景观资源等。

①海洋水资源　通常是系指海水及海水淡化和海水直接利用等。海水约占地球表面积的71%，具有十分巨大的开发潜力。海水淡化技术研究始于20世纪20年代，40年代进入应用领域，60年代大幅度增长，并逐渐形成规模，70年代中期全球海水淡化装置已可产淡水200万m^3，80年代末期增至1329万m^3。海水直接利用主要包括：利用海水代替淡水做工业用水；滨海城市的生活用水，如冲厕、冲道路、消防用水等。

②海洋化学资源　海水化学资源是指海水中所含具有经济价值的化学物质。作为地球上最大的连续矿体的海洋水体，其中蕴含着几乎所有的化学元素，它们在海水中的浓度大小不一，但是总量都很可观，因为海水的总量是十分巨大的。这些化学元素，有些已开始被人类所利用，是现时的资源，有些虽暂时未被人类所利用甚至还未被发现，但随着科技的进步和人类对资源的需求，终有一天会被人类发现和开发利用，它们是潜在的资源。现时的海水化学资源主要是海盐以及其他的一些化学元素。海盐资源：海水的高含盐量为人类提供了极其丰富的资源，随着社会经济和科学技术的发展，海盐资源的综合开发利用已处于特别引人注目的地位。海水的主要成分有Na、Mg、Ca、K、Cl和SO_4，这6种成分占海水成分的99.5%以上。通常所说的海盐主要指钠盐、镁盐、钾盐和钙盐，钠盐在海盐中产量最大，主要是氯化钠，其次还有硫酸钠、碳酸氢钠和碳酸钠；镁盐主要是包括氯化镁、氧化镁、硫酸镁、碳酸镁；钾盐主要包括氯化钾、硫酸钾；钙盐主要为碳酸钙、硫酸钙二氯化钠在海水中的含量约为3.5%；海水化学元素：海水中溶存着80多种元素，其中不少元素可以提取利用，具有重要的开发价值。目前海水提溴和提镁在国外已形成产业，海水提钾、碘、铀、重水等尚处于研究阶段。

③海洋生物资源　是指海洋中有生命能自行增殖和不断更新的海洋资源，又称为海洋渔业资源或海洋水产资源。海洋生物主要特点是通过生物个体和种下群（subpopulation）的繁殖、发育、生长和新老替代，使资源不断更新，种群不断获得补充，并通过一定的自我调节能力而达到数量上的相对稳定。在有利条件下，种群数量能迅速扩大；在不利条件下（包括不合理的捕捞），种群数量会急剧下降，资源趋于衰落。包括海洋动物、海洋植物和海洋微生物。海洋生物资源是人类食物的重要来源。近数十年来，人类对水产品的需求增长很快。海洋生物资源还提供了重要的医药原料和工业原料。如海龙、海马、石决明、珍珠粉、龙涎香、鹧鸪菜、羊栖菜、昆布等，很早便是中国的名贵药材。当前，海洋生物药物已在提取蛋白质及氨基酸、维生素、麻醉剂、抗菌素等方面取得进展。

④海底矿产资源　是海滨、浅海、深海、大洋盆地和洋中脊底部的各类矿产资源的总称。目前已经探明的矿产资源分为6大类：石油和天然气：世界石油极限储量约为1万亿t，可采储量海洋资源3000亿t，其中海底石油1350亿t；世界天然气储量255亿～280亿m^3，海洋储量占140亿m^3；煤、铁等固体矿产：世界许多近岸海底已开采煤铁矿藏。日本海底煤矿开采量占其总产量的30%；智利、英国、加拿大、土耳其也有开采。中国大陆架浅海区广泛分布有铜、煤、硫、磷、石灰石等矿产；海滨砂矿：海滨沉积物中有许多贵重矿物，如含有发射火箭用的固体燃料钛的金红石，含有火箭或飞机外壳用的铌和微电路用

的钽的独居石，含有核潜艇和核反应堆用的耐高温和耐腐蚀的锆铁矿、锆英石等；多金属结核和富钴锰结核：多金属结核含有锰、铁、镍、钴、铜等几十种元素。世界海洋 3500～6000m 深的洋底储藏的多金属结核约有 3 万亿 t。其中锰的产量可供世界用 18 000 年，镍可用 25 000 年；热液矿藏：是一种含有大量金属的硫化物，海底裂谷喷出的高温岩浆冷却沉积形成，已发现 30 多处矿床。仅美国在加拉帕戈斯裂谷储量就达 2500 万 t，开采价值 39 亿美元；可燃冰：是一种被称为天然气水合物的新型矿物，在低温、高压条件下，由碳氢化合物与水分子组成的冰态固体物质。其能量密度高，杂质少，燃烧后几乎无污染，矿层厚，规模大，分布广，资源丰富。据估计，全球可燃冰的储量是现有石油天然气储量的两倍。在上世纪日本、苏联、美国均已发现大面积的可燃冰分布区。中国也在南海和东海发现了可燃冰。在世界油气资源逐渐枯竭的情况下，可燃冰的发现又为人类带来新的希望。由于人类对两极海域和广大的深海区的调查还很不够，海洋中还有多少海底矿产一时难以知晓。

⑤海洋能资源　通常是指海洋中所蕴藏的可再生的自然能源，主要为潮汐能、波浪能、海流能（潮流能）、海水温差能和海水盐差能。更广义的海洋能源还包括海洋上空的风能、海洋表面的太阳能以及海洋生物质能等。按储存形式又可分为机械能、热能和化学能。其中，潮汐能、海流能和波浪能为机械能，海水温差能为热能，海水盐差能为化学能。海洋能是一种具有巨大能量的可再生能源，而且清洁无污染，但地域性强，能量密度低。

⑥海洋空间资源　是指与海洋开发利用有关的海岸、海上、海中和海底的地理区域的总称。包括海运、海岸工程、海洋工程、临海工业场地、海上机场、海流仓库、重要基地、军事活动、人类居住、海上运动和休闲娱乐等。海面多变的气象及海水运动；海底黑暗、高压、低温和缺氧；海水的强腐蚀性；海冰的强破坏性等，使得海洋空间资源开发具有艰巨性、资金投入高、技术难度大和风险大等特点。

⑦海洋景观资源　是指海洋旅游资源中来自大自然的部分。从海洋景观资源开发的空间可以分为海滨景观资源、海面景观资源和海底景观资源。海滨是陆海交界地，也是目前被最广泛用于旅游的海洋景观资源。海滨地貌种类繁多，有沙滩、泥滩、砾石滩、海蚀岸、海岸山脉等，以这些形态各异的海滨地貌为依托，结合海水主体、海洋气候、人类活动遗迹等，形成了众多可用于旅游的海滨景观资源；海面景观资源是指海水与空气相接触的平面附近空间可用于旅游的资源。由于海平面本身没有特别的观赏性，因此海面景观资源主要是应用于体验式旅游；海底景观资源由于其资源所处位置的特殊，使得其既具有观赏性，又具有体验性。观赏性是指海水下方的奇特景色，如各式各类的海鱼、千姿百态的海藻、婀娜多姿的珊瑚等，它们构成了色彩斑斓的海底世界，本身就具有很强的观赏价值；体验性则表现为海底本身不是人类能够正常生存的区域，如果能够借助某种工具进入到这种环境，体验一下鱼类的感觉，能够给人带来绝无仅有的感受。观赏性和体验性共同构成了海底景观资源的特有价值。

（三）资源开发利用

海洋开发利用，又称海洋资源开发利用，是指应用海洋科学和相关工程技术，开发利用各种海洋资源的活动。主要包括海洋物资资源开发、海洋空间利用、海洋能利用。按地域，分岸滩、海岸、近海和深海的开发利用。

人类对海洋资源的利用大体上可以分成 3 个阶段：第一阶段为岸边低水平开发阶段，以传统的兴渔盐之利为特征，主要是指传统的捕捞和海水晒盐等技术水平低利用，主导产业为第一产业；第二阶段为从传统产业向新兴产业迈进开发阶段，随着近代造船技术的进步，建立在对海洋资源进行广泛调查以后的海洋资源利用广度和深度加大的基础上，发展外海和远洋捕鱼、海水养殖和水产品加工、海水直接利用和盐化工、海洋石油和天然气开采、潮汐发电、航运业和滨海旅游业与新兴农业等，这一阶段以劳动密集为主要特色；第三阶段是全面大开发阶段，这一阶段以先进发达国家为代表，出现了许多的新兴产业，以技术、资金密集为显著特色。

海洋资源开发利用具有利弊两重性，科学合理利用海洋资源有利于人类社会经济发展，过度开发和不合理利用海洋资源必将产生不利的影响，主要体现在以下 4 个方面：

(1)海洋变动将对地球的气候与环境产生影响　地球气候是人类和一切生命生存的重要条件，海洋占地球表面积三分之二，储存着大量的热量、水、CO 等，海气相互作用可对地球气候产生巨大的影响，海洋调节着全球的气温、降水等。海洋变动有时也会造成自然灾害，如产生厄尔尼诺——拉尼娜等气候异常现象。

(2)海洋环境污染对人类生存构成威胁　海洋是人类生命支持系统的关键组成部分，人类的生存发展需要健康的海洋。海洋污染影响着海洋的生态系统，最终威胁到人类的生存。各类污染物(工业废水与废渣、生活污水、船舶排污、海底油气泄漏，以及倾废和疏浚物排放等)进入海洋，在海洋中迁移、转化，一直埋入到海底沉积物。

(3)过度开发海洋生物资源造成渔业资源破坏　渔业捕捞过度造成渔获量急剧下降、渔业资源的破坏、生物多样性减少及海洋珍稀物种濒临绝灭，严重影响海洋资源的可持续利用和海洋生态系统的平衡。高密度浅海养殖造成近海海域环境污染，赤潮频发等。

(4)海洋工程严重影响海洋生态系统　海洋工程特别是海底(矿产)资源开发严重地影响着海洋生态环境。不合理的大量开采海砂将破坏海岸环境，造成海水入侵、海岸侵蚀与后退等后果，严重影响其他海洋产业的发展。不科学开采天然气水合物将造成水合物分解释气，增加大气中的甲烷气含量，当前温室气体甲烷以每年 0.9% 的速率进入大气，它的温室效应是二氧化碳的 20 倍，从而加剧全球气候的变暖效应，使海平面上升；水合物释气会诱发海底滑坡、崩塌和浑浊流，破坏海底各种工程设施，造成灾难。

海洋资源的开发利用过程，应该充分认识其对人类生存环境可能带来的危害，科学、全面地进行策划，防范于未然，最大限度地造福于人类。

二、我国海洋资源状况

(一) 我国的海洋资源

我国的蓝色国土面积约 300 万 km^2，海岸线长逾 18 000km，相当于我国陆地面积的 1/3，面积大于 $500m^2$ 以上的岛屿 5000 多个，属于海洋大国。中国海域蕴藏着丰富的海洋资源，主要包括：

1. 沿海滩涂和浅海资源

我国沿海滩涂资源丰富，总面积为 2.17 万 km^2，由于我国沿海入海河流每年带入的泥沙量为 17 亿 ~ 26 亿 t, 平均约 20 亿 t。它们在沿岸沉积形成滩涂, 每年淤涨的滩涂总面积约 40 万亩, 使我国滩涂资源不断增加。滩涂资源主要分布在平原海岸, 渤海占 31.3%, 黄海占 26.8%, 东海占 25.6%, 南海占 16.3%。

浅海资源陆架宽广也很丰富。0 ~ 15m 水深的浅海面积为 123 800km², 占近海总面积的 2.6%。按海区分, 渤海为 31 120km²; 黄海为 30 330km²; 东海为 38 980km²; 南海为 23330km²。滩涂和浅海是我国发展种、养殖业的重要基地。

2. 港址资源

我国港址资源丰富的原因基于我国大陆有基岩海岸逾 5000km, 占全国大陆岸线总长的 1/4 以上。这类海岸线曲折、岬湾相间, 深入陆地港湾众多。它们的特征是岸滩狭窄, 坡度陡, 水深大, 许多岸段 5 ~ 10m 等深线逼近岸边, 可选为大中型港址。淤泥质海岸逾 4000km, 其中大河口岸段常有一些受掩护的深水岸段和较稳定的深水河槽, 可建大中型港口。砂砾质海岸呈零星分布, 岸滩组成以砂、砾为主, 岸滩较窄、坡度较陡, 堆积地貌发育类型多, 常伴有沿岸沙坝、潮汐通道和潟湖, 有一定水深和掩护条件, 可建中小型港口。

我国沿岸有 160 多个大于 10km² 的海湾, 10 多个大、中河口, 深水岸段总长逾 400km。绝大多数地区常年不冻。除邻近河口外, 大部岸段无泥沙淤积或很少, 基本具备良好的港址环境条件。目前, 可供选择建设中级泊位以上的港址有 164 处。

3. 海岛资源

海岛是联结陆地国土和海洋国土的结合部, 它兼备丰富的海、陆资源, 在海洋经济和沿海经济发展中具有重要的作用。

据不完全统计(台湾省、香港和澳门所属岛屿暂未列入), 我国共有面积大于 500m² 的岛屿 5000 多个, 总面积为 8 万 km², 约占全国陆地总面积的 0.8%, 其中有人居住的岛屿 400 多个, 共有人口约 500 万。我国海岛分布很不均匀。东海岛屿最多, 约占全国岛屿总数的 58%; 南海次之, 约占 28%; 黄海、渤海最少, 约占 14%。

4. 海洋生物资源

中国近海海洋生物种繁多, 达 20 278 种。海洋生物种类以暖温性种类为主, 其次有暖水性和冷温性及少数冷水性种类。由于黄、东、南海的外缘为岛链所环绕, 属半封闭性海域, 故海洋生物种类具有半封闭性和地域性特点, 多为地方性种类, 还有少数土著种和特有种, 而世界广布种较少。海洋植物主要为藻类, 另有少量种子植物。海洋动物种类颇多, 几乎从低等的原生动物到高等的哺乳动物的各个门、纲类动物都有代表性种类分布。

中国海域被确认的浮游藻类 1500 多种, 固着性藻类 320 多种。海洋动物共有 12500 多种, 其中, 无脊椎动物 9000 多种, 脊椎动物 3200 多种。无脊椎动物中有浮游动物 1000 多种, 软体动物 2500 多种, 甲壳类约 2900 种, 环节动物近 900 种。脊椎动物中以鱼类为主, 约近 3000 种, 包括软骨鱼 200 多种, 硬骨鱼 2700 余种。

5. 海洋油气资源

我国近海大陆架石油资源量约为 240 余亿 t, 天然气资源量约为 13 万亿 m³。据有关部门初步估计, 我国近海各海区的油气资源量为: 渤海石油资源量约为 40 亿 t; 天然气资源量约为 1 万亿 m^3；东海石油资源量约为 50 余亿 t；天然气资源量约为 2 万亿 m^3；南黄海石油资源量约为 5 亿 t；天然气资源量约为 600 亿 m^3；南海（不包括台湾西南部、东沙群岛南部和西部、中沙和南沙群南海域）石油资源量约为 150 亿 t；天然气资源量约为 10 万亿 m^3。

6. 滨海砂矿资源

我国滨海砂矿的种类达 60 种以上，世界滨海砂矿的种类几乎在我国均有蕴藏。主要有钛铁矿、锆石、金红石、独居石、磷钇矿、磁铁矿、锡石、铬铁矿、铌（钽）铁矿、锐钛矿、石英砂、石榴子石等。我国滨海砂矿类型以海积砂矿为主，其次为海、河混合堆积砂矿，多数矿床以共生形式存在。

我国滨海砂矿探明储量为 15.25 亿 t，其中滨海金属矿为 0.25 亿 t，非金属矿为 15 亿 t。金属矿产储量包括钛铁矿、锆石、金红石、独居石、磷钇矿等。滨海砂矿中的锆石和钛铁矿两种就占滨海金属矿藏总量的 90% 以上。

7. 深海矿产资源

我国多金属结核资源包括中国管辖海域赋存的资源和国际海底享有的资源。

1979—1989 年我国在南海中央海盆和大陆坡调查时发现了海底多金属结核，主要分布在北纬 $14° \sim 21°31'$、东经 $115° \sim 118°$，水深 $2000 \sim 4000m$ 海底。多金属结核直径一般在 $5 \sim 14cm$。多金属结核的富集区面积约 $3200km^2$，位于中沙群岛南部深海盆及东沙群岛东南和南部平缓的陆坡区。由于多金属结核的含矿品位不高，分布不集中，目前还尚未开展详细调查。

国际海底（领海、专属经济区和大陆架以外的深海大洋底部）及其资源是人类的共同继承财产。位于太平洋东北部以克拉里昂—克里帕顿断裂带为边界的海区，是品位和丰度都很高的远景矿区，储量达 150 亿 t。

8. 海水化学资源

海水中含有多种元素，全球海水中含氯化钠达 4 亿亿 t。我国沿海许多地区都有含盐量高的海水资源。南海的西沙、南沙群岛的沿岸水域年平均盐度为 33% ~ 34%。渤海海峡北部、山东半岛东部和南部年平均盐度为 31‰，闽浙沿岸年平均盐度为 28‰~ 32‰。

海水中含有 80 多种元素和多种溶解的矿物质，从海水中提取陆上资源较少的镁、钾、溴等都具有很大潜力。海水中还含有 200 万 t 重水，是核聚变原料和未来的能源。另外，渤海湾、莱州湾、福州湾沿岸的滨海平原还分布着大量高浓度的地下卤水资源，其中莱州湾约 $1567km^2$，卤水总净储量为 74 亿 m^3，含盐量为 6.46 亿 t，含氯化钾为 0.15 亿 t。渤海湾地区仅天津市分布约 $376km^2$，卤水储量达 6.24 亿 m^3，含盐量为 0.27 亿 t。这些卤水资源储藏浅、易开采，是制盐和盐化工的理想原料。

9. 滨海旅游资源

我国沿海地带跨越热带、亚热带、温带 3 个气候带，具备"阳光、沙滩、海水、空气、绿色"5 个旅游资源基本要素，旅游资源种类繁多，数量丰富。据初步调查，我国有海滨旅游景点 1500 多处，滨海沙滩 100 多处，其中最重要的有国务院公布的 16 个国家历史文化名城，25 处国家重点风景名胜区，130 处全国重点文物保护单位以及 5 处国家海岸自然保护区。按资源类型分，共有 273 处主要景点，其中有 45 处海岸景点，15 处最主要的岛屿景点，8 处奇特景点，19 处比较重要的生态景点，5 处海底景点，62 处比较著名的山岳景点，以及 119 处比较有名的人文景点。

10. 海洋能资源

我国海洋能资源经调查和估算，海洋能资源蕴藏量约 4.31 亿 kW。我国大陆沿岸潮汐能资源蕴藏量达 1.1 亿 kW，年发电量可达 2750 亿（kW·h）。波浪能总蕴藏量为 0.23 亿 kW。海洋潮流能主要分布在沿海 92 个水道，可开发的装机容量为 0.183 亿 kW，年发电量约 270 亿（kW·h）。我国海洋温差能按海水垂直温差大于 18℃ 的区域估计，可开发的面积约 3000km^2，可利用的热能资源量约 1.5 亿 kW，主要分布在南海中部海域。我国河口区海水盐差能资源量估计为 1.1 亿 kW。海流能资源量估计约 0.2 亿 kW。

（二）我国海洋资源利用存在的主要问题

1. 法律法规体系有待健全

我国关于海洋的法律文件有很多，如《中华人民共和国海域使用管理法》《中华人民共和国海洋环境保护法》等。但主要的海洋法律文件中关于海洋资源开发与利用的法律法规并不多，严重缺乏。此外，在有关我国海洋资源开发与利用的法律文件中，除了《中华人民共和国渔业法》以及《中华人民共和国矿产资源法》以外，真正以法律形式存在的也并不多，多数文件都是以条例、细则的形式存在，而且这些文件的发布时间大多数是在 1980 年到 1999 年之间，尤其近几年这一领域的法律文件颁布较少，原有文件的更新也较慢，其中的一些条款已经无法适应当今海洋经济发展的需要，不利于我国海洋行政管理以及执法部门对海洋资源利用领域进行有效管理，这是一方面。另一方面也存在海洋管理部门和从事海洋资源开发利用的参与者，对于我国海洋资源开发法律法规理解度不高，出现海洋管理人员不依法执政以及海洋经济参与者盲目开发海洋资源的现象。

2. 海洋生态系统受损和海洋环境污染严重

在海洋生物资源开发与利用中，对海洋生态以及海洋环境产生较大影响的主要表现在过度捕捞以及海洋污染两方面。近年来，随着我国渔船数量的不断增多、捕捞技术的不断更新以及人们追求利益的欲望不断膨胀，渔业存在着严重的过度捕捞现象。过度捕捞使我国海洋中的生物资源急剧减少，不仅违反了可持续发展的原则，也使我国海洋生物多样性以及海洋生态系统遭到破坏。早在 1995 年我国的近海捕捞量就已达 1054.07 万 t，已超过了 800 万 t 的近海捕捞承载上限，在此后的 10 多年中，捕捞量总体仍以上升的趋势发展，存在着严重的过度捕捞问题。近年来，我国的伏季休渔制度不断完善，尤其是 2017 年，被外界评价为自中国休渔制度实施 22 年来的"最严"休渔制度开始施行，使过度捕捞的现象得到缓解，渔业资源量开始回升。

海洋资源开发中带来严重海洋环境污染，主要表现为生产运输导致的石油泄漏、生产生活造成的海水富营养化以及人类生活产生生活垃圾的污染。1998 年胜利油田发生石油钻井倒塌漏油事故，事故造成的经济损失多达 1150.18 万元；2003 年东营市胜利油田 106 段发生漏油事故，流入海洋的石油量超过 150t，造成的经济损失近 1600 万元；2010 年辽宁大连湾的一条输油管道由于运行失误而突发爆炸，导致 1500t 石油溢出并引起巨大火灾，事故造成约 50km^2 海域遭受污染；2011 年中海油渤海湾漏油事故是最近的一次影响较大的海上石油污染事故，在这起事故中，康菲石油虽然支付了赔偿金，但是对于海洋环境造成的损失是无法估量的。

3. 海洋管理体制有待完善

我国是海洋大国，进行有效的海洋管理是合理发展海洋经济、合理利用海洋资源的有力保证，海洋管理部门的各项工作，都关系到海洋经济发展。目前我国海洋资源管理体制有待完善。中国海监、中国海事、中国渔政、中国海警和中国海关5支主要的海洋执法队伍，分别隶属不同的部门，其主要职能见表4-4所示。

表4-4　主要海洋执法部门涉及的部分海洋管理职能

"五龙"职能	中国海监	中国海事	中国渔政	中国海警	中国海关
海上环境保护	√	√	√	√	
海上权益维护	√		√	√	
船舶检查		√	√	√	
海上走私缉拿				√	√
沿海口岸管理	√				√
渔场海域使用	√		√		
海上治安	√			√	
海域巡航	√		√	√	√

这些部门的有些职能相互重叠和交叉，有些职能平行或缺失，影响了海洋管理效果。除上述主要海洋部门之外，还有十余个部门的管理职能涉及海洋管理，这些部门及职能见表4-5所列。

表4-5　其他涉海部门及海洋管理职能

部门	涉海职能	部门	涉海职能
国土资源部	海岛岛屿管理	发改委	海洋建设项目
公安部	海上急救	气象局	海上气象及台风预防
环境保护部	海洋环境的保护	质检总局	保护渔业生产安全
国姿委	主管海盐	安监总局	海洋石油生产安全
卫生部	涉水(海)产品安全	林业局	珍贵海洋生物保护

涉海管理部门的多样性及职能的分散性很容易造成海洋行政管理部门之间因协调问题而导致管理效率降低，给我国海洋资源管理带来阻碍。

三、海洋资源利用管理

海洋资源利用管理是以海洋资源的可持续利用为目的，通过行政、法律、经济、技术、教育等手段，对一切从事海洋资源开发利用的活动进行规划、组织、指导、协调和监督的过程。我国海洋资源利用管理遵循的主要原则包括：国有原则；统一规划、因地制宜、合理布局原则；综合利用原则；生态效益原则；开发与保护并重原则和有偿使用原则。

（一）基于生态系统的海洋资源利用管理

中国共产党十九大提出了加快生态文明体制改革，建设美丽中国的宏伟目标，这必将对中国的海洋管理产生重大而深远的影响。与此同时，沿海经济社会发展给海洋管理提出了新挑战，人民群众对海洋资源环境保护提出了新期盼。为了顺应新的形势，新时代海洋管理应进一步深入推进基于生态系统的海洋综合管理体系，统筹海洋开发与保护。这也是当代世界范围内海洋管理理论、制度、实践发展的必然趋势，其核心目标就是实现"人海和谐"，根本要求是遵循海洋生态系统内在规律，保持生态系统动态平衡和服务功能，基本方法是综合运用法制、行政、监测评价等多种手段，将"生态＋"思想贯穿于海洋管理各方面，实现海洋资源环境的永续利用。主要措施如下：

(1)树立人海和谐的海洋生态价值观体系　进一步树立地球生命来源于海洋、依存于海洋的科学理念，推动社会公众认识到保护海洋就是保护地球生命和人类未来，以绿色发展方式和生活方式善待海洋，积极维护海洋生态健康。

(2)构建现代化海洋经济体系　调整海洋经济结构和能源结构，推进海洋资源全面节约和循环利用，实现生产系统和生活系统循环链接。坚持陆海统筹整体优化，推动海洋产业生态化和海洋生态产业化，积极扶植海洋绿色新兴产业，重点发展绿色、循环、低碳的海洋生态产业。积极落实供给侧结构性改革，提高涉海产业环境准入门槛，实现海洋资源节约和环境友好的绿色发展，提供更多优质海洋生态产品以满足人民日益增长的优美生态环境需要。

(3)完善基于生态系统的海洋综合管理规划体系　以《全国海洋主体功能区规划》为基本依据，科学划定实施海洋空间规划，调整区域海洋产业布局，加快形成有利于海洋生态保护的空间格局、产业结构、生产方式、生活方式，给海洋生态留下休养生息的时间和空间。同时，把生态指标作为必备要素，全面纳入海洋事业发展综合规划与海洋经济、海域使用、海岛保护、海洋科技等各专项规划。

(4)建立基于生态系统的海洋综合管理制度体系　建立健全海洋生态红线、围填海管控及自然岸线保护、入海污染许可证、近岸海域水质考核、海洋工程项目区域限批、海洋生态补偿和生态损害赔偿、海洋资源环境承载力监测预警、海域海岛有偿使用与市场化配置等制度规范，切实把保护海洋生态环境的理念全面体现于海洋法制之中。要用最严格制度最严密法治保护海洋生态环境，加快制度创新，强化制度执行，让制度成为刚性的约束和不可触碰的高压线。要把海洋生态环境风险纳入常态化管理，系统构建全过程、多层级海洋生态环境风险防范体系。

(5)构建基于生态系统的海洋综合管理监督评价体系　研究制定海洋生态文明综合评价指标，完善以海洋生态环境质量为核心的目标责任体系，开展自然岸线保有率、无居民海岛价值评估、海域资源资产分类评价，建立实施海洋督察制度，探索建立海洋自然资源资产负债表，将其作为沿海各级政府绩效考核内容的优先项，并与审计、责任追究、奖惩激励等机制挂钩联动，对损害海洋生态环境的领导干部终身追责。

(6)建立基于生态系统的海洋综合管理试点示范体系　坚持试点示范先行，积极推进海洋生态文明建设示范区、海洋综合管理示范区、海岛生态实验基地建设，健全完善海洋保护区网络，保护海洋生物多性，推动实施蓝色碳汇行动。

(7)推进海洋生态环境治理修复体系　加强海湾综合整治，推进滨海湿地修复，加快海岸线整治修复，持续建设生态岛礁，同时强化陆海污染联防联治，加快推进污染物排海总量控制，加强入海河流和排污口监管，防控海上污染，提升海洋环境监测评价和灾害预警能力。

（8）推动基于生态系统的海洋科技创新体系　既要力争在深水、绿色、安全的海洋高技术领域取得突破，又要发挥海洋高新技术在生态管海中的支撑作用。加大重大海洋生态环境保护修复项目科技攻关，对涉及沿海地区经济社会发展的重大海洋生态环境问题开展对策性研究。

（9）健全海洋管理统筹协调与公众参与体系　推动建立国家监督、地方落实、企业履责、公众参与的海洋管理机制，实现多方共管、协同共治、责任共担。充分运用市场化手段，采取多种方式支持政府和社会资本合作开展海洋生态保护修复项目。建立健全区域协同机制，实现跨部门、跨区域的协同决策，营造全社会关心和支持海洋管理的良好氛围。

（10）深度参与全球海洋环境治理体系　针对各类跨国境、跨区域和国家管辖海域以外的海洋生态环境问题，积极开展国际合作，为全球海洋环境治理提供中国经验和中国方案。努力推动和引导建立公平合理、合作共赢的全球海洋治理体系，推动构建人类命运共同体。

（二）海洋自然保护区管理

海洋自然保护区是指以海洋自然环境和资源保护为目的，依法把包括保护对象在内的一定面积的海岸、河口、岛屿、湿地或海域划分出来，进行特殊保护和管理的区域。加强海洋自然保护区建设是保护海洋生物多样性和保护海洋生态环境最有效途径之一。

1989 年初，沿海地方海洋管理部门及有关单位，在国家海洋局统一组织下，进行调研、选点和建区论证工作，确立了昌黎黄金海岸、山口红树林生态、大洲岛海洋生态、三亚珊瑚礁、南麂列岛五处作为首批海洋自然保护区。目前我国国家级自然保护区已达 33 处，主要分布在辽宁、河北、天津、山东、江苏、上海、浙江、福建、广东、广西和海南 11 个省（自治区、直辖市），国家级海洋自然保护区见表 4-6。

表 4-6　国家级海洋自然保护区名录

序号	保护区名称	面积（hm²）	所在地区	保护资源类型
1	丹东鸭绿江口滨海湿地国家级自然保护区	101 000.00	辽宁东港	沿海滩涂、湿地生态环境及水禽、候鸟
2	辽宁蛇岛—老铁山国家级自然保护区	14 595.00	辽宁旅顺口	蝮蛇、候鸟及其生态环境
3	辽宁双台河口国家级自然保护区	128 000.00	辽宁盘锦	丹顶鹤、白鹤、天鹅等珍禽
4	大连斑海豹国家级自然保护区	672 275.00	辽宁大连	斑海豹及其生态环境
5	大连城山头国家级自然保护区	1350.00	辽宁大连	滨海地形地貌
6	昌黎黄金海岸国家级自然保护区	30 000.00	河北昌黎	自然景观及其邻近海域
7	天津古海岸与湿地国家级自然保护区	35 913.00	天津	贝壳堤、牡蛎滩古海岸遗迹及湿地生态系
8	滨州贝壳堤岛与湿地国家级自然保护区	43 541.54	山东滨州	贝壳堤岛和滨海湿地

（续）

序号	保护区名称	面积（hm²）	所在地区	保护资源类型所在地区
9	荣成大天鹅国家级自然保护区	10 500.00	山东荣成	大天鹅等濒危鸟类和湿地生态系统
10	山东长岛国家级自然保护区	5015.21	山东烟台	鹰、隼等猛禽及候鸟栖息地
11	黄河三角洲国家级自然保护区	153 000.00	山东东营	原生性湿地生态系统及珍禽
12	盐城珍稀鸟类国家级自然保护区	284 179.00	江苏盐城	丹顶鹤等珍禽及滩涂湿地
13	大丰麋鹿国家级自然保护区	2667.00	江苏盐城	野生动物
14	崇明东滩国家级自然保护区	24 155.00	上海	鸟类及其栖息地
15	上海九段沙国家级自然保护区	42 020.00	上海	稀缺动植物及其湿地环境
16	南麂列岛国家级海洋自然保护区	20 106.00	浙江平阳	岛屿及海域生态系统、贝藻类
17	深沪湾海底古森林遗迹国家级自然保护区	3100.00	福建晋江	海底古森林、牡蛎礁遗迹
18	厦门海洋珍稀生物国家级自然保护区	39 000.00	福建厦门	文昌鱼及生态系统
19	漳江口红树林国家级自然保护区	2360.00	福建漳州	红树林湿地生态系统、濒危动植物物种和东南沿海优质、水产种质资源
20	惠东港口海龟国家级自然保护区	1800.00	广东惠州	海龟及其产卵繁殖地
21	广东内伶仃岛—福田国家级自然保护区	921.64	广东深圳	猕猴、鸟类和红树林
22	湛江红树林国家级自然保护区	20 279.00	广东廉江县	红树林生态系统
23	珠江口中华白海豚国家级自然保护区	46 000.00	广东珠海	中华白海豚及生态环境
24	徐闻珊瑚礁国家级自然保护区	14 378.00	广东湛江	珊瑚礁及其海洋生态资源
25	雷州珍稀海洋生物国家级自然保护区	46 865.00	广东湛江	珍稀海洋生物及其栖息地
26	广西山口红树林生态国家级自然保护区	8000.00	广西合浦县	红树林生态系统
27	合浦儒艮国家级自然保护区	35 000.00	广西合浦县	儒艮、海龟、海豚、红树林
28	广西北仑河口红树林国家级自然保护区	3000.00	广西防城	红树林生态系统
29	东寨港红树林国家级自然保护区	3337.00	海南琼山	红树林及其生态环境
30	大洲岛海洋生态国家级自然保护区	7000.00	海南万宁县	岛屿及海洋生态系统、金丝燕及生境
31	三亚珊瑚礁国家级自然保护区	5568.00	海南三亚	珊瑚礁及其生态系统
32	海南铜鼓岭国家级自然保护区	4400.00	海南文昌	热带常绿季雨矮林生态系统及其野生动物、海蚀地貌、珊瑚礁及其底栖生物。
33	象山韭山列岛国家级自然保护区	48 478.00	浙江宁波	野生动物及与之相关的海洋生态系统

　　我国海洋自然保护区管理按照《中华人民共和国自然保护区条例》为依据制定的《海洋自然保护区管理办法》，进行海洋自然保护区的选划、建设和管理，实行统一规划、分工

负责、分级管理的原则。国家海洋行政主管部门负责研究、制定全国海洋自然保护区规划；审查国家级海洋自然保护区建区方案和报告；审批国家级海洋自然保护区总体建设规划；统一管理全国海洋自然保护区工作。沿海省、自治区、直辖市海洋管理部门负责研究制定本行政区域毗邻海域内海洋自然保护区规划；提出国家级海洋自然保护区选划建议；主管本行政区域毗邻海域内海洋自然保护区选划、建设、管理工作。

（三）海洋综合管理

海洋综合管理是海洋管理的高层次形态，是以国家的海洋整体利益为目标，通过发展战略、政策、规划、区划、立法、执法，以及行政监督等行为，对国家管辖海域的空间、资源、环境和权益，在统一管理与分部分级管理的体制下，实施统筹管理，以达到提高海洋开发利用的系统功效、海洋经济的协调发展、保护海洋环境和国家海洋权益的目的。

随着人类开发利用海洋的深入，渔业、航运、能源、矿产、旅游、城镇建设等各类活动在海洋和海岸带区域日渐密集，这些活动占用了原有的自然生态空间，改变了水文动态，排放大量废水、油类、疏浚物、工业废物、塑料垃圾，有时还引发巨大的环境突发事件，使得海洋生态服务功能受到严重影响和破坏。显而易见，对于这些多种形态且彼此关联的海洋及海岸带开发与保护问题，必须采取综合管理的框架和手段。

进入 21 世纪以来，我国海洋综合管理得到全面发展，海洋综合管理的目标、方向、原则和对策进一步得到明确和强化。海洋综合管理成为海洋行政主管部门的核心任务，出台了一系列战略规划和政策法规，不断建立完善体制机制。海洋综合管理涵盖了海洋政策、海洋经济、海洋权益、海洋资源、海洋环境保护、海洋科技、海洋执法等各个领域，特别是《海域使用管理法》的出台，建立了以海洋空间资源为基础的管理体系，成为全面推进中国海洋管理工作的动员令。同时，中国海监总队的执法管理日臻完善，实现了对中国管辖海域全面的巡航执法。此后，海洋综合管理从中央到地方得到长足进展，大力拓展海洋开发空间成为沿海各级政府的普遍共识。伴随着沿海地区海洋开发热潮，海洋综合管理成为保障沿海地方经济社会发展的重要手段，沿海地区所有省份都制定出台了海洋开发的政策规划，并经中央批准上升为国家战略。同时，《中华人民共和国海岛保护法》的出台和海洋防灾减灾体制的完善等，进一步丰富了海洋综合管理的内容。随着中国海洋实力的进一步提升，海洋综合管理的内涵与外延不断拓展，强调海洋意识和海洋文化的软实力作用，注重维护国家海洋权益和环境利益，开展了钓鱼岛等海上维权和渤海蓬莱 19 – 3 油田溢油事故处置工作，"蛟龙"号载人深潜等成功将海洋管理的空间延展到极地和大洋。

中国共产党第十八次全国代表大会提出了建设海洋强国的宏伟战略，此后又提出了建设 21 世纪海上丝绸之路的倡议构想，海洋综合管理也相应地迎来了面向未来的新机遇。2013 年十二届全国人大一次会议通过的国务院机构改革和职能转变方案提出，设立高层次议事协调机构国家海洋委员会，并对以前分散的海洋执法机构进行了整合，使中国的海洋管理体制进一步向综合集中转变。在这一新的历史起点，国家海洋局从国际海洋事务和国内海洋事业发展的全局出发，确立了海洋综合管理的新方向、新体制和新任务，这将为海洋综合管理开拓出一个新时代。在新的历史时期，海洋在国际政治经济格局和中国战略全局中的作用将更加明显。既有深度参与全球海洋事务和赢得海洋领域国际竞争的机遇，也有解决周边海洋权益争端和维护海上战略通道的挑战，既存在通过 21 世纪海上丝绸之路加快"走出去"步伐、发展开放型经济的巨大空间，也存在海洋经济运行稳中有忧，亟须调整结构、优化布局的压力。因此，中国海洋管理的指导思想、管理方法和管理手段都面临着重大转变，主要是海洋经济管理面临着由统计向监测评估和政策调控转变，近海空间利用由强调生产要素向注重消费要素和生态功能转变，海洋环境保护向污染控制和生态安全转变，海洋科技成果向资本化、产业化和市场化应用转变，海洋公共服务向满足国计民生需求转变，国际海洋事务向深度参与国际规则制定和秩序维护转变，海洋权益和安全维护向统筹兼顾、多措并举转变。基于这种形势，海洋综合管理的发展趋势是按照"五位一体"总体布局和"四个全面"战略布局，在服从服务国民经济和社会发展大局中准确定位、主动作为。牢固树立创新、协调、绿色、开放、共享五大发展理念，推动海洋事业发展形成新动力、新格局、新途径、新空间和新成效。夯实经济富海、依法治海、生态管海、维权护海和能力强海五大体系，实施"蓝色海湾""南红北柳""生态岛礁""智慧海洋"等重点工程。

思 考 题

(1) 试述自然资源的含义及其基本属性。自然资源利用管理遵循的基本原则是什么？

(2) 大气环境中主要污染物有哪些？谈谈你对大气环境综合治理的认识。

(3) 我国水资源面临的主要问题有哪些？试述最严格水资源管理制度的主要内容。

(4) 试述土地资源的含义及基本属性。

(5) 按照土地利用现状将土地资源分为哪些主要类型？我国土地资源利用管理的主要措施有哪些？

(6) 试述森林资源的含义及生态功能。

(7) 试述我国能源利用环境管理的主要措施。

(8) 试述海洋资源的含义及主要类型。

(9) 查阅资料，了解我国伏季休渔制度的建立与实施及其重要意义。

第五章

国际环境管理

第一节　全球环境问题及环境管理

一、全球环境问题及发展趋势

（一）全球环境问题

随着地球上人口的急剧增加和经济的快速增长，人类活动的空间规模不断扩大，环境问题正在迅速地从地区性问题发展成为全球性问题。全球环境问题是指超越一个以上主权国家的国界和管辖范围的环境污染和生态破坏问题。目前，最受关注的全球环境问题主要有全球气候变化、酸雨污染、臭氧层破坏、生物多样性损失、海洋污染等。

1. 全球气候变化

全球气候变化是指在全球范围内，气候平均状态统计学意义上的巨大改变或者持续较长一段时间（典型的为 10 年或更长）的气候变动。大气中某些痕量气体含量增加，而引起地球平均气温上升的情况，被称为温室效应。这类痕量气体被称为温室气体，主要指二氧化碳（CO_2）、甲烷（CH_4）、氧化亚氮（N_2O）等。在这些温室气体中，CO_2 在大气中的含量仅次于 N_2、O_2 和惰性气体，约占大气总容量的 0.03%，研究表明，过去的 100 年间，人类通过化石燃料的燃烧，向大气排放约 4150×10^8 t 的 CO_2，结果使大气中 CO_2 含量增加 15% 左右，因此它的温室效应最为明显。

目前人类由于燃烧矿物燃料向大气排放的二氧化碳每年高达 65×10^8 t。中国是排放二氧化碳的第二大国。因此中国对目前的温室效应具有重大的贡献。据科学家预测，如果人类对二氧化碳的排放不加限制，到 2100 年，全球气温将上升 2~5℃，海平面将升高 30~100 cm，由此会带来灾难性后果。海拔低的岛屿和沿海大陆就会葬身海底，如上海、纽约、曼谷、威尼斯等许多大城市可能被海水淹没而成为"海底城市"。

2. 臭氧层破坏

1985 年，英国南极考察首次发现现南极上空的臭氧层有一个空洞，当时轰动了世界，也震动了科学界。臭氧层空洞一下成为当时的热点。在距地表 20~30 km 的高空平流层有一层臭氧层，它吸收了来自太阳的大部分紫外线，就像一层天然屏障，保护着地球上的万物生灵，免受紫外线的杀伤。因此，臭氧层也被誉为地球的保护伞。全球的臭氧层都不同程度的遭到破坏，南极上空的臭氧层破坏最为明显，随着近年来环境保护的加强，臭氧层破坏问题有所缓解，但对人类环境的影响仍不容忽视。

臭氧层空洞会导致到达地面的紫外线辐射增强，人类皮肤癌的发病率大幅度上升。臭氧层破坏最受发达国家的关注，因为发达国家大都是白种人，他们的皮肤癌发病率特别高。另外，紫外线辐射过度还会导致白内障。科学家发现臭氧层中的臭氧每减少1%，紫外线辐射将增加2%，皮肤癌发病率将会增加7%，白内障的发病率将会增加0.6%。紫外线辐射增强不仅影响人类的健康，还会影响农作物，影响海洋生物的生长繁殖。

3. 酸雨污染

酸雨是指pH值低于5.6的雨、雪或其他形式的降水。这是大气污染的一种表现，是本世纪50年代以后才出现的环境问题。随着工业生产的发展和人口的激增，在工业生产、交通、人类生活中都需要使用大量的煤和石油等化石燃料，这些燃料中都含有一定量的硫，如煤一般含硫0.5%~5%，汽油一般含硫0.25%。这些硫在燃烧过程中90%都被氧化成二氧化硫而排放到大气中。据估计，现全世界每年向大气中排放的二氧化硫约1.5×10^8 t。其中燃煤排放约占70%以上，燃油排放约占20%，还有少部分是由有色金属冶炼和硫酸制造排放的。人类排放的二氧化硫在空气中可以缓慢地转化成三氧化硫。三氧化硫与大气中的水汽接触，就生成硫酸，硫酸随雨雪降落，就形成酸雨。

现在全世界有三大酸雨区：欧洲，北美洲和亚洲中国长江以南地区。目前酸雨区已占我国国土面积的40%。贵州是酸雨污染的重灾区，全区1/3的土地受到酸雨的危害，贵阳出现酸雨的频率几乎为100%。其他主要大城市的酸雨频率也在90%以上。降水的pH值常为3点多，有时甚至为2点多。我国著名的雾都重庆，雾也变成了酸雾，对建筑物和金属设施的危害极大。四川和贵州的公共汽车站牌，几乎全都是锈迹斑斑，都是酸雨造成的。

4. 生物多样性损失

生物多样性就是地球上所有的生物——植物、动物和微生物及其所构成的综合体，它包括遗传多样性、物种多样性和生态系统多样性3个组成部分。在漫长的生物进化过程中会产生一些新的物种，同时，随着生态环境条件的变化，也会使一些物种消失。所以说，生物多样性是在不断变化的。近百年来，由于人口的急剧增加和人类对资源的不合理开发，加之环境污染等原因，地球上的各种生物及其生态系统受到了极大的冲击，生物多样性也受到了很大的损害。迄今已知，在过去的4个世纪中，人类活动已使全球700多个物种绝迹，包括100多种哺乳动物和160种鸟类。其中1/3是19世纪前消失的，1/3是19世纪灭绝的，另1/3是近50年来灭绝的，明显呈加速灭绝之势。

5. 海洋污染

海洋污染是目前人类面临的一个重大环境问题。海洋污染主要发生在受人类活动影响广泛的沿岸海域。自有人类社会以来人类与海洋便形成了密不可分的关系。人们在充分利用海洋资源的同时，也向海洋排放了大量的废弃物。据估计，输入海洋的污染物中，有45%是通过河流输入的，有30%是通过空气输入，而海运和海上倾倒各占10%左右。

在人为造成的海洋污染中，海洋石油污染最为引人注目。据估计，每年仅在海运过程中流失的石油多达150×10^4 t，据联合国环境规划署报告，每年进入海洋的石油约为200×10^4~2000×10^4 t。另据报道，每生产1000 t原油就有1 t流失到海洋中。每年有数以10万计的海鸟死于石油污染。

塑料工业的高速发展大大方便了人们的生活，同时，塑料废弃物的数量也在迅速增长。根据相关资料显示，有超过 1×10^8 t 的塑料废弃物从各种途径进入了海洋，海洋中的塑料垃圾近 40 年间增加了上百倍，已占到海洋中固体废弃物的 60%~80%，有些地区甚至达到了 90%~95%。世界经济论坛预测，到 2050 年海洋环境中塑料的重量将超过鱼类的重量。由于塑料固有的特性，导致其废弃后不容易分解、腐烂，已严重影响到海洋生态环境。而粒径小于 5 mm 的塑料碎片被称为"微塑料"，其化学性质较为稳定，可在海洋环境中存在数百至数千年。"微塑料"已经被联合国专家组列为威胁海洋生物生存的"致命杀手"，其危害程度等同于巨型海洋垃圾。2016 年，第二届联合国环境大会将海洋塑料垃圾和微塑料列为与全球气候变化、臭氧耗竭和海洋酸化等并列的重大全球环境问题。

此外，南极企鹅体内脂肪中已检出 DDT 成分，说明海洋污染已成为全球性污染现象。海洋污染引起浅海或半封闭海域中氮、磷等营养物聚集，促使浮游生物过量繁殖，以致发生大面积的赤潮现象。据估计，每年因赤潮造成的渔业损失达上千亿美元。

（二）全球环境问题的发展趋势

1. 全球层次上环境总体状况恶化，环境问题地区及社会分布失衡加剧

尽管世界各国、相关组织和机构、各利益攸关者等通过制度、政策、技术、投资、能力建设以及国际合作等在解决上述环境问题方面做出了巨大的努力，取得了一些进步，但是全球环境总体状况改善没有取得期望的结果，地球环境问题依然严重。总的态势是局部地区改善、全球总体恶化，全球环境变化的地理与社会分布失衡加剧。

经济全球化过程中，少数发达国家和地区随着经济增长，其环境压力逐渐减弱，但是大多数欠发达、发展中和转型国家和地区环境状况没有得到改善，甚至恶化。这是因为全球化对经济要素如劳动、资本以及技术等重新配置的过程实质上是资源环境要素和环境问题重新配置和分布的过程。发达国家通过全球化，站在世界产品链和产业链的高端从发展中国家和地区吸取能源、食物、工业产品等，其环境改善是建立在牺牲发展中国家和地区环境利益的基础之上，导致全球环境问题的地缘分布不平衡进一步加剧，对穷人和脆弱地区的影响进一步加大。

由于经济发展程度、资源环境禀赋、在目前国际经济秩序中的角色、制度与环境管理政策等的不同，全球各大区域面临和所要优先解决的主要环境问题各有侧重。根据联合国环境规划署的评估报告，除了气候变化已经成为影响全球 7 大区的共同环境问题外，非洲的优先环境问题是土地退化和沙漠化；亚太地区主要是城市空气污染、淡水资源、生态系统退化、废弃物的增加；欧洲主要是不可持续的生产与消费方式所带来的高能耗、城市空气质量低等问题；拉丁美洲以及加勒比海地区的主要问题是生物多样性丧失、海洋污染以及气候变化带来的问题等；北美洲主要是气候变化衍生的问题，包括能源选择、能源效率以及淡水资源等；西亚的主要问题是淡水资源压力、土地退化、海洋生态系统以及城市管理等；两极地区的主要问题是气候变化带来的影响、环境中的汞及其他持久性有机污染物、臭氧层修复等。

2. 少数全球或区域性环境问题取得积极进步，多数进展缓慢或改善乏力

根据联合国环境规划署的全球评估，在国际社会的努力下，少数相对简单的全球和区域环境问题解决取得了积极进展，但是多数问题没有得到有效解决或延缓。

　　根据评估，取得积极进展的全球环境问题主要是臭氧层破坏和酸雨。在臭氧层耗损方面，国际团体已经将消耗臭氧层物质或化学品的生产减少了 95%，这是一个令人瞩目的成就；酸雨问题在欧洲和北美地区已经得到基本解决，但是在墨西哥、印度和中国等国家依然是很大的问题，这表明酸雨已经从一个全球性环境问题退变为典型的区域环境问题。除此之外，国际社会制定了温室气体减排条约，建立了一些新形式的碳交易以及碳补偿市场；保护区不断增加，大约覆盖了地球面积的 12%；另外还提出了很多方法应对其他各种全球和区域环境问题。但是大多数问题没有得到实质解决。在气候变化方面，自 1906 年以来，全球温度平均升高 0.74℃。根据政府间气候变化委员会（IPCC）最乐观的估计，本世纪全球温度还将升高 1.8～4℃。全球变暖对全球和人们产生各种影响，包括极地冰川融化，导致海平面上升；影响降雨和大气环流，造成异常气候，形成旱涝灾害；导致陆地和海洋生态系统的变化和破坏；对人体健康和生存造成不利影响等。根据评估，由于气候变暖造成的海平面上升，将会对世界上 60% 的居住在海岸线附近的人口产生严重后果。

　　生物多样性丧失依然在持续，生态系统服务功能退化。根据综合评估，现在物种灭绝的速度比史前化石记录的速度快 100 倍；全球 60% 的生态系统功能已经退化或正在以不可持续的方式利用；脊椎动物群中 30% 以上的两栖动物、23% 的哺乳动物以及 12% 的鸟类都受到了威胁；从 1987 年到 2003 年，全球淡水脊椎动物的总数平均减少了将近 50%。联合国环境规划署的评估报告对生物多样性丧失提出了预警，认为全球第 6 次物种大规模灭绝即将开始，而这次完全是由人类活动引起的；而且，一旦生物多样性缓慢的丧失达到一定阈值，就会导致断崖式锐减，造成不可逆转的影响。同时，外来物种入侵问题及其造成的危害和损失在全球范围内也日益严重。

　　在水资源方面，灌溉用水已经占了可用水量的 70%，随着对食物的需求增加，对淡水的需求量会增加，到 2050 年，发展中国家水的使用量会增加 50%，发达国家也要增加 18%。但是淡水供应量在减少。如果按现在的趋势发展，到 2050 年，将有 18 亿人口生活在极度缺水的国家和地区，世界 2/3 的人口受到影响。同时，水质也在不断下降，在发展中国家每年大约有 300 万人口死于水生疾病。在全球范围内，被污染的水是人类疾病甚至死亡的最大原因。化学品的生产和使用是造成水污染最重要的因素之一。目前，全球商业上使用的合成化学品种类约 5 万种，并且每年增加数百种，预计全球化学品生产在今后的 20 年里还要增加 85%。这对解决水污染问题是极大的压力。

　　在土地方面，在食物需求和供给的驱动下，土地利用程度急剧上升，20 世纪 80 年代，每公顷农地的谷物产量为 1.8 t，现在则是 2.5 t。但是这种不可持续的土地利用方式造成了严重的土地退化。造成土地退化的因素包括土壤污染、侵蚀、水资源匮乏、盐渍化等，已经威胁到全球 1/3 的人口。同时，土地荒漠化趋势日益严重，特别是在旱地集中的发展中国家与地区。

　　在森林方面，温带地区的森林面积有所恢复和增长，自 1990 年至 2005 年，平均每年增长 $3 \times 10^4 km^2$。但是同期热带地区雨林却大幅减少，平均每年缩减 $13 \times 10^4 km^2$。

　　3. 各种全球环境问题相互交织渗透，关联性不断增强，与非环境领域的联系日益紧密

　　首先，全球与区域环境问题相互转化，交相呼应。在过去的 20 年间，一些全球性环境问题转变为区域性问题，如酸雨问题，从过去的全球性问题已经成为典型的区域性问

题；臭氧层问题，尽管臭氧层破坏的影响是全球性的，但目前消耗臭氧层物质的生产和消费也是区域性的，也就是说臭氧层破坏的源头是局部的。而一些区域性问题逐渐上升为全球性问题，如危险废物特别是电子废物的越境转移，从过去的集中在亚洲逐渐扩展到非洲、欧洲等。同时，全球环境问题存在一种倾向，即在区域范围内寻求解决的方案，至少是期望在区域内获得一定突破或初步解决，因为某些问题在多边框架下进展比较缓慢或者治理效果不明显，反而在区域范围内，问题相近的国家和地区容易达成一致意见；而某些区域性问题需要全球机制如公约、资金和技术援助的支持，如电子废物越境转移、削减和淘汰消耗臭氧层物质等。

其次，各种全球环境问题之间的关联性不断增强。例如，全球气候变暖可使极地冰川融化，海平面上升，导致海洋生态系统变化；气候变暖还可能改变动植物生境，影响陆地生态系统及其服务功能；造成极端异常气候，产生旱涝灾害，加剧水资源分配不平衡，影响土地利用等。土地退化、荒漠化与生物多样性保护紧密相关。总之，环境问题之间的关联和交织增加了问题解决的难度，需要统筹考虑这些问题，制定可持续的政策路径需要在国际和国家水平上同时考虑经济、贸易、能源、农业、工业以及其他部门的综合措施。

最后，全球环境问题与国际政治、经济、文化、国家主权等非环境领域因素的关系越来越紧密。全球环境问题的泛政治化、经济化、法制化与机构化趋势日益明显。实际上，全球环境问题背后的实质是各国家和地区在全球化趋势下对环境要素和自然资源利用的再分配，是利益的争夺，包括经济和政治利益。

如气候变化问题，受气候变化影响最大的国家如小岛屿国家要避免气候变暖海平面上升带来的威胁，敦促其他国家进行温室气体减排；工业化国家为维持既有的生产和消费方式及其利益，对发展中国家施加压力，增加其减排的责任；而新兴以及发展中国家要维护自己的发展权而为自己争取更大的温室气体排放空间。总的来看，围绕《联合国气候变化框架公约》《京都议定书》以及后《京都议定书》时代的国际规则和资金机制等相关问题，不同利益攸关者为各自利益而进行的谈判斗争日益激烈。生物多样性等其他全球环境问题也是如此。

4. 从现在到本世纪中叶是全球环境变化走向的关键时期，机遇与挑战并存

在对过去 20 年全球环境状况综合评估的基础上，联合国环境规划署用 4 幅图景展望了 2050 年全球环境的可能状况以及政策取向。评估报告对未来环境状况的发展表现出谨慎的乐观。预测到 2050 年，就某些环境指标来说，全球环境问题的退化率降低甚至逆转。如在所有情景中，农地与森林退化率平稳降低；水的耗竭率下降；物种丧失、温室气体排放、温度升高等也在减缓，这主要是由于预期人口变迁的实现，材料消费的饱和以及技术进步等原因。如果《蒙特利尔议定书》得到严格遵守，到 2060 年或 2075 年，南极的臭氧空洞可能会得到恢复。

尽管全球环境问题退化率有下降趋势，但是不同情景下环境变化的峰点与终点存在巨大不同，变化率越高，地球系统超过阈值的风险越大，可能会导致突然的、加速的变化，甚至不可逆转。不同的变化率在不同情景下会导致非常不同的终点，在市场优先情况下，2000 年至 2050 年，13% 的原生物种将丧失；而在可持续性优先的情况下，则是 8%；CO_2浓度的情景变化则是从市场优先下的 556 mg/L 到可持续性优先下的 475 mg/L。变化幅度

越大，超过阈值的风险越大，例如，通过推算情景显示，捕鱼量快速增长，伴随着海洋生物多样性的显著退化，到 2050 年可能导致捕鱼业的崩溃。

总之，在全球化背景下，随着人口和经济增长带来的对环境要素和资源需求和消耗的增长，全球环境变迁，如空气、水、土地、生物多样性等都将面临更大的压力。从现在到 21 世纪中叶是全球环境变化走向的一个关键时期，存在挑战，也有机遇，全球环境问题能否得到改善取决于利益攸关者和决策者等的抉择与行动。

二、国际环境管理的产生和发展

环境管理学的形成与发展与人们对于环境问题的认识过程和环境管理实践是紧密联系在一起的。从这个角度看，环境管理的发展大致经历了 4 个阶段。

（一）以治理污染为主要管理手段的阶段

大致从 20 世纪 50 年代末，即人类社会开始意识到环境问题的产生开始到 70 年代末左右。这个时期的环境管理原则是"谁污染、谁治理"，实质上只是环境治理，环境管理成了治理污染的代名词。这主要表现在：①在政府管理层面，政府环境管理机构的设置就体现了单纯治理污染的这样一种认识；②在法律层面，颁布了一系列的防治污染的法令条例，如美国的《清洁空气法》、中国的《大气污染防治法》等；③在技术层面，致力于研究和开发治理各种污染的工艺、技术和设备，用于建设污水处理厂等；④在科学研究层面，各个学科从不同角度研究污染物迁移、扩散、转化、降解规律，形成了早期环境科学的基本形态。

（二）以经济刺激为主要管理手段的阶段

大致从 20 世纪 70 年代末到 90 年代初。这一时期环境管理思想和原则就变为"外部性成本内在化"，即设法将环境的成本内在化到产品的成本中。最重要的进步就是认识到自然环境和自然资源的价值性。所以，对自然资源进行价值核算，用收费、税收、补贴等经济手段以及法律的、行政的手段进行环境管理，成为这一阶段的主要研究内容和管理办法，并被认为是最有希望解决环境问题的途径。在这一时期，环境评价、环境经济学、环境法学等得到蓬勃的发展。但大量实践表明，经济活动为其现行的运行准则所制约，因而很难或不可能在其原有的运行机制中给环境保护提供应有的空间和地位，对目前的经济运行机制进行小修小补是不可能从根本上解决环境问题的。

（三）以协调经济发展与环境保护关系为主要管理手段的阶段

1987 年，联合国环境与发展委员会出版了《我们共同的未来》，1992 年，联合国环境与发展大会又通过了《里约宣言》，这标志着人类对环境问题的认识提高到一个新的境界。人们终于认识到，环境问题是由人类社会在传统自然观和发展观等人类基本观念支配下的发展行为所造成的必然结果。发展应是社会、经济、人口、资源和环境的协调发展和人的全面发展。这就是"可持续发展"的发展观，也就是说，只有改变目前的发展观及由之所产生的科技观、伦理观、价值观、消费观等，才能找到从根本上解决环境问题的途径与方法。如此，环境管理的思想和原则也正在作相应的改变。

（四）把解决环境问题作为人类文明演替推动力的新阶段

这一阶段目前还在进行和探讨之中，将会是一项长期而艰难的变革，因为这是时代的转折，是人类文明的又一次深刻改变。在环境问题的压力面前，人类已经进步到有意识地探索与自然和谐共处的阶段。从管理的角度，如何进一步保护好自然环境，甚至是"经营"好自然环境，使良好的自然环境成为经济发展的又一推进力，成为社会进步的又一重要目标，进而成为人类社会文明的重要组成部分，已经提上议事日程。因此，在新发展观、新发展模式、新的思想理论观念的形成过程中，环境问题已经成为一个重要的人类文明演替的推动力，而环境管理作为人类对自身与自然相沟通的管理手段，正在成为人类社会由工业文明向环境文明演变的重要工具。

世纪以来，随着经济全球化进程的不断加快，全球环境问题日益凸显，环境管理已清晰地提到全球日程。自 20 世纪 90 年代起，随着"governance"概念的发展，"全球环境管理"（global environmental governance）理念开始出现，并在欧美蔓延开来。它包含管理全球环境的制度、法则、规范、标准及其过程与行为。日益紧迫的全球环境问题，在制度因素方面催生了一些新的研究理论、方法与经验实践，并重点集中在法则、规范、标准与决策过程上，而这些要素构成了正在凸现的全球环境管理体系。2012 年，"里约 +20"峰会之后，能够明显地感受到全球环境治理体系的加速，以《巴黎协定》的生效、三届全球环境大会的召开、联合国 2030 年可持续发展议程的通过为代表的全球环境管理体系新成就，标志着全球环境管理在新时期的发展和进步。另一方面，以 G20 为代表的国家集团，以中国为代表的发展中国家，在国内生态文明建设、推动区域乃至全球合作方面取得重大成果，为全球环境治理注入新的领导力和活力，可以预见未来的全球环境管理体系必然会有不同的格局和状态。

第二节　国际环境管理组织与机构

全球性国际组织主要有联合国系统的联合国教科文组织、联合国粮农组织、世界卫生组织、世界气象组织、政府间海事协商组织、国际原子能机构和联合国环境规划署。对于前六者来说，环境保护不是他们的工作主题，但他们早就参与了国际环境合作，并且是目前全球环境合作的主要参加者。联合国环境规划署是专门的环境组织，在全球环境保护行动中发挥着重要的作用。其他国际组织，包括欧盟、东盟、非盟、经济合作与发展组织、世界贸易组织、世界银行、世界自然保护联盟、全球环境基金、世界自然保护基金会等，也结合各自组织的特点，为全球环境保护做出了巨大努力。下面简要介绍联合国环境规划署、世界自然基金会、国际标准化组织的情况。

一、联合国环境规划署

（一）机构设置和运行

1972 年，联合国瑞典斯德哥尔摩人类环境会议上通过了著名的《人类环境宣言》，还提出了在联合国体系内建立负责处理与人类环境有关事务的国际组织的建议。这个组织就是 1973 年 1 月成立的联合国环境规划署（United Nations Environment Program，UNEP）。总部设在肯尼亚首都内罗毕，是联合国设在发展中国家的第一个全球环境性组织，下设环境规划理事会、秘书处和环境基金 3 个主要部门，其标志如图 5-1 所示。

（1）环境规划理事会　作为集体代表机关，是UNEP 的最高机关。它领导着环境规划署的整个组织机构，由 58 个会员国组成，任期三年。自 1985 年起每两年召开一次，会期为 10～12 天，在 UNEP 总部举行。环境规划理事会的工作是促进环境领域的国际合作，并向联合国大会提出政策建议，评估世界上的环境状况，以及每年要对环境基金利用资金的情况进行评述，并批准其计划。

图 5-1　联合国环境规划署标志

（2）秘书处和执行主任　前者是 UNEP 的一个常设机关，作用是保证联合国范围内环境保护领域的国际活动具有高效率。秘书处的具体业务部门是环境规划项目办公室和环境基金与行政办公室，他们实际上承担着对环境保护领域的国际活动进行管理的工作。而执行主任是 UNEP 秘书处的领导，根据联合国秘书长的推荐，由联合国大会选举产生，其任期为 4 年，可连选连任。

（3）环境基金　成立于 1973 年，全称为联合国环境基金，其目的是为 UNEP 补充经费。环境基金是在各个国家自愿献缴的基础上筹集的，也接受非联合国组织的自愿捐献，还接受各种捐助、遗产及其他等。根据联合国决议，基金应全部或部分用于联合国系统环境领域的一些活动，包括：①在全世界范围建立生态控制和评估制度；②改善环境质量监测措施；③交换和传播信息；④教育居民及培训人员；⑤为国家、地区及世界环境组织提供援助；⑥加强科学调查研究等。

（二）UNEP 的环境观察与评价组织

为了完成观测评价世界环境状况这一重要任务，UNEP 专门成立了三个重要的附属组织，即国际环境资料查询系统、全球环境监测系统和潜在有毒化学品国际登记中心，以从事环境观测和评价工作。

（1）国际环境资料查询系统　是一个全球性的环境情报协调机构，任何国家的决策机构都能通过查询系统，从其他国家或机构获得所需要的环境情报。查询系统的主要职能是：①组织和促进国际机构和国家之间在环境情报的收集、评价和分发方面的合作；②帮助各国的决策机构将有关的环境决策纳入国家的发展规划；③帮助各国建立环境情报的收集和处理系统；④寻求更多的情报资料点，以扩大设在各国联络点的情报系统。

（2）全球环境监测系统　是为了切实履行评价环境状况的职能，预测环境发展趋势而建立的，其工作是同联合国系统的机构合作进行环境监测，把各个国家和各国际组织的地面监测站、船只、飞机和人造卫星收集到的环境数据加以分析和标准化。监测范围包括自然资源（森林与动物界）、气候、卫生条件、大气及水质、食品污染、海洋污染和远距离大气传输污染物等。基本任务是观察和评价生物圈的状况，从生态学角度阐述人为因素对环境有害影响，确定环境允许的生态负荷，预测生物环境状况。因此，该监测系统首先要观测环境中主要污染物的本底状况，其中包括铅、汞、镉、砷、二氧化硫、硫酸盐、苯并芘、有机氯农药、臭氧、氮氧化物、二氧化碳、烟尘以及某些其他化学元素和化合物。对上述物质的全面监测是通过环境本底监测网络完成的，这个网络是由设在有关国家的自然保护区和生物保护地带的环境监测站组成的。中国已参加全球环境监测系统。

（3）潜在有毒化学品国际登记中心　是 UNEP 在 1976 年决定成立的一个科学情报机构，是全球有毒化学品管理的重要资料数据库。最近几十年，化学品的使用量有了很大的增加。由于人们缺乏化学品危害人体健康方面的认识，有毒化学品的污染在世界范围内造成许多严重事件，是一个新的世界环境问题，需要在全球层次上管理和控制。该中心的任务有：①有效地利用各国关于化学品对人体及环境影响的现有资料，以利于登记工作的顺利进行；②以登记的资料为基础，找出现存有关化学品知识的空白，为进一步的研究提供线索；③对有潜在危害的化学品进行鉴定，以加深了解；④推荐有关潜在有毒化学品的全球层次、地区层次和国家层次的政策、规定、措施、标准和控制法规。其最终目的是通过向那些负责保护人类健康和自然环境的人们提供有关情况、资料，以减少环境中化学物质的有害影响。该中心还提供基本信息，以便预测化学物质的危险性及可能带来的有害后果。

（三）UNEP 的工作内容

（1）对全球环境信息和环境状况的收集、解释和评估　例如，联合国环境规划署发表的《全球环境展望报告》评估了国际社会所面临的各种环境威胁及其严重性，对未来的全球环境状况进行展望，从而明确国际社会目前的环境状况以及对环境问题应该采取的行动。联合国环境规划署还建立全球资源信息数据库，涉及人口和陆界环境、越界资源问题和自然灾害等领域，在针对新的环境议题和新近出现的环境威胁作出早期预警方面作出了贡献。

（2）主持和促成大量国际环境法的制订和实施　在《生物多样性公约》《气候变化框架公约》《保护臭氧层维也纳公约》及《蒙特利尔议定书》的起草和谈判中都起到了重要的组织和促进作用。此外，在国际环境法的遵守和执行方面，联合国环境规划署也发挥了监督和支持的作用。多边环境公约的秘书处很多都设在联合国环境规划署，在客观上有利于联合国环境规划署与各公约秘书处的合作，从而支持全球和区域环境协定的实施。

（3）促成全球环境治理中各行为体的合作，并发挥协调作用　联合国环境规划署的合作伙伴包括联合国其他机构、其他国际组织、各国政府、非政府组织，商界、工业界、媒体和公民社会等。除了协调联合国内部的环境行动，联合国环境规划署在各种治理主体之间也发挥着协调作用。

（4）协助提高国家参与全球环境治理的能力　一方面，联合国环境规划署提供各种法律服务，协助发展中国家和经济转型国家制定其国家环境立法和建立体制；另一方面，联合国环境规划署还开展一系列旨在促进国家采取环境行动的能力建设活动，促进各项环境公约的实施以及促进各国把环境与发展纳入决策进程等。

（5）积极筹集和分配环境治理的资源　以资金分配为例，联合国环境规划署分别从联合国的经常性预算、环境基金、专用捐款和信托基金以及与一些国家签署的伙伴关系框架协议获取资金，并将其分配给具体的环境项目。

二、世界自然基金会

世界自然基金会（World Wildlife Fund，WWF）是全球最大的独立性非政府环境保护组织之一，其标志如图 5-2 所示。1961 年成立时名为世界野生生物基金会，1988 年改为现

图 5-2　世界自然基金会标志

名。WWF 的宗旨是为自然保护提供财政资助，一直致力于环保事业，在全世界拥有将近 520 万支持者和一个在 100 多个国家活跃着的网络。它与 UNEP 等组织有着密切的合作关系，成员十分广泛，在许多国家和地区设有分会。

该组织成立以来积极从事全球生物多样性的保护、野生生物及其生存环境的保护。其工作主要包括：建立和管理自然保护区，保护野生生物的栖息地；促进物种多样化的研究；推进自然保护教育计划；发展自然保护组织和机构；进行自然保护培训。迄今为止，已拨款资助 130 多个国家的数千个自然保护项目，支持了世界各地 260 多个国家公园和自然保护区的工作，至少拯救了 33 种濒临灭绝的动物物种。

WWF 是第一个受中国政府邀请来华开展保护工作的国际非政府组织，从 1979 年开始建立联系后，1980 年 3 月，我国环境科学学会加入该组织，并于 6 月于与该组织签订了关于建立保护大熊猫研究中心的决议书。根据该协议书，基金会资助我国 100 万美元建立保护大熊猫及其生态系统研究中心。1992 年，我国政府又决定与该基金携手制定并实施《中国保护大熊猫及其生态栖息地工程》，希望能从根本上解决大熊猫面临的危机。1996 年，正式成立北京办事处，此后陆续在中国 8 个城市建立了办公室，项目领域包括大熊猫保护、物种保护、湿地和淡水生态系统保护、森林保护与可持续经营、教育与能力建设、能源与气候变化、全球气候行动、野生物贸易、科学发展与国际政策等方面。至今，WWF 共资助开展了 200 多个重大项目，投入超过数十亿元人民币。

三、国际标准化组织

国际标准化组织（International Organization for Standardization，ISO）是世界上最大的非政府性国际标准化组织，其标志如图 5-3 所示。ISO 的前身是国家标准化协会国际联合会和联合国标准协调委员会。1946 年 10 月，25 个国家标准化机构的代表在伦敦召开大会，决定成立新的国际标准化机构，定名为 ISO。大会起草了 ISO 的第一个章程和议事规则，并认可通过了该章程草案。1947 年 2 月 23 日，国际标准化组织正式成立，其目的和宗旨是：在世界范围内促进标准化工作的发

图 5-3　国际标准化组织标志

展，以利于国际物资交流和互助，并扩大知识、科学、技术和经济方面的合作。

ISO 的组织机构分为非常设机构和常设机构。ISO 的最高权力机构是 ISO 全体大会（general assembly），是 ISO 的非常设机构。1994 年以前，全体大会每 3 年召开一次。全体大会召开时，所有 ISO 团体成员、通信成员、与 ISO 有联络关系的国际组织均派代表与会，每个成员有 3 个正式代表的席位，多于 3 位的代表以观察员的身份与会；全体大会的规模大约 200~260 人。大会的主要议程包括年度报告中涉及的有关项目的活动情况、ISO 的战略计划以及财政情况等。ISO 中央秘书处承担全体大会，全体大会设立的 4 个政策制定委员会、理事会、技术管理局和通用标准化原理委员会的秘书处的工作。自 1994 年开

始根据 ISO 新章程，ISO 全体大会改为一年一次。

　　ISO 的主要任务是：制订国际标准，协调世界范围内的标准化工作，与其他国际性组织合作研究有关标准化问题，报道国际标堆化的交流情况。ISO 标准的内容涉及广泛，其技术领域涉及信息技术、交通运输、农业、保健和环境等。每个工作机构都有自己的工作计划，该计划列出需要制订的标准项目(试验方法、术语、规格、性能要求等)。ISO 的主要功能是为人们制订国际标准达成一致意见提供一种机制。其主要机构及运作规则都在一本名为 ISO/IEC 技术工作导则的文件中予以规定，其技术结构在 ISO 是有 800 个技术委员会和分委员会，它们各有一个主席和一个秘书处，秘书处是由各成员国分别担任，承担秘书国工作的成员团体有 30 个，各秘书处与位于日内瓦的 ISO 中央秘书处保持直接联系。通过这些工作机构，ISO 已经发布了 17 000 多个国际标准，如 ISO 公制螺纹、ISO 的 A4纸张尺寸、ISO 的集装箱系列(世界上 95% 的海运集装箱都符合 ISO 标准)、ISO 的胶片速度代码、ISO 的开放系统互联(OS2)系列(广泛用于信息技术领域)和有名的 ISO 9000 质量管理系列标准。

　　此外，ISO 还与 450 个国际和区域的组织在标准方面有联络关系，特别与国际电信联盟(ITU)有密切联系。在 ISO/IEC 系统之外的国际标准机构共有 28 个。每个机构都在某一领域制订一些国际标准，通常它们在联合国控制之下。一个典型的例子就是世界卫生组织(WHO)。ISO/IEC 制订的 85% 的国际标准，剩下的 15% 由这 28 个其他国际标准机构制订。

四、其他国际环境管理组织与机构

(一) 国际绿色和平组织

　　绿色和平组织(Greenpeace)是一个全球环境组织，致力于实际行动，促进积极变化，以保护全球环境和世界和平，其标志如图 5-4 所示。绿色和平组织的建立是在环境非政府组织崛起的高峰时期的历史背景下，机制的完善和机构运行机制的确立也是一个逐步发展的过程。1971 年，绿色和平小组的成员仅包括三名记者和一名摄影师，他们的行动仅仅局限于大家所关心的几个问题，没有固定的办公场所，没有固定的办事机构，但是绿色和平组织的规模扩大却是迅速的。组织成立初期也只有一艘经过稍加改造的旧渔船，经过成功阻止美国欲在安奇卡岛进行的核试验而迅速成名，绿色和平

图 5-4　绿色和平组织标志

小组也正是因为抗议过程中在渔船挂出的"绿色和平"横幅而得名。1979 年 10 月，绿色和平组织在荷兰的阿姆斯特丹成立。1979 年有 5 个国外分支机构，到 1992 年在 24 个国家建立了办事处，2003 年已经在 41 个国家设立了办事处。这些分支机构都在当地展开绿色和平组织在全球范围内运作的战略，必要时寻求捐助者的财政支持，以此来资助他们的工作。而绿色和平组织的成员规模也得到了迅猛发展，从 1985 年到 1990 年，绿色和平组织成员从 140 万增加到了 675 万。绿色和平组织的成员遍布全球各地，他们没有种族差别，排除了语言的障碍，拥有的是共同的绿色和平意愿，他们相信只要行动起来，就会带来改变。

　　全球战略的协调和发展是绿色和平国际的主要任务。绿色和平组织根据由各分支机构

就全球性问题的协商决定，协调全球范围内开展的活动，监督各分支机构的发展和日常表现。绿色和平组织总部前称为绿色和平委员会，机构主要由总部管理机构、管理运行机构、财政机构、法制机构组成。此外，绿色和平组织在各国家和地区的分支机构紧紧围绕全球环境区域中在国家扎根的绿色和平组织的运作情况，这些分支机构维持着绿色和平组织与外界公众的直接联系。

绿色和平组织在世界范围内主要开展以下 6 个方面的工作：

①应对气候变化，促使政府和企业使用清洁环保能源。

②保护森林，尤其是热带雨林，防止自然生物多样性被破坏。

③保护海洋，主要是防止过度捕鱼，禁止吃鱼翅。

④污染防治，防止电子垃圾、工业污水对江河海洋的污染，督促企业采取更加环保的生产方式。

⑤农业与食品安全，重点关注转基因食品、农药和化学污染，为公众提供更加健康的饮食环境。

⑥禁止核武器试验，改善全球安全环境。

（二）自然资源保护协会

自然资源保护协会（NRDC）成立于 1970 年，是一个独立的非营利性国际环境保护组织，其标志如图 5-5 所示。旨在遏制全球变暖，推动清洁能源的未来、让海洋重现生机、防治污染、保护人类健康、拯救濒危野生动植物及其栖息地、确保安全足量的水资源、促进可持续性的社会文明活动建设。

1970 年，NRDC 帮助起草美国《清洁空气法》，1978 年，NRDC 推动实现了全美汽油无铅化，1980 年，NRDC 帮助阿拉斯加州为 1 亿英亩野生栖息地赢得了联邦保护，1983 年，NRDC 赢得了针对美国能源部的诉讼，迫使其按照环境法规定清除核武器设施中放射性及有毒废弃物，从而引发了美国历史上最大规模的环境清理行动。

自然的资源保护协会工作领域如下：

①遏制全球变暖，推动清洁能源的未来。

②让海洋重现生机。

③防治污染，保护人类健康。

④拯救濒危野生动植物及其栖息地。

⑤确保安全足量的水资源。

⑥促进可持续的社区建设。

图 5-5　自然资源保护协会标志

（三）地球之友

地球之友（Friends of the Earth International）是著名的环境非政府组织之一，其标志如图 5-6 所示。与其他环境组织一样，地球之友近年来也改变了就环境问题谈环境的做法，转而将环境问题与社会问题及发展问题联系起来，既扩大了活动领域，也扩大了影响。值得关注的是，地球之友还是反全球化运动的一支重要力量。

地球之友在 1971 年由美国、法国、瑞典和英国的 4 个环保团体建立。总部设在荷兰阿姆斯特丹。地球之友国际高度分散：它由自治组织组成，共同分析当今最紧迫环境问题的根本原因。每两年举行一次为期一周的大会，所有成员都有平等的发言权。双年度大会（BGM）选举一个执行委员会（ExCom），并确认国际项目协调员（IPC）职位。ExCom 由一名主席组成，

图 5-6　地球之友标志

由 BGM 直接选举产生；主持下一个 BGM 的组织的代表；以及最多七个成员组的代表。目标是尽可能平衡性别和区域代表性。执行委员会的作用是确保组织的健全治理。它定期在 BGM 之间会面。另外，在阿姆斯特丹还有一个国际秘书处，支持地球之友国际组织的工作和成员组织。9 名国际项目协调员共同协调地球之友国际组织。每个计划都由两个 IPC 提供便利。在每个计划中，IPC 由来自不同地区的成员组的代表组成的指导小组协助。在国际秘书处设立方案小组。地球之友主要从事气候正义与能源、经济正义与抵制新自由主义、粮食主权、森林和生物多样性、人权维护、性别公正与拆解父权制等方面的工作。

（四）世界环保组织

图 5-7　世界环保组织标志

世界环保组织（The International Union for Conservation of Nature，IUCN），现称为世界自然保护联盟，其标志如图 5-7 所示。1948 年在瑞士格兰德成立，是政府及非政府机构都能参与合作的少数几个国际组织之一，由全球超过 1 300 个政府与非政府组织、10 000 个专家及科学家组成。每 4 年召开一次世界自然保护大会（World Conservation Congress）。

IUCN 旨在影响、鼓励及协助世界各国保护自然的完整性与多样性，包括拯救濒危的植物和动物物种，建立国家公园和自然保护地，评估物种和生态系统的保护现状等，并确保自然资源使用上的公平性，及生态上的可持续发展。IUCN 的工作重心是保护生物多样性以及保障生物资源利用的可持续性，为森林、湿地、海岸及海洋资源的保护与管理制订出各种策略及方案。

第三节　国外环境管理简介

一、新加坡环境管理简介

（一）环境管理的体制与机构

新加坡是世界公认的以清洁优美的环境而著称的"花园城市"，政府重视环境管理是新加坡可以步入可持续循环型发展轨道的主要原因。新加坡政府提出"洁净的饮水、清新的空气、干净的土地、安全的食物、优美的居住环境和低传染病率"等环境目标，通过健全的法律、完善的管理和全民的宣传，对工业化的环境后遗症进行补救。环境保护成为新加坡人的共同理念，政府的危机感变成了全民的忧患意识。在各个领域、各个行业的建设和发展中，首先考虑的是环境保护，并且要从长计议。大力度的环境保护使新加坡的经济

发展进入了可持续发展的良性循环轨道，新加坡不仅成为了一个美丽清洁的岛国，其经济增长、社会福利水平和环境保护都居东盟之首，甚至在全世界都名列前茅。

新加坡与环境政策有关的政府机构主要有环境发展部、劳工部、港务局及其他相关机构。这些机构负责制定环境政策和实行监督、检查、管理。政府负责环境保护工作的是环境部，设置四个署：环境政策与管理署、环境公共卫生署、环境工程署、合作服务署。

环境政策与管理署的主要职能包括：制订与实施新加坡绿色计划；研究与开发环境管理政策；国际环境事务；推广环境技术；制定与实施污染控制规划。

环境公共卫生署的主要职能包括：固体废物管理：公共区域清扫，垃圾收集（环境部的合同公司执行），废物最小化；维护公共卫生；执行食品卫生标准；虫害控制；食品加工厂的许可；流行病控制与防疫；全民公众教育，提高环境意识——废物最小化与绿色消费主义。

环境工程署的主要职能包括：计划、建设、运行、维护环境基础设施，包括污水道、雨水道、垃圾焚烧厂、环境建筑管理。

合作服务署的主要职能包括：人事管理；职业开发；财务管理；公众与媒体关系；法律与合同事务；计算机信息系统；环境培训（国内、国外）。

（二）环境管理的主要政策

新加坡环境管理的策略可以归纳为：预防、执行和监督。首先是通过正确的土地使用计划、产业的合理布局、建筑和开发控制、以及环境基础设施的提供来预防各种可能出现的潜在环境问题。然后，通过定期的检查和维修各种环保设施，确保其能够安全有效地运转。最后，通过对空气和水质的及时监控来检验各种环保政策和设施的有效性。

1. 环境管理手段

一是行政管制手段，主要通过国家权力强制执行某些规章制度，以禁止、限制或要求经济主体的某一特定行为；二是以市场为基础的经济手段，主要通过创造一定的刺激方式，将资源环境的社会成本纳入各经济主体的经济分析和决策过程，从而间接地改变经济主体的行为。环境管理的行政管制手段主要包括以下4个方面：

（1）计划控制 市区重建局通过长期的土地使用计划，使得环境因素进入政府决策过程，尤其是通过有效的产业布局调整，避免潜在的环境问题。

（2）环境标准控制 通过各种法律法规规定排放物标准或者要求采取某种环保措施。如位于居住区和商业区内的工业企业和饭店要求使用清洁能源，如柴油的含硫量不能高于0.05%，或者使用天然气。工厂必须对其制造过程开展环保设计或安装必要的污染控制设施以达到规定的排放标准。

（3）行政管理 环境部对熟食摊位的管理主要采用了这种方法。环境部自1998年起实行卫生分级管理制度，环境部列明的分级标准包括杂务管理和环境清洁、个人卫生、食物卫生和其他，具体来说就是根据摊位的饮食处、厨房、储藏处、厕所的清洁情况，处理食物摊贩的个人卫生、冷藏温度是否得当，以及器皿餐具是否清洁等标准，将摊贩卫生水准明文分成A、B、C、D 4个级别。除了卫生分级制度，环境部也实行记分制度，摊主违反卫生条例或聘请没有执照的食物处理员时，就会被记分。

（4）扶持环保工业 2002年3月环境部、裕廊集团和经济发展局决定合作设立位于大士工业区的再循环绿色工业园，把目前分散在各地的再循环设施集中起来，让各个再循环公司合用一个废料分类厂和焚化厂，减少运输和储存成本，从而鼓励业者再循环更多废料。

2. 经济管理手段

自20世纪90年代以来，新加坡政府广泛采用了各种经济管理手段，尤其是在财政税收和推动市场化建设方面的一系列改革，成为其环境管理的有力工具。环境管理的经济手段主要包括以下3个方面：

（1）价格政策　新加坡政府认为其经济的竞争力，不能建立在保护主义措施和人为地压低生产成本的基础上，这必然导致资源配置的低效率和浪费，扭曲市场供求，从长远来看不利于建立新加坡持久的竞争力。防止市场扭曲的一个重要因素就是生产要素的正确定价，而环境资源由于其本身所特有的属性以及人类社会发展历史所决定的传统的资源环境价值观，使得其市场价格往往低于其价值，在某些情况下甚至价格为零。所以环境资源的合理定价必须依靠政府干预，使各经济主体在使用环境资源时承担的私人成本等于社会成本。在这方面，新加坡政府采取了渐进的连续的调控方式，提高水、电等生产要素的价格。

（2）财政政策

①增开各种有利于环保的税种　新加坡财政部利用税收手段积极配合政府其他部门开展环境保护工作。针对新加坡水资源稀缺的状况，开征了开发、利用水资源的资源补偿税。此外，关税政策也与环境保护密切相关。新加坡是一个自由港，绝大多数的商品进口都是免税的。但是对某些商品却利用关税限制消费，这些商品大多是具有环境外部负效应的产品，如禁止进口和销售口香糖，对烟、酒和汽车征收高额关税。

②税收回扣　为了促进用水大户节约用水，鼓励其投资于水循环利用设备，例如，新加坡财政部准许企业从应税收入中抵扣企业用于水循环处理设备的投资。又如，由于"环保车"一般比使用汽油的车子贵，为鼓励人们选用"环保车"（电动和混合型汽车），陆路交通管理局于2001年初开始实施环保车税务优待计划。

③对环保型固定资产允许加速折旧　如为了节约能源，提高水和空气质量，财政部于1996年1月1日起，准许企业将投资于节能设备和高效污染控制设备的资金，在设备购买后一年内提取100%的折旧，并颁布了可享受该优惠政策的环保设备的类型和详细的技术标准。

（3）推动环境管理体制的市场化改革

①环境基础设施建设的市场化改革　新加坡绝大多数的公共环境基础设施的建设和维护，由政府财政投入加以保障。但是，随着经济的发展和人口的增长，新加坡的环境服务受到了来自于人力资源和土地资源稀缺的极大阻碍，要继续提高环境服务水平只能以市场为基础，充分调动社会力量，进行环境管理和服务的创新。

②环境服务的市场化改革　从1996年4月起环境部实行了固体废弃物收集的企业化管理，将原来的废物回收部改组为新加坡环境管理有限责任公司，成为第一个废物回收公司，负责收集所有居民和商业用户的垃圾。1998年起环境部又将住宅区划分为9个不同的地理区域，通过招标的形式由企业来提供各区域的废物回收服务，以促进市场竞争，提

高服务水平。到 1999 年，商业和居民用户的垃圾收集业务已完全私有化。

③能源产业的市场化改革　为了建立能源资源的竞争性市场价格，提供多样化的能源产品和更好的能源供应服务，1995 年 10 月 1 日，公用事业局的电力和管道煤气业务实行了公司制改革，政府当局组建了新加坡动力有限公司，接手原先由公共事业局管理的电力和燃气业务，从而揭开了能源市场改革的序幕。政府意在逐步建立竞争性的市场机制，由市场力量引导能源市场的投资、生产和价格决定。同时，公用事业局也经过重组转变职能，成为电力和管道煤气业的规则制定者和行业的监管者。

需要指出的是，以上为了论述的方便列举了新加坡环境管理的各种手段，在实践中，针对某一具体问题，政府往往综合利用各种手段，以一篮子方案达成管理目标。

二、日本环境管理简介

（一）环境管理的体制与机构

日本的中央和地方政府都设有较为完善的公害防治组织。中央环保机构分为公害对策会议和环境省。

（1）公害对策会议　作为总理府的下属机构，由会长一人和委员若干人组成；会长由内阁总理兼任，委员由内阁总理在有关的省、厅长官中任命。公害对策会议的主要职权包括：

①处理有关都道府县制订的公害防治计划的问题。

②审议有关防治公害的基本的和综合的措施，并促进这些措施的实行。

③处理法律法令所规定的属于会议职权范围内的其他事宜。

（2）环境省　是日本环境保护的职能机构，直属首相领导。环境大臣是日本内阁大臣，负责领导环境省开展全国环境保护工作。环境省设有大臣官房、综合环境政策局、自然环境局、水和大气环境局、地球环境局、环境调查研究所和地方环境事务所。主要职责包括：

①负责制订和监督执行环境政策、计划和环境标准。

②组织协调环境管理工作，监督环境法规的贯彻执行。

③指导和推动各省和地方政府的环境保护工作。

④其他法规定的环境管理事项。

⑤与其他省共管某些领域的事务。

（3）中央公害对策审议会　作为环境省的下属机构。审议会由人数不超过 90 名的委员组成，委员由内阁总理大臣从具有防治公害的知识和经验的专家中任命，均为兼职。审议会的日常事务由环境省大臣官房处理。中央公害对策审议会的主要职权包括：

①应内阁总理大臣的要求，调查和审议有关公害对策的基本事项；

②应环境省大臣和有关大臣的要求，调查和审议有关公害对策的重要事项；

③处理法律法令规定的属于中央公害审议会职权范围内的事宜。

（二）环境管理的主要政策

日本是一个工业高度发达的国家，第二次世界大战后，日本国内震惊世界的公害事件屡屡发生。公害成了严重的社会问题，导致民众强烈不满。在巨大的环境危机的压力下，日本政府在公害防治方面采取了相应的措施，并从环境立法、管理、污染治理、环境科学技术研究、环境教育等方面加强环境保护工作。主要的环境管理制度包括以下 4 项：

（1）环境影响评价制度　从 1972 年开始，日本政府将环境影响评价作为一项政策来实施，规定新建项目必须进行环境影响评价。到现在，环境影响评价已经成为日本运用得最为广泛和卓有成效的一项环境法律制度。日本的环境影响评价对象是以私人、团体负责的开发行为或国家组织的由私人、团体执行的开发计划为主，包括产生污染的工业建设和各种可能对环境造成影响的开发项目。

（2）污染物总量控制制度　1974 年修订《大气污染防治法》时增补了总量控制制度，该法规定：工厂和企业按有关内阁政令所指定的硫氧化物和烟尘的排放标准，难于达到公害对策基本法所规定的大气环境标准的地区，该地区的都、道、府、县知事应制订排放量超过总理府命令所规定的烟尘排放容许量的工厂或企业降低排放量的计划，并在此项计划的基础上根据总理府命令规定排放总量的控制标准。1978 年之后，在水质污控制方面也实施了总量控制制度。

（3）无过失责任制度　这是在进行污染损害赔偿时实行的一项制度，指一切污染危害环境的单位或个人，只要对其他单位或个人客观上造成了财产损失，即使主观上没有故意或过失，也应承担赔偿损失的责任。

（4）公害纠纷处理制度　《公害对策基本法》第 2 章第 21 条第 1 款规定：政府应采取必要措施建立调解、仲裁等解决公害纠纷的制度。1970 年制定的《公害纠纷处理法》确立了由行政机关处理公害纠纷的环境行政法律制度。该法不仅规定可以通过斡旋、调解、仲裁及裁定等方式处理公害纠纷，而且为实现此制度设置了公害等调整委员会。

（三）环境管理的特点
①具有较完备的环境管理机构；
②适时修改法律，以适应环境管理的需要；
③以环境标准作为政策的目标和手段；
④地方政府的行为超前于中央政府；
⑤企业环境管理重在"防"。

三、澳大利亚环境管理简介

（一）环境管理的体制与机构
澳大利亚是个联邦制国家，政府机构分为联邦政府、州政府和地方政府三级。

联邦政府的内政与环境部下设有彼此独立的档案局、电影委员会、遗产委员会、国家公园与野生动物服务处、战争纪念馆、大堡礁海上公园管理局。其中遗产委员会主要负责管理澳大利亚国家公园内历史遗产和进行环境影响评价，他们在生态可持续发展团体以及地方政府的配合下开展工作。

在参众两院也设有相应的委员会，如参议院的科学与环境委员会、众议院的环境与保护委员会。

州政府及地方政府也有负责保护环境和文化遗产的相应机构。

（二）环境管理的主要政策

由于澳大利亚人口密度低，远离其他工业国家，加之采取了一系列保护措施，所以其环境状况总体良好，存在的主要问题有：生物多样性锐减、水资源短缺和污染加重、城市环境问题加重。针对澳大利亚的环境状况，澳大利亚政府采取了相应的措施，这些措施主要包括：一是适当控制移民增加；二是保护森林和草地资源；三是发展可持续农业，控制水土流失，减少化肥、农药使用量，推广生物技术；四是治理海洋污染，工业和城市污水必须经处理才能排放；五是保护矿山环境以及恢复治理。与上述措施同时，澳大利亚推行了一系列行之有效的环境管理制度和对策。主要的制度包括以下5个方面：

（1）环境影响评价制度　就澳大利亚环境影响评价制度本身而言，无论评价主体、对象、范围还是环境影响报告书的编制、公告等都与美国的极为相似，如评价对象也是以政府行为为主，评价事项也包括社会文化等要素。但其范围要比美国广，不仅包括个别事业，还包括计划提案，与外国和洲之间鉴定协议以及条约的交涉、运用和执行等。澳大利亚对民间事业也规定了环境影响评价制度，但目前仅限于与外国投资有关的矿山开发、矿产输出等事业。在报告书的编制程序上也与美国相似，所不同的是，在美国实施环境影响评价制度的主体是国家机关；而在澳大利亚，政府行为的环境影响评价主体是国家机关，而民间企业则由个人和企业行为人编制环境影响报告书。

（2）收费制度　澳大利亚的收费制度主要用于两方面：一是对水和废物征收排污费；二是对水和废物征收用户费。所谓用户费是对需集中处理的污染物而支付的费用，收费标准根据污染物处理量而定。澳大利亚对家庭、企业按固定费率征收污水处理用户费；并对城市固体废物收集实行用户收费，征收对象也是家庭和企业，按固定费率收费。

（3）水价改革和水权交易制度　为提高水资源的利用效率，澳大利亚政府积极推进水价制度改革，充分运用水价等经济手段促进供水业的良性循环，取得了良好的效果。1994年，澳大利亚政府推出了水资源改革框架协议，要求各州签署这一协议，对水资源分配中的水权关系、水量、水的可转让性等进行改革，这大大推动了水权交易市场的形成和发展。在水资源交易中，政府也是积极的参与者。2004年，政府出资5亿澳元从国家东南部的墨累河流域的水权拥有者手中购买5000×10^8 L水。政府把这5000×10^8 L水保留在墨累河流域，以维护其生态环境。

（4）保护国家遗产对策　澳大利亚遗产委员会认为，作为澳大利亚自然环境和文化环境的组成部分，国家遗产对后代及当今社会具有美学、历史、科学和社会意义及其他特殊价值。因此，在澳大利亚环境保护的各个历史过程中都非常注重对国家遗产的保护，其保护尤注重与州和地区的有关机构进行协作。1992年，联邦和各州及地区签署了有关环境保护的政府间协议，同时把社区参与作为确定和保护遗产工作的一个重要方式，在任何一项保护计划中都有当地居民参与。遗产委员会还举办社区遗产讲座，这已成为地区拯救濒危灭绝森林和森林保护区计划中的一个组成部分。

（5）保护生物多样性对策　为了保护生物多样性，澳洲制定了《国家生态可持续发展战略》《澳大利亚环境保护与生物多样化保护法》《国家野草控制战略》《澳大利亚濒危动植物和生态区域保护战略》等法规政策。澳洲高度重视预防为主的原则，自20世纪70年代起，联邦和州政府均要求对重大的发展计划进行环境影响评价，从源头就开始预防和减轻不当的人为开发活动所造成的环境污染和生态破坏。在管理中，采取了一些具体但又切实可行的防范措施。

（三）环境管理的特点

①建立全流域管理模式；

②加大对环境违法行为的处罚力度；

③重视培养幼儿及青少年的环境意识；

④大力推行社区环保，从小事做起。

四、美国环境管理简介

（一）环境管理的体制与机构

美国在环境管理上实行由联邦政府统一领导，各州相对独立管理的体制。联邦政府和各州政府都设有专门的环境保护机构。其中，联邦政府负责制定基本政策和法规，其环境保护机构对全国的环境问题进行统一管理；联邦政府各部门所设的环境保护机构分管其业务范围内的环境保护工作；各州的环境保护机构负责制定和执行本州的环境保护政策、法规和标准等。

美国环境法确立了联邦政府在制定和实施国家环境目标、环境政策、基本管理制度和环境标准的主导地位，同时承认州和地方政府在实施环境法规方面的重要地位和独立性。

1. 联邦政府环保机构

联邦政府设有两个专门的环境保护机构：环境质量委员会和国家环境保护局。

（1）美国国家环境质量委员会（The U. S. Council on Environmental Quality，简称 CEQ）是根据《美国环境政策法》而设置的。CEQ 成员由总统任命并须经参议院批准，该委员会设在总统办公室下，原则上是总统有关环境政策方面的顾问，也是制定环境政策的主体。其职能主要有两项：一是为总统提供环境政策方面的咨询；二是协调各行政部门有关环境方面的活动。

根据《美国环境政策法》的规定，该委员会的具体职责是：

①协助总统完成年度环境质量报告。

②收集有关环境现状和变化趋势的情报，并向总统报告。

③评估政府的环境保护工作，向总统提出有关政策的改进建议。

④指导有关环境质量及生态系统调查、分析及研究等。

⑤向总统报告环境状况，每年至少一次。

（2）美国国家环境保护局（The U. S. Environmental Protection Agency，EPA）是联邦政府执行部门的独立机构，直接向总统负责。它主管全国的防治环境污染工作，法律授予环保局防治大气污染、水污染、固体废物污染等各种形式的污染和审查环境影响报告书的权力。

美国国家环保局的主要职责是：

①实施和执行联邦环境保护法。

②制定对内、对外环境保护政策，促进经济和环境保护协调发展。

③制定环境保护研究与开发计划。

④制定国家环境标准。

⑤制定农药、有毒有害物质、水资源、大气、固体废物管理的法规、条例。

⑥提供技术帮助州、地方政府搞好环境保护工作，同时检查他们的工作，确保有效执行联邦环境保护法律、法规。

⑦生产单位排污许可证的发放。

⑧负责环境保护领域的国际事务。

国家环保局分为 3 个主要部门：国家环保总部（位于华盛顿）；分设各地的国家环保局区域办公室（目前有十个）；研究与开发办公室。

2. 州政府环境保护机构

与联邦政府类似，各州都设有环境质量委员会和环境保护局。但是，各州的环保局与联邦环保局不存在隶属关系，而是依据州的法律独立履行职责，除非联邦法律有明文规定，州环保局才与联邦环保局合作。

（二）环境管理的主要政策

美国环境管理的基本政策是将环境保护纳入社会、经济发展的决策和规划的全过程。这方面的内容有很多，这里只简要地介绍美国的环境影响评价、许可证和排污交易 3 项制度。

1. 环境影响评价制度

美国是世界上第一个把环境影响评价制度以法律形式固定下来的国家。为执行《国家环境政策法》的有关规定，环境质量委员会制定了《关于实施国家环境政策法程序的条例》，该条例对环境影响评价制度作了详细规定。

该项制度的直接目的是为了国家环境政策的实施提供强制手段。它的评价对象是对人类环境具有重大影响的有关立法行为以及由联邦政府直接进行的开发行为。

2. 许可证制度

根据该制度的规定，由联邦政府或者州环保局向排污者发放排污许可证。任何排污者都应当遵守排污许可证所规定的各种限制，否则将被认定为违法行为。

排污许可的范围已由 20 世纪 80 年代的废水排放许可过渡到目前包括酸雨在内的废气和固体废物排放许可。

3. 排污交易制度

为减轻美国 1970 年《清洁空气法》修正案规定的空气污染控制措施对工业企业产生的经济压力，在 20 世纪 80 年代，由联邦环保局提出了"排污抵消"政策。

所谓"排污抵消"是指以一处污染源的污染物排放削减量来抵消另一处污染源的污染物排放量的增加量或新污染源的污染物排放量。其中著名的"泡泡政策"就是最先得到运用，并且得到最广泛应用的一项排放抵消办法。

所谓"泡泡政策"是把一家工厂或一个地区的某类污染物总量比作一个"泡泡"，一个"泡泡"内可包括多个同类污染物排放口或污染源。该政策允许在同一"泡泡"内的一些污染源增加排放量，而其他污染源则更多地削减排污量来相互抵消排放量的增加。

这一政策在经济上有很大的刺激性，便于排污者灵活地进行污染控制，突破了原先的单一指令性管理。

（三）环境管理的特点

从环境立法和环境管理实践可以看出，美国的环境管理具有以下特点：

①通过改革行政决策的方法和程序，实现国家环境保护目标。

②将法律与技术相结合控制污染。

③将行政管理与公众参与相结合以提高管理效率。

五、欧盟环境管理简介

（一）环境管理的体制与机构

1985 年，经欧盟首脑会议决定环境保护被列为正式职责，并设立了欧洲环境委员会与欧盟环境部长理事会。1990 年，欧盟又成立了欧洲环境保护局，下设环境数据收集和技术办公室。

欧洲环境委员会负责欧盟环境政策的制定，环境部长负责欧盟环境事务的决策。

欧洲环保局对环境部长理事会负责，具体负责欧盟环境政策与法规的执行与实施。其预算由欧盟和各成员国提出，工作目标由参与国一致确定。下设 14 人组成的管理委员会和 9 人组成的科学委员会，两个委员会直接对环境保护局负责。

（二）环境管理的主要政策

欧盟环境政策的表现形式可以分为两大类：

①欧盟环境法律　包括欧盟基础条约、国际条约或协定、条例、指令和决定。

②非法律的欧盟环境政策文件　主要包括建议、意见、决议、行动纲领或规划和其他政策文件等。在欧盟环境法体系中，宪法性规范即建立欧洲共同体或欧盟的基础条约，起着十分重要的根本性、指导性作用。

（三）环境管理的特点

①通过制订共同的环境保护政策解决环境问题。

②注意处理欧盟与各成员国之间的关系。

③强调经济发展不能以牺牲环境为代价。

第四节　环境管理的国际行动

一、建立可持续发展的指标体系

关于可持续发展指标体系的研究是一项世界性的普遍课题。自 1987 年世界环境与发展委员会提出可持续发展概念以来，特别是 1992 年联合国环境与发展大会通过的《世纪议程》，提出了研究和建立可持续发展指标体系的任务以后，联合国率先以可持续发展委员会（the Commission on Sustainable Development，CSD）为主，设立了"可持续发展指标体系"大型研究项目。"中国世纪议程"优先项目中，亦设立了"中国可持续发展指标体系与评估方法研究"项目。

可持续发展指标体系的设计与评价是当前可持续发展研究的核心，是衡量可持续能力高低的基本手段，是对研究对象进行宏观调控的主要依据。可持续发展指标体系的研究已成为一些国际组织、国家政府以及专家学者关注或研讨的主题之一，经济学者、环境学者、生态学者和社会学者对指标问题从不同角度进行了大量研究，提出许多指标或指标体系。按地域可将相关成果分为国外可持续发展指标体系研究和中国国内可持续发展指标体系研究。

国外可持续发展指标体系有：联合国可持续发展委员会的指标体系，联合国经济合作与发展组织的指标体系，美国可持续发展指标体系，英国可持续发展指标体系等；中国国内可持续发展指标体系研究有：国家科技部组织的"中国可持续发展指标体系"、中国科学院可持续发展研究组制定的指标体系、黄土高原可持续发展指标体系、淮河流域可持续发展指标体系等。目前，国内外学者对可持续发展指标体系问题的研究尚处于探索阶段。

（一）联合国可持续发展委员会（UNCSD）的指标体系

该指标体系于 1996 年创建，由"社会、经济、环境、制度 4 大系统"按"驱动力—状态—响应"概念模型（DFSR）设计，由 134 个指标构成。其中，驱动力指标用来监测那些影响可持续发展的人类活动、进程和模式；状态指标用来监测可持续发展过程中各系统的状态；响应指标用来监测政策的选择。在社会系统中，主要有 5 个子系统：清除贫困、人口动态和可持续发展能力、教育培训及公众认识、人类健康、人类住区可持续发展；经济系统有 3 个子系统构成国际经济合作及有关政策、消费和生产模式、财政金融等；环境系统反映以下 12 个方面：淡水资源、海洋资源、陆地资源、防沙治旱、山区状况、农业和农村可持续发展、森林资源、生物多样性、生物技术、大气层保护、固体废物处理、有毒有害物质安排等；制度系统体现于科学研究和发展、信息利用、有关环境、可持续立法、地方代表等方面的民意调查。指标间的逻辑性强，尤其突出了环境受到胁迫与环境退化和破坏之间的因果关系，这是 DFSR 概念模型受到普遍接受的原因。但对于社会经济指标，这种模型的应用似乎难于显示其内在的逻辑性，而且指标的归属存在很大的模糊性，指标体系的分解粗细不均，从整体上来看，指标体系结构失衡，在反映可持续发展的行为本质中失之清晰的脉络。

（二）美国可持续发展指标体系

该指标体系由美国总统可持续发展理事会（PCSD）于 1996 年创建，由 10 大目标组成：健康与环境、经济繁荣、平等、保护自然、资源管理、持续发展的社会、公众参与、人口、国际职责、教育，计 54 个指标。其中健康与环境目标包括空气质量达标程度、饮用水达标程度、有害物质处理率等；经济繁荣包括人均、就业机会、贫困人口、工资水平等指标；平等包含基尼系数、不同阶层环境负担、受教育的机会、社会保障、平等参与决策的机会等；保护自然包括森林覆盖率、土壤干燥度、水土流失率、污染处理率、温室气体控制制度等指标；资源管理指标有资源重复利用率、单位产品能耗、海洋资源再生率等；持续发展的社会指标包括城镇绿地面积、婴儿死亡率、城乡收入差距、图书利用率、犯罪率、入网覆盖率等；公众参与包括公民参加民主活动投票百分比、参与决策程度等；指标人口指标有妇女受教育的机会、妇女与男人的工资差、青少年怀孕率比重等；国际职责指标有科研水平、环境援助、国际援助等；教育指标有学生毕业率、参加培训人员比重、信息基础实施完善度等。

（三）中国国家科技部组织的"中国可持续发展指标体系"

国家科技部组织中国 21 世纪议程管理中心、中国科学院地理科学与资源研究所、国家统计局统计科学研究所联合组成课题组，对中国可持续发展指标体系进行了初步研究，主要根据《中国 21 世纪议程》中各个方案领域的行动依据、目标、行动等情况，结合《国民经济和社会发展"九五"计划和 2010 年远景目标纲要》，并借鉴国外的经验，提出了中国可持续发展指标体系的初步设想。

该体系基于国家统计资料，将指标体系分为目标层、基准层 1、基准层 2 和指标层。在指标层上分别设置了描述性指标体系和评价性指标体系。描述性指标共计 196 个，评价性指标 100 个。这一指标体系突出了可持续整体化的发展思想和指标之间存在着的相互影响、互为条件和互通因果的关系。指标的覆盖面厂，在系统分析与专家打分的基础上可以对国家可持续发展的总体态势进行科学的评价。但是，在具体的操作过程中存在着指标庞杂，不同区域难以用同一指标进行衡量、对比，使用的数据受到限制，有些数据只能反映局部的情况，得出的结论存在一定的片面性等问题。

二、国际公约与协议

目前为止，已经签订的保护环境的国际公约涉及海洋环境保护、大气层保护、冰川保护、外层空间的保护。可以说，规范的层面既广泛又全面。从缔约国的数量来看，1987 年的《蒙特利尔议定书》到 1999 年已有 168 个国家签字，1989 年的《巴塞尔公约》到 2005 年已有 166 个缔约国。环境保护的主要国际公约如下。

（一）里约会议和里约精神

1992 年，联合国环境与发展大会在里约热内卢召开的"世界环境与发展大会"被认为是全球可持续发展进程的一个里程碑。《里约环境与发展宣言》是该次会议的主要成果，其中确立了可持续发展的观点，第一次承认了发展中国家的发展权，同时制定了环境与发展相结合的方针。《21 世纪议程》在其精神的指导下，比较细致、内容详尽的促进全球范围内可持续发展在运作的法律文件。除此之外，《气候变化框架公约》和《生物多样性公约》也在本次大会上开放签字。

（二）气候保护的国际公约

1979 年，《远距离跨界大气污染公约》旨在加强各缔约方在控制空气污染，特别是在控制二氧化硫的排放和防治酸雨方面的国际合作，但该公约实际上仅仅适用于欧洲地区。1984 年，《保护臭氧层维也纳公约》的通过，标志着国际社会在建立臭氧层保护机制的道路上迈出了关键性的一步。1987 年，《蒙特利尔议定书》则对保护臭氧层的具体履行达成了初步共识。该议定书的最大贡献是建立了遵约机制，包括遵约机制的启动、职能部门的指责以及违反时的措施等。

1997 年，《气候变化框架公约》第 3 次缔约方大会在日本京都经过艰苦的谈判，制定了成文法案，该法案被称为《京都议定书》。《京都议定书》在 2005 年正式生效，是第一个具有法律约束力的要求减少排放温室气体的公约，其宗旨在于防止全球变暖。

（三）关于生物多样性保护的国际公约

二战后，世界范围内的野生动植物贸易不断发展，影响了生态多样性。1973 年 2 月，签订了《濒危野生动植物物种国际贸易公约》。按照物种的脆弱性程度，公约将受控物种分为3类列入3个附录，并对其贸易进行不同程度的控制。

1992年6月5日，签署的《生物多样性公约》没有直接的贸易措施条款，但一些条款对贸易有明显的影响，特别是关于遗传资源的取得、知识产权和生物安全规定与国际贸易直接有关。为了防范GMO产品对生物安全的影响，规范越境转移问题，国际社会于2000年1月在蒙特利尔通过《卡特赫纳生物安全议定书》，对转基因产品的越境转移的各个方面都作出了明确的规定。

(四) 海洋环境保护方面的国际公约

在20世纪60年代，海洋污染开始成为人们关注的一个全球性的环境问题。当时，公众主要关注的是泄油事故和船舶排放造成的油污染。因而，产生了一些多边的防止油污染的海洋环境保护公约。如《防止海洋油污染国际公约》《公海公约》《排除公海油污染事故国际公约》等。

1973年，联合国第三次海洋法会议历时9年，在1982年通过了《联合国海洋法公约》，这是一部综合性的海洋法典，对各国保护海洋环境的权利和义务作出了一般的明确规定。

近些年来，各海区在海洋环境保护方面的活动日益频繁。1981年，签订了《西非和中非区域关于保护和开发海洋和沿岸环境的合作的公约》及《关于在紧急情况下消除污染的合作的议定书》，1982年，制定了《关于保全红海和亚丁湾环境的合作的区域公约》及《关于在紧急情况下消除油类及其他有害物质造成污染的区域合作议定书》。此外联合国环境规划署还努力促进加勒比海区域、东南太平洋区域和西南大西洋区域沿海国的合作，共涉及12个海区，130多个沿海国。

(五) 其他方面主要国际公约

为保护全球湿地以及湿地资源，1971年2月2日，来自18个国家的代表在伊朗拉姆萨尔共同签署了《关于特别是作为水禽栖息地的国际重要湿地公约》，又称《拉姆萨尔公约》。1989年，旨在遏止越境转移危险废料，特别是向发展中国家出口和转移危险废料的《控制危险废物越境转移及其处置巴塞尔公约》获得通过。《联合国防治荒漠化的公约》于1994年6月7日在法国巴黎通过，1996年12月26日正式生效。2001年，联合国环境规划署在斯德哥尔摩召开《关于持久性有机污染物的斯德哥尔摩公约》外交会议，并最终通过了该公约，是人类社会第3个旨在采取全球性减排行动的国际公约，对有毒化学品的排放作出了规定和限制。

在核能的和平利用方面，1986年，《核不扩散条约》作出了初步努力；1996年，《全面禁止核试验条约》充分考量了核试验可能给环境带来的破坏性。目前，安理会五个常任理事国已经停止了核试验。

三、我国环境管理的国际行为

(一) 我国参与国际环境管理的原则与立场

1. 基本主张和原则立场

立足于国情，从维护国家权益、维护发展中国家利益和合理要求，以及维护人类长远和共同利益出发，中国解决全球环境问题的基本主张和原则立场如下：

（1）正确处理环境保护与经济发展的关系　环境问题与人类经济、社会活动密切联系。人类的生产、消费和发展，不考虑资源和环境难以持续。同样，孤立地就环境论环境而没有经济发展和技术的进步，环境保护就没有了物质基础。对许多发展中国家来说，发展经济、消除贫穷是当前的首要任务。在解决全球环境问题时，应充分考虑发展中国家的这种合理需要，我们的最终目的是让包括子孙后代在内的全人类在美好的环境中享受美好的生活。不能因为经济发展带来了某些环境问题而因噎废食，消极地为保护环境而放弃经济社会发展。因此，必须兼顾目前利益和长远利益、局部利益和整体利益，结合各自具体的国情来寻求环境与经济的同步、持续、协调发展。

（2）在保护环境的国际合作中，必须充分考虑发展中国家的特殊情况和需要

①对于经济发展尚处于初级阶段，面临着满足人民基本生活需要的许多发展中国家来讲，他们长期处于贫困、人口过度增长、环境持续恶化的恶性循环之中。打破这一恶性循环的根本出路在于保持适度经济增长，消除贫困，增强其保护自身环境并积极参加国际环境保护合作的能力。因此，有必要按照公平原则在南北合作的大框架内探讨国际环境合作，建立起一个有利于各国，尤其是发展中国家实现可持续发展的国际经济新次序。

②对于许多发展中国家，沙漠化、水旱灾害、淡水质量差与供应不足等长期未得到有效解决的环境问题，已成为严重制约经济发展的障碍，比气候变化、臭氧层耗竭等全球性环境问题显得更为现实和迫切。地球环境是一个不可分割的整体，如果这些困扰发展中国家的具有明显区域性特征的环境问题得不到解决，最终将对全球环境产生不利影响。

（3）不能抽象地谈论保护地球生态环境是全人类的共同责任，应明确导致目前地球生态环境退化的主要责任和治理这一问题的主要义务　自从产业革命以来，发达国家在实现工业化的过程中，不顾后果地向环境索取和掠夺。目前存在的环境问题主要是这种行为的累积恶果。广大发展中国家在很大程度上是受害者。目前，发达国家仍是世界有限资源的主要消费者和污染者。因此，国际环境保护合作必须遵循"共同的但有区别的责任"的原则，发达国家有义务率先在采取有关环境保护措施的同时，为国际合作做出更多的切实贡献。

（4）在国际环境保护合作中，应充分尊重各国主权，互不干涉内政　当今世界上，各国国情不同，经济模式各异，各国只能根据自己的具体国情，结合其经济、社会发展现实来选择、确定保护自身环境并有效参加国际合作的最佳途径，不能把保护环境方面的考虑作为提供发展援助的附加条件，更不能以保护环境为由干涉他国内政或将某种社会、经济模式或价值观强加于人。任何此类类干涉内政的做法都是违背公认的国际法准则的，并将从根本上损害国际社会在环境保护领域中的合作。

（5）应确保发展中国家的广泛、有效参与　在国际环境保护领域中，存在着发展中国家有效参与不足、声音得不到充分反映的倾向。国际社会对此应有充分的重视，并采取切实措施改变这种情况。离开了占世界人口绝大多数的发展中国家的有效参与，治理、保护地球生态环境的目标是无法实现的。

2. 中国在重要全球环境问题上的原则立场

中国在有关全球气候变化活动中的立场简述如下：

(1)对国际社会为保护全球气候所作的努力表示赞赏　对世界气象组织和联合国环境规划署所设立的政府间气候变化委员会的工作给予积极评价,同时希望政府间气候变化委员会要为发展中国家更广泛参与创造积极有利的条件。

(2)发达国家与发展中国家情况不同,应给予差别对待　发达国家在长期的工业化过程中,累积和过量排放温室气体是引起全球气候变化的主要因素,而受全球气候变化影响危害最严重的是广大发展中国家。因此,发达国家对造成全球气候变化负主要责任,他们应当做出特殊贡献,应率先在国内采取行动,限制和减少温室气体排放。同时,应向为防止全球气候变化和适应这种变化而造成额外负担的发展中国家提供额外的援助资金,并建立技术转让机制,以无偿或最优惠条件向发展中国家转让技术,这应作为公约的一个重要内容。

发展中国家经济发展水平和人均能源消耗量都很低,与发达国家相比有明显的差距。国际社会为保护全球气候而酝酿实行的削减 CO_2 排放量的限制,要以保证发展中国家合理的能源消耗为前提,任何有关公约的限制性条款都不应损害发展中国家的经济发展。中国是一个发展中国家,随着经济的发展,能源的需求量增长, CO_2 的排放量不可避免地还要增加。在相当一段时间,中国的人均能源消耗水平与发达国家相比虽然很低,但为保护全球气候,我们仍然愿意努力减少 CO_2 的排放。我们将通过提高能源利用效率、节约能源、调整能源结构、开发替代能源等措施实现这一目标。

(3)气候变化公约的制订必须建立在科学理论的基础上　目前对气候变化和全球变暖的现象和机理尚未探明,而限制 CO_2 和其他温室气体的排放关系到各国能源结构和利用方式的调整,是影响整个社会经济发展的重大决策。因此,对公约要求的限制性条款不宜过早地匆忙决定。

(4)中国提倡保护和发展森林资源,扩大绿色植被增加地球对 CO_2 的吸收能力,这是中国对控制全球气候变化所采取的积极行动。

中国在对臭氧层保护的国际行动中的原则立场简述如下:

(1)《保护臭氧层公约》和《关于消耗臭氧层物质的蒙特利尔议定书》的宗旨和原则是积极的,中国赞同国际社会为保护臭氧层所做出的积极努力。

(2)臭氧层破坏主要是由发达国家造成的,受害者主要是发展中国家,在进行臭氧层保护的国际行动中,不应当将保护臭氧层的额外负担转嫁给发展中国家,限制他们的经济发展,影响其人民生活水平的提高。为此,应建立国际特别基金和援助机制,并确保向发展中国家转让技术。

中国在参与生物多样性保护的国际行动中的原则立场简述如下:

(1)生物多样性的保护和合理利用对于全人类的生存和发展是一个至关重要的方面,中国政府支持国际社会为保护生物多样性制订国际法律条文的努力,希望这种努力对生物多样性保护和生物资源的永续利用产生积极的影响和作用。中国将积极努力,为实现这一目标做出贡献。

(2)生物多样性是所在国家自然资源不可分割的一部分,任何国家都对其境内的生物物种资源拥有主权。

(3)生物多样性保护对全人类都有巨大而长远的效益,任何国家和地区的生物多样性保护都应得到国际社会的支持和帮助。

(4)国际法律条文的制订要特别注意处理好发展中国家的经济发展与生物多样性保护之间的关系。发展中国家为保护生物多样性而造成的负担应当得到国际社会的补偿；发达国家应为发展中国家保护生物多样性的行动提供经济援助和技术转让，并在人员培训、公众教育等方面与发展中国家合作。

(5)生物多样性的维持和实施行动计划成功与否，一定程度上取决于当地居民的积极理解和参与。因此，在制订和实施行动计划时，必须充分考虑当地人民的福利和发展。

中国对国际控制有害化学物质越境转移的《巴塞尔公约》和《伦敦准则》所持的原则立场简述如下：

(1)《巴塞尔公约》和《伦敦准则》的措施是积极的，对于严格控制和最终消除有害废物越境转移和污染扩散是一个良好的开端。

(2)根据当前的实际情况，发达国家除应处理好自己的有害废物外，有责任对发展中国家提供必要的经济援助和技术支持，帮助发展中国家建立监测和管理有害废物的机构，开发有关鉴别、分析、评价有害废物的技术和装备，以及发展无害环境、无废和低废技术，增强他们管理和处理有害废物的能力。

(3)中国实行对外开放政策，欢迎国外投资者来华兴办企业或开展贸易往来。但同时，中国也十分关注有毒有害化学品的转移和污染。对于外资企业和合资企业的建设，中国将实行严格的环境影响评价制度，不允许建设可能产生和引发严重污染环境的项目，同时要求建设项目有完善的环保措施。

(4)我们不仅禁止将境外有害废物转移到中国国内，而且将严格控制有害物质出境转移。中国将从建立管理体制，发布有害废物名录，建立有害废物出入境申报、通知、检查、审核、批准制度以及完善立法来全面控制有害化学物质的转移和污染。

(5)在控制有害废物方面，根本的途径和首要的政策目标应当是减少废物的产生量，应大力发展和推广无废、低废技术，促进废物回收和再利用，使更多废物变为可利用和再生资源，为此，应在技术交流、人员培训等方面开展广泛的国际合作。

(二)我国环境管理的国际行动

全球范围内的生态环境退化是整个人类面临的共同挑战，中国作为国际社会中一个拥有世界约1/5人口的国家，充分意识到自己在保护全球环境中负有的责任和可以发挥的重要作用。因此，中国以积极、认真、负责的态度参加保护地球生态环境的国际活动。

中国参与国际环境事务包括两个方面：一方面，努力做好本国的环境保护工作。中国有着一个基本的信心，搞好中国的环境保护本身，就是对全球环境保护最好的支持和最实际的贡献；另一方面，中国以积极、务实的态度参加环境领域的国际活动。

1972年6月，中国政府派代表团出席了第一次联合国人类环境会议。此后，中国参与的国际环境活动越来越多。目前，中国十分重视和积极参与联合国主持的有关环境与发展问题的讨论并签署了多项国际公约和协议。截止到2012年年底，中国已经缔约或签署的国际环境公约已经有危险废物控制、危险化学品国际贸易的事先知情同意程序、化学品的安全使用和环境管理、臭氧层保护、气候变化、生物多样性保护、湿地保护和荒漠化防治、物种国际贸易、海洋环境保护、海洋渔业资源保护、核污染防治、南极保护、自然和文化遗产保护、环境权的国际法规定，共计 14 类 100 多项。

中国政府不仅签署和批准了多项公约，而且积极履行公约规定的义务。如在签署了《生物多样性公约》后，中国不仅成立了高层次的履约协调小组，而且在中国国际环境与发展委员会中还专门设立了生物多样性工作组；中国还是少数几个最先制订"国家生物多样性行动计划"的国家之一。

中国还同 UNEP 以及联合国开发署、全球环境基金、世界银行、亚洲开发银行、国际自然保护同盟、世界自然基金会等 10 余个国际组织、非政府组织及许多国家在环境领域中进行了卓有成效的合作。

习近平同志提出："绿色发展和可持续发展是当今世界的时代潮流"。并强调："中国将继续承担应尽的国际义务，同世界各国深入开展生态文明领域的交流合作，推动成果分享，携手共建生态良好的地球美好家园。站在人类命运共同体的高度着眼，为世界同筑生态文明之基、同走绿色发展之路指明了方向。

目前我国正按照习近平同志追求人与自然和谐，追求绿色发展繁荣，追求热爱自然情怀，追求科学治理精神，追求携手合作应对这"五个追求"的主张，实现"共同建设美丽地球家园"的意愿与行动。中国绿色发展的带动效应，日益成为世界级的热现象。从 2000 年至 2017 年，全球新增绿化面积中约 1/4 来自中国，令世界感叹中国的绿色贡献；国外研究报告指出，从 2013 年到 2017 年，中国空气污染下降 32%。中国经验有助于其他发展中国家跳出先污染后治理的怪圈，中国清洁能源领域的技术革新还为很多发展中国家发展绿色经济提供了帮助。中国深入推进国际绿色合作，通过建立"一带一路"绿色发展国际联盟、推动落实气候变化《巴黎协定》等，为共同建设美丽地球家园贡献力量。韩国地球治理研究院院长贝一明这样评价："中国推动绿色发展革命，其历史意义将不亚于工业革命"。来自中国的生态文明思想之光正启迪世界的全球生态文明新视野，并助力全球生态文明之树蓬勃生长。

思 考 题

(1) 简述国际环境管理的发展历程。

(2) 国际环境管理组织与机构有哪些？

(3) 联合国环境规划署在全球环境治理过程中起到了什么作用？

(4) 我国环境管理的国际行动有哪些？请举例说明。

(5) 结合专业知识，谈谈你对全球气候变暖的认识及缓解全球气候变暖的主要措施？

参考文献

曹凤中. 美国的可持续发展指标[J]. 环境科学动态,1996,(2):5-8.

曹嘉涵. "一带一路"倡议与2030年可持续发展议程的对接[J]. 国际展望,2016,8(3):74-78.

巢清尘,张永香,高翔,等. 巴黎协定——全球气候治理的新起点[J]. 气候变化研究进展,2016,12(1):61-67.

陈海嵩. 发展中国家应对气候变化立法及其启示[J]. 南京工业大学学报(社会科学版),2013,(4):5-14.

崔灵周,王传花,肖继波. 环境科学导论[M]. 北京:化学工业出版社,2014.

董亮,张海滨. 2030年可持续发展议程对全球及中国环境治理的影响[J]. 中国人口·资源与环境,2016,26(1):8-15.

佛山开出"按日计罚"最大罚单!企业被罚630万[J]. 环境,2018,(9):20.

龚文娟 姜凌霄. 我国生物多样性保护的发展现状研究及对策[J]. 资源节约与环保,2016,(9):238.

郝晓辉. 中国可持续发展指标体系探讨[J]. 科技导报,1998,(11):42~46.

环境保护部环境工程评估中心. 环境影响评价相关法律法规(2018年版)[M]. 北京:中国环境出版社,2018

鞠美庭,邵超峰,李智. 环境学基础[M]. 北京:化学工业出版社. 2010.

李宏涛,温源远,杜譓,等. 2016年全球主要多边环境协定动态、发展趋势及对我国履约的启示[J]. 环境保护,2017,(8):37-53.

李金惠. 中国环境管理发展报告(2017)[M]. 北京:社会科学文献出版社,2017.

李杨. 国际质量管理体系及应用[M]. 武汉:中国地质大学出版社,2014.

李永峰,陈红,徐春霞. 环境管理学[M]. 北京:中国林业出版社. 2012

林灿铃. 国际环境法的产生与发展[M]. 北京:人民法院出版社,2006.

林茂兹. 环境管理实务基础[M]. 北京:中国环境科学出版社,2018.

刘琨,李永峰,王璐. 环境规划与管理[M]. 哈尔滨:哈尔滨工业大学出版社,2010.

刘立忠. 环境规划与管理[M]. 北京:中国建筑工业出版社,2015.

刘培哲. 可持续发展理论与中国21世纪议程[M]. 北京:气象出版社,2001.

刘天齐. 环境保护[M]. 北京:化学工业出版社,2000.

刘晓冰. 环境管理[M]. 武汉:武汉理工大学出版社. 2015.

吕永龙. 中国环境百科全书选编本:环境管理学[M]. 北京:中国环境科学出版社,2017.

孟伟庆. 环境管理与规划[M]. 北京:化学工业出版社,2011.

曲向荣. 环境规划与管理[M]. 北京:清华大学出版社,2013.

沈洪艳.环境管理学[M].北京:清华大学出版社,2010.

石峰,黄一彦,张立,等."十三五"时期我国环境保护国际合作的形势与挑战[J].环境保护科学,2016,42(1):12~15.

谭洪华.ISO 14001:2015 新版环境管理体系详解与案例文件汇编[M].北京:中华工商联合出版社,2016.

汪万发.环境智库是应对气候变化新生力量.中国环境报,2018-12-12(003).

王彬彬,张海滨.全球气候治理"双过渡"新阶段及中国的战略选择[J].中国地质大学学报(社会科学版),2017,(3):1-11.

王东阳,刘瑞娜,李永峰.基础环境管理学[M].哈尔滨:哈尔滨工业大学出版社,2018.

王杰.全球治理中的国际非政府组织[M].北京:北京大学出版社,2004.

王丽萍.中国环境管理的理论与实践研究[M].北京:中国纺织出版社,2018.

温源远,李宏涛,杜譞,周波.2016 年全球环境发展动态及启示[J].环境保护,2017,(14):62~65.

吴长航,王彦红.环境保护概论[M].北京:冶金工业出版社,2017.

信春鹰.中华人民共和国大气污染防治法释义[M].北京:法律出版社,2015.

信春鹰.中华人民共和国环境保护法释义[M].北京:法律出版社,2014.

信春鹰.中华人民共和国水污染防治法释义[M].北京:法律出版社,2017.

徐再荣.1992 年联合国环境与发展大会评析[J].史学月刊,2006,(6):62-68.

许小婵.中东国家应对气候变化法律与政策研究.世界农业,2017,(12):99-104.

叶文虎,张勇.环境管理学[M].3 版.北京:高等教育出版社,2006.

叶文虎,栾胜基.论可持续发展的衡量与指标体系[J].世界环境,1996,(1):7-11.

于宏源.全球环境治理体系中的联合国环境规划署[J].绿叶,2014,(12):40-48.

曾贤刚,李琪,孙瑛,等.可持续发展新里程:问题与探索——参加"里约+20"联合国可持续发展大会之思考[J].中国人口·资源与环境.2012,22(8).

张宝莉,徐玉新.环境管理与规划[M].北京:中国环境科学出版社,2004

张洁清.国际环境治理发展趋势及我国应对策略[J].环境保护,2016,44(21):67-70.

张明顺.环境管理[M].北京:中国环境科学出版社.2005.

张文艺,赵兴青,毛林强,等.环境保护概论[M].北京:清华大学出版社,2017.

张伊丹,葛察忠,段显明.环境保护税税额地方差异研究[J].税务研究,2019(1).

中国环境与发展国际合作委员会.中国环境与发展的战略转型[M].北京:中国环境科学出版社,2007.

中国科学院可持续发展研究组.1999 中国可持续发展战略报告[M].北京:科学出版社,1999.

中国世纪议程管理中心,中国科学院地理科学与资源研究所,编译.可持续发展指标体系的理论与实践[M].北京:社会科学文献出版社,2004.

中华人民共和国生态环境部.2017 中国生态环境状况公报.http://www.mee.gov.cn/hjzl/zghjzkgb/lnzghjzkgb/201805/P020180531534645032372.pdf.2017.

朱庚申. 环境管理[M]. 2 版. 北京:中国环境科学出版社,2008.

[英]帕特莎·波尼,艾伦·波义尔,那力等译. 国家法与环境. 北京:高等教育出版社,2007.

Biermann, Frank . The Case for a World Environment Organization[J]. Environment,2000, 42(9):22-31.

Department of the Environment of UK. Indicators of Sustainable Development for the United Kingdom. London:HMSO. 1994.

Esty, D. C. and M. H. Ivanova. Making International Environmental Efforts Work:The Case for a Global Environmental Organization. Yale Centor for Environmental Law and Policy[EB/OL]. (2001). (http://www. yale. edu/ gegdialogue/Esty-Ivanov%20).

Esty, D. C. and M. H. Ivanova. Revitalizing Global Environmental Governance:A Function-Driven Approach. Yale Centor for Environmental Law and Policy[EB/OL]. (2002). (http://www. yale. edu/environment/publications/geg/ esty-ivanova. pdf).

Kaul et al. Global Public Goods:International Cooperation in 21ST Century[M]. New York:Ox-ford University Press. 1999.

OECD. Group on the State of the Environment Workshop on Indicators for Use in Environmental Performance Reviews [R]. Draft Synthesis Report. Paris. August 1993.

UN Commission Methodologies Sustainable Development. Indicators of Sustainable Development Framework & Methodologies[M]. New York:UN. 1996.

Whalley, John and Ben Zissimos. An Internalisation-based World Environmental Organisalion. The World Economy,2002,25(5):619-642.

World Commission on Environment and Development. Our Common Future (Brundtland Commission Report)[M]. New York:Oxford University Press. 1987.